U0001836

BIG SCIENCE

大科學

從經濟大蕭條到冷戰，軍工複合體的誕生

Ernest Lawrence and the Invention That Launched the Military-Industrial Complex

麥可・西爾吉克——著
Michael Hiltzik
林俊宏——譯

給戴博拉、安德魯和大衛

目次

PART 1 那臺機器

PART 2 放射實驗室

PART 3 原子彈

推薦序

科學家與大政府

張國暉｜國立台灣大學國家發展所副教授

《大科學》是一本精彩的故事書，獲得普立茲新聞獎的麥可·西爾吉克（Michael Hiltzik）為我們講述了一九三〇年代到冷戰時期，美國科學界的重大發展。這條歷史主軸，其實也與東亞的我們息息相關，以下我就來分享跨太平洋的「大科學」發展。

一九六七年物理學家吳大猷博士（一九〇七－二〇〇〇）接受政府邀請，擔任第一任國家科學委員會（國科會，現今科技部前身）主委，他當時還在美國紐約州立大學水牛城分校任教。為了爭取吳大猷出任，統治高層願意讓他以半年時間在台、半年時間在美的方式工作，無須辭去教職，並也知情他的雙重國籍。吳大猷並非因黨國關係而獲青睞受邀，主要還是因他早在約十年前的一九五六年起就願意每年花時間來台在清大及台大講座、隔年協助時任中研院長胡適（一八九一－一九六二）籌畫成立「國家長期發展科學委員會」（長科會，國科會的前身，屬任務編組且層級較低），還有協助中研院成立物理所等工作。

此外，由於吳大猷的專業及兩位學生楊振寧（一九二二－）及李政道（一九二六－）在一九五七年贏得華人（當時都是中華民國籍）第一座諾貝爾獎，使他在台灣的聲名大噪。從一九五〇年代末至一九六〇年代，「台大物理系」多是大考的第一志願，吳大猷及其得意門生有著關鍵影響力。

不過，吳大猷也知道他獲欽選擔任閣員的原因，並非只來自教研成就。他的原子物理專業，深受蔣氏父子期待。若國民黨政府擁有了原子彈，對政權鞏固或擴張將有舉足輕重的影響力。但是，一九六七年這個時間點，並非是所謂時機成熟或水到渠成，而使高層決意新創一個正式部會，以取代長科會。相對地，一九六七年卻是一九六四年對岸核試爆成功後，以及一九六六年文革開始而導致中共政情不穩後，統治高層一方面擔心遭原子彈橫掃，另一方面又想抓住機會反攻的一年。

然而，吳大猷就任國科會主委後，卻堅決反對研發原子彈。除因他認為經費將遠高於軍方委請德國西門子所預估的約一．五億美元，且需用到全島一半以上的電力而不切實際，再者，若台灣自製核彈也將輕易給對岸一個合理的攻擊藉口。對比本書指出美國當時為研製原子彈耗資數十億美元，且為生產原子彈原料所需的迴旋加速器，從一九三〇年最初規劃將粒子加速至八萬伏特，到一九四〇年代初已升高至數億伏特之譜，所需電力達到一年數十萬瓩，足可供一座城市照明，科學研製資源需求，前所未見之龐大，加上冷戰期間多數科學家呼籲裁減核武以避免世界危機等事實，吳大猷的判斷相當合理。

大科學的擦邊球

蔣氏政權對吳大猷不願開發核彈頗為失望，甚至不滿。畢竟當時蔣介石不只以優厚條件聘他擔任閣員，甚至在總統府內新成立的國家安全會議（國安會）給了他一個科學家前所未有的高職位。

一九六七年，國安會從國防會議改制而來，為的就是呼應文革動亂帶來的反攻大陸契機，因而設置了國家建設計畫、戰地政務、科學發展指導（科指會）、國家總動員等四個委員會。一旦反攻成功，科指會將立刻接管改造新中國的工作，並依據科學原理規劃及執行政務。當時，吳大猷獲邀擔任科指會主委，亦即他是國家科學顧問，就像是本書裡的布許（Vannevar Bush）所扮演的重要角色。吳大猷明白，國民政府自一九二八年成立後，一直都沒有專職國家科學顧問及機構，所以必須抓牢這個良機，做好以蒼生為已任的中國科學家／仕官天職。當時吳大猷雖然擔心統治高層執意開發原子彈，但他也有對策加以婉拒，畢竟這是他第二次面對這樣的要求了。

早在一九四五年廣島及長崎原爆後三個月，當時國民政府軍政部長陳誠透過關係找到了時任北京大學物理系的吳大猷，另還有兩位化學系及數學系同事，希望他們幫忙購置及組建製作原子彈的設備。對掌權者來說，擁有原子彈實在魂牽夢縈。因此，即便戰後國民政府財政困難、百廢待舉，仍願對開發原子彈投以大筆資源，並向吳大猷及北大承諾所需費用。然而，掌權者應不知當時原子彈開發歷程及規模如本書所述的龐大、周折及充滿知識上的困難。吳大猷明白金錢不過是茫茫條件的其中之一罷了。

於是，吳大猷建議陳誠不如送幾位有資質的年輕科學家到美國學習核子知識。陳誠被說服了，在一九四六年資助一個由吳大猷領導的八人團隊到芝加哥，他們多是因對日戰爭撤退到雲南的清大、北大及南開大學所合組之西南聯大師生，其中一位是李政道。他們選擇芝加哥大學有其原因，畢竟全世界第一個核反應爐，就在一九四一年以研製原子彈為目標的曼哈頓計畫支持下，設於該校。該計畫大名鼎鼎的科學家之一費米（Enrico Fermi，一九〇一－一九五四，一九三九年得諾貝爾物理學獎，參見本書第三部分），在當時由紐約哥倫比亞大學遷至此校，主導反應爐的建立及實驗。

費米之後更成為李政道及前一年（即一九四五年）先到的楊振寧之博士學位指導教授。核反應爐設備本在哥大，之所以遷往芝加哥，主要來自時任麻省理工校長康普頓（Karl Compton，一八八七－一九五四）建議由海岸移至內陸以免受到納粹威脅（頁二八五）。康普頓也是曼哈頓計畫關鍵科學家之一。吳大猷大學時期的恩師饒毓泰（一八九一－一九六八），在普林斯頓大學攻讀博士時，便師從康普頓。一九四六年的吳大猷團隊後來持續送了三年在美訪查報告給國民政府，但國共內戰白熱化之後就無獲經費支援，成員們就在美加各自尋找出路。

若吳大猷參與大科學？

回到吳大猷，他在一九三一至一九三三年出國攻讀博士。由於他爭取到的是赴美庚子賠款獎學金，故必須選擇留學美國，即便他當時知道最前沿的物理學研究在歐洲，原本傾向到德國留學。他後來選擇前往州立的密西根大學，師從古德斯米特（Samuel Goudsmit，一九〇二－一九七八）。

如同費米來自歐洲（義大利），古德斯米特也來自歐洲（荷蘭）。如本書所提，一九三〇年代前，物理學知識以歐洲為最先進，在美的物理學家多須前往歐洲留學或訪問，才能追上尖端。此外，當時美國最先進的物理學研究並不在州立大學，而是像耶魯、普林斯頓、哥倫比亞、麻省理工等私校。本書主角勞倫斯（Ernest Lawrence，一九〇一－一九五八）在耶魯取得博士學位後，轉至加州柏克萊大學任職。柏克萊晉升當時極少數物理學排名前位的州立大學，勞倫斯及其建造的迴旋加速器居功厥偉。不過，以當初吳大猷在攻博時期及所處的學校來看，他當時很可能不清楚一九三〇年代迴旋加速器的驚人進展，還有後來曼哈頓計畫的巨大規模。

一九三四年，吳大猷回中國後，任教於北大物理系，除繁重的教學負擔，一九三七年後對日戰爭更使資源貧乏，所能從事的多以計算為主的所謂「小科學」研究，但在如此艱困環境，這已成就非凡，特別是還訓練出楊振寧、李政道、朱光亞（一九二四－二〇一一，領導中國研製原子彈）等學生。然而，若當時能不受《排華法案》限制（一八八二－一九四三）而續留美國，或許吳大猷有機會加入一九三〇年代的大科學，成為書中所提「美國追上並領先歐洲物理學的黃金年代」一員。畢竟，曼哈頓計畫的規模是如此龐大，吸引上千名科學家加入，特別是原子物理學家。吳大猷的指導老師古德斯米特後來也加入了曼哈頓計畫中的Alsos任務，大約從一九四三年起協助美方觀察及研判當時德國開發原子彈的進度。吳大猷所做的研究主題及專業能力，很有加入大科學的機會。若考量到康普頓也是核心科學家，難說饒毓泰不會也有機會。

可惜，饒毓泰在一九四九年拒絕登上教授專機來台，雖然之後短暫擔任北大物理系主任，但在文革時飽受折磨而迫至輕生。一九五〇至六〇年代期間曾陸續郵寄物資給他的吳大猷，收到消息後相當難過。大約僅距離一年的時間，吳大猷在台晉升閣員（一九六七），而饒毓泰自戕（一九六八），兩位中國第一代物理學傑出師生，受大政府影響或支配的結果竟有如此巨大差異，頗令人唏噓。

加入大科學，還是大染缸？

美國物理學在一九三〇年代呈現了前所未有的大科學時代，不只大經費、大設備、大團隊、大知識跨域、大社會連結等，還有大目的。起初，專利申請及醫療潛力成為了科學目的，後來軍事武器及國家生存也上綱成為必要任務。這是一個慢慢形塑的過程，即便身處其中，科學家們既無法預測，同時還須自我說服以追上外在劇烈變化。

如同勞倫斯所提，直到一九三九年他都不希望迴旋加速器跟戰爭有關係（頁二八七），但不出三年就在他主持下，用其改造的電磁分離器生產出核彈原料鈾二三五。然而，一旦政經社連結程度越高越複雜，科學家也越難逃脫。例如，一九四六年時勞倫斯所在的柏克萊大學每投入一美元物理研究，軍方就投入七美元（頁三七一），為了持續獲取經費，他多半不願違背軍方指令。甚至在反共、恐共的氣氛下，他還加入了政府對同事歐本海默（Julius Robert Oppenheimer，一九〇四－一九六七）的指控行動。歐本海默是知名理論物理學家，曼哈頓計畫關鍵成員，他和勞倫斯本來是友好的工作夥伴，事情是如何走到雙方決裂的這一步，可參考本書第三部分。除了與歐本海默的糾葛，勞倫斯也支持軍方持續投入核彈計畫，以生產出自稱是減少了百分之九十五放射性落塵的「乾淨」氫彈（頁四八八）。

有歷史學家曾說，政府裡頭或大幅受政府支助的科學家，往往比較反動，不止政治上保守，連科研主題也跟著保守，或許勞倫斯是其中之一（參見本書最末幾章）。勞倫斯站在政府這一方，但其實他是科學界的少數。當時多數的科學家，都支持歐本海默，認同他的自我檢視（頁四六二），贊同「積極運作，要求針對核子政策舉行公開辯論……政治領導人需要『坦誠』討論核子擴散的危險」的主張（頁四四六）。

基礎科學路線所受的挑戰

相對於一九三〇年代美國的科學大目的或多目的現象，吳大猷其實早年在天津南開大學求學時（一九二五—一九二九），就有著一般中國知識分子的自我認同，相信科學救國是職責，而取得科學博士學位，將是通往極少數懂得為民謀福祉、對權說諍言、從天尋真理的傳統學者之道。他心懷著大目的，認為科學是興國之本，本肩負國家發展之責，許多他的同行也是如此想法。

然而，到了美國之後，吳大猷也開始相信追求基礎科學應該不帶任何目的，執掌國科會後更常有類似公開發言。他試著調和這兩個價值，主張由「不帶目的之基礎研究」引領國家發展。不過，這談何容易，從大科學的發展看來，美國政府後來也不支持這樣的觀點。

從美國來到台灣，吳大猷看輕當時許多引進產業技術的層次，招致經濟發展官僚感嘆他應更務實，而他擬依學術出版表現核給研究計畫及補貼，改變學界吃大鍋飯習慣的政策，也引起尖銳批評。此外，更不用說他不願發展原子彈，惹怒了統治高層及軍方。

另一方面，台灣長科會經費從一九五九年起受到美國支援，最高時曾達總額百分之九十，主要供應研究設備及建物，但到正式撤出美援（一九六五）的前幾年，已被要求改用於科學教育，希望多培養能投入工業發展的畢業生，而不是吳大猷心念的基礎研究人才。吳大猷往返台美六年後，在屢受政治攻擊下，於一九七三年黯然離開國科會。接替他的是徐賢修博士（一九一二—二〇〇一）。

徐賢修接任時是青年數學家。他於一九四六年時曾受軍政部之託，同吳大猷、李政道一起去芝加哥研習核子科學。有趣的是，徐賢修學的雖然是數學，可說是科學中的基礎科學，自美來台卻未承襲吳大猷路線。

他接任主委前是清大在台復校第四任校長。清大自一九五六年復校至一九七三年都無工學院，落後其他主要大學多年，而專注在基礎科學。這發展頗有吳大猷之風，事實上他也較欣賞清大。不過，徐賢修成立了清大工學院，且將各系所的發展方向圍繞電動車的研製，像是成立前所未有的工業化學、動力機械、材料科學及工業工程，都是為了研發電動車所需的電池、電發動機、生產線工廠等，可說相當產業取向。或許，迥異於吳大猷也是他受欽選的原因之一。擔任主委後，徐賢修即大力發展產業科技，力推電子錶及地熱能等實用計畫，甚至積極開發新竹科學園區，後被尊稱為園區之父。

多樣的科學家與大政府互動關係

徐賢修之後的國科會主委張明哲也同他一樣，都是出身西南聯大系統的清大，再來幾任的主委也多以具理工博士學位的外省人為主（除郭南宏外），可以這麼說，直到二〇〇〇年前，台灣多伴隨威權體制，來想像及規劃台灣的基礎科學及科技產業。過去台籍科學家或工程師在政策制定的空間有所侷限，有些甚至還成為禁止返台的黑名單，但幾次民主輪替後，以台灣為主體的科學及科技發展，似已漸成科學政策基本價值。然而，科學家能否受邀進入大政府高層服務，除專業外，也總有政治考量，即便是在民主政治下，就像本書所提歐本海默遭質疑背叛國家忠誠、勞倫斯遭質疑受軍方收編，更不用說威權體制下台籍科學家受威權體制忽視、吳大猷被期待研製原子彈等。

若暫撇個人機遇而就大環境來說，美國的科學家與大政府之間，從二戰起就越來越緊密（其實還有資本家，本書也多所著墨），畢竟原爆發生就是最好的理由，也是前所未有的「輝煌／悲慘」成果。美國從一九五〇年代初起，聯邦政府即在預算書上新編訂出研發經費科目，專給所屬研究機構、大學及民間組織用於研發創新，從GDP的百分之一起逐年增加。

正值美援時代（一九五〇－一九六五）的台灣，當時美國也鼓勵國民黨政府這麼做，並建議如當時的美國提高到百分之三，但實際上到吳大猷接任主委時，科學預算有一半用於國防，四分之一用於產業發展。他的兩個理想（純基礎科學、科學興國）雖被支持，但只是形式供奉，其實冷戰後的美國不也如此（參見本書末幾章）。從一九八〇年代起迄今，美英等國對歐洲核子研究組織（CERN）花費超過一百億美元、歷時二十五年所建造大強子對撞機，都頗為感冒。連柴契爾夫人對它大部分蓋在法國境內，也頗有微詞。

若分別站在科學家及大政府的不同立場，不只各有理想與現實間的鴻溝，且各自發展的現實有時比想像中的還具戲劇性，一如本書勞倫斯及歐本海默的經歷。科學家、大政府及資本家之間，存在著緊密及緊張的多重關係，晚近更有科技巨獸公司加入，又使產官學關係越形複雜，令人不易捉摸。不過，若要找出基本頭緒，培養出敏銳的觀察及分析這幾者關係的能力，本書《大科學》會是最佳入門，不只它所講述的許多故事仍在當今發生，許多事件背後的理路也循著類似樣態，值得讀者細酌。

參考文獻

楊翠華（二〇〇三）。〈臺灣科技政策的先導：吳大猷與科導會〉。《臺灣史研究》一〇（二）：六七－一一〇。

Albright, David and Corey Gay (1998). "Taiwan: Nuclear Nightmare Averted". *The Bulletin of the Atomic Scientists* 54(1): 54-60.

Chang, Kuo-Hui, Gary Lee Downey and Po-Jen Bono Shih (2020). "Talents First!: Wu Ta-you and Science Policy Infrastructures in the Republic of China (1927-1970)". *Korean Journal for History of Science* 42 (2): 449-473.

Edgerton, David E. H. (2019). "What Has British Science Policy Really Been?" In *Lessons from the History of UK Science Policy* (pp. 31-39). London: British Academy.

Edgerton, David E. H. (2011). *The Shock of the Old: Technology and Global History since 1900*. NY: Oxford University Press.（中譯本《老科技的全球史》，由左岸文化出版）

Godin, Benoît. (2009). "National Innovation System: The System Approach in Historical Perspective". *Science, Technology, & Human Values* 34 (4): 476-501.

Wang, Zuoyue (2002). "Saving China through Science: The Science Society of China, Scientific Nationalism, and Civil Society in Republican China". *Osiris* 17: 291-322.

引言　創造與毀滅

二〇一二年七月四日，兩個國際科學團隊宣布，靠著大強子對撞機（Large Hadron Collider, LHC）這種地球上數一數二複雜的研究儀器，發現了「希格斯玻色子」這種基本粒子。自從一九六四年以來，認定希格斯場是宇宙一切物質質量的來源，而希格斯玻色子正是由於這套假設，於是成為物理學界近半世紀以來孜孜不倦搜尋的目標。然而，要有ＬＨＣ才能找到希格斯玻色子。

大強子對撞機的建造者暨擁有者是歐洲核子研究組織（European Organization for Nuclear Research, CERN），總部位於瑞士日內瓦，研究發現的宣布儀式也在此舉行，吸引了世界各地的觀眾和最高階層的物理學家。時年高齡八十三歲的彼得．希格斯（Peter Higgs）也親自到場，這位預測了希格斯玻色子的英國物理學家（此粒子也正是以他命名），就像其他所有賓客一樣，在ＣＥＲＮ的演講廳裡緊盯著螢幕。螢幕上放著PowerPoint簡報，秀出ＬＨＣ將兩束高能量質子束強力對撞、產生猛烈衝擊後的情形，希望在這場能量大混沌當中，能夠捕捉到希格斯玻色子現身那短到不能再短的瞬間景象。資料數據告訴他們，在可信的概率範圍內，實驗已經找到了希格斯玻色子。簡報結束，眾人起立鼓掌，既是對研究小組致敬，也是對這套帶來勝利而令人難以置信的設備表達讚嘆。

大強子對撞機的一切，都值得用「大」字來形容。整套設備從構思到射出第一束質子束，就花了二十五年、一百億美元。這套機器位於法國和瑞士的邊界，深埋於一片田園景觀的地底下約一百公尺，位於總長約二十七公里的圓型混凝土隧道之中。隧道裡共有九千六百個磁鐵，低溫冷卻到絕對零度，引導質子束以接近百分之九十九點九九光速的速度迎面對撞。

LHC與二〇一二年夏日宣布的那項發現，正可說是「大科學」(Big Science)的最佳代表，也就是各種達到產業規模等級的研究，推動了我們這個時代種種重大科學計劃：原子彈、登月競賽、用機器人探測太陽系外的宇宙，以及在次原子粒子的微觀尺度研究自然的運作。直到今日，「大科學」仍然引導著產官學界的研究方向。大科學處理的是巨大的問題，也就因而需要巨大的資源，包括設備可能要由幾百、甚至幾千名專業的科學家和技術專家操作。大科學的計劃經費常常都不是單一大學、甚至單一國家所能承擔；CERN對撞機的經費及科技來源除了來自該組織的二十一個會員國，還有其他超過六十個國家和國際機構。這就是今日大科學的規模。正如物理學家羅伯特・威爾遜（Robert R. Wilson）所寫，這種規模的研究已經不是任何人能夠獨力完成：「要憑一己之力接觸到原子核，幾乎就像要自己到月球一樣難。」

然而，大科學本身的創造，卻是某個人獨力的成就。這種探索自然奧祕的方式，其誕生可追溯至將近九十年前的加州柏克萊，當時有一位年輕、機智、深具魅力的科學家，不但有物理天份，可能更有推銷的才能，他構思了一項新發明，接著大聲宣告：「我要出名了！」

這個人，就是厄尼斯特．奧蘭多．勞倫斯（Ernest Orlando Lawrence），他的發明將會徹底改變核子物理學，而且這還只是開始；他的發明也讓物理研究的操作方式全然改變，直至今日仍然影響深遠；他的發明讓我們對自然的基本建構元素有了全然不同的理解；他的發明，最後成了贏得第二次世界大戰的助力。這項發明，勞倫斯稱之為迴旋加速器（cyclotron）。

迴旋加速器正是大強子對撞機的先祖，但現在已經很少人能看出其相似之處。畢竟，第一個迴旋加速器能直接放在勞倫斯的手掌上，而且成本還不到一百美元。至於ＬＨＣ，則是由多個先進的迴旋加速器、同步迴旋加速器及其他先進的加速器組成，要將次原子粒子推動到異常迅猛的速度，而這一切追本溯源都會回到最原始的迴旋加速器。位於柏克萊的勞倫斯放射實驗室在鼎盛時期有大約六十名科學家、幾十名技術人員。在過去，例如厄尼斯特．拉塞福爵士也曾主持劍橋大學聲名遠播的卡文迪許實驗室（Cavendish Laboratory），只靠著兩名助手、各種自組工具（有些可以輕鬆放在他的工作台上），就在二十世紀初期找出一些驚天動地的發現；相較之下，勞倫斯放射實驗室簡直像是擁有一整支軍隊。然而，宣布發現希格斯的兩個研究團隊都各有三千名成員，相較之下，勞倫斯放射實驗室就又是小巫見大巫。

身為大科學的創造者，勞倫斯在當時的同儕之間廣受認可，但今日已幾乎遭到遺忘。然而出於幾項原因，我們值得重新認識勞倫斯。其一，正是他的直覺、抱負、以及個人管理風格，讓大科學像現在這樣可長可久。但還不只如此：他的人生也是一則動人的科學追尋故事，跨越物理學史上前所未見的大發現時代，讓他站在一個科學、政治和國際事務的十字路口。

從一九三〇年代末開始，只要是關於國家科學政策的問題，幾乎都會去詢問勞倫斯的觀點意見。他發明了全世界最強大的原子粉碎機、領導著美國排名第一的研究實驗室，影響力也因為第二次世界大戰的爆發而擴張。在那個歷史的關鍵時刻，因為有他個人支持同盟國建造原子彈，才拯救了這項幾乎被取消的計劃。而在戰後，也是因為他的聲望和影響力，才推動了氫彈的製造。我們現在的世界，頭上懸著核武這把達摩克利斯之劍，這無疑是勞倫斯留給現代文明的遺產，只是其中的利弊難以逆料。

在一九二九年腦力激盪的那天，勞倫斯就知道自己發現了一種能夠極有效加速次原子粒子的新方法。他當時希望能將粒子加速做為探測器，研究原子核的結構（原子核由質子和中子構成，構成原子大部分的質量），就像是用螺絲起子來探索收音機的內部電子構造一樣。

這裡的問題在於如何提升次原子粒子（特別是質子，也就是氫原子核）的能量，讓這些粒子得以穿透保護原子核的電場。當時，這是世界各地科學家和工程師都在研究的問題，而勞倫斯找出了解方。

在這之後，物理學研究開始了艱困的轉型期。過去像是拉塞福，或是艾蓮娜及菲特列·約里歐—居禮（Irène and Frederic Joliot-Curie，也就是居禮夫人的女兒及女婿），都算是「小科學」的天才人物，但靠著大自然中能夠取得的研究工具，他們已經來到研究的極限。拉塞福靠著自己製作的研究設備，發現了原子核、也猜想到中子的存在，後來再由他的副手詹姆斯·查兌克（James Chadwick）在另一項小型實驗裡確認發現了中子。約里歐—居禮夫婦也是在自己平凡無奇的實驗室裡，繼續瑪麗·居禮對放射性的研究，學會如何透過將某種元素曝露在放射線下，讓元素蛻變為另一種元素。在這兩個實驗室，都是靠著像鐳及釙這樣的天然放射性物質，產生人眼不可見的次原子探針。

這些人的成果豐碩，卻很難再進一步研究原子核的結構，原因就在於他們需要能夠更快、更強、更精準的子彈，不能只靠從某些具放射性的礦物塊偶然發出的放射線。換言之，物理學家需要人造的放射線子彈。而要製造出這樣高能量、還要能夠集中在某個靶上的放射線，整套設備的大小絕不可能是放在實驗室的工作台上，而是可能要好幾棟建築物才勉強放得下。拉塞福和約里歐—居禮夫婦都知道，自己會是這種人工手動做科學研究的最後一代偉大領袖；很快地，就會有新一代科學作法興起。

勞倫斯給科學帶來的改變，必然會讓這些舊學派的物理學家大為嘆服。傑出物理學者莫里斯．高德哈伯（Maurice Goldhaber）的職涯，就是從小科學的鼎盛時期一路橫跨到大科學的時代，他回憶起期間的過渡：「第一個分離出原子核的人是厄尼斯特．拉塞福，還有一張照片，是他把整個實驗裝置放在腿上。但接著，我也總是記得後來的一張照片，是在柏克萊建造了那座著名的迴旋加速器，換成所有人坐在迴旋加速器上。簡單說來，這樣你就大概知道有什麼改變了。」

高德哈伯說的一點也不誇張。他所說的迴旋加速器是座龐然大物，位於一棟在一九三八年特地為它蓋的建築物裡。這台迴旋加速器巨大的電磁鐵重達二百二十噸，高度超過三點三公尺。至於高德哈伯所描述的那張照片，也就紀錄下了勞倫斯實驗室的全體成員：共有二十七名成年男子，在迴旋加速器拱形的鋼鐵構造上或站或坐。

厄尼斯特．勞倫斯的角色，與他所創造的新時代可說是絕配。在學術研究的這個沉悶世界裡，很少見到像他這樣的科學經理人，善於鼓吹百萬富翁、慈善基金會和政府機構投入贊助。他除了在科學上有天份，不管對裝置設計或物理都有著近乎直覺的天賦，也有著美國中西部那種討人喜歡的個性，這些都是他成功的重要關鍵。他心性善良，很少發脾氣，連髒話都不講。（他最髒的髒話就是「Oh, sugar!」）如果研究計劃想要得到大筆資金，常常需要有正面的宣傳，而只要報導對象有著迷人的性格、科學任務有著引人的內容，記者也總是很樂意提供這類宣傳。勞倫斯就能同時滿足這兩項條件。他才三十多歲的時候，就已經成了美國本土出生最著名的科學家，登上《時代》雜誌一九三七年十一月的封面，標題寫著「他創造，他毀滅」。不久之後，就在一九三九年得到科學家在人世的最高榮譽：諾貝爾獎。

勞倫斯和我們對科學家的刻板印象完全是兩回事；在我們的刻板印象裡，科學家就是狂熱的神祕主義者，一頭埋在自己孤獨的工作裡，獨自待在某個偏遠的實驗室（通常是歌德式建築），而且他們的研究似乎總是差一點就會把他們都炸成碎片。在流行文化裡，總是把科學家描繪得與一般人格格不入：《時代》上的愛因斯坦，形象是個古怪的天才，總是躲在閣樓裡，把自己鎖在鏗鏘作響的鐵門後，「憔悴、緊張、煩躁……數學家愛因斯坦連自己的銀行帳戶都算不清楚。」

相較之下，勞倫斯智識過人，同時精力充沛。他的成功為他帶來了一間實驗室，而且可不是什麼黑暗的歌德式城堡，而是加州大學柏克萊分校小山上的現代科學神殿，俯瞰著舊金山海灣的壯麗景色。他也絕不是自己孤身一人做研究，而是領導著一支充滿活力的年輕科學研究團隊，有物理學家、化學家、醫生、工程師、研究生等等，跨學科共同合作、思考議題；而且他也有著如同企業高層一般的堅定信心，手中掌管著數百萬美元的經費。他所體現的是新世界的堅強無畏，深具抱負、氣魄、創意及財富。偏好進步主義的記者布魯斯．布萊文（Bruce Bliven），往來的對象通常是自私的政客與厭世的領域權威人士，而他卻深為這位著名的勞倫斯教授所傾倒，認為這位教授「很好聊，完全就是可以想像的那種美國人的樣子」。

• • •

「大科學」一詞是由物理學家阿爾文．溫伯格（Alvin Weinberg）於一九六一年所創，當時厄尼斯特．勞倫斯已經去世三年。溫伯格時任橡樹嶺國家實驗室（Oak Ridge National Laboratory，該所依勞倫斯的設計所建，製造原子彈所需的濃縮鈾）主任，他回顧了先前幾十年的科學研究，認為正如過去會用有著尖塔的石建築大教堂和巍峨的金字塔來崇敬天神，到了當時這幾十年，則是用各種由鋼鐵及電纜所構成的壯觀設備（例如高聳的火箭、高能量加速器、核子反應爐），崇敬著科學。

但這些崇敬科學的偉大作品，背後必須要有官僚結構的管理，才能維持其運作。在勞倫斯放射實驗室裡，主要的設備就是迴旋加速器，但這項設備技術複雜、操作困難，需要有人全職照料管理。溫伯格就回憶道：「要讓這個地方維持運作（不管說的是那套科學機器、又或是為了照顧那套科學機器所需的整個精心設計的組織），後勤管理就成了不可或缺的部分。」在那些維護迴旋加速器的人心中，開始出現一種信念，認為正因為科學所面臨的問題如此複雜，才需要有這些巨大的設備；正如曾在勞倫斯實驗室工作的物理學家沃爾夫岡．皮耶夫．潘諾夫斯基（Wolfgang K.H. "Pief" Panofsky）所言：「要是沒有大規模的努力及大型的工具……不論是對於最微小的物質架構，或是最大規模的整個宇宙，我們就是不知道怎麼去取得相關資訊。」

這種追求更大、更好的動力，自成一套邏輯。運用迴旋加速器所帶來的每一個發現，都為物理學家打開新的探索展望；每要解開一個新的謎團，就又需要更強大的機器。每次得到新發現，都會讓這個研究機構的名聲更上一層樓，於是有更多動機與機會，可以有更多建築、更多科學家、更多的知名度，自然也就能募到更多經費。

最終確立大科學作為科學探索模型的，是第二次世界大戰的兩大科技成就：雷達、原子彈。要不是當時大科學已經成為新典範，有著跨學科的合作、幾乎無限的資源，雷達和原子彈很有可能都尚未研發出來，當然也就不可能及時影響戰局結果。後來之所以能研發出投至長崎的原子彈，是因為在原子反應堆裡首次觀察到了核能連鎖反應；而一般來說，認為這背後的最大功臣是構思與監督反應堆建造的恩里科．費米（Enrico Fermi）。然而，一如溫伯格的觀察，若要實現費米的概念，需要由「物理學家、數學家、化學家、儀器專家、冶金學家、生物學家，以及能將這些科學家研究成果付諸實踐的各種工程師」，組成一支大軍。「連鎖反應堆絕不只是單一位核子物理學家的實驗。」

勞倫斯的這種研究方式，科學界一方面感到敬畏，但一方面也覺得不安，至今仍然如此。

就算是在勞倫斯的職涯早期、大科學還在形成的階段，已經有些科學家、大學校長和其他專家擔心這對知識追求及傳播的影響。一九四一年，麻省理工學院校長卡爾·康普頓（Karl Compton，這位物理學家本人手中也有一座迴旋加速器可用），就認為大科學讓學界開始追逐金錢與名聲，而對這種「不正常的競爭成份」深表遺憾。他不安地向朋友透露，「想維持計劃運作、有完整的人員編制，就需要積極的推銷手段，程度超乎科學專業所情願。」在某些科學家眼中，這種超級競爭、如工廠一般的研究風格實在是不友善到令他們感到絕望，於是逃離像柏克萊這種採用大科學作風的機構，轉而投向那些仍然遵行舊世界方法程序的大學。但也有某些像潘諾夫斯基這樣的科學家，認為要解決物理學的重大問題就必須要有大科學，於是他們在像是柏克萊這種新研究體系裡自我訓練，再將大科學的福音傳播至遠方。（潘諾夫斯基就把大科學帶到了史丹佛大學。）

在大戰期間，科學及科技社群還是以獲勝為主要考量，於是暫時不再擔心大科學將如何永久改變科學家的工作方式。但隨著和平到來，科學家又再次開始思考大科學將帶來怎樣的變化。有些人擔心，像過去那種由個人靈感得到突破的方式，以後是否還有存活的空間？例如匈牙利物理學家尤金·維格納（Eugene Wigner）便問道：「像是相對論或薛丁格方程式這樣的理論，能由跨學科團隊想出來嗎？」他和許多人都有這樣的想法，擔心出現愈來愈多管理方面的需求之後，會讓那些才華最出眾的科學家無法再在實驗室待下去。在小科學時代，研究者唯一要做的就是努力研究自己的主題、再教給自己的學生，但現在卻得兼顧許多其他職責。研究者得要管理大筆捐助款、撰寫經費申請、擔任委員，還得到國會和位於華盛頓的各個機關運作，才能得到撥款。研究主持人不只得當科學家，還得負責背黑鍋、給團隊成員打氣，以及兼任業務。

這時候，雖然研究經費豐沛，但卻也帶著許多附帶條件。而隨著經費規模愈來愈大，附帶條件也愈來愈嚴格。在戰時，美國政府的經費自然是以軍事研究及發展為目標。然而，即使在一九四五年德國和日本投降之後，在美國，政府仍然是科學機構經費最大的單一來源，各個學科（特別是物理學）也仍然受到軍事目的的影響。而在第二次世界大戰之後，韓戰隨之而來，接著就是無止盡的緊張時期，也就是冷戰。此外，軍事現在也結合了另一個強大的合作夥伴：工業界。時至戰後，大科學開始與令艾森豪總統惴惴不安的「軍事工業複合體」（military-industrial complex）共同成長。工業漸漸入侵學術實驗室，讓科學家開始感到壓力，需要注意其研究的可能商業發展。科學歷史學家彼得．蓋里森（Peter Galison）指出，物理學家開始放下基礎研究，轉而「為了經濟而非科學上的理由，花時間尋求能夠申請專利的概念。」厄尼斯特．勞倫斯身為大科學的先驅，自然比多數的同行更快面對這些壓力，但很快地，競爭就成了整個學術界普遍的現象，而且不只是爭專利概念，也要爭大科學團隊裡如何分配成果。另外，學術界也開始引進了政府和工業念茲在茲的概念（例如保密、管理控制），因為大筆的投資能夠帶來更大的報酬。

正是勞倫斯，讓出錢的各贊助者看到迴旋加速器可能怎樣完成他們青睞的目標，於是讓贊助者的雄心壯志也愈來愈大，種下了工業參與研究的種子。對生物研究機構，他再三強調迴旋加速器生產大量人工放射性同位素的能力，而如果想瞭解複雜的光合作用，或是攻擊癌細胞，就需要使用放射性同位素。對工業家，他讓他們心中浮現一種願景：用原子核來發電，成本便宜得不得了，而且幾乎是永遠不虞匱乏。至於對那些仍然致力於基礎研究的慈善基金會，他提供的則是聲望：能夠參與解開世界謎團的研究專案，這件事本身就是一種獎勵。對於大科學的這個面向，洛克菲勒基金會董事長雷蒙德．福斯迪克（Raymond B. Fosdick）一語中的，他在一九四〇年就表示：「新的迴旋加速器不單單是一種研究工具，更是一個強大的符號，象徵著人類對知識的渴望，代表著不屈不撓追求真理的努力，是人類精神最高尚的一種表現。」而在那年，這個非營利基金會的董事會便投票通過，撥款一百萬美元給勞倫斯，打造地球上最強大的迴旋加速器。

像勞倫斯這樣針對各家金主的利益、量身打造說帖，其實並不是什麼欺瞞的手段。他總是能說到做到，提出一系列真金實銀的研究成果，否則再怎樣努力募款到頭來也只會是一場空。後來，柏克萊的放射實驗室就開創了核子醫學這套新科學，用來對抗疾病。實驗室的迴旋加速器常常需要超時運作，為全世界的研究人員生產放射性同位素。另外，勞倫斯堅信來自原子的能量有一天能為幾百萬的家庭與工廠提供熱源及照明，並且讓船舶在遠洋乘風破浪，這在當時只是個願景、但絕對是出於真誠；而且當然，事實證明這也已經成真。

大科學的成功，讓科學家在社會上廣受敬重，認為是他們協助贏得了戰爭，也認為要靠著這些人，才能滿足人類對於解開自然祕密的渴望。然而，由於科學本來就不是絕對完美，大眾也總是想看到名人跌落神壇，大科學的發展並不可能永遠如此順遂。隨著大科學的各項計劃規模愈來愈大，可能佔據太多的公共資源，而拖累其他更急迫的社會問題，科學家的形象也開始動搖。

到了二十世紀末，社會對大科學的信心開始消退。回頭看，會覺得大科學的許多成就利弊難計：沒錯，原子彈讓同盟國贏了戰爭，但代價是人類的頭頂上似乎永遠掛著一朵蘑菇雲的陰影。天真和平的原子帶來了電力，但代價卻遠高於人類的原本預測，更帶來了如三哩島、車諾比、福島等地的核災，讓人不禁質疑，究竟人類能否真正馴化控制核電科技。確實，人類上了月球漫步，但在那個瞬間的感動之後，大眾對於太空探索的興趣迅速消失殆盡。花了那麼多的錢，到底是為了什麼？

阿爾文．溫伯格一九六一年的那篇文章中，除了創出「大科學」一詞，也點出當時日益升高的疑慮，質疑大科學對研究、大學和社會造成怎樣不好的影響。他的問題一針見血：大科學那些龐大計劃需要耗費巨額的資金，是否會把原本就稀少的資源吸乾用盡，並且讓科學家分心，不去注意那些與人類生活現況更相關的研究？他寫道：「我覺得，大多數美國人心中的理想社會，會是把重點放在治癒癌症，而不是誰先把太空人送上火星。」

在美國，這些質疑在一九八〇年代至一九九〇年代初引發對於超導超級對撞機（Superconducting Super Collider）的討論，原本計劃這部加速器將設於美國德州的沃卡薩哈奇（Waxahachie），功率可能是CERN大強子對撞機的三倍。這項計劃最後是因為地方及預算上的政治紛擾而告終，但大眾對其研究目的所抱持的懷疑，已經讓計劃受到致命傷害。一九九三年，超導超級對撞機遭國會否決，胎死腹中。

大強子對撞機實在太過龐大、複雜又昂貴，讓部分科學家認為這可能已經是國際合作大科學的最後一役。大強子對撞機每次有了發現，都會引發對自然的進一步疑問，而這些疑問又必須有更大、功能更強的對撞機才能回答，就像之前勞倫斯每次打造迴旋加速器，都等於是帶出了打造下一臺迴旋加速器的需求。而正如現有的大強子對撞機，如果真要打造下一台，也必然需要許多國家合力才可能成真。但要讓這麼多國家同心協力，一起研究著一般人會覺得抽象到難以理解的議題，絕非易事。

厄尼斯特·勞倫斯從未表示這樣的疑慮。他的目標就是要解決羅伯特·歐本海默所說「研究自然的問題」，而且勞倫斯的職涯也確實完成了這項目標。他讓我們得要承受後續的影響，但這並不會抹滅他的成就。只是這也確實讓我們覺得，有必要追溯這整件事的來龍去脈。而這整個故事，要先從小科學世界裡幾位鼎鼎大名的人物談起。

PART 1

那臺機器

CHAPTER 1 英雄時代

厄尼斯特・拉塞福是科學界的大人物，他不是跟在別人的身後，而是在前方引領了時代的發展。某位朋友曾向他說：「你總是站在浪頭上」，而他立刻回答：「畢竟這浪都是我掀起來的，不是嗎？」他聲音宏亮，笑聲爽朗，很能接受當時那種「低俗的幽默」。他有個年輕的朋友查爾斯・史諾（Charles P. Snow），後來在文壇頗有名聲，筆下小說正是以學術圈與政界為場景；史諾所記得的拉塞福勳爵是個「身型高大，有些笨拙的人，兩塊胸肌像凸窗一樣高聳厚實」，另外「一雙藍色大眼炯炯有神，下唇濕潤下垂」。

拉塞福於一八七一年生於紐西蘭，父親是個零工。當時的紐西蘭還是大英帝國的一個偏遠屬地，而拉塞福天生就有成為理論家的天份，也成為當代的傑出實驗物理學家。他的天賦無庸置疑，靠著自己親手製作的實驗設備，推導出各種重要的實驗結果。一位前學生羅素（A. S. Russell）就說過：「拉塞福是藝術家，所做的實驗都有其風範。」

拉塞福僅僅二十四歲的時候，就獲得研究生獎學金，第一次來到劍橋大學著名的卡文迪許實驗室。當時是一八九五年，剛好是物理學的關鍵時刻，物理學家研究著儀器中剛觀察到的各種奇特物理力。拉塞福抵達的僅僅一個月前，德國物理學家威廉・倫琴（Wilhelm Roentgen）發現，某種放電方式會產生穿透力極高的輻射，能在照相底片上呈現出人手骨骼的結構。倫琴把這項發現稱為X光。

倫琴的發現，讓巴黎物理學家亨利・貝克勒（Henri Becquerel）也開始尋找其他關於X光的跡象。貝克勒的作法，是將各種化合物放在陽光下，看看是否會強化陽光的能量。他會把照相底片用黑紙密封起來，選定某種化合物蓋上去，一起放在陽光下，看看化合物是否能強化陽光的能量，讓密封的底片上出現影像。一八九六年二月，巴黎天氣陰鬱，他在密封的底片上撒了一層鈾鹽，本來要做最新的實驗，卻因為太陽不露臉，決定先收回抽屜裡。但他沖洗這張底片時，卻發現底片在黑暗的抽屜裡，已經由鈾放出的放射線而感光。

瑪麗・居禮及先生皮耶・居禮很快就在自己的巴黎實驗室裡發現，貝克勒的射線是由某些元素自然產生的，其中就包括夫妻所發現的兩種元素：一個命名為「釙」（polonium），以紀念波蘭（Poland），另一個則命名為「鐳」。他們把這種現象稱為「放射性」。（由於原稱為「貝克勒輻射」的這項發現，貝克勒和居禮夫妻後來在一九〇三年同獲諾貝爾獎。）

其他科學家同時也展開研究，希望能揭開原子內部的謎團。卡文迪許實驗室主任約瑟夫・湯姆森（Joseph John “J.J.” Thomson）曾經指導過拉塞福，他在一八九七年發現了電子，因而確定了原子能夠分割成更小的粒子，當時稱為微粒（corpuscle）。湯姆森為這種原子提出一項結構模型，認為帶負電的電子均勻分佈在一個帶正電的團塊中，就像葡萄乾在布丁蛋糕裡一樣。也不難想像，後來這種模型就被稱為「葡萄乾布丁」（plum pudding）原子模型。要再過十四年，拉塞福才推翻了這個模型。與此同時，拉塞福忙著研究「鈾輻射」（uranium radiation），這是他對貝克勒輻射的稱呼。在一八九九年，他已經確定鈾輻射有兩種不同的射線，依穿透力分為兩種：一種是α射線，只要用鋁、錫或銅片就能阻擋；另一種則是更強大的β射線，能夠輕鬆穿透銅、鋁、其他輕金屬和玻璃。這時的拉塞福已經搬到蒙特婁，在麥基爾大學（McGill University）擔任教職。該大學有一位加拿大商人資助，擁有一間設備精良的實驗室，可說是早期的產業贊助科學的實例。拉塞福手下有一位天資出眾的助手弗雷德里克・索迪（Frederick Soddy）；索迪創出了「同位素」（isotope）一詞，用來指稱同一元素結構不同但化學上相同的形式。拉塞福也確定了鈾、釷和鐳等重元素的放射性是透過衰變（decay）而產生，這是一種自然的過程，有時候只要幾分鐘就會發生，有時候則要花上幾年、幾百年、甚至是幾千年，而衰變為低放射性的鉛。到最後，發現α射線其實就是失去電子的氦原子（稱為helium nuclei，也就是「氦核」）；至於β射線則是高能量的電子。這項研究發現，讓拉塞福贏得了一九〇八年的諾貝爾化學獎，當時他已經回到英國，在曼徹斯特大學擔任教授。

在那裡，他進一步探尋原子結構的核心問題，在科學上有了更大的成就。在葡萄乾布丁模型提出的多年之後，他談到：「我的成長過程中，一直以為原子就是個結實的傢伙，會有不同口味，可能是紅的、也可能是灰的。」雖然他已經開始懷疑原子的結構主要是空洞的空間，而不是散落著帶電微粒的同質團塊，但他還沒想出另一種模型。他在曼徹斯特有兩位研究生助理漢斯．蓋革（Hans Geiger）和厄尼斯特．馬斯登（Ernest Marsden），三人以α粒子為工具，試著想找出新的模型。就他所知，α粒子會受磁場影響而有些許偏斜，但通過固體物質時（甚至只是像雲母之類薄薄的一片），偏斜的程度甚至更大。由此可見，原子的內部並不是個平靜而結實的布丁蛋糕，而是個電磁漩渦，會讓粒子在通過時受到干擾。拉塞福為此做的實驗，是在玻璃小管裡用純化的鐳放射出α粒子，撞擊一片薄薄的金箔。另外再用一片玻璃板塗上硫化鋅，只要受到α粒子撞擊，就會出現閃爍（scintillation），而蓋革和馬斯登便以此記錄α粒子的散射狀況。從這個裝置，可以看出拉塞福具代表性的簡潔和行事風格，但實際的實驗過程繁重難以言表。首先，實驗觀察者得在黑暗的實驗室裡坐上一小時，才能讓眼睛適應黑暗；接著每次也只能觀察一分鐘，因為像這樣一直透過顯微鏡緊盯著螢幕觀察閃爍現象，會因為壓力讓人也看到一些只是出於想像的閃爍。（蓋革最後就發明了以他為名的蓋革計數器，用來計算粒子，好擺脫無趣的實驗過程。）

實驗顯示，大多數α粒子通過金箔之後，偏折非常輕微、甚至完全沒有偏折，但有大約八分之一這個很小的比例，會出現大角度的反彈，甚至有些直接彈回來源處。

拉塞福對結果大感震驚。他在多年後回憶道，「這件事不可思議的程度，就像你向一張衛生紙發射了一枚十五吋的炮彈，但它卻反彈回來擊中你一樣」，而這也成了核子物理學史上最珍貴的一幅畫面。他很容易想通究竟發生了什麼事，因為要發生這種現象，原子的組成只有一種可能，也就是幾乎所有的質量都集中於一個微小的帶電核心，而其他主要只是空洞的空間。α粒子要有偏折的現象，必須是碰巧直接撞擊到該核心，又或是近到足以被核心的電荷影響才有可能。拉塞福最後的結論認為，這個核心就是原子核。

拉塞福的發現徹底改變了物理學的原子模型，但這還不是他最高的成就。他的巔峰之作是在一九一九年，點出了比一九一一年衛生紙反彈還更令人震驚的現象。

拉塞福當時已經再次轉換地點，來到劍橋，擔任卡文迪許實驗室的主任。卡文迪許實驗室於一八七四年成立，首任主任為詹姆斯・克拉克・馬克士威（James Clerk Maxwell），他當時的名聲還不響亮。但短短幾年間，他關於電力和磁力的論文就讓他成了全球知名的學者，也連帶使得卡文迪許實驗室成為在歐洲領先的科學中心。馬克士威將電和磁視為同一現象（電磁學）的一體兩面，如此一來便能連結牛頓的古典物理與愛因斯坦的相對論；在他的領導下，卡文迪許實驗室成為英國物理學實驗傳統活生生的寶庫。

到了拉塞福的年代，卡文迪許實驗室雖然外表樸實，但聲名遠播，正是小科學年代機構的典範。整棟建築就像是一個「L」，包著一個小庭院；建築的長邊有三層樓，頂樓傾斜的屋頂還有山牆窗緊密排列著。而在建築內部，有一個大實驗室、一個供「教授」使用的小實驗室、一個放實驗設備的房間，還有一個演講廳。面對大約四十名學生，拉塞福每週會講三次課，偶爾還會從外套口袋裡掏出幾張零散的筆記小抄。一九二〇年代中期，物理學家馬克・歐力峰（Mark Oliphant）從澳洲來到卡文迪許，說這裡「地板沒鋪地毯，松木門上的漆灰灰濛濛，灰泥牆沾染著污漬，光線透過天窗骯髒的玻璃，冷冷地照亮一切。」至於拉塞福這位主任，在他筆下是個「高大、臉色紅潤的人，有著漸漸稀疏的金髮，以及一把大鬍子，叫我不得不想起日用品店或郵局門口的警衛。」該實驗室嚴格遵守歐洲的「紳士傳統」，不管有沒有實驗做到一半，晚上六點就關門，負責關門的老先生會火冒三丈地瞪著還在實驗桌邊的科學家，把手上鑰匙搖得叮噹作響，提醒時間。當時，會覺得晚上加班是種「糟糕的品味，糟糕的做事方法，糟糕的科學」。

卡文迪許實驗室也很自豪，在那個年代雖然只有極度匱乏的資源，卻取得了種種重大的進步。當時，整個實驗室的年度預算只有大約二千英鎊，換算起來大約是二十一世紀的八萬美元，以其研究的規模而言，就算在當時也是非常拮据。但靠著拉塞福等人的精明幹練、巧手苦心，運用著簡單而典雅的實驗儀器，得出最佳的實驗結果。在一九一九年所做的幾項實驗，正能表達拉塞福的風格。

拉塞福與實驗技巧不相上下的詹姆斯・查兌克合作，將他的 α 粒子打向各種氣體：氧氣、二氧化碳，甚至是普通的空氣。將一九一一年馬斯登－蓋革兩人的實驗儀器進一步改良之後，他們發現如果撞擊的是普通的空氣，產生的閃爍會特別頻繁，很像是氫原子核（也就是質子）的情形。拉塞福也推論出正確的解釋：這是因為空氣中有百分之八十是氮氣。

拉塞福寫道：「結論必然是如此，氮原子受到α粒子高速碰撞後解體，而釋放的氫原子則是氮核的一部分。」這些話講得謹慎，卻還是讓科學界地動山搖，因為拉塞福描述的正是原子的第一次人工分裂。最後會發現，這個反應是氮核（有七個質子和七個中子）吸收了α粒子的二個質子和二個中子，再釋放出一個中子，而使氮十四衰變成同位素氧十七。然而真正讓科學界走上新路的，是拉塞福在論文結尾指出的願景。他寫道：「整個結果顯示，如果實驗時能用更大的能量來發射α粒子（或類似的子彈），就可能擊碎許多較輕原子的核結構。」

換言之，過去要研究原子核的時候，是以鐳和釙自然產生的α粒子做為探針，但此時它們已經功成身退，其能量已不足以邁向進一步的實驗。人類必須設法為這些子彈提供更大的能量：在大自然的賦與之外，人類得再發揮一點巧思，創造出新的核子探測器。此時，拉塞福已經為核子物理學的未來指出目標。但想要抵達那個位在遙遠地平線另一端的目標，就需要巨大的能量，而那絕非拉塞福當時那種極簡典雅的實驗儀器所能提供。

•••

拉塞福的發現，讓物理學界一時創意大爆發。歐本海默後來把這個時期稱為「英雄時代」，不只是因為諸多智識能力都投入在拉塞福提出的這項挑戰，更因為當時的整個氣氛就是人類智識面臨著重大的危機。當時，物理學家面對諸多互相矛盾的理論，對於自然世界的概念一團混亂。幾乎是整個一九二〇年代，科學家都很懷疑自己究竟有沒有可能解決這些問題。

從當時傑出物理學家所留下的話語之中，就可清楚感受到知識分子的絕望。德國物理學家馬克斯．玻恩（Max Born）是最早一批接受量子力學這套新理論的科學家，他在一九二三年寫道，量子力學引發的理論矛盾不斷增加，必然意味著「整個物理概念體系必須從頭重建。」維也納理論家沃夫岡．包立智識嚴謹、言辭鋒利，像是他曾在批評某篇拙劣的論文時，講了一句著名的批評，說那篇論文「甚至連錯也說不上」，講的正是因為物理學在一九二五年已經變得「絕對混亂」，讓人甚至「希望自己從來沒聽說過物理學。」就連思緒清晰的詹姆斯．查兌克，說起在卡文迪許實驗室的實驗，也說當時「如此絕望，如此牽強，簡直就像是在煉金術的時代。」

雖然這些學術上的追尋如此複雜（或許也正因如此），但卻引起了公眾的注意。對於一九二〇年代的一般人來說，物理學就像有了一種戲劇性、甚至是浪漫的光環。一九一九年十一月，在英國皇家學會和皇家天文學會的聯合會議上，亞瑟．愛丁頓爵士（Sir Arthur Eddington）證實了愛因斯坦的相對論，這項重大成就開啟了一戰戰後十年。倫敦《泰晤士報》下了歷史性標題：「科學革命／宇宙新理論／牛頓理論遭到推翻」。愛丁頓積極宣傳，讓相對論進入流行文化，而愛因斯坦這位相對論之父也就成了國際名人。這一切讓大眾渴求關於科學的新聞，希望瞭解科學如何研究自然界的基本原理，也讓現代物理學家有了一種勇者的形象，覺得他們就是要跋涉到世界盡頭、收集資料；正如愛丁頓就曾遠赴非洲的普林西比島（Principe），觀測日蝕，據以證實相對論。

對於這些最新突破，報紙顯得再飢渴不過，也讓眾科學家成了名人。一九二一年，居禮夫人和兩個女兒夏娃和艾琳造訪美國六週，民眾對她們的欽佩之情隨之爆發。這次造訪的幕後推手是紐約社交名媛暨雜誌企業家瑪麗・瑪汀利・梅洛尼女士（Marie Mattingly Meloney），當她得知居禮夫人的研究居然因為鐳的供應不足而出問題，大為吃驚。她想出了一項計劃，希望能募到十萬美元來購買一公克的鐳（大概是能放進頂針的大小），並讓居禮夫人搭輪船到美國接受這份禮物。在居禮夫人抵達的隔日早晨，《紐約時報》還在頭版寫道「居禮夫人準備讓所有癌症畫下句點」（這是一項大膽的斷言，而且《紐時》第二天就默默收回了這個說法）。居禮夫人訪問的高潮，就是在白宮星光熠熠的招待會上，梅洛尼和華盛頓社交名流冠蓋雲集，其中還包括老羅斯福的女兒、社交名媛愛麗絲・羅斯福・朗沃斯（Alice Roosevelt Longworth）。在招待會上，居禮夫人直接從哈定總統的手裡接過一小管綁著緞帶的鐳，並「用彆腳的英語」（這是《紐時》的說法）表達感激之情。就算是在小科學的時代，募資仍然就是這麼一回事。

大眾開始想像，以為物理學可以解釋自然界的所有現象，包括化學和生物方面。例如拉塞福的傳記作者亞瑟・伊夫（Arthur S. Eve）就寫道，物理學家「不斷努力，一開始也有些成績，希望能用正負電子以及這些電子在以太裡產生的效應，解釋所有物理和化學變化。」而在他看來，如果這些物理學家是對的，就代表「像是遺傳、記憶、智識，以及人類對道德和宗教的想法……都能用正負電子和以太來解釋。」

然而，不是所有物理學家都如此自信。在整個一九二〇年代，物理學愈來愈瞭解原子結構的精妙，但對自然界的描繪卻變得更加模糊。這裡的困惑，來自於兩項彼此相關、但同樣叫人困惑的現象。第一項，是在無限小的尺度下，自然界有著所謂的波粒二象性：從實驗結果看來，光和電子有時候會表現得像粒子，但也有時候表現得像是波。

愛因斯坦從早期在光電效應的研究結果強烈認為，光是由一種稱為「光量子」（light quanta）的粒子組成。但他也承認，像是繞射、干涉和散射等現象，顯然像是波。觀察到這些矛盾之後，愛因斯坦並未解決，而是把問題攤在同行的面前。在一九〇九年於德國薩爾茲堡的一場科學研討會上，他就表示：「在我看來，理論物理的下一階段發展將會提出一種光學理論，能夠將波和粒子的理論結合起來。」

物理學家一直到一九二〇年代中期，還在研究次原子行為的奧祕，希望隨著得到愈來愈多觀測結果，就能讓他們瞭解真相。但事實卻正相反：獲得的資料數據愈多，反而似乎愈難下定論。年輕的德國理論物理學明日之星維爾納・海森堡（Werner Heisenberg）回想，「很奇怪的是，我們愈接近解決方案，矛盾就變得愈嚴重。」當時唯一說得通的答案，似乎就是英國物理學家威廉・布拉格（William Bragg）爵士所說的：「星期一三五，是由上帝根據波動理論來操縱電磁學；至於星期二四六，則是魔鬼用量子理論來操縱電磁學。」

最後終於解決問題的是海森堡和他的導師：說話溫和但思想邏輯極其嚴謹的丹恩・尼爾斯・波耳（Dane Niels Bohr）。海森堡描述這個過程，說這就像是在濃霧裡忽然冒出了一個物體。他們的結論認為，在量子尺度上，人類的所知僅限於「能觀察到」的事件，而這樣的所知就會受到觀察工具的限制。換言之，如果實驗設備的設計假定電子是粒子，觀察到的電子就會是粒子；如果設計假設電子是波，觀察到的電子就會是波。實際上，粒子和波都只是電子的一體兩面，同樣都是事實，並無矛盾；在波耳看來，這是一種「互補性」。

• • •

雖然「互補性」是理論上的重大突破，卻還是無法藉以參透原子核的問題。一九二〇年代第二項令人困惑的物理難題，就在於原子核究竟構造為何。

厄尼斯特・拉塞福把原子描述成一個微型的太陽系，旁邊圍繞著帶負電的電子，中間則是由帶正電的質子和帶負電的電子組成原子核，體積小但質量大。這種模型看似簡潔明瞭，於是成為許多人認定的真相，特別是波耳在一九一三年還為模型加了一個前提，使得模型看來更加完整。波耳認為，在一定能量下，電子會繞原子核作圓周運動；這樣一來，在控制軌道運動的古典力學、以及控制能量大小的量子力學之間，似乎就能達成和解，進而決定電子運行軌道所形成的「殼」。當時認為，原子核裡的質子多於電子，因而帶正電，至於在圓周軌道上的電子則是帶負電，於是兩相平衡之下，原子整體為電中性。照拉塞福的估算，如此一來，氦原子就是在軌道上有二個電子、在原子核則有四個質子與二個電子；鐳則是在軌道上有一百三十八個電子、在原子核則有二百二十六個質子、八十八個電子。

大家很快就發現，這個模型造成的問題比解決的問題還多，而且原子愈重，問題就愈大。一九二三年，波耳的原子模型邁入十週年，但物理學家對於模型能否適用所有原子已有疑慮。真正做實驗觀察之後，就發現波耳的模型只適用於最簡單的原子（氫，只有一個質子和一個電子）。只要到了第二輕的原子（氦），模型的結果就會開始出現異常，最後也就讓馬克斯．玻恩講出那些絕望的話。

這裡在搞麻煩的，就是那些原子核裡的電子。沒有人能解釋這麼大的粒子能怎樣放進原子核裡；就算放得進去，也沒人能解釋這些帶著高能量的粒子為什麼會乖乖不動。波耳本人最後也不得不承認，他所珍視的量子力學或許就是不適用於解釋原子核，有可能需要有更新、更叫人摸不著頭緒的力學，才能解釋日益增加的實驗異常現象。

現成就有的解決方案，出自拉塞福之手。這位卡文迪許實驗室的大老，在一九二〇年代初就已經不斷研究這個謎團，一開始認為是因為原子核內的壓力太大，使得電子「大為變形」，於是產生與軌道上的電子大不相同的特徵。他認為這樣一來，電子可能與質子結合，形成一個不帶電、前人未曾發現的複合粒子，他稱之為中子。

拉塞福派出忠實的查兌克，要他找出這難以捉摸的中子。多年後，查兌克回憶道：「他詳詳細細地向我說明……很難想像，如果基本粒子只有質子和電子，原子核的構造會變得多麼複雜難解，所以需要藉助中子的理論來解釋。他也大方向我承認，他的說法多半只是純粹猜測……而且除了私下場合，他也很少去談這些事」，但「他完全讓我成了忠實的信徒。」

隨著研究進展，發現如果想解開原子核結構的謎團，所需的能量顯然必須比自然界能提供的更高。拉塞福倒是很樂意公開指出這件事背後的意涵。鐳發射出α粒子的能量只有微弱的七百六十萬電子伏特（electron volt），而發射β射線（也就是電子）的能量更只有三百萬電子伏特。拉塞福表示：「我們需要能提供一千萬電子伏特的設備，而且必須安全地放在合理大小的房間，以幾千瓦的功率就能運行……我推薦這個有趣的問題，希望技術領域的朋友能注意。」

•
•
•

然而，如果只是要產生拉塞福需要的電壓並不難，甚至可說是最簡單的部分，因為大自然就能滿足這個條件：一道閃電的電壓就有幾億伏特。只不過，這些能量強大、轉瞬即逝的電壓雖然令人目眩神迷，卻派不上什麼用場。這裡的困難點是要能操縱這股力量，把力量維持住、再打向原子核。拉塞福表示，只要透過電業常見的配置（例如將變壓器串聯起來），「能得到的電壓看來並無上限」，而且他還補充道，發電廠就已經能夠產生「幾碼長的火花，類似小規模連續發生的閃電。」然而，如果是希望能得到高速的電子和原子，光是這樣仍然不足以「接近，更不用說要超越放射性元素的成績」。

科學家試著想要操縱必要規模的能量時，常常就會讓設備爆炸、實驗室滿佈玻璃碎片。也有些人選擇勇敢試著操縱大自然的憤怒：來自柏林大學的三名男子，就在兩座阿爾卑斯山峰間架起一對大約六百四十公尺的鋼索，等待著雷雨降臨。等到時機來臨，他們測到了高達一千五百萬伏特的電位；但有道落雷將其中一位擊落身亡。

美國諸大學此時已經開始享受與大企業合作的成果，也自然開始運用這種合作來進行研究。例如加州理工學院，就從南加州愛迪生電力公司（Southern California Edison Co.）得到一座百萬伏特變壓器的饋贈，於是研發出高壓技術，讓愛迪生公司得以從將近五百公里外的科羅拉多河大壩上，向洛杉磯輸送電力。這就是後來的胡佛水壩。加州理工學院的物理學家也用這台機器來產生X光，但整座機器遠遠大於拉塞福的想像，沒辦法放在「合理大小的房間」，而是需要一整棟三層樓高、超過八百平方公尺的建築，而且還得放在一個坑裡，才能蓋上屋頂。就算如此，仍然無法產生可用的高能量粒子束。到頭來，這座機器最有名的一點，就是在加州理工學院年度開放的「展覽日」會有壯觀的表演，發出一道「又長又彎的電弧」，並伴隨著雷鳴般的聲響。

在追求高能量粒子束的過程中，一位最重要的人物可說是物理學家梅爾・圖福（Merle Tuve），他決定要把一百萬伏特放進真空管裡，而在當時這樣的電壓多半會將真空管都給炸成碎片。他後來解釋：「我相信我們所有這些年輕人都是極端分子，我們總是想要極端的溫度、極端的壓力、極端的電壓、極端的真空，總之就是極端的什麼。」他選擇的設備是特斯拉線圈，是在一八九〇年代由有遠見的物理學家兼發明家尼古拉・特斯拉（Nikola Tesla）所發明的高壓變壓器。圖福的版本，則是在空心的三英尺玻璃管繞上銅和電線，並把玻璃管浸在加壓的油桶裡，以抑制火花。他和華盛頓卡內基研究所（Carnegie Institution of Washington）的同事成功達到了一百五十萬伏特，甚至也發出了β射線、偶爾也能讓質子加速；只不過，這儀器就是性情古怪、不穩定、不受控，圖福不久後只能放棄，認定它不適合用於原子核研究，像個帶來惡運的詛咒（“albatross”）。

圖福下一個嘗試的設備，則是由普林斯頓大學的工程師羅伯特・范德格拉夫（Robert Van de Graaff）所發明的起電器。該項裝置是一個位於塔頂的巨大中空金屬球，由皮帶帶動金屬球不斷轉動，從底部收集電荷、在頂端噴出，讓球體最後能得到合適的電壓。范德格拉夫製造了大量的伏特、發出了大批的火花，未來許多好萊塢片的瘋狂科學家場景都是由此得到靈感，但如果是講到拉塞福所需要的高能量子彈，其成績卻不比任何過往的努力更出色。圖福和范德格拉夫費盡心思，希望這套設備能與真空管及其他設備結合，發出集中的帶電高能量粒子束。雖然最後他們確實達到目標，但此時已經又出現了比范德格拉夫更新、更好的技術。

這套更新的技術，背後的研發人員就是厄尼斯特・勞倫斯。他和圖福其實從小就是同學兼朋友，一起住在南達科塔州的小鎮坎頓（Canton），兩家就隔著一條街，而兩人也都是從小就對電子設備深深著迷。這可說是勞倫斯的命運：在物理學像是撞到一道磚牆而走不出一條路的時候，他開始了他的物理職涯。這道阻礙如此惱人；物理學家就像是可以隱約看到牆後的遠方，有些什麼被薄霧籠罩，看來如此誘人。而勞倫斯就要突破那道牆、驅散那片霧，這代表著從小科學邁向大科學的轉折。他所做的，就是發明出可行的方法，取得足夠的能量、人為將次原子粒子打進原子核，讓物理學家得以清楚瞭解原子核的構成。對同行來說，厄尼斯特・拉塞福與厄尼斯特・勞倫斯後來就成為著名的「兩位厄尼斯特」，靠著他們的研究成果，才讓人類得以繼續對自然界進行劃時代的偉大探索。

CHAPTER

2

南達科塔州的男孩

在十九與二十世紀之交，坎頓是個兩千人的繁榮農業小鎮，位於南達科塔州東南邊、密蘇里河和大蘇河匯流處。勞倫斯和圖福兩家的房子都整整齊齊，隔街為鄰，他們從小一起長大，圖福只年長六週。兩家人在鎮上都有一定的社會地位：圖福家的安東尼・圖福博士是奧古斯塔納學院（Augustana Academy，當地一所預備學校）的院長，至於勞倫斯家的卡爾・勞倫斯則是當地的學區總監。

由於兩家都是書香世家，勞倫斯和圖福從小就被灌輸學習知識的美德。在當時的美國上中西部，這絕不是一件罕見的事。北歐和斯堪地納維亞的移民將學術傳統帶到此地；而在多年後，勞倫斯自己規模不斷擴大的實驗室裡就有許多卓然有成的年輕研究人員，他們在明尼蘇達州、蒙大拿州或達科塔州的鄉間學校系統裡接受了自然科學的訓練，之後也在同州抱負遠大的贈地大學（land-grant college，由聯邦補助傳授勞動階層農業及科學知識）裡繼續學習。這些人有著獨特的美國特色背景，從小就被農機、收音機和汽車等機械設備包圍著，而他們所受的教育就能與這種背景相輔相成。史丹利．李文斯頓（Stanley Livingston）也是來自中西部（威斯康辛州），他回憶道：「我們大多數人都是火腿族，也都拆過家裡的福特T型車。」（他將會是勞倫斯職涯的關鍵人物。）因此，美國最傑出的兩位物理學家居然是同一個草原小鎮出身，成了一輩子的朋友、同事、競爭對手，各自追尋著自然界的神聖法則，實在不是出於偶然。

勞倫斯家族是虔誠的中西部路德教會教徒，宗教信仰在這裡就像是整個社群的經緯線，是個人救贖或神學思辨的泉源。卡爾．勞倫斯在星期日學校教授聖經課程，但講到在婚姻家庭裡維繫保守氛圍角色的那個人，則是他的妻子甘達（Gunda），至於卡爾則是負責挑起一點歡樂的小捉弄，只是得小心可別過頭。厄尼斯特．勞倫斯的弟弟約翰回憶道，父親偶爾會抽抽雪茄、甚至是喝些蘇格蘭威士忌，笑開著說：「如果一個男人沒有一些壞習慣、至少是一兩個壞習慣，肯定是哪裡出了問題。」

而如甘達所回憶，厄尼斯特．勞倫斯就是那種鳳毛麟角的少數人。講到這位心志堅定、獨立自主的大兒子，她最愛的說法就是「他一出生就是個大人」。他們有個家族妙談，說勞倫斯有一次要求自己去超過百公里外的愛荷華州蘇市（Sioux City），找一位親戚。當時他還只有八歲，所以甘達立刻拒絕。（她告訴他：「你還只是一個小小男孩而已。」）卡爾能體諒這種心情，但還是和她討論，想讓勞倫斯坐火車去蘇市找親戚，再坐火車回來。他告訴太太：

「孩子的媽，讓他試試自己的翅膀嘛」，而他的說法也贏了。勞倫斯性情溫和，但不會因挫折而喪氣、也不會過度放大失敗，某些挑戰可能會讓比較情緒化的人大受打擊，但他都能沉著面對；這一切無疑是源自於中西部那種寧靜致遠的教養環境。但在他性格平滑的軸承上，還是有一個小小裂縫：揮之不去的口吃。在他的家人看來，原因並非如同今日的後佛洛伊德學派所言、在情緒上受了什麼挫折，而是因為他的思維運作太快，語言能力來不及表達。等到他十幾歲，經由一位語言治療師的協助，勞倫斯的口吃問題大致解決，在他成人之後，通常只有在他因為某些智識上的重大突破而興奮時，口吃才會出現。

勞倫斯在青春期的照片是個英俊的小男孩，有母親豐滿的嘴唇、父親靈動的藍眼睛，稍微暴牙的笑容可看出他自信自在，而從上學後就戴著的圓眼鏡，讓他從那時候就有了專業的氣質。他是個高大的年輕人，衣服鬆鬆地掛在削瘦的骨架上，好像在耐心等待他長到合適的身材。勞倫斯雖然遺傳了父親的活力，但或許運動天份就少了一點。他只在學校的美式足球隊待了一年，就讓他額頭上多了一個成人後也留著的腫塊。等他再大一些，開始在週末擁抱對滑雪和健行的熱情，他就常常在週一拄著拐杖跛進實驗室。他開起跑車和快艇的飆速常常讓乘客膽顫，在網球場上亮眼的成績也多半是來自體力驚人、打球風格凶悍，而不是球技有多細緻。

勞倫斯和圖福愈來愈著迷於電子產品，特別是新興的無線電傳輸技術。但兩人也有不同之處，在勞倫斯這邊，是從他熱愛自己親手修修補補、製作東西，可看出他在這方面的興趣；有一天，母親剛好不在家，他就在自家餐桌鑽了幾個洞，裝上一個發電報的電報鍵。至於圖福那邊，則是從他熱切閱讀許多針對特定愛好者的雜誌可見一斑，其中包括如《現代電器》（*Modern Electrics*）與《電學實驗者》（*The Electrical Experimenter*）。這種做事方法的不同，將會影響他們一輩子的職涯。

當時，無線電技術才剛起步，訊號的傳輸是依靠間隙火花發生器（spark-gap generator），以低功率運作，會產生大量干擾，而且只要太潮濕便完全無法運作，也無法傳遞像是語音這樣複雜的訊息（一直要到一次大戰後，開始廣泛使用真空管，才能實際派上用場），因此通訊只能靠著電報鍵與摩斯電碼。這樣的系統效率要看天線的尺寸和功率而定，而且天線必須接地；當時，雖然圖福的父親對這項電器計劃有點不安，還是讓勞倫斯與圖福一起在圖福家外面挖了個將近四公尺的洞來裝天線的基板。

兩個孩子一有空就縮在圖福家的小閣樓，旁邊圍繞著廢棄的電池、玻璃管和線圈。在一九一七年，他們就想像著自己正在攔截那些要傳給海上戰艦或潛艇的訊息，特別是在他們收到德國瑙恩（Nauen）POZ無線電台訊號的時候。該電台在一九一三年達成一個著名的里程碑：將一則可讀的訊號傳了將近二千五百公里遠，幾乎足以覆蓋整個歐洲大陸。但在美國參戰後不久，圖福的父親某天晚上發現圖福正在閣樓裡抄著摩斯電碼，於是兩個孩子的樂趣被迫戛然而止。當時，威爾遜總統已下令禁止私人無線訊號傳輸；雖然圖福抗議，認為自己只是在接收、而非傳輸訊號，但憤怒的父親告誡他：「如果總統說什麼，你照做就對了。」他當場要求圖福把設備拆了、裝回原來的盒子裡，接著他再親手把盒子全給封上。

之後不久，大學開始向他們招手。甘達雖然在勞倫斯的整個童年與青春期都接受丈夫對孩子的縱容，但她這次十分堅持，要勞倫斯就讀聖奧拉夫學院（St. Olaf College），那是一所路德教派的學校，位於寒冷的明尼蘇達州諾斯菲爾德（Northfield）。在她看來，對一個才剛滿十七歲的男孩來說，最重要的就是不讓他接觸到「州立大學的邪惡」。

不難想見，勞倫斯覺得聖奧拉夫就是個單調乏味的地方。每次時間浪費在讀聖經、進教堂、上軍訓，總讓他怒火中燒。除了有一門化學課勉強令他感興趣，其他科目的成績完全可看出他的生命乏味到多絕望：宗教學拿了C、電學和磁場拿了D。多年後，他們家才發現一件諷刺的事：這正是他以後成為世界權威的科目。

勞倫斯在聖奧拉夫的經歷就這麼結束了。一九一九年夏天，他在南達科塔州的弗米利恩（Vermillion）找到一份工作，而那也是該州州立大學的所在地。弗米利恩距離勞倫斯家才八十公里，但就像是到了另一個世界；他悄悄轉到了南達科塔大學讀大二，等到生米煮成熟飯才向父母告知。

在南達科塔大學，勞倫斯遇到了人生中第一個真正帶來啟發的老師，那就是劉易斯．艾爾斯沃思．阿克利（Lewis Ellsworth Akeley），一位在這樣的鄉間校園內少見的博物學者。阿克利來自紐約州北部一個著名的冒險家庭：他的弟弟正是著名的探險家暨環保主義者卡爾．阿克利（Carl Akeley）。在弗米利恩，劉恩斯．阿克利教了一門包羅萬象的課程，內容涵蓋化學、物理學、拉丁文及和生理學。勞倫斯找上了他，提議要開一個校園無線電台。阿克利深深為勞倫斯的熱情所感動，在第一次見面的晚上就不斷向妻子讚美這位學生，更邀請勞倫斯再見一次面，並且巧妙地把他從醫學預科導向物理學。他會拿勞倫斯做為其他學生的榜樣，有時候甚至是到了令人尷尬的程度。例如有一次，事情雖然已經過了四十年，但有個學生仍然記憶猶新告訴約翰．勞倫斯說，阿克利有次告訴全班：「這裡有個人，我希望大家都看看他。他是厄尼斯特．勞倫斯，他有一天必會出名。」

獲得學士學位後，勞倫斯繼續到明尼蘇達大學讀研究所，而圖福當時已經是該校的學生。這簡直就像天意，勞倫斯很快就遇到了一位真正思想靈活的高等物理大師：威廉．弗朗西斯．葛雷．史旺（William Francis Gray Swann）。

史旺年僅三十八歲，就已經是美國在相對論這個領域的重要專家，與愛因斯坦本人有長期的通信往來。史旺相貌堂堂，一副鷹鉤鼻，濃密粗黑的眉毛，一對炯炯有神、視線彷彿能刺穿一切的雙眼，而且他文化教養深厚，大提琴造詣高超，曾經一度面臨艱難的抉擇，得選擇究竟是要走上科學或是音樂的路。

史旺出生於英格蘭的西密德蘭郡（West Midlands），在一九一三年跨越大西洋來到華盛頓卡內基研究所地磁部（Department of Terrestrial Magnetism）；卡內基研究所是一個獨立的科學研究中心，由鋼鐵大亨暨慈善家安德魯・卡內基（Andrew Carnegie）於一九〇二年創立。史旺在一九一八年轉至明尼蘇達大學，但待得並不久。勞倫斯遇見他的一年後，他理論家的赫赫名聲將他先帶到了芝加哥大學，接著又到了耶魯大學史隆物理實驗室（Sloane Physics Laboratory）擔任主任。至於勞倫斯，則是史旺到哪就跟到哪。

史旺的教學方法明顯不走傳統規範路線。他認為物理教育不該是「把事實說得煞有介事的崇拜」，而該是灌輸某種「心態」：一種在心理上去探索的精神，要引導學生理解各種抽象原則背後的自然現象。他堅持認為，想得到事實，只要去參考書裡找、或是透過簡單的實驗過程就能回想起來；真正該激發的是學生的創造力，這才能打開通向思想領域的大門。多年後，史旺寫道：「我覺得，如果我今晚上床睡覺，隔天醒來發現自己忘記了所學的一切、但記得所有思考的經驗，應該也不會覺得這種損失有什麼好痛苦的。」

我們可以看到，厄尼斯特・勞倫斯的職涯正是把史旺的原則拿來真實上演。只要有某個新的概念比既有認定的事實更符合他對自然世界的看法，勞倫斯絕對不會讓既有事實成為接受新概念的阻礙，他會一次又一次地重塑整個思想世界。曾有許多次，那些履歷比他更傑出的同事告訴他，他們所普遍認定的事實與勞倫斯的直覺有所出入；但也是幾乎每一次，勞倫斯還是順從自己的直覺。而最後的結果，常常就是勞倫斯成功證明過去那些「事實」是錯誤的，有時候簡直是驚天動地。

史旺還可能教了勞倫斯另外一課，但這一課就是負面的了。史旺如此頻繁地跳槽，可隱約看出他有部分的個性抵消了他耀眼的智慧：他和同儕就是處不來。柏克萊的物理學家李歐納．洛伊伯（Leonard B. Loeb）曾在芝加哥大學和史旺當過同事，洛伊伯就說：「不管在哪，只要史旺不是主角，他就不高興。」但這樣一來，如果像勞倫斯一樣是史旺的忠實信徒，就代表得隨時準備搬家轉校。對於一個在家人關係穩定、緊密的家庭裡長大的人來說，這實在叫人太難承受。勞倫斯與他的導師史旺不同，一輩子都是個學術圈的居家型男人，寧願留在同一個地方，而不想一直轉換位置。有好幾個月的時間，雖然只要他一去柏克萊就能夠開始自己做主，但他還是一直抗拒著柏克萊向他招手，不想離開耶魯。而等他真的到了柏克萊，幾乎每年都會有其他學校來挖角；雖然勞倫斯也會仔細考慮，但總是會先告知柏克萊，讓柏克萊知道只要再多給他一點自由和資源，他就寧願留下來。面對著包括像哈佛大學這樣有聲望的名校也來挖角，很難說勞倫斯究竟是否曾經認真考慮過。但到頭來，總之他是全部拒絕。

史旺助勞倫斯一臂之力，要他發揮過去粗淺的修理能力，設計出有效的實驗設備。整個過程始於史旺對某個電磁現象產生興趣，也就是單極效應，這與圓柱形的磁鐵沿著縱軸旋轉時的電磁場有關（也就是像陀螺一樣旋轉，一極與桌子保持接觸，另一極則指向空中）。史旺雖然很清楚前人的研究都沒能得出肯定的結果，還是興高采烈地指派勞倫斯去設計一個實驗，調查這種效應。他告訴勞倫斯：「每兩年都會有人想出一個實驗，旋轉磁鐵或其他東西，希望得出想要的效果，但都失敗了，也找不出原因。但我們會給這片黑暗帶來一些光。」

勞倫斯用銅和鋼打造出一套巧妙簡練的設備，他設計和打造設備的速度，甚至比他獲得的結果更叫人讚嘆；他得到的結果也確實就如同史旺的預期，讓科學向前邁進了小小的一步。無論如何，總之他得到了研究結果，這點就已經夠令人高興的；而更重要的是，這篇報告就成了他碩士論文的題材。史旺把這篇論文投到《哲學雜誌》（*Philosophical Magazine*），於一九二四年刊出，成為勞倫斯發表的第一篇科學論文。

• • •

勞倫斯跟隨史旺在一九二四年來到耶魯，可說在學術上從明尼蘇達州往上跨了一步。耶魯擁有無與倫比的實驗設備及優秀師資，吸引了一批特別有潛力的年輕研究人員，其中包括來自加州、溫文儒雅的唐納德・庫克西（Donald Cooksey），他的哥哥查爾頓（Charlton Cooksey）

已經是耶魯大學物理系的教員。庫克西已經是個能力很好的物理學家，當時正在研究X光難以捉摸的性質，但他知道自己不是勞倫斯的對手。

庫克西回憶道：「他與眾不同，積極進取、對事物感興趣、而且博學多聞。」但在庫克西眼中，勞倫斯也實在還是個鄉巴佬。「他用一種可愛的天真看待東岸。而且那時候連一棟摩天大樓都沒看過。」這兩位年輕科學家將會建立一輩子的友誼。庫克西教導了勞倫斯，讓勞倫斯知道在大都會裡該怎麼做事，但庫克西真正的使命在於成了勞倫斯終身的助手兼副手，既和勞倫斯一起設計了某些勞倫斯手中最複雜的加速器，也是勞倫斯實驗室的管理人，甚至也在勞倫斯去世後守護他的遺緒。從庫克西的角度來看，這可說是完美的合作關係。他在多年後承認：「我知道自己永遠不可能成為偉大的物理學家，但在我看來，或許對於這樣一位我認為顯然會成為偉大物理學家的人，可以助上一臂之力。」

在耶魯，勞倫斯最親密的研究合作夥伴是傑西・比姆斯（Jesse Beams）；比姆斯同樣來自中西部鄉間，祖父母還曾經搭著有蓬大馬車，從西維吉尼亞州搬到堪薩斯州。正如勞倫斯在一九二五年獲得耶魯博士學位，比姆斯也是一位新科博士，而兩人的合作計劃理想太過高遠，出於某些他們還要再過一兩年才能完全理解的因素，從開始就註定失敗。他們當時的目標，是打算讓光子撞擊某個靶物質，再測量靶的表面遭撞擊後射出電子的時間間隔，據以研究光的結構。此外，他們還打算讓光束穿過快速旋轉的鏡子，把光子「切」成碎片。這項研究計劃可說是漂亮結合兩人過去的研究；勞倫斯在史旺手下時曾研究氣體中的光電效應，比姆斯則研究過一些轉瞬即逝的物理現象。比姆斯表示：「我們決定，如果他可以用一些我一直在用的設備，我也可以用一些他一直在用的設備，兩邊結合在一起，就能大概瞭解量子的長度」。

實驗做出的結果令他們很困惑。比姆斯回憶道，有時光量子似乎有三到四公尺長，但有時候看起來又只是「一小包的能量」。事實上，他們遇到的正是光的波粒二象性，他們的物理學前輩也曾為此深感困惑。

在他們最後所發表的論文裡，雖然是用中性的技術語言描述著這份困惑，但還是可看出他們大為失望。報告寫道：「並沒有明確的資訊能夠得知，電子需要多少時間，才會透過光電效應吸收一個能量量子；而所謂的光量子長度（如果這項概念確實有意義的話），同樣未能透過實驗得知。」儘管如此，兩人還是成功測得了光電效應的時滯，大約是二十億分之一秒。過去，許多著名的理論家（包括波耳）都曾提出相關數據，但兩人所提出的時間遠遠比過去更短，等於是兩人博士文憑上的墨水都還幾乎沒乾，就大膽挑戰了前人的研究。然而他們的數據說得通，而且相較於他們在一九二六年手頭上的設備，再過幾十年後，還會有更複雜的測量設備再次證實他們的結果。

比姆斯和勞倫斯長達一年的合作，讓他對勞倫斯無窮無盡的精力留下深刻印象。比姆斯回憶道：「他讓我工作到死，沒在開玩笑的。」他們的實驗有時候需要設備全天運作，而且得有人密切監看，但勞倫斯就是還能找出時間和精力去約會、打網球、打壁球，又或是在星期天去耶魯的馬廄裡挑匹活潑的馬來騎一騎。與此同時，他也開始認真追求耶魯大學醫學院院長喬治·布魯默（George Blumer）的十六歲女兒瑪莉·布魯默（Mary Blumer）。大家都暱稱她叫莫莉（Molly），芳華正盛，而且才華橫溢，註定就是會在瓦薩學院（Vassar College）名列前茅，而後順利進入哈佛醫學院。一開始，看著這位身形高大卻又出奇單薄、而且不諳世故的厄尼斯特·勞倫斯，她其實有些抗拒；他有種愣頭愣頭的氣質，可能綁鞋帶綁到一半就會陷入沉思，總讓她的妹妹艾爾西（Elsie）咯咯發笑。然而，面對他的活力、智慧，以及求愛的堅持，莫莉很快就陷入愛河。

勞倫斯早慧的實驗天賦、拼命三郎的性格，都讓學界與業界有心招募。他的發表成績驚人，而且研究領域可說是物理學裡最耐人尋味的，包括電子束的傳播、電子束作為離子化劑的作用；而他神通廣大的實驗技術也廣受讚譽。在奇異位於紐約斯克內克塔迪（Schenectady）的實驗室，他和比姆斯獲得該公司最高研究主管亞伯特·赫爾（Albert W. Hull）邀請，連續待了兩個夏天。即使面對最玄妙晦澀的技術問題，他都能迅速切中要旨，讓他後來得到的職務簡直就像是一位「無任所大使」，能夠去看看那些更資深的研究人員在做些什麼，並在必要時提出建議。

一九二六年春天，有一位學術星探前往美國物理學會，他在華盛頓召開的研討會，提出報告指出：「我試探了一位在東岸最傑出的年輕實驗人才，大家都會提到他的名字、討論他最近關於電離電位的論文……他是我見過最有魅力的人之一，是第一流的數學家，而且活力充沛。」這位星探正是李歐納．洛伊伯，加州大學的物理學教授。於是，柏克萊挖角勞倫斯的努力即將開始。

• • •

一九二〇年代中期，加州大學就像處在一個十字路口，雖然有足夠的資金、一流的設備，卻一直沒有相稱的學術名聲。該校資金有私人捐助與政府撥款，而政府撥款的原因，有部分歸功於柏克萊的化學家與工程師在美國一戰時多有貢獻。美國在一次大戰中的勝利，讓全國對科學刮目相看，認為科學研究值得做為國家努力的目標、產業發展的基礎。一九一六年，美國國家研究委員會（National Research Council）是政府補助學術機構的管道，但由於政治內鬥與學術上的猜疑而遭到重重阻礙，直到戰後才重現活力。某些在戰爭期間表現出價值的大學（像是柏克萊），就能率先得到資金，挹注教師研究與實驗室的建構。這時，學術界才剛剛開始意識到美國政府作為科學研究贊助人的重要性。

要負責提升柏克萊學術地位的人，正是後來在一九二三年成為柏克萊校長的威廉．華萊士．坎貝爾（William Wallace Campbell）。他是美國重要的天文學家，曾在柏克萊的利克天文台（Lick Observatory）擔任主任二十三年。同時，他也在一九二〇年代的一項科學重要事件當中擔任要角：透過天文觀測，證實愛因斯坦的相對論。根據相對論的預測，光線從遙遠的恆星抵達地球時，受到太陽引力場影響而形成的彎曲會大於古典牛頓物理學的預測。而表現出來的現象，就是星光如果在太陽附近，位置將會有明顯變化；而在日蝕期間，太陽的圓面變暗，就能進行這樣的觀察。坎貝爾從一八九八年開始，就已經在印度、烏克蘭和南太平洋吉里巴斯的偏遠地區做過六次日蝕研究，可說是熟門熟路；這些研究由利克天文台主辦，並得到加州鐵路巨擘查爾斯．弗雷德里克．克羅克（Charles Frederick Crocker）的資助。一九一八年，利克天文台對相對論的觀測研究遠征巴西，但由於天氣惡劣，讓坎貝爾只能拱手讓出確認相對論的殊榮，最後是由英國天文學家亞瑟．愛丁頓在非洲普林西比島的觀察做為確認。只不過到了一九二二年九月，坎貝爾還是在澳洲西北海岸完成了最後確認。

在當時的歐洲人眼中，覺得美國科學界就是一灘死水，財力人力雄厚，但缺乏理論認識；坎貝爾也不得不同意這種鄙視的看法。每年，他都會把手下最有潛力的天文學研究生派到歐洲的大型科學重鎮學習，像是劍橋、曼徹斯特、巴黎，或是德國的哥廷根。這種對學生的要求在德文稱為「Studienreise」，也就是「修學旅遊」，目標是讓學生得到在美國無法學到的「現代物理學發展」必備基礎。在一九一四年至一九一八年間，一次大戰徹底切斷了美國前往英國與歐陸的管道，也讓坎貝爾更深切感受到這種不足。

在一次戰後的幾年間，大批學生退伍回歸校園，柏克萊過時的科學研究設施不敷使用，面臨冏境，而加州議會與柏克萊的私人贊助者對此表現出前所未有的慷慨。其中的一支強心針，自然是在一九二一年將位於帕薩迪納、原本毫不起眼的私校圖勃多元理工學院（Throop Polytechnic Institute），一舉升級為加州理工學院。這背後的推手，是重要的天文學家喬治・艾勒里・黑爾（George Ellery Hale）。而相關資金來自黑爾長期的慈善贊助者。諾貝爾獎得主羅伯特・密立根（Robert A. Millikan，時任芝加哥大學校長）也前來擔任校長。顯見該校確實一躍成為全球一流大學。

柏克萊不甘示弱，在一九二四年宣布了投入鉅額資金的計劃：全球規模數一數二的物理學研究大樓勒孔特館（LeConte Hall），以物理學家約翰・勒孔特（John LeConte）命名，他是柏克萊於一八六九年創校時所任命的第一位教師。然而，光是要蓋大樓並不難，但要讓寬敞的研究室與實驗室裡都有地位配得上的傑出教授，就沒那麼容易了。柏克萊曾經試著邀請波耳、諾貝爾獎得主亞瑟・康普頓（Arthur Holly Compton，他本來已經答應擔任物理系系主任，但後來芝加哥大學開出的條件更令他心動），甚至還邀過史旺。

到頭來，這份重擔落到了兩位年輕教授洛伊伯和雷蒙・伯奇（Raymond T. Birge）的肩上。他們設計了一套新策略，能讓科學奇才在其他地方找到舒適的閒職之前，就先把這些人逮過來。首先，他們詳細研究了美國國家研究員（National Research Fellow）的名單。這些人是國家研究委員會的獎助學金得主，是由全美前百分之五的博士候選人所選出，相當能做為候選人科學能力的參考。他們從中挑出六人做為口袋名單，其中就有一位來自東岸的年輕耶魯大學教師，咸認為是同儕中最優秀的一名：厄尼斯特・勞倫斯。

洛伊伯先在華盛頓與勞倫斯有初步接觸後，就由伯奇接手。他先向勞倫斯放出一些八卦消息，告訴勞倫斯其他想挖角的學校都打算做些什麼。像在一封信裡，他就告訴勞倫斯：「我收到一些關於康乃爾大學的消息，看起來是真的，你可能會有興趣。里克特梅耶（Richtmeyer）和系裡其他同事非常不和……我覺得你還是留在耶魯比較好。（至少是現在。）」伯奇拼錯的那個人名，指的可能是兩位傑出物理學家其中一人：有可能是長期在康乃爾大學任教的佛洛伊德・里克特邁耶（Floyd K. Richtmyer），也有可能是他的兒子羅伯特・里克特邁耶（Robert Richtmyer），他當時即將畢業，但很快就去了麻省理工學院。

• • •

在一九二七年的夏天，勞倫斯加入比姆斯，一起去歐洲參訪，而史旺也正好在歐洲過「休假年」。這是勞倫斯第一次出國，一心以為史旺會帶他們看看歐洲，把他們介紹給他熟識的朋友和歐洲科學界的重要人物，就像是某種姍姍來遲、為期也較短的修學旅遊。然而，史旺在巴黎迎接他們之後，卻很快就拋下了他們，跑去參加大提琴家帕布羅．卡薩爾斯（Pablo Casals）的大師班。於是，那個夏天他們只能自己克勤克儉，想辦法前往各個歐洲重要科學機構。例如，他們去了哥本哈根大學研究理論物理的波耳研究所，但當時這位大人物並不在，他們就只能在所裡到處走走，簡直就是一般遊客。而在柏林和哥廷根，倒是和一些重要物理學家交心談了一談。在巴黎，他們見到了史旺的朋友瑪麗．居禮，見面地點就在她的鐳學研究所（Radium Institute）。雖然她已經得到法國政府以及歐美國慈善家的資助，但手上能用的實驗設備仍然簡單到令人震驚，甚至可說是簡陋，絕對比不上他們在耶魯大學用的那些設備。他們到了英國，同樣的狀況再次令他們大驚，曼徹斯特和劍橋就是用著最簡樸、手工製作的器材，做出最具開創性的研究。

當時正是小科學最輝煌的時刻。就算用的是最簡陋的設備，只要研究品質高、理論推導確實，就能做出一流的研究；相對地，不管實驗室設備再好，如果沒能好好運用，做出的研究也不會有價值。當時勞倫斯並沒看出這點，在日後即將付出慘重的代價。在他離開歐洲的時候，勞倫斯只覺得歐洲能教給他和比姆斯的並不如預期。像他就向比姆斯抱怨，認為美國「除了名氣之外，並不輸歐洲」。在他的預想裡，再過不久，就該是歐洲學生到美國來做修學旅遊了。

一回到家，勞倫斯就看到伯奇的一封信，信裡把柏克萊講得像是人世間的學術天堂。伯奇寫道：「我覺得，你一定會喜歡加州，加州也一定會喜歡你」，而且再三強調「這裡的教學負擔和鄉間任何學校一樣輕……比州立大學輕得多，跟耶魯比起來更是輕太多了。」伯奇的目標，是讓勞倫斯忘掉耶魯的光環，畢竟一所遙遠的公立大學怎麼可能在學術聲望上比得過耶魯呢？此外，耶魯爭取人才也未手軟。就在勞倫斯參訪歐洲前，耶魯給他開出了一個助理教授職，薪水三千美元。比姆斯當時就一心認為，耶魯絕不會放勞倫斯離開。

伯奇倒不這麼認為，他覺得這位年輕人心裡急，而他也繼續施加壓力。他再寫信給勞倫斯：「最重要的，就是要在合理的時間，到該去的地方」，並且再次強調當時物理系主任艾爾默・霍爾（Elmer Hall）給他開出了副教授的職位，薪水三千三百美元，而且隔年所有教師都還會再加薪五百美元。伯奇向他保證，到了柏克萊，「年輕人會得到的任命與升遷，與年紀大的人完全不同。」而且，這裡指的還只是普通人才而已。「但不管是這所或是其他大學，你根本不該關心那些普通人才的事……我覺得，你唯一該關心的就是那些特別出色的人會得到怎樣的待遇。我認為，像你才教書這麼短的時間、研究資歷也還淺，我們卻向你開出專任副教授的職位，這應該是前無古人的事。這證明……我們對你有多麼重視。」

最後出於兩個因素，勞倫斯終於決定告別耶魯。首先，史旺決定擔任費城巴特爾研究所（Bartol Research Institute）的主任，那是一個規模小、經費也短缺的機構。第二，對於這一位眾人爭搶的助理教授，耶魯過於自滿，拒絕了他希望升為副教授的請求。畢竟，晉升太快將會牴觸耶魯的慣例。勞倫斯的學術上司沒看清他的青春熱情，更不可能相信，居然會有教授想離開耶魯、接受遙遠西岸州立大學的職位。勞倫斯考慮要接受柏克萊邀請的時候，比姆斯是熟識親友裡面第一批知道的。比姆斯立刻大步走進耶魯物理系主任約翰．澤勒尼（John Zeleny）的辦公室，警告耶魯即將犯下「他們犯過最大的錯誤。」澤勒尼哀傷地表示，雖然自己同意條件，但並無法說服院長。一九二八年三月十二日，勞倫斯以電報接受了柏克萊的邀請。

那年夏天，就在他正要開車橫越美國接任新職之前，他先去了華盛頓，拜訪梅爾．圖福。圖福此時剛得到約翰霍普金斯大學博士學位，並且在華盛頓卡內基研究所的地磁部工作了兩年（正是史旺待過的地方），努力運用難以操縱的特斯拉線圈和范德格拉夫起電機，希望能發射出高能量的質子來探測原子核。圖福在實驗室裡一片油氣的惡臭和起電機咔嗒作響的噪音中，問了勞倫斯打算在柏克萊做什麼研究，得到的答案卻是不清不楚。

圖福回憶道：「他講得非常含糊，只說什麼高速旋轉的鏡子啦，把量子的尾巴切斷啦，還有一些沒什麼關聯的概念。」勞倫斯還是一點都沒變，不是把自己埋在科學期刊裡，而是只要看到新奇的設備和裝置就徹底著迷。

圖福仗著自己大了六週，而且又是童年好友可以無話不談的身份，把勞倫斯好好訓了一頓。「我告訴他，現在不能再像宴會上選餅乾那樣去選研究問題了；他該好好想想，有哪個領域充滿新鮮、有待回答的問題，就挑那個領域。」而這裡的正確答案不言可喻。「只要是大學生都看得出來，用高能的人造質子束和氦離子來研究核子物理，就是這樣的領域……他應該要在這裡佔下一席之地，好好研究並成長。」

勞倫斯一邊嚴肅地聽著，一邊還瞄著實驗室裡四處的磁鐵、特斯拉線圈和真空管。圖福下了結論：「他當時還在大略地摸索著，看有哪個領域充滿待解問題。」圖福當時絕對沒想到，就是他讓自己的朋友找到了一生的職涯。

CHAPTER 3 「我要出名了」

雖然物理學是個要求嚴謹記錄一切過程的領域，而且又是如此重要的一刻，但迴旋加速器誕生過程的全貌仍然是一片模糊，令人扼腕。我們知道，有一本名聲並不響亮的德國科技期刊，勞倫斯就是從裡面的某篇文章得到了基本概念；我們知道刊名、篇名、作者名。我們也知道，這一刻發生在一九二九年的春天，但並不知道明確的日期。

對於勞倫斯為什麼會拿起這本期刊翻閱，我們所知就少得多了。當時他是已經長時間思考著如何把粒子加速嗎？又或者，這個將會影響他一輩子的概念就是這麼忽然閃現？他的同儕對這個問題各有想法，連他自己的筆記也互相矛盾。對於這本堆在柏克萊科學期刊裡、一九二八年十二月十九日出刊的《電機工程檔案庫》（*Archiv für Elektrotechnik*），他究竟是偶然發現，又或者根本是他自己特地去訂閱？兩種可能的背後都有證據支持。在他的諾貝爾獎獲獎演說裡提到，自己之所以會讀到挪威物理學家羅夫．威德羅（Rolf Wideröe）的這篇文章，是「在大學圖書館裡瀏覽當期期刊」。但在許多年以後，他唯一一次和威德羅真正碰到面，卻告訴他那是在一次開教師會議的時候，為了不那麼無聊，才剛好讀到那篇文章。

無論如何，雖然威德羅的這篇論文是用勞倫斯只懂一點的德文所寫，而且充滿專門術語，但可以肯定勞倫斯幾乎立刻看出這篇文章的重點。他在諾貝爾獲獎演說裡提到：「我只看了文中的圖表」，就發現威德羅「大致的作法」是用許多電場來多次加速排在直線上的離子。對於勞倫斯來說，這樣透過多次小型脈衝來逐步加速粒子的方式「立刻讓我留下深刻印象，我一直想解決如何加速正離子的技術問題，而這似乎就是真正的答案。」說得更明確，這解決的問題是如何在無須高電壓的狀態下，產生出高能的粒子。他將這篇文章擺在一邊，設計了一個能把質子推到一百萬伏特的直線加速器，對於厄尼斯特．拉塞福所要求的一千萬伏特，這可說是重要的第一步。但他離成功還有一段距離：簡單的數學告訴他，想達到這樣的能量等級，直線加速管需要長達許多公尺，「對實驗室使用來說長得太誇張了。」

接著，就來到真正的腦力激盪部分。如果他能夠強迫讓離子繞圈、於是反覆通過同一個電場，情況會如何？這種小巧、電氣效率高的加速器，其實是將幾個既有原理結合而成的全新概念。第一個原理，在於帶電粒子垂直通過磁場時，路徑會有所彎曲。於是，這裡的挑戰變成如何掌握發出電脈衝的時間，在粒子每次通過時通電，也就是要由頻率固定的振盪器來發出電脈衝。

第二個原理非常重要，後來甚至被稱為是「迴旋加速器原理」：粒子加速時，繞的圈會變大。雖然粒子要回到起點的距離需要拉長，但速度也變得更快，於是抵達電場的時間間隔仍然保持相同。這個原理很像是腳踏車輪，輪圈上的某一點會對應到花鼓上的某一點，雖然車輪轉動時輪圈跑了幾公尺、花鼓可能只跑了幾公分，但兩點的相對位置都永遠不變。結合這些原理，就會看出只要電場以恆定頻率通電，就能將繞圈前進的質子流重複加速，而無須不斷調整。這種質子加速中仍然能與振盪器保持時間同步的現象，稱為「共振」(resonance)。對於加速器設計來說，這是與愛因斯坦的 $E = mc^2$ 同樣重要的原理。

其實，物理學界當時已經聽說過迴旋加速器原理。一九二九年稍早，匈牙利物理學家里歐・西拉德(Leo Szilard)就已根據這項原理設計出一系列奇特的裝置，希望在德國申請專利。然而，當時的設計太模糊，或許也太革命性，無法說服審查委員。多年後，西拉德也承認，雖然自己創意十足，卻少了勞倫斯的堅韌。他告訴一位朋友：「這裡重要的是把實驗真正付諸實行，而不只是把它想出來。」對西拉德來說，那項裝置只是許許多多可能成功、也可能不會成功的想法之一；但對勞倫斯來說，那是讓他建立起職涯的重要概念。

勞倫斯回到柏克萊教師會所的單身宿舍，與其他教師分享他的理論，其中許多教授也像他一樣，就是未婚的教授們。一般來說，勞倫斯並不是喜歡高談闊論的人，但只要他抓住了一個新點子，旁人多少都見識過他忽然變得熱情萬分、激動溢於言表。其中有許多人，一輩子都忘不了第一次聽到勞倫斯講迴旋加速器的樣子。湯姆・約翰遜(Tom Johnson)記得，勞倫斯第一次在柏克萊圖書館描述迴旋加速器的那一晚，手中還緊緊抓著威德羅的那篇論文。在教師會所，勞倫斯遇到的第一個人是數學家唐納德・夏恩（Donald Shane），他非常仔細地檢查了勞倫斯潦草寫下的算式，也同意數學上看來沒問題。

「但你打算用這做什麼？」夏恩問

「我要打破原子！」勞倫斯回答。

到了第二天，勞倫斯還是興奮不已。某位教授的妻子永遠記得，那是柏克萊一個春寒料峭的早晨，她在樹木繁茂的步道遇到勞倫斯，而勞倫斯對她喊道：「我要出名了！」勞倫斯有位研究生吉姆・布瑞迪（Jim Brady），當時正在勒孔特館二樓的實驗桌上忙著自己的事，但勞倫斯衝進來把他拖到黑板前，迅速把方程式寫了出來。勞倫斯告訴布瑞迪，圖福的起電器確實能產生高電壓。他問：「但是他們得到高電壓之後，能做什麼？」如果你直接把一百萬伏特導入真空管，肯定只會讓真空管炸成碎片。但是如果先放幾千伏特，再慢慢加到一百萬伏特，玻璃管就能承受得住，而且粒子也會加速。

要發出幾千伏特的電，並不是問題。要把離子限制在大約繞一百次的磁場裡，也不是問題。在勞倫斯所看到的遙遠願景裡，拉塞福千萬電子伏特的目標已經彷彿就在眼前。他需要的，就是一個功率夠大的振盪電流、一個夠大的電磁鐵，再加上一個離子的來源，就能夠發射離子、讓離子搭上他心中想像的那個「質子旋轉木馬」。正如勞倫斯第一晚就告訴夏恩的，他看不出來這裡有任何問題。

他對這概念想得沒錯，對於這個概念的重要性認知也沒錯，另外還有一件事也沒錯：這要讓他出名了。

• • •

然而，正如西拉德體認到的，要把黑板上潦草寫下的方程式轉成真正能運作的裝置，並沒有那麼簡單。當時勞倫斯的實驗室人力配置還不充足，手下只有三名研究生，而且各自都已經在做著經過他核准的研究。而且，對於這個質子旋轉木馬的概念，他所有的朋友與同事也都不像是第一晚柏克萊教師會所那些鄰居那麼著迷。圖福此時仍然努力用著難以操作的特斯拉線圈製造出高能量的粒子，對於勞倫斯把直線加速器改為迴旋式，並未看出什麼實際的應用價值。每個人似乎都有不同的理由覺得共振不會成功，而且也都看不到為什麼會成功的理由。有些人說離子會無法同步，也有人說會撞到加速器的管壁，又有人說離子會撞到散逸的空氣分子。勞倫斯回答，只要在真空槽內將粒子加速、並用磁鐵維持路徑，就能避免碰撞；然而這就引發下一個技術問題：怎樣才能在一個強大的電磁力漩渦裡維持氣密真空？隨著柏克萊新一學期的開始，勞倫斯先擱置了螺旋加速器的概念，去處理許許多多其他讓他分心的計劃。其中之一是和一位特別專心一致的研究生大衛・斯隆（David Sloan）合作，研發出一種

X光管，似乎可以放出一百萬伏特的電子；雖然仍不適合作為原子核研究的子彈，但在許多其他實驗都能派上用場。

接著在耶誕節過後，幾件事情讓他決定重新回來研究加速器。

第一，是他和著名的德國量子物理學家奧托．斯特恩（Otto Stern）聊了一次，這位未來的諾貝爾獎得主剛好在假期間造訪柏克萊。斯特恩的專長正是磁場對原子和次原子粒子的作用，而勞倫斯在一場教師晚宴上向他描述自己的想法，讓他大感興趣。這是第一次，勞倫斯有了對次原子行為深具瞭解的物理學家支持他的想法，而不是用各種方式來反對。

斯特恩急躁地向勞倫斯大吼：「你為什麼不繼續？」當時，約翰．勞倫斯也在現場，他用彆腳的德語重現斯特恩叫勞倫斯「Sie mussen Zurich gehen!」（「你一定要去蘇黎世！」）意思也很清楚，就是叫勞倫斯趕快回實驗室繼續研究！

幾天後，在一月一日出刊的《物理評論》（*Physical Review*）又成了第二股推力。該期期刊載出了梅爾．圖福的報告，表示其特斯拉線圈可以在沒有「任何嚴重困難」的情況下，將α粒子推動到高達一千萬電子伏特的能量。而根據圖福的計算，這些粒子輸出的能量等於二千六百公克的鐳。任何的物理學家，只要還記得瑪麗．居禮一九二一年前往美國，只為了那價值十萬美元的一公克鐳，就會知道圖福的這項聲明有多大價值。對於圖福的線圈究竟能否真正成為可靠的加速器，勞倫斯仍然十分懷疑，因為高電壓很容易就會崩潰而化為巨大的火花，很難說究竟能維持多少功率用來加速粒子束。然而，看到圖福的聲明，逼著他要趕快告訴世人自己有個更好的主意。

機會很快就來臨，勞倫斯帶的研究生尼爾斯．艾德夫森（Niels Edlefsen）在新的一年提早完成了博士研究。艾德夫森可說是大器晚成，他比勞倫斯大了六歲，但此時仍然只是個助教。他對勞倫斯十分忠心，而勞倫斯也是個獨一無二的物理學教授，會在半夜出現於勒孔特館向學生伸出援手，現身時總會說：「介意我跟你合作一下嗎？」

而現在，換成勞倫斯要請他幫忙了。他告訴艾德夫森：「我有個瘋狂的點子，十分簡單，我不懂為什麼沒人試過……可以請你準備一下我們需要的東西嗎？」關於勞倫斯如何打造出世界上第一個大科學實驗室，這是我們第一次看到他所運用的方式：無情地剝削著研究生的廉價勞動力，而這種勞動力很快就會成為他手中取之不盡的資源。

到了一月中旬，艾德夫森已經開始努力組裝著勞倫斯的裝置。冬去春來，他已經製作出一系列的迴旋加速器原型，方法是使用金屬和玻璃容器，先壓扁，橫向分開，裝上細絲和電線，再用厚厚的密封蠟覆蓋，以保持真空。

這些首批模型小得能夠放在手掌上，很難看出與未來精心設計的改良款有何相似之處，更不用說是那個建在二十一世紀瑞士農村地底、長達數公里而隆隆作響的巨無霸了。艾德夫森所製作出的裝置，很像是威士忌酒瓶被卡車輾過的東西。在勞倫斯指示下，艾德夫森把這些裝置放在物理實驗室電磁鐵間隔約4英寸的兩片電極之間，將空氣抽空、充入氫氣，再用帶電的鎢絲將氫氣加以電離。

當時的結果並無法得到定論。根據艾德夫森簡陋的離子偵測器，容器內確實發生了一些事，但究竟是不是質子與振盪的電場發生共振並加速，並不得而知。不論艾德夫森對此有何懷疑，都比不上勞倫斯對此的樂觀。勞倫斯很願意假設他已經證明了概念；只要有更佳的檢測裝置，就能驗證結果。他常常會乖乖寫信給在南達科塔州的父母，而他在一封信裡就提到：「如果結果如我所望，就會成為我最重要的成就，重要性遠超過其他。」

那年夏天，艾德夫森離開了柏克萊，去另一所大學擔任博士後。至於勞倫斯，則把暑假這幾個月拿來「放鬆」打網球，另外也針對美國國家科學院（National Academy of Sciences）將在一九三〇年九月十九日於柏克萊舉行的研討會，寫了一篇關於這項研究計劃的講稿，此外還為幾週後要出刊的《科學》寫了一篇報告。這些講稿和報告都是字斟句酌，雖然沒有明講，但在在表示他和艾德夫森已經做到了他們一直在追求的共振。文章刻意避免提及任何的實際讀數，因為他們手上就是沒有任何讀數。然而，文章處處可見勞倫斯的自信，以及他如何靠著直覺、就遠遠在現實之前掌握可能性；在這裡所指的，也就是要能夠產生具有百萬伏特功率、而且維持動能的持續共振質子束。他寫道：「初步實驗指出，要取得速度夠快、能用於研究原子核的質子，應該沒有嚴重困難。」藉著呼應了梅爾·圖福的話，他頗為刻意地在自己少年朋友的旁邊插下了自己的旗幟。然而，既然誇下海口，物理界就期待他要能說到做到了。幸運的是，在未來許多深具天分的合作者中，下一位已經出現。

• • •

米爾頓・史丹利・李文斯頓是個結實魁梧的農場男孩，出身在加州聖蓋博山脈的山腳下，父親在那裡有一片橘子樹。李文斯頓在達特茅斯學院（Dartmouth College）學習物理，但該校並非以科學課程聞名；李文斯頓也承認，自己在達特茅斯拿到的碩士，可能只等於其他更嚴謹大學的學士學位。然而，靠著他的所學，已經足以讓他得到柏克萊教職。（他回憶道：「當時的競爭遠遠不及現在激烈」。）

與其他在一九三〇年秋天進到柏克萊的人不同，李文斯頓從沒聽過勞倫斯的大名；他第一次聽說勞倫斯教授這個人，是他為了自己過去的物理學習漏洞而安排密集補救課程，而在頭幾週他就選了勞倫斯的大學部磁學課程。但他很快就捲入了勞倫斯的軌道裡。李文斯頓詢問所有教授，該如何想找出自己合適的博士論文主題，而他對勞倫斯建議他做的「氫離子與磁場中的射頻磁場的共振」最感興趣。簡單來說，也就是迴旋加速效應。李歐納・洛伊伯雖然正是把勞倫斯請到柏克萊的推手，但他也傲慢地警告李文斯頓，執行勞倫斯的研究專案會是浪費時間。李文斯頓回憶道：「他並不認為迴旋加速器會成功。」李文斯頓帶著洛伊伯等人的懷疑，回去詢問勞倫斯，而勞倫斯又以他一貫的強大自信驅散了這些念頭。於是，李文斯頓加入了。

這是一個很幸運的夥伴關係，李文斯頓的技能剛好能補勞倫斯的不足。勞倫斯有的是願景、靈感激發的實驗藍圖；李文斯頓則是因為農場的背景，讓他擅於操作機器、熟於親手維護，還懂得如何維修那些難以送去維修的複雜齒輪。他的職責，就是要將勞倫斯的想法與艾德夫森東拼西湊而成的裝置，轉變成一套真正能夠運作的加速器。

李文斯頓的第一項任務，就是要從勞倫斯與埃德夫森所提出的主張裡，把誇張的成份去掉。李文斯頓下了一個結論：無論艾德夫森在他的小房間裡看到了什麼，總之那並不是共振。當時，並沒有證據指出在艾德夫森「相當粗略」的設備周圍有氫離子得到加速，至於那一百萬電子伏特，更是半點跡象也見不到。李文斯頓認為，艾德夫森只是因為抽真空的技術不佳，在設備裡留下了大氣中的氮和氧，因而創造了重離子。這些離子可能確實曾在短距離內彎曲，但那些最後抵達偵測器的離子，可能都只加速過一次。至於大多數離子，可能都是在拳頭大小的槽內撞上牆壁而消逝。迴旋加速器原理仍在等待觀察和實驗證實，而李文斯頓的工作就是「把這件事做到」。

他完全從頭打造，把艾德夫森笨重的金屬和密封蠟換成銅製的真空室，形狀就是個直徑約四英寸的扁平圓柱體。在真空室裡，有一半是一個中空的半圓形電極，形狀像字母D，後來也就在英文裡被稱為「dee」(D型盒);另一半則是只裝上一條銅條,作為目標靶。銅條上裝著靜電計(electrometer),粒子加速迴旋後最後就會撞上銅條,由靜電計測量最後的能量。隨後,圓柱裡再裝上第二個D型盒,粒子在圓柱裡迴旋、在兩個D型盒間來回,每繞一圈就會被電極加速兩次。對於這第一個正式定案的設備,李文斯頓認為「現代迴旋加速器所有的基本特徵,都已像是在子宮裡成形」。

確實,他已經克服了將理念化為實際的障礙,讓勞倫斯的幻想成了實實在在的一台加速器。那是九月的事。但一直要到十二月一日,他才觀察到真正類似於共振加速的跡象,顯然大大鬆了一口氣,在工作簿寫下:「終於,看來我們得到正確的效果了。」根據李文斯頓的計算,他成功以十次完整的迴旋將氫離子加速了二十次。耶誕節後不久,他拜託實驗室的同事,借到一具磁鐵,比起他手中那個才四英寸的模型要強上兩倍。只能說是借得正好,因為當時勞倫斯正陷入一場罕見的自我懷疑當中。他寫信給史旺:「我們的高速質子碰到了麻煩,雖然我們能讓質子迴旋旋轉,但一直沒辦法確定轉了多少次,也就不知道速度多快。」

李文斯頓用更強力的磁鐵所得出的結果,消除了這份疑慮。測量結果指出,他在讓離子迴旋真空室四十一次、也就是共振八十二次之後,將離子加速到了八萬伏特。李文斯頓回憶道:「勞倫斯非常興奮,你也知道,我們畢竟是確實證明了。他這下要正式參賽了。」

這裡說的參賽,指的是勞倫斯要開始去爭取資金,建造更強大的加速器。勞倫斯總是習慣在這步還沒走完的時候就想好下一步（現在也正是如此），有部分原因也在於總要走完下一步，才能確定他原來的樂觀預測是對的。甚至早在李文斯頓的結果確實得到驗證之前，勞倫斯就已經擬定一項計劃，希望取得更強大的電磁鐵，將質子加速到超過百萬伏特這個門檻。根據他提交給柏克萊研究委員會的預算，這項裝置大約是七百美元。委員會將預算案再呈給才就任三個月的校長羅伯特．史普羅爾（Robert G. Sproul），這將會是他未來將柏克萊建立成美國大科學龍頭機構的第一筆開支。

在那個秋天，史普羅爾已經充分意識到勞倫斯對柏克萊價值連城，因為西北大學居然開出薪水超過六千五百美元的教授職，試圖挖角勞倫斯；這比柏克萊正教授的薪水還要再高出一半，更不用說勞倫斯只是個才二十九歲的副教授。一想到勞倫斯可能被挖走，就讓科學相關科系的教師們一陣恐慌。由一群資深科學教授所組成的委員會，觀察認定勞倫斯是「美國在這個年齡層裡最優秀的實驗物理學家」，如果失去這個人才，會讓柏克萊「元氣大傷」，於是全票通過讓他得到正教授職位、加薪至五千美元。史普羅爾詢問了人在遠方的史旺，史旺也表示，這位門徒註定會在一九三〇年代結束之前躋身全球十大物理學家。至於另一項更直接的觀察意見，則來自化學系的名譽院長吉爾伯特．路易斯（Gilbert Lewis），他告訴史普羅爾，這裡的問題並不是要不要給出柏克萊史上最年輕的正教授職，而是「我們還會不會有個物理系。」

柏克萊對於勞倫斯未來的辯論，在一次炮火猛烈的教職員會議達到高潮，一方是由伯奇與路易斯所代表的硬科學，另一方則是人文科學和社會科學系所。反對者認為，勞倫斯資歷尚淺，忽然如此大幅度晉升，超越其他資歷更深、過往履歷也更有跡可尋的教師，這實在是史所未見；對特定系所如此偏袒，會有損其他系所的士氣。此時，三十九歲的史普羅爾表面上權衡了各項利弊，但其實心中早有定見。「如果有十分之一的機會，他會成為美國最頂尖的物理學家，我不會放過這個機會」，他就這樣批准了勞倫斯的晉升案。結果也證明，勞倫斯還不到十年就達到了史旺的期許：短短八年後，就獲得了諾貝爾獎。

事實上，對勞倫斯來說，西北大學提出的價碼也並不是那麼有吸引力。他真正希望的不是為自己大幅加薪，而是希望得到柏克萊新行政團隊的認可，明確承認他的實驗室對柏克萊深具重要性。在這一點，他也成功了。為新的迴旋加速器申請經費，是他第一次有機會測試自己的新地位。結果並沒讓他失望。史普羅爾才剛上任柏克萊校長，就已經為勞倫斯開過特例，現在可沒打算對這位明日之星苛扣減省。這份七百美元的請購單，他幾乎沒什麼討論就簽了下去。

勞倫斯還從國家研究委員會另外得到五百美元，於是向聯邦電報公司（Federal Telegraph Company）訂了一塊極面九英寸的磁鐵。李文斯頓回憶道，勞倫斯把設計合適的新真空室這個工作交給了他，然後就從實驗室消失得不見人影，去「找資金和其他支持。我不知道他到底都在做什麼，但可以看到他花了很多精力尋找支持，好邁出下一步。」

但勞倫斯每次出現的時候，並不見得都是讓事情更順利。勞倫斯在三月某一天忽然又冒了出來，向李文斯頓宣布「你現在得先停手，把論文寫完。」李文斯頓這才意識到，他得在短短兩週之內，完成要在六月獲得博士學位所需的工作。這對他和勞倫斯都是很嚴重的問題：李文斯頓必須有博士學位，才能得到講師職，而且他必須有講師職，才能在秋天這個學期繼續待在柏克萊。而對於勞倫斯而言，他必須要有李文斯頓，才能建出新加速器。

李文斯頓立刻先拋下手邊所有工作，全速寫出一篇關於四英寸加速器研究的論文。接著，再由伯奇與其他三位教授擔任委員，以放射性為主題進行口考。光是第一個問題，就可以看出因為他全心投入加速器研究，讓他完全缺乏準備。李文斯頓說伯奇問他：「有沒有讀過拉塞福、查兌克和艾利斯（Charles Drummond Ellis）的著作，也就是這個領域最出名的著作？但我得承認自己沒讀過，我沒有時間。」李文斯頓從口試的教室跌跌撞撞去找勞倫斯，想警告他，因為自己看起來連最基本的核子物理都沒搞懂，幾乎一定拿不到博士學位了。勞倫斯聽到這個消息，反應卻冷靜到不可思議；事情也很快就真相大白。口試委員會無異議授予了李文斯頓博士學位。顯然，勞倫斯動了手腳。李文斯頓在多年後回想：「我可以猜測，他應該是滿有說服力的。」

李文斯頓迅速回到了加速器的研究。等到七月三日收到新磁鐵，他已經設計出全新的真空室，直徑十一英寸。真空室安裝在極面之間，立刻啟動。兩週後，勞倫斯已經對外宣布，該裝置將質子加速到了九十萬伏特。起步短短一年，勞倫斯已經敲響了百萬伏特的大門。

• • •

七月十七日，勞倫斯寫信給弗雷德里克．科特雷爾（Frederick Gardner Cottrell）博士：「我迫不及待，想讓您知道高速質子的製造實驗已經比預期更為成功。研究已經來到非常重要的階段，目前最大的困難不再是關於實驗本身，而是財務方面。」

這封信代表著勞倫斯進入了一個關鍵的新階段，從自己動手的物理學家，轉型成為募資的統籌者。這時候，雖然大學的資源每次能給他幾百美元，但對他想做的事情來說已經不再足夠。下一個新的加速器需要幾千美元，因此他需要尋找新的贊助人。弗雷德里克．科特雷爾在此登場。

一九〇八年，科特雷爾曾經是在柏克萊相當受歡迎的理化教授，手中有一項專利，能用帶電網格過濾掉煙霧排放物中的雜質。當時他三十一歲，父親過世讓全家債務累累，於是他接受化學龍頭大廠杜邦（E. I. du Pont de Nemours & Company）委託，希望能回收工廠煙囪排放的廢硫酸。而事實證明，他的發明除了可以回收廢硫酸，還可以清除冶煉廠的毒氣、污染粒子與廢水，以及礦井空氣裡的煤粒等等。科特雷爾與三位合夥人成立了公司，將這套流程商業化。然而，想到自己身為大學教授，卻用基本上應該屬於學術研究成果的概念來賺錢，令他有些不安。在他心裡，他仍然是一位教授，而不是實業家。這種想法在當時還很常見，基礎研究的模式仍然就是要有傑出的科學家、無私地追求著知識；例如路易・巴斯德（Louis Pasteur）就有句名言：「我永遠不會為錢而工作，我是為科學而工作。」

對於各大學實驗室得到研究結果後的用途，在學術界引起了廣泛爭論。說到美國大學的責任，亞伯拉罕・弗萊克斯納（Abraham Flexner）是這方面的權威，他寫道：「研究被作為營利來源的那一刻，研究的精神也就貶值。」然而，有鑑於業界能夠賺進多麼巨額的利潤，巴斯德及那些同時代的人還要君子遠業界，看來就不僅過時、甚至是愚蠢。例如電磁學研究雖然要歸功於麥克・法拉第（Michael Faraday）和詹姆斯・克拉克・馬克士威等先驅，但這些人並未申請專利，於是學界教授只能眼巴巴地看著無線電業者把幾百萬美元賺進口袋，但自己一無所獲。

大學會議和專業委員會都擔心，如果學術開始追求利益，會帶來怎樣的衝突和妥協。公立大學的資金是來自納稅人，那麼公立大學是否能夠將研究發現授權給民間企業、讓民間企業又能向同一批納稅人販售而營利？如果某項發現是耗費了幾年、或幾十年無數科學家的心血，最後專利的歸屬權該如何判定？科學界追尋真理，研究同行之間常常會無私地交換資訊；但如果對真理的追尋變成對商業優勢的競爭、同行變成了對手，情況會變得如何？科學的研究方法中，常常是不計利益地追求真理，而且也會從（無利可圖的）失敗當中學習到許多；一旦受到財富的誘惑，科學研究方法又會受到怎樣的影響？

科學家到底要當個研究人員、還是商人？洛克菲勒基金會醫療主任亞倫・葛雷格（Alan Gregg）就曾轉述「國內某間前段醫學院院長」的抱怨，說他手下的某位教職員工「忙於管理根據該校所持專利所製造的某項產品，根本沒有時間進行研究或教學。」英國著名的科學官員華特・佛萊契（Walter Fletcher）就曾對美國聽眾提出警告，認為商業考量肯定會對學術標準產生「惡性影響」。他表示：「大學提供加薪或晉升獎勵的對象，將會傾向於那些能夠立即獲利的人，而不是那些只追求知識本身的人。而正如我們所知，如果知識要進步，沒有比這種情況更糟的了。」

但也有個現實問題：基礎研究的資金總有被刪減的危險，特別是經濟不景氣的時候更是如此。一九三六年的《哈潑月刊》就曾寫道：「科學需要財富的實質支持，實驗室的設備和維修都需要錢，而近來要取得必要經費已愈來愈難。各項捐助都在萎縮……政府對純科學的經費也刪節……科學創造財富；這樣說來，為什麼不運用這種強項來自給自足呢？」

其中許多問題至今仍懸而未決，不難想像最初提起時的辯論炮火是如何猛烈。

很明顯，必須設法既能善用實驗室研究所帶來的利潤，又不會破壞學術標準或對科學探索造成限制。威斯康辛大學就率先推出一種開創性模式，當時哈瑞・史丁博克（Harry Steenbock）發明一種方法，能在食物裡添加維生素D。他並未將專利權據為己有，而是共同創立了威斯康辛校友研究基金會（Wisconsin Alumni Research Foundation, WARF），由該基金會於一九二五年取得專利，並迅速授權給桂格燕麥公司（Quaker Oats Company）。等到一九三〇年，該項專利每天有一千美元進帳，全部再投資於威斯康辛大學的研究。美國各大研究型大學紛紛採用WARF模式，但加州大學系統當時有不同的作法：要求教師如果手中有了可申請專利的研究發現，便先向校長提交詳細資料，再由校長召集的委員會向他建議「就此項發明，大學董事會應採取何種措施。」雖然柏克萊的教師創造力日益提升，但這種顢頇的制度讓學校難以發揮，一直到一九三一年史普羅爾遇上科特雷爾，情況才終於改變。

科特雷爾取得自己的專利後不到一年，就在思考如何運用其利潤來推動全美的「科學研究經費資助」，希望以此為基礎，結合涵蓋各種領域的專利，將集體的利潤用來支持全美各地有前途的科學家。這裡主要的挑戰，在於需要一個法律實體來提供贊助。由於科特雷爾的研究都在加州大學的實驗室裡完成，讓加州大學成為專利權的受益人應該十分合理。然而，加州大學如果既要為了公眾利益而無私奉獻，同時又要善用手中具有商業價值的專利來牟利，兩種立場勢必有所衝突。於是，科特雷爾決定在一九一二年成立獨立的慈善機構：研究法人（Research Corporation）基金會。自創立伊始，該基金會就得到科特雷爾的專利，也遵從科特雷爾的指令：運用該專利來營利，目的是為科學研究提供資金。基金會董事有權將其他有前景的發明也加入營利組合，同樣用來為科學研究提供資金。

但在接下來的二十年裡，科特雷爾的夢想幾乎破滅。問題在於，因為他太過正直，不願接受基金會的任何正式管理職，而是將控制權交給一群由實業家組成的董事會，他自己無權介入、甚至連影響力也沒有。但這些受委託者經營此基金會的方式，就像經營他們自己的企業一樣保守：希望先累積大量的資本緩衝，才來考慮怎麼給出去。到了一九三〇年，研究法人基金會手中的專利權價值已經超過一百萬美元，但發出去的錢不過僅僅二萬三千美元。

勞倫斯十分幸運，舊思維當時正在改變。自一九二七年開始，研究法人基金會任命了一位新總裁：霍華德．波以朗（Howard Poillon），他是一位精明的商人，一方面決心充分利用基金會不斷成長的專利組合，但也更願意實現科特雷爾對慈善事業的心願及判斷。他和科特雷爾將有十五年攜手合作的時間，創造出一個以慈善事業支持科學研究的典範，帶出後來的洛克菲勒基金會、福特基金會等等重要研究機構贊助者。

在科特雷爾的影響下，史普羅爾廢除了柏克萊的專利政策，教師一旦有了值得申請專利的研究，就能有「充分的行動自由」加以運用，但也會被悄悄鼓勵希望他們將專利託付給「研究法人基金會」，之後基金會再和發明人私下議定授權費用。加州大學不會主張自己擁有任何權利，但各方心中都有共識，為了感謝柏克萊對於製造出這些可獲利專利所扮演的角色，該基金會可能會「酌情不時」捐助資金，支持學校的研究。這是一種健康的共生關係，研究法人基金會等於是柏克萊的專利代理人，而柏克萊就是基金會最重要的受益者。

有了這樣的關係，再加上科特雷爾也成了波以朗的科學顧問，科特雷爾開始去瞭解勞倫斯實驗室當時的成果。不用多久，科特雷爾就看出這項研究的重要性。在一九三一年七月七日寫給波以朗的信裡，科特雷爾就認為勞倫斯的研究「有可能確實十分重大」，也認為勞倫斯是個「我們應該密切關注的人，他夠年輕，而且目前為止的起步成績也夠優秀。不但自己研究做得好，而且我印象特別深刻的是他能讓手下的研究生針對各研究議題大大發揮研究潛力，讓許多研究議題都能成功開展，數目驚人。」在這許多研究專案當中，科特雷爾特別提到兩項：斯隆的X光管，以及李文斯頓的加速器（當時還未被稱為迴旋加速器），認為這兩項「在其研發早期就特別卓越而重要」。

勞倫斯為了得到研究法人基金會的慷慨解囊，不斷向科特雷爾報告十一英寸加速器的進展，並在七月十七日的信中宣布研究的成功「超出期許」，指出目前唯一的限制就只在於「財務」。勞倫斯當時的目標已經不再是跨越百萬伏特的門檻，而是達到二千萬伏特。想得到另一個更新、更大的加速器，需要有個關鍵零件，而勞倫斯已經看上一個重達八十噸的磁鐵。這個磁鐵原本是為了一項在中國的專案所製作，但專案取消後，磁鐵現在就遺棄在製造商聯邦電報公司位於舊金山郊區的空地上。由於迴旋加速器能產生的功率與磁鐵的大小成正比，這會是一項重大的飛躍進展。但正如勞倫斯告訴科特雷爾的，這個磁鐵會需要一棟專屬建築、一組全新的高功率振盪器，以及其他配套裝置。勞倫斯估計總預算將直逼一萬美元。他暗示得十分明顯，認為只要是研究導向的慈善機構，都應該捐助自己的研究；他提到同事已經建議他向設有「特殊研究專案之特殊基金」的卡內基基金會申請經費，但「當然，我立刻想到的是你。」

研究法人基金會決定冒險，並將化學基金會（Chemical Foundation）也拉進來做為合作夥伴；化學基金會的資金更為充裕，是由美國政府於一九一八年成立，管理視為戰利品而取得的德國化學專利。兩個基金會共同捐助七千五百美元，其餘則由柏克萊支付；而在一九三一年底，勞倫斯的新加速器準備開始運作的時候，雖然他已經成功說服聯邦電報公司免費捐出磁鐵（此時已可看出，他能瞄準重要的贊助者，而且得到的不只是金錢），但預算已經追加到一萬二千美元。柏克萊對本項計劃的貢獻之一，就是史普羅爾將校園內一棟兩層木建築交給勞倫斯，位置就在吉爾伯特．路易斯那棟化學大樓對面的一條小巷裡。勞倫斯裝上了新磁鐵，極面經過特別銑削，能夠裝上直徑二十七英寸的新真空室。這棟本來已經要拆除、但夠堅固的建築，後來就由勞倫斯命名為「放射實驗室」（Radiation Laboratory）。（他向史普羅爾表示，這個名稱具備「簡短有力的優勢。」）到了這一步，厄尼斯特．勞倫斯已經不再只是一位帶著一大票研究生的物理學教授了。現在的他，已經在校園裡有了自己的封地。這就是放射實驗室的起源（其英文名稱後來甚至還被進一步簡化成「Rad Lab」），也是科學研究領域一項新典範的誕生。

勞倫斯與研究法人基金會日益密切的關係，讓他不得不開始面對一項對他來說是新概念的議題：專利。起初他就像是一般大學科學家，一向對申請專利這件事有反感，認為這太商業、又太不學術。但波以朗對此反應激烈，要求科特雷爾提醒這位後輩，該注意自己的研究有何財務價值：「如果他是我們三不五時要提供補助的人，我們就該讓他有些保護研究的本能。」

於是，勞倫斯心不甘情不願地同意，與基金會在洛杉磯的專利律師亞瑟．奈特（Arthur Knight）會面。然而，九月某則消息如晴天霹靂，讓他放下了對專利的抗拒。麻州劍橋市的放射管製造商雷神公司（Raytheon Company），以一項聽起來非常類似勞倫斯迴旋加速器的機器申請了專利。這項消息來自麻省理工學院物理系主任約翰．斯萊特（John Slater），他的消息來源是實驗室裡的一位美國國家研究員，而這位研究員的消息來源又是另一位在哈佛工作、在雷神公司兼職的朋友。斯萊特寫信給勞倫斯，告訴他這項申請涉及到了「你的質子旋轉木馬……我從沒想過要為研究申請專利，但我覺得不論如何，你會想知道這件事。」勞倫斯回信：「我也沒想過該為現在這項研究申請專利，是因為研究法人基金會和化學基金會強烈要求，我才去申請的。」這下他忽然意識到，如果不儘速確認自己先前的論述，就可能被一家民間公司偷走自己的發明。根據奈特的指導，勞倫斯從老友湯姆．約翰遜（當時在巴特爾研究所與史旺合作）那邊取得一份聲明，證明約翰遜於一九二九年四月親眼目睹勞倫斯在大學圖書館裡研究威德羅那篇論文，也聽到勞倫斯在當場描述「他的方法是讓質子在磁場裡旋轉，每轉半周就會增加能量。」另外，勞倫斯也從奧托・斯特恩那裡取得一份聲明，證明「我在一九三〇年初造訪柏克萊時，你經常和我談論你的實驗，就是要製造出速度極快的輕離子，正如你現在所發表的形式。」

與專利官僚的交手，對勞倫斯來說從來就不是件多舒服、又或說是多有利潤的事。勞倫斯發明迴旋加速器，本來更希望在學術界廣受使用，而非著眼於商業授權（特別是這項發明當時還難以判斷在產業上有何用途），申請專利就會與他的初衷背道而馳。而且另外還有一項棘手的問題：專利局的審查員無法理解勞倫斯的研究，於是對他的專利申請提出許多抱持懷疑態度的問題。專利申請足足花了兩年，而勞倫斯就曾在中途向奈特發牢騷：「審查我們專利申請的人，顯然根本不懂它的內容」。直到一九三二年二月，勞倫斯終於取得了迴旋加速器的專利，也終於能夠接受，科學發明申請專利是一項必要之惡。時至一九三五年，他也向波以朗承認：「對研究者而言，絕對應該、甚至可說是一種責任，要考量其研究的商業可能性，因為商業發展的部分成果也會再回歸來支持他的研究。」但他仍然覺得整個申請過程「非常叫人不舒服」，特別是在幾年後，他又因為他製造放射性同位素的方法而和專利局起了爭論，曠日費時，而且最終並無結論。在迴旋加速器之後，勞倫斯一直要到大戰期間才又獲得下一項專利；當時他發明了鈾的分離程序，而聯邦官員要求要有專利保護——並且要將專利永久移轉給政府。

雖然二十七英寸的加速器還在設計階段，但勞倫斯和李文斯頓一直不斷努力，為先前用舊磁鐵打造的十一英寸真空室提升性能。舊裝置就是一個銅盒，只靠著用密封蠟來維持真空。到了一九三一年夏末，他們終於有了突破，當時勞倫斯正在東岸與研究法人基金會的董事會開會，並向即將至哈佛大學攻讀細菌學碩士的莫莉．布魯默求婚。（出發前往東岸之前，他情感溢於言表地對耶魯的朋友庫克西說道：「我開始意識到，自己有兩項強烈的愛：莫莉和研究！」）

李文斯頓利用勞倫斯不在，自己對真空室的設計做了些微調整。勞倫斯曾要求，使迴旋的質子加速的電場應該只存在於兩個D型盒之間的間隙。至於D型盒內部則並無電場，因為勞倫斯認為這會干擾磁場，讓粒子難以維持迴旋的路徑。他們用細鎢絲網格覆蓋D型盒各自相對的平行面，希望一方面防止電場進入D型盒，一方面又能允許粒子束通過。這兩個人都算是盲人瞎馬，過去沒有關於電場理論的任何訓練。然而，現在粒子束的束流和能量太低，令李文斯頓很失望，覺得網格造成的阻絕一定比他們想像得多。於是，他就這麼把真空室給打開，親手把鎢絲網給拆了。這件事完美體現了早年實驗室所遵循的「試探法」（cut and try）：既然理論都還太過簡陋，想測試某人直覺的唯一方法就是付諸實踐，再看看情況會如何。而李文斯頓回憶道，他這次的操作「多少是出於直覺，我其實沒有什麼理由，只是有一股衝動想把擋路的東西解決掉。」結果，粒子束流與能量都瞬間大幅躍升。八月三日，李文斯頓請物理系祕書發了一份電報給勞倫斯，由在紐黑文（New Haven）的布魯默公館轉交：

「李文斯頓博士請我轉告，他已經讓質子成功達到一百一十萬伏特了。他還建議我加上『喔耶』。」勞倫斯當晚就向布魯默家族唸出這份訊息，接著把莫莉帶到門廊，並向她求婚。她接受了，但要求婚禮要在春天、她畢業後再舉行。有了莫莉的承諾，再加上實驗室又將能迎來進一步突破的前景，他無比興奮地回到了柏克萊。

CHAPTER

4

墊片和封蠟

雖然李文斯頓已有所突破，但仍然持續改良十一英寸迴旋加速器的性能。接下來的幾個月裡，他和勞倫斯費盡心力，希望製造出能量更強的粒子束。兩人瘋狂加班到深夜，幾乎沒有喘息的時間。機器裡的每個零件都曾經被拆開、重新打造、重新組裝，希望能邁過新的電壓閾值。李文斯頓回憶當時：「我們絕對是向某個重大目標在前進。勞倫斯說『我們正在創造歷史。』他不讓我花任何一分鐘在任何其他事情上。」李文斯頓一般算是個有點陰鬱的人，但勞倫斯這樣逼了又逼，讓他也開始有些惱火不滿。然而，因為勞倫斯的外向熱情，加上有機會參與創新突破性發現，讓他暫時還能繼續撐下去。

等到勞倫斯從東岸回來，檢查了李文斯頓拆去鎢絲網格的D型盒之後，他意識到如果讓電場進入D型盒，反而能讓粒子束聚焦，於是保護迴旋中的質子不會撞上真空室的內壁。他在黑板上畫出電力線，向一臉驚訝的李文斯頓解釋這種現象。多年後，李文斯頓仍然驚嘆：「勞倫斯才瞄了一眼，就能瞭解一種全新的現象，這就是他的天才之處。」李文斯頓之所以能發現電子的聚焦，靠的完全是才智與偶然；而勞倫斯則是看出了背後的原則，於是能將這項發現納入後續設計之中。另外，李文斯頓還有一項疑惑：他無法將質子加速超過七十五次，彷彿是機器的功效有個神祕的上限。他懷疑這項障礙正是愛因斯坦理論預測的相對論限制：粒子獲得速度、質量也會增加，最終就會破壞與振盪電場維持同步的能力。如果確實如此，迴旋加速器作為科學最強大、最有效原子粉碎者的歷史可能就會十分短暫。勞倫斯雖然的確承認有這些障礙，但直覺告訴他，這和相對論限制還差得遠。他的結論認為，是因為磁場中有些不規則，讓質子束脫離了共振。而他和李文斯頓發明的解決方法，就是在真空室和磁極之間的某些點插入金屬條（又稱墊片），「塑造」磁場、調整那些不規則。

究竟是誰先想出墊片這招，兩人各有說詞，無法判斷。但他們確實一起花了很長時間，測試墊片的各種形狀、尺寸和位置，不斷嘗試錯誤：在間隙裡隨機插入圓形、正方形、環形、多面體的金屬，就像汽車技師想靠著視線和鉛垂來調整輪子的平衡一般。他們最後發現，如果用一個細長的淚珠形、寬的一端朝向磁鐵中心，就能讓最大加速次數達到三百次、也就是一百五十個循環。這個里程碑於一九三二年一月九日達成，他們給D型盒加了四千伏特，經過三百次加速，讓質子達到一百二十二萬伏特。勞倫斯宣布：「又一次，實驗超前了理論！」他這時的興奮之情，與想出迴旋加速器的當時幾乎是不相上下。李文斯頓回憶道：「電流計指針擺向另一方、指出收集器所收集到的質子能量已超過一百萬電子伏特，勞倫斯高興到在實驗室裡跳起了舞。」

關於這項發現的消息，在校園裡傳得人盡皆知。李文斯頓回憶道：「我們當天整日忙不停，向一心想目睹的觀眾展現達到百萬伏特的質子。」但他沒講的是，來參觀的人只能看到這項成就的間接證據，也就是有根指針，從電錶的一端擺到另一端。這項消息也在校外引起轟動，所有地方報紙、甚至是部分的全國報刊都有報導，更加深了國際物理學界已逐漸產生的印象：美國西岸這個過去不值一哂的地方，現在有些不容小覷的事正在發生。在勞倫斯和李文斯頓突破一百萬伏特的前一天，普林斯頓物理學家約瑟夫．博伊斯（Joseph Boyce）向就告訴同事：「西岸真正有大事在發生的地方，就在柏克萊。勞倫斯剛搬進一棟古老的木建築……打算裝設六套不同的高速粒子裝備。」博伊斯所說的，就是十一英寸加速器、準備運用聯邦電報公司磁鐵的二十七英寸新加速器、斯隆的重離子直線加速器、特斯拉線圈，以及范德格拉夫起電機（雖然預留了一個房間，但實際上從未真正裝設）。表面上看來，可能會覺得這是個瘋狂又愚蠢的計劃，但勞倫斯是位非常有能力的主事者，有許多研究生、有足夠的資金支援，而且至今對質子和汞離子的研究都達到相當的成功，讓人對其未來抱持信心。」大科學的基礎，正在一一到位。

然而，幸福是短暫的。四月下旬，老舊樸實的卡文迪許實驗室再次取得重大成就：物理學家約翰．道格拉斯．考克饒夫（John Douglas Cockcroft）與都柏林三一學院的年輕研究生厄尼斯特・沃爾頓（Ernest Walton）合作，以質子撞擊並分裂鋰原子核，所用的能量遠小於勞倫斯所達成的規模、也遠小於勞倫斯認為必要的規模。勞倫斯確實發明了絕佳的工具，能用來撞擊分解原子，但在他一心將工具再進步的同時，卡文迪許這個典型的小科學實驗室就在他眼前偷走了最後的獎勵。

考克饒夫當時才三十四歲，個性正如一般美國物理學家對這些歐陸同行的看法，有些個人的小怪癖。他對實驗物理極度投入，就連實驗室裡的同夥也覺得他實在太冷漠。一位劍橋的實驗學家就記得：「對於一個像我這樣點頭之交的人來說，會覺得就算成功破冰，能找到的還是冷水。」然而，考克饒夫身為物理學家的行事風格深受拉塞福青睞，特別是非常懂得如何靈活運用各種裝置，這正是卡文迪許實驗室的正字標記。也正是拉塞福本人，將分裂原子的任務交給了考克饒夫，並讓他與沃爾頓搭檔。

考克饒夫所用的方法與勞倫斯截然不同。迴旋加速器用的是高能量、低束流的質子束（也就是質子速度快但數量少），但考克饒夫希望用的是能量普通但數量極大的質子束。這種方法源自俄羅斯物理學家喬治・加莫夫（George Gamow）的理論，他根據量子力學推斷，質子束只要達到普通的能量，偶然有一顆質子擊中原子核，就已足以將之分裂。加莫夫認為，只要製造的質子數量足夠，遲早有顆幸運的子彈能夠中靶。

考克饒夫與沃爾頓的目標只打算達到三十萬伏特，他們認為這只要把許多電容器串聯起來、再並聯放電即可，就像先把重物分批吊起來、再一次往下丟。他們所用的倍壓器（voltage multiplier）裝在卡文迪許實驗室較高的樓層，再把地板鑽洞，將主加速器管一路通到地下室的一個木箱裡。實驗者就得縮在狹窄的木箱裡，緊盯著閃爍的螢幕，螢幕上的閃光就代表鋰原子核受到撞擊。四月十六日，考克饒夫和沃爾頓覺得有某個閃爍模式極有可能是α粒子的代表，於是急忙召喚拉塞福到地下室，好讓拉塞福親眼瞧瞧。經過幾分鐘的觀察，這位α射線的發現者從木箱爬出來，宣布：「我一看到，就知道這是α粒子。」結論再明確不過：考克饒夫和沃爾頓成功將質子射入鋰原子核（一般由三個質子、四個中子組成），而分裂出二個α粒子，各帶有二個質子、二個中子。

在十多年前，拉塞福自己就曾對氮原子發射一個α粒子、撞擊出一個質子；而他的這兩位同事為了想重現這個過程，則是向鋰原子發射質子，並終於第一次使原子核分裂。這又一次讓人看到，卡文迪許實驗室靠著直覺和機智，打敗了有著更高遠的抱負、資源更充沛的實驗室。

勞倫斯對外表示，自己很為這些發明家同行的成就高興。但顯然，因為這項任務簡直是唾手可得，但他居然沒能獲勝，而令他相當難以釋懷。李文斯頓很沮喪地回憶道：「我們還沒準備好進行實驗。雖然我已經把機器做好了，卻還沒有設備能用來研究元素分裂蛻變的情形。」

雖然勞倫斯身在遠地，還是迅速從失敗中站了起來。五月十四日，莫莉生日的前一天、考克饒夫．沃爾頓的研究成果登上《自然》而傳至美國的短短幾天後，勞倫斯與莫莉．布魯默在耶魯校園完婚。他在長島海灣（Long Island Sound）的蜜月小屋裡，發了電報請研究生吉姆．布瑞迪協助李文斯頓，用十一英寸加速器來撞擊鋰晶體。布瑞迪當時已經拿到了博士學位，在聖路易斯大學任教，但勞倫斯巧妙說服了布瑞迪的新院長，讓他在柏克萊待了一整個夏天、為自己的履歷再添一層光彩，但領的是聖路易斯大學的薪水；這又是一項高明的手段，讓放射實驗室多出一個人力，而且用的是聖路易斯大學的錢。當時，布瑞迪也渴望躋身這個核子物理學最當紅的領域，於是從化學系的儲藏室裡拿了一塊鋰。那個夏天，勞倫斯的兩位朋友唐納德．庫克西與法蘭茲．庫里耶（Franz Kurie）正好從耶魯來訪，願意伸出援手，而且由於庫克西擁有人工製造蓋革計數器的專業知識，布瑞迪欣然接受協助。

放射實驗室的眾人努力複製考克饒夫－沃爾頓的研究結果，新婚的勞倫斯夫婦則是踏上迂迴的訪友返家行程，先去找了紐約和芝加哥的朋友，而在最後回到加州前，倒數第二站是勞倫斯在坎頓的老家。莫莉的老家紐黑文是個國際大都會，勞倫斯的老家坎頓卻是田野鄉間，讓莫莉直接感受到生活方式的差異。她在餐後習慣性地掏出一隻菸（這是布魯默一家習以為常的事），但這讓甘達．勞倫斯大驚失色，急忙拉上窗簾，不想讓鄰居一眼就看到有個女人在她家裡吸菸。做父親的卡爾．勞倫斯倒是拿了一隻雪茄加入莫莉的行列，面對妻子的怒容，又搬出了他慣用的說詞：「每個人總有些壞習慣嘛。」

勞倫斯和莫莉在柏克萊的基思大道租了一間房子，位於校園北邊的丘陵地。布瑞迪因為新婚，以及聖路易斯大學的教職之故，已經離開；庫克西和庫里耶也已經回到東岸。這時的鋰實驗，交給了一位名叫米爾頓．懷特（Milton White）的研究生。他第一次感受到勞倫斯的狂熱給他帶來的折磨。

懷特回憶道：「當時，這個地方就要開始熊熊燃燒。」對於放射實驗室裡那座二十七英寸的迴旋加速器，勞倫斯可說是已經放了全副心思，但他還是每天（甚至是深夜）出現在勒孔特館，就站在懷特身後，仔細檢查著懷特的研究結果。「他會凌晨兩三點走進來，想知道為什麼我們還沒拿到更多數據、有什麼原因阻礙了我們，他逼得真的很緊。」還有一件事讓實驗室壓力更大，也就是懷特觀察到因為「我們不是第一個（分裂原子核的）」，而感到有種羞恥」。特別是因為，在放射實驗室的設備系統中，計數器與偵測器被忽略了，而那其實是最容易設計的。加速器的技術其實更難，但他們反而已經完成了這一項。如果當初實驗室能先稍停腳步，轉頭處理這項理所當然的實驗目標，必然能奪下率先使鋰原子核分裂的榮耀，而不用現在屈居第二。

此外，設備運作不順利，也讓人高興不起來。十一英寸加速器的磁鐵不像新磁鐵使用水冷機制，極速運作大約一小時就會過熱，接著得花十三個小時才能完全冷卻。懷特會在下午一點打開機器、運作一小時，然後關掉電源；第二天凌晨三點再回來開一小時，並在下午五點再開一小時。因為這種行程嚴重干擾睡眠，讓懷特在校園裡走起路來就像殭屍，不知白天夜晚。

雖管如此，只要有明確具體的實驗目標，十一英寸加速器就能完成。在勞倫斯緊盯之下，經過短短三週的撞擊，懷特就已經得到足以發表的研究數據。九月十五日，放射實驗室報告鋰分裂蛻變實驗的短論文寄達《物理評論》；兩週後，便以勞倫斯、李文斯頓和懷特為作者刊出。他們的論文其實沒什麼新見地、多半只是又證實了考克饒夫—沃爾頓的發現，對於這點他們輕描淡寫帶過；他們強調，透過把卡文迪許實驗室所用的能量加倍之後，證明質子撞擊的能量愈大、發射出α粒子的情況也愈強，等於是對卡文迪許實驗結果的重要延伸。

• • •

理論上，柏克萊物理系是放射實驗室的上層單位，但勞倫斯將放射實驗室在一九三二年搬進那棟木建築之後，可說是讓兩者在行政、財務和智識上都有了斷離。隨著勞倫斯的聲望日益上升，鴻溝只會愈來愈大。在艾爾默．霍爾過世後，雷蒙．伯奇成了物理系主任，常常語帶諷刺地說道：「我是不知道放射實驗室那邊在做什麼啦。」但他還是帶著一份得意，畢竟最初正是他把勞倫斯帶到了柏克萊。

物理系和放射實驗室之間最明確的差異，就在於研究預算。物理系的預算在一九三一年到一九三三年間，平均每年大約一萬一千美元，主要用於設備和消耗品；至於一九三四年經濟大蕭條，更降到八千美元。相較之下，放射實驗室的支出不斷上升，從一九三三年的一萬七千六百七十美元，上升到一九三六年的二萬二千美元。而且，這些數字還不包括勞倫斯與庫克西的薪水；勞倫斯的薪水在一九三二年是五千美元，庫克西則是在一九三二年從耶魯轉至柏克萊，擔任放射實驗室實際上（之後也會是正式）的副主任，薪水是三千美元。他們的薪水是由物理系支付，而且物理系還得負責其他教學助理的費用。除此之外，為了讓迴旋加速器在放射實驗室不斷運作，需要有研究生輪班照顧，這些經費也要由物理系支出。

勞倫斯徹底把研究生的免費勞力壓榨到極限，因此他所建立的巨大資本設備，能以如此低成本的方式運作。以一九三七年為代表，放射實驗室的成員列表有十七名博士後物理研究員，但裡面只需要支付兩人的薪水，其他則由國家研究委員會、洛克菲勒基金會等贊助單位支付，或是由同樣這些單位撥付給放射實驗室的未指定用途補助來支付。正因勞倫斯有能力縱橫捭闔、從十幾個贊助單位取得各種經費，使得柏克萊其他單位都因經濟大蕭條而不得不拉緊褲帶之時，放射實驗室幾乎不受影響，能夠繼續維持著數萬美元的運作預算。從一九三二年到一九三九年，放射實驗室的成員從十人增加到六十人，但實驗室實際需要負擔薪資的人數從未超過十人。一九三三年後，勞倫斯甚至利用了羅斯福的新政計劃，例如公共事業振興署（Works Progress Administration）、國家青年管理局（National Youth Authority），能夠提供每年多達十五名研究人員的經費。

運用這些資源，勞倫斯逐漸創建出一個有凝聚力的研究組織。他個性親切，這點很有幫助，但也不能忽略他總是一心致力於改善加速器，並且願意接納各種科學上的貢獻；放射實驗室裡很快就來了許多化學家、生物學家、醫學科學家及工程師，對於當時的學術機構來說，這種跨學科的氛圍可說是獨一無二。勞倫斯還有另一項創舉，也促進了科學上的意見交換：期刊俱樂部（Journal Club），每週一次討論期刊，歡迎所有放射實驗室成員及其他科系的訪客。每週一晚上七點三十分，加速器關上電源，所有人在勒孔特館圖書室集合。勞倫斯坐在一張紅色的大皮椅上負責主持，議程事先並不會宣布，講者可能是一名研究生，負責報告被指派的一篇近期歐洲論文，或是某位訪問學者，討論自己的研究。事實證明，期刊俱樂部確實是種理想的方式，能讓實驗室成員瞭解物理學界的最新進展；而隨著時間，其議程也反映出放射實驗室的地位日益提升。剛開始的時候，議題幾乎都是其他地方的研究；但到一九三六年，談的幾乎都是柏克萊本身的研究。

• • •

與此同時，北加州的富商名流（許多人都是柏克萊出身，也對柏克萊十分慷慨大方）開始希望找個備受矚目的新人選，做為慈善事業捐助的對象。灣區產業開始感受到，如果能與勞倫斯和他日益著名的設備拉上關係，前途不可限量。為了取得放射管用於大衛・斯隆的X光機，勞倫斯向聯邦電報公司提出請求，該公司也允諾以每管二百二十五美元的大幅折扣價提供，作為一種慈善捐款的形式。只有少數企業夠堅毅，沒讓勞倫斯予取予求。其中之一，便是太平洋瓦斯電力公司（Pacific Gas and Electric Company）。一九三一年九月，勞倫斯希望該公司捐贈十二萬瓩，供迴旋加速器運作一年，該公司總裁奧古斯特・霍肯布萊默（August F. Hockenblamer）立場堅定，向柏克萊的研究副校長洛許納（A. O. Leuschner）表示：「本公司為加州第二大納稅人，而稅金有一大部分進入貴校經費，就本人看來，『純科學』一類實驗的經費，應由貴校本身經費支應。」但他也表示，如果是可能有商業用途的研究（例如他提到「農場電力使用」），太平洋瓦電願意額外加碼補助，但迴旋加速器並不屬於此類。

雖然勞倫斯取得了大量現金和固定資產，對手下這個王國仍然錙銖必較、節儉吝嗇。實驗室成員都不知道經費的來源與數量，總是面對著必須用最少錢來做研究的壓力：例如一九三二年由普林斯頓來到實驗室的傑克・利文古德（Jack Livingood），就得到勞倫斯的指示，把自己平常會直接丟棄的多餘焊料全收起來，於是他整個早上四肢著地、從水泥地上撿起一堆廢金屬。此時，庫克西負責看管實驗室預算，他的著名事蹟就是會對於像是購買重型電池這種事研究個把小時，就連一美元也不放過。

正如學術界的常見現象，放射實驗室的成員生活頗為貧困；靠著勞倫斯的五千美元年薪，莫莉．勞倫斯覺得自己的生活過得「還滿不錯」，後來才大驚發現，米爾頓．懷特一年的教學收入只有六百美元，要與另外三個年輕人合租每月四十美元的公寓才能勉強度日。這些室友的爐子上固定就是個燉鍋，手頭有什麼菜就往裡丟，比較有錢的時候裡面才會有肉，還會為了誰能吃多出來的馬鈴薯而吵架。因此，在每次期刊俱樂部前的週一晚上，莫莉會邀請這些窮壞了的實驗室成員共進晚餐（想出席還得輪流），標準的菜單就是烤牛肉、烤馬鈴薯、沙拉和蘋果派。實驗室成員的生活水準確實在後來有所改善，但那是因為出現了一位特別富有的贊助者：美國政府。

這個時候，勞倫斯在外的名聲就是個無情的監工，指揮著手下日益龐大的隊伍；放射實驗室成員回憶那段日子，不斷用到的詞就是「奴隸監工」。仰慕其活力與願景前去的人，能在壓力之下成功茁壯；至於因為其他原因而前去的，只有咬牙苦撐或離去兩種選擇。在家裡，勞倫斯會把床邊的收音機調到振盪器的頻率，實驗室振盪器的屏蔽很差，和他家的距離又不到半公里，所以造成的干擾在家裡也感受得到。只要收音機忽然安靜了幾分鐘，勞倫斯就會打電話到實驗室、甚至親自跑過去，搞清楚設備是真的停機，或只是有人半夜偷懶跑去喝啤酒。至於莫莉，也很習慣週五電影夜因為實驗室設備的問題而泡湯。第一次，勞倫斯就在出家門的時候再自然不過地問道：「我順路去一下實驗室看看孩子們，可以嗎？」

她後來回憶道：「孩子們的狀況哪可能有多好，真空室密封也有問題，我們根本沒去成派拉蒙電影院。最後我在角落找了把舊椅子坐著。」

像這樣的夜晚，之後還不勝其數。但莫莉身為醫生的女兒，知道自己眼前上演的就是團隊科學的誕生、研究實驗室的新典範。她回憶道：「一切看來沒有『討人厭的上下關係』，沒有人真的在指揮一切；甚至是隊伍裡的領頭、最有經驗的李文斯頓，也沒做這種事。現場包括勞倫斯大概有五六個人，都在忙著手上的事，每個人的實驗衣都髒兮兮的。他們三不五時就會像美式足球隊那樣聚起來，決定下一次進攻的信號，但這裡的每個人都是四分衛；就算是最新、最年輕的成員提出的建議，也會像是勞倫斯所提的建議一樣受到尊重。整個場景與我心裡想的科學研究有很大的差距。」

這種平等的氛圍，有助於緩解這些放射實驗室成員受到嚴格要求的壓力。而且勞倫斯的個性總能讓旁人振奮。馬爾坎姆．亨德森（Malcolm Henderson）就回憶道：「他既友善又熱情，彷彿有股動力和潛藏的優秀能力，我從沒在別人身上見過。」亨德森身為耶魯醫學院教授的兒子，與布魯默一家的女兒們一起長大，在卡文迪許實驗室拿到博士，一九三二年加入放射實驗室。

整個場景的最後一筆，就是勞倫斯總是冷靜自持的風範。幾乎沒人聽說過他發脾氣；在許許多多學生和同事的回憶裡，也沒人聽他說過半句髒話。就算出了極大的麻煩（例如在重要金主來訪的時候，設備卻當機了），他最多也就是說句「Oh, sugar!」）

• • •

自從帶著新娘從東岸回到柏克萊，而二十七英寸加速器的磁鐵與真空室也已經在新的放射實驗室安裝完成，勞倫斯開始將較多操作放手交給研究生。他幾個月前還是單身漢，說自己的工作就是「與李文斯頓和布瑞迪日夜不停工作，處理我們的大磁鐵和相關設備」，也承認自己「忽略其他一切，甚至是未婚妻。」而成為已婚人士之後，讓他開始更重視除了募資、管理實驗室之外的空閒時間。每到週日，通常就是要來場激烈的網球賽。利文古德回憶道：「週日的早上，他會進實驗室，而機器會當機。他就會說：『好吧，我要去打網球了，你們把它修好。』」

在勞倫斯的領導下，實驗室漸漸凝聚一心，他們會一起造訪優勝美地國家公園或卡梅爾海岸，有時候是開勞倫斯的車（如果他待在家裡，就會慷慨出借）。每個月，全實驗室會一起去DiBiasi's餐館舉辦員工聚餐，這家餐館位於柏克萊城市邊界，雖然美味程度普通，但很能容忍一群吵吵鬧鬧、而且人數愈來愈多的顧客。至於實驗室本身，總是熱熱鬧鬧：一個房間有大衛・斯隆的X光管，另一個房間是直線加速器，還有第三個房間是質子加速器（到了一九三五年，一般已經稱為迴旋加速器（cyclotron），勞倫斯稱之為「一種實驗室的俗語」。再到一九三九年，這個名稱已經夠正式，勞倫斯獲得諾貝爾獎也是使用這個詞）。然而，機器運作總是有些古怪，時常出現停機時間。亨德森就回憶道：「每個人都得等到迴旋加速器的真空室夠真空才行」，而他所獨有的放鬆方式是吹風笛。「如果天氣好，可能會在外面打觸身式橄欖球，或是有時間去教師會所打花式或英式撞球。」但只要有工作可做，遊樂時間就結束了。

有件事一直不變，就是放射實驗室的科學程序一向草率，包括安全程序。這些科學家理應熟悉高壓電場的特徵、以及放射性對活組織可能的影響，但他們工作時與這些無情的物理現象如此接近，態度卻輕忽到叫人吃驚。

傑克．利文古德可說是就在鬼門關前走過一回。一九三四年某日早晨，他坐在梯子頂上要測試斯隆X光機的調諧線圈，方式是在木尺的一端裝上釘子，再去戳弄線圈。這是X光團隊日常習慣的程序，但這次一道火花劈里啪啦地從線圈跳上木尺，一萬六千伏特就這樣從利文古德的姆指竄進、流過全身、再穿過鞋裡的腳指而通至地面。他就這樣被電擊從梯子上震落到水泥地，躺在地上不斷抽搐痙攣。

亨德森當時在隔壁操作迴旋加速器，雖然因為真空管振盪器總在嗡嗡作響，他早就習慣聽到X光機的成員大吼大叫，但這次聽起來就是跟以前「不太一樣」，讓他跑了起來。他看到利文古德倒在地上，旁邊圍著一群人，包括震驚不已而又焦躁不安的勞倫斯。亨德森畢竟是醫師的兒子，檢查了利文古德的脈搏，再將他塞到車裡趕至醫院。利文古德足足住院住了十天，雙手和腳底都有嚴重燒傷。

厄尼斯特大受驚嚇，甚至跟庫克西說他確定利文古德「已經不行了」。他希望這次經驗能「讓大家記清楚，高電壓設備永遠都存在著危險」，但也要體認「如果設備還在不斷迅速調整改變，要讓設備做到完全防呆也並不實際，唯一不變的程序就是要聰明判斷如何小心謹慎。」他聲稱，自己一直都在警告工作人員要注意安全，「次數多到我都覺得自己似乎總在碎念抱怨，但或許在這之後，他們會比較聽得進去這些警告。」但事實是，不論他曾經警告過什麼實驗室實際環境的危險，都因為他不斷有更多要求、又對設備的改進訂出緊迫的期限，把人逼得只能把警告拋在腦後。

至於迴旋加速器和X光管所產生的能量場，實驗室成員就更沒放在心上了。雖然設備會放出大量α和γ射線，但成員都只做了最低的預防措施；斯隆把X光管的一部分以薄薄的鉛片包覆，但發現X光能輕易穿透這層包覆的時候，他們想到的是X光管效率很高、真是太好了，而不是想到這有多危險。但當時其實早已瞭解放射性對健康的危害，特別是早在一九二〇年代，媒體就曾大幅報導美國鐳公司（U.S. Radium Corporation）女工的中毒事件。這些女工的工作就是為手錶錶面刷上會發亮的鐳塗料，而她們常常會用舌頭將筆刷舔成方便使用的角度，於是吃下這種放射性物質。到頭來，舊金山和紐約的醫學研究人員也逐漸對斯隆的儀器產生興趣，因為發現只要聚焦夠精準、不傷害正常細胞，就能用X光來破壞癌細胞而治療癌症。

在放射實驗室，這些問題通常都用黑色幽默來應付。就連莫莉都只能忍著心裡的恐懼。在她的婚禮上，賓客之中有一位名叫喬・莫里斯（Joe Morris）的物理學家，戴了一隻黑色手套，以掩蓋輻射灼傷的疤痕；這成了她心中的恐懼，但她一直忍著沒講，直到那一晚斯隆X光管的電擊事件，讓勞倫斯一直待到凌晨三點才回家。當時，電話聯絡不上勞倫斯，而且勞倫斯又把車開走了，所以她沒辦法出門找他，於是過往那些「所有講到輻射過量可能會對人造成影響的恐怖故事」在她心中不斷放大。等到勞倫斯終於回到家，她站在門口等著，質問：「我們到底還要不要有小孩？」接著，一直要到隔年年初她終於懷孕、又在十月底生下約翰・艾瑞克・勞倫斯（John Eric Lawrence）這個健康的男寶寶，她的這份擔心才總算放下。接下來，勞倫斯家還會再迎接五個寶寶，出生時都非常健康。

實驗室的這些人，仍然漫不經心地繼續在放射性污染裡工作，其中包括中子，當時勞倫斯也已經認定中子在人體組織中特別活躍。他在一九三五年告訴考克饒夫：「我們一直讓自己曝露在過高的中子之中」，也承認放射實驗室判斷這些粒子「大約是X光致死危險性的十倍」，他決定要把迴旋加速器的控制面板移得「離磁鐵遠一些，並用一些適當的材料來屏蔽」。而他所謂的「材料」，就只是幾罐水。

工作人員會如此漫不經心，或許正是因為實驗室很少出現什麼急性傷害。有些時候，確實會有金屬工具被磁鐵的強力磁場吸上天、敲傷研究人員（甚至也曾有小鐵片飛了起來，把勞倫斯的指尖切下一小塊）。然而，較嚴重的身體傷害一時並不會顯現，多年之後才會爆發，但那時也已經不可能百分之百究責於放射實驗室。像是研究生迪恩・考維（Dean Cowie），一九三五年二十歲進放射實驗室，三十二歲就得白內障，但並無法得知究竟是因為他常常裸眼觀察柏克萊迴旋加速器的質子束，還是因為後來到了華盛頓卡內基研究所與梅爾・圖福合作時的那台迴旋加速器；又或者，是他自己本來眼睛就比較容易得白內障？放射實驗室的同事回憶起考維，只能說他「不特別小心，也不特別粗心，就是一般。」最後，是由卡內基研究所負責考維的手術費用。

・・・

選擇實驗室成員的時候，勞倫斯會做整體考量，希望打造研究實驗室的新典範，加上他對腦力和人力的需求永不滿足，任何人只要願意讓加速器繼續運轉，不論是怎樣的科學背景，他都願意僱用。

像是他手下的某些新員工，對學術實驗室來說顯然就很奇怪。例如其中一位是泰雷西歐・盧奇（Telesio Lucci），已經堂堂五十六歲，曾是墨索里尼時代之前的義大利海軍中校。盧奇原本到美國，是到匹茲堡擔任義大利領事（同時兼有其他職位），現在則是偶然和美國妻子維妮弗雷德一起到了柏克萊。他是個和藹的紳士，總有說不完的精彩個人事蹟，而且只要稍微有機會，就很樂意表達出他對「元首」(Il Duce，指墨索里尼）的強烈仇視；他當時是李歐納．洛伊伯的雜工，卻被放射實驗室的事引起興趣，願意免費幫忙，這對勞倫斯來說實在是個無法抗拒的價碼。盧奇很能用螺絲起子，但沒有任何物理知識；他最愛做的，就是去開關沉重的加速器閘刀開關，這件事偶爾會產生強大的電突波，讓整個實驗室、校園、甚至是整個柏克萊市大跳電。盧奇深信，這個問題是因為開關關得太突然，所以他會關得格外小心翼翼，同事看得可樂了。

然而，真正讓放射實驗室與眾不同的一點，在於允許非物理學者的參與。柏克萊一如大多數的主要大學，覺得化學家、生物學家、物理學家和工程學者都像是住在各自的沙箱裡。但隨著勞倫斯的放射實驗室願意接納這些外界的陌生人，情況開始產生變化。在很大程度上，與外界接觸是必要的作法。詹姆斯．查兌克在一九三二年初發現中子，提出關於原子結構和行為的問題，但如果只懂物理、不懂化學，就不可能完整回答。至於生物學則是因為一個無法避免的事實：比起基礎科學研究，各研究基金會更有興趣補助醫學研究；證據就是有兩個重要癌症研究機構，都向勞倫斯表示對斯隆的X光管大感興趣：哥倫比亞大學的癌症研究所，以及就在舊金山海灣另一邊的柏克萊自己的醫學院。兩家院所背後的金主：哥倫比亞大學的化學基金會，以及柏克萊的銀行和鐵路大亨威廉・克羅克（William Crocker），似乎都很願意提供資金支持斯隆進一步研究。克羅克參觀放射實驗室的時候，就充分表現他的熱切。他作為加州大學的董事，捐出一萬二千美元，讓勞倫斯為醫學院打造斯隆X光管。但就在克羅克來放射實驗室參觀X光管那天，機器卻當機了。（勞倫斯驚呼了一聲「老天啊！」）為了彌補，勞倫斯下令把機器拆了，好讓他向這位富裕的金主解釋每個零件的功能。克羅克也聽懂了他的用意，問道：「要花多少錢，才能讓它上路？」

勞倫斯先前一整年的時間，都在辛苦地向慈善家和基金會申請質子加速器的經費，過程中必須以抽象的基礎科學術語向他們解釋加速器的目的。克羅克的上述問法讓他震驚，像這種理論上可行、但離確定可用於醫療還遠得很的設備，竟然似乎可以輕輕鬆鬆就得到經費。後來，研究法人基金會公司的波以朗又要求他，必須儘速將X光管研發到可取得專利的階段，而且不能讓外界得知其設計，於是更加深了他的這個印象。波以朗告訴自己的專利律師亞瑟・奈特：「我已經警告過（斯隆和勞倫斯），別引起別人注意，免得專利情況變得一團亂。」勞倫斯並不反對，因為X光管帶來研究經費的能力似乎要比迴旋加速器更高。他寫信給波以朗表示：「我得知這種深層治療設備的市場非常大，請儘速處理商業開發問題，因為我擔心奇異和其他公司也會進入這個領域、影響我們的進展。」

克羅克對醫學院的捐款解決了勞倫斯眼前的一個問題：李文斯頓的柏克萊一年教職期滿

之後，該如何把他留在手上？簡單，就是把李文斯頓派到海灣對面，幫斯隆安裝X光管。實際上，李文斯頓要對X光管做的調教，就像他在十一英寸和二十七英寸迴旋加速器所做的一樣。雖然隔年的工資是由醫學院支付，但他的所在地夠近，隨時可以召喚回來處理迴旋加速器的問題。

李文斯頓帶著全心全意投入新任務，甚至還練習了如何在早期患者身上操作X光管。許多年後，他很高興地回憶當時自己「讓它花了六個月就上線，產生了一百萬伏特的X光，是史上第一。」還有另一個原因，讓他肯定喜歡這項任務：這是他第一次能夠走出勞倫斯的陰影之下。

• • •

李文斯頓可說是最早、但絕非最後一批發現自己不適合大科學團隊合作的科學家。雖然我們也很常見到，某些科學家雖然自己極具才能，但還是願意在更有才能或個性更強烈的人手下工作（例如拉塞福的助手），但研究者心中通常還是抱著「獨自追求真理的科學家」這樣的自我形象。這個浪漫的說法來自羅伯特．威爾遜，他對孤獨的偏愛源自於在懷俄明州山脈長大的童年。在放射實驗室，威爾遜讓迴旋加速器有了巧妙的改進，包括裝上一個橡膠墊圈，讓探針可以進出真空室而不影響真空狀況。然而，他也認為自己對真理的追求要優先於團體事務，其中就包括維護機器的繁瑣任務。他後來回想：「身為實驗室最年輕的成員，我得退讓，看著團隊有團隊的做事方式、而不是我的方式。真正獨立而能發揮創意的只有（勞倫斯）。在某種程度上，團隊成員只是去執行他的想法。」而他要維持自己的獨立與創意，唯一的方法就是一直工作到深夜；只有在那個時候，整個龐大的實驗室才全屬於他。在柏克萊獲得博士學位後，威爾遜逃到了普林斯頓大學，當時該校還是習慣傳統、獨自研究的方式。

在勞倫斯統治之下受傷最深的，就是李文斯頓。雖然他畢竟是勞倫斯第一批帶出的博士、又是第一部迴旋加速器的設計者，地位可說是創始者親信，但李文斯頓很少參與放射實驗室裡的打打鬧鬧，也很少在下班後與眾人同樂。他二十五歲就到了柏克萊，與其他研究人員算是同輩，但眾人卻覺得他年紀大得多、也更焦躁。亨德森後來就說：「我不知道他為什麼變得渾身帶刺。」

李文斯頓工作起來像是不會累，在勞倫斯一九三二年的蜜月期間，工時長到讓物理系主任艾爾默．霍爾對他邋塌的外表提出警告，命令他一段時間「別來柏克萊，去把自己的問題解決掉」。霍爾告訴勞倫斯：「李文斯頓看起來很累，我昨天建議他，應該不管怎樣都要休假至少兩週。我擔心如果他再不休息就會『腐敗』了。」然而，李文斯頓這時剛想到要把鎢絲網從D型盒上拆掉，因此要在這種時候放假，既不符合他的個性，也不符合勞倫斯的時程。於是，他還是整個夏天努力工作，等到勞倫斯回來，沒有休假，卻更加賣力。他們如此緊密地合作了如此久的時間，不難理解到頭來會難以判斷成果的歸屬。

在李文斯頓看來，迴旋加速器的研發早期，自己與勞倫斯是平等的合作夥伴。畢竟在第一篇關於真正能運作的迴旋加速器的文章裡（一九三二年四月的《物理評論》），自己的名字不就在勞倫斯旁邊？文章裡那張十一英寸銅盒的照片，不就是他親手做的？這項計劃的成功，究竟是因為勞倫斯的願景多一點，還是因為李文斯頓的設計技術多一些？這似乎有討論空間；但回想起來，如果沒有勞倫斯，柏克萊的迴旋加速器就不可能誕生，這點不言可喻。對勞倫斯來說，這點也從不懷疑。

對於他大多數的學生和同事來說，勞倫斯在研究成果的歸屬上常常看起來是慷慨過了頭。發表放射實驗室的新發現時，他常常讓其他人的名字在期刊文章中排在首位，甚至有時候自己拒絕掛名。對於由知名人物所領導的重要科學實驗室來說，這兩種作法幾乎聞所未聞。對大多數成員來說，他們都覺得放射實驗室的研究貢獻歸屬做得很公平。亨德森回憶道：「勞倫斯有足夠的研究成果能拿來分配，而我們人人都分得到。我知道，自己分到的夠多了。」但李文斯頓並不這麼想。隨著迴旋加速器在全美吸引愈來愈多關注，勞倫斯把更多時間花在帶著名人介紹放射實驗室、並沉浸在名人的讚美之中，有時無意之間走過正在埋頭工作的李文斯頓，卻隻字未提；於是，貢獻歸屬的問題開始浮上檯面。有一天，李文斯頓與勞倫斯當面討論了這個問題，表示覺得自己的貢獻未受重視。

勞倫斯回答的冷酷令人震驚。他說：「那就我自己來吧，如果你不開心，何必呢？去做什麼別的計劃吧。我要找更多的研究生來做你的事，都找得到。」

李文斯頓踉踉蹌蹌走出勞倫斯的辦公室，遇到了與他在放射實驗室資歷相仿的吉姆・布瑞迪。李文斯頓臉色蒼白，把談話中所有叫人痛苦折磨的細節都重述了一次。布瑞迪雖然說了些同情的話，但私底下卻和老闆有一樣的想法。他後來回想：「是勞倫斯提出了想法，而李文斯頓就是一雙手。」這話可能說得太苛刻；勞倫斯之所以要努力用克羅克的醫學院捐款讓李文斯頓再待一年，就看得出他對這雙手的尊重。

然而，李文斯頓顯然無法繼續在放射實驗室的這種心理環境待下去；在那裡，雖然老闆的想法得靠足智多謀的員工才能實現，但沒有人能夠被允許忘記勞倫斯才是真正的老闆。李歐納・洛伊伯是一個外人，不用擔心自己的份量問題，能從安全的距離來思考放射實驗室的運作動力，他說：「當一個像勞倫斯這樣的人，帶著他的潛意識、全然純淨的熱情及領導能力……就會把科學界一些比較容易聽別人的話、個性比較軟弱的人帶進他的軌道裡。」在進入這勞倫斯軌道的人當中，如果是最優秀的研究人員，像是諾貝爾等級的路易斯・阿爾瓦雷茲（Luis Alvarez）、埃德溫・麥克米倫（Edwin McMillan）和格倫・西博格（Glenn Seaborg），就會用自己的方法來使用勞倫斯的實驗室資源，建立起自己獨立的名聲。勞倫斯知道，他們的成就會讓放射實驗室更添光彩，因此會儘量放手讓他們發揮。也有些像威爾遜這樣的人，是從放射實驗室吸收所需的知識和經驗，再到其他地方開展成功的職涯。還有一些人，像是庫克西，就是當好跟班角色，一生無慮而成果豐碩。勞倫斯所創造的新研究典範，對每個人來說都是前所未見。

根據洛伊伯的想法，李文斯頓的個性讓他註定在這光譜上處於難堪的位置。洛伊伯告訴勞倫斯的授權傳記作者赫伯特・柴爾茲（Herbert Childs）：「毫無疑問，李文斯頓屬於軟弱的那一邊，但他自己的個人主義又足以讓他想要逃離……李文斯頓有太多年身為合作者，工作得太辛苦……而且深刻意識到自己的貢獻。」由於李文斯頓幾乎可算是小組的領導者，又無疑因為在勞倫斯手下工作，讓李文斯頓達成了超越自身能力的成就，但當他意識到這一切最後貢獻仍要歸功於勞倫斯，士氣就大受打擊。就這社會的情況來說，沒有其他的可能。」事實也證明，就算李文斯頓在一九三四年七月離開柏克萊、前往康乃爾大學任教（那又是一個美國物理學原本不值一哂的地方，但即將在迎來漢斯・貝特（Hans Bethe）與羅伯特・巴徹（Robert Bacher）這兩位一流物理學家後有所改變），李文斯頓仍然是後來所稱「迴旋加速器共和國」（Cyclotron Republic）的忠實成員。康乃爾之所以聘請李文斯頓，主要是為了建造康乃爾的迴旋加速器；因為學校資源有限，所以只能選擇十一英寸的尺寸。但李文斯頓的創舉，在於這是美國除了柏克萊以外首次成功打造出迴旋加速器。更概括說來，他成了迴旋加速器歷史的非官方管理者，勤勉地紀錄著這項科技如何逐年擴張，並讓勞倫斯能夠常常得到這個領域的報告。

然而李文斯頓一直深信，自己在迴旋加速器開發的角色遭到忽視。於是他選擇怪到庫克西頭上，庫克西長期擔任放射實驗室的副主任、勞倫斯榮耀的官方守護者。李文斯頓在離開超過三十年後，認為庫克西「讓實驗室將勞倫斯在一定程度上偶像化，庫克西對早期研發過程歷史的操弄，讓新一代成員不知道早期發生過什麼事，以為勞倫斯必然是親手完成這一切……我認為他對歷史確實造成傷害。」

李文斯頓可能還沒有意識到，在他向勞倫斯提出學術貢獻挑戰的時候，放射實驗室已經有了獨一無二的聲望。如果勞倫斯當時仍然把更多心力放在改進機器、而不是運用機器的力量，這些表現和成果就不可能得到如此的全球關注。國際級物理學家來到柏克萊，觀看奇蹟在眼前發生，並且思考自己能用迴旋加速器來做些什麼。柏克萊及其卓越的科學研究風格正在興起，而這（大部分）正是厄尼斯特·勞倫斯的成就。

因為還是有另一項因素：勞倫斯和一位傑出的年輕科學家開始合作，而那位科學家作為理論物理學家，正在國際名聲鵲起。他是勞倫斯的好朋友，但兩人也像月亮與太陽般有著巨大的差異。他的名字叫作歐本海默。

CHAPTER 5 歐本海默

厄尼斯特・勞倫斯和羅伯特・歐本海默（Robert Oppenheimer）有一張代表照，當時兩人的友誼仍然深厚，尚未因為競爭、懷疑和政治而交惡。照相的地點在位於新墨西哥，那是歐本海默與弟弟法蘭克所合租的「熱狗」（Perro Caliente）牧場，雖然沒有註明日期，但一定是一九三〇年代初。照片上，勞倫斯和歐本海默都穿著長馬靴，馬靴上還有剛剛騎馬沾上的沙漠塵土。勞倫斯身子挺拔，兩腳站得四平八穩，簡直像是個年輕的古羅馬政治家馬克・安東尼（Mark Antony），四周一切盡在掌握之中；他穿著一件V領毛衣、整齊的格子外套、打著領帶，對鏡頭露出燦爛的笑容。至於歐本海默，則是懶懶地斜靠在他那台帕卡德（Packard）汽車的車輪擋泥板上，黑色短西裝外套夾克滿是灰塵、沒個樣子，頭髮就像是一把髒亂的拖把，雙眼幾乎要被眉毛蓋住，但還是多疑地瞪著鏡頭。

這兩個人的背景完全不同，是什麼把他們帶到一起？在他們兩人攜手共創大科學、並且主宰美國物理學界的四分之一世紀裡，對於同時認識他們兩人的人來說，勞倫斯和歐本海默簡直是謎樣的搭檔：勞倫斯來自路德教會教師的家庭，在美國上中西部長大，接受贈地大學的教育；歐本海默則是猶太商人家庭的後裔，是哈佛以及偉大歐洲學術殿堂的教育產品。勞倫斯有一副寬肩，身手矯健（歐本海默就曾讚嘆他「難以置信的活力」），而且總是把自己整理得乾乾淨淨；歐本海默則是瘦得嚇人，永遠蓬頭亂髮、衣著隨便，唇上總刁著一根菸。就連兩人在私底下的表現，也簡直就像是彼此的照相底片一樣剛好相反。勞倫斯散發著世俗主義的活力，但其實總把實驗室工作排在第一。歐本海默散發著禁慾主義的氛圍，但其實心性放蕩不羈，不論是美酒、女人、食物、音樂或政治。在他們第一次見面的那段時間，外顯的勞倫斯正準備與未來將和他一生相守的女子訂婚；而內隱的歐本海默來到柏克萊，同時帶著好幾段戀情，而且後面戀情不斷。

兩人生活中共同的力量，就是物理學。但光這樣講還不夠完整，因為兩人所用的科學方法也有所不同：歐本海默是理論家，光是要用扳手轉螺栓就已經有點勉強；勞倫斯則是實驗家，他想出的小玩意就改變了物理學（包括歐本海默的物理學）的操作方式。或許這就是秘密所在，讓兩人似乎形成互補的整體，就像是粒子和波的形式共同定義了光子。詹姆斯．布瑞迪就在多年後的一場採訪表示：「勞倫斯是實驗家，而歐本海默是理論家，兩人就成了你可以想像到的物理學最強團隊，而且他們總是在一起。」

兩人也都迫切地感受到，要在各自選擇的領域推動重大發展、前往那個合理的目標：也就是要用大科學來研究那個極小的世界，並且讓他們學術的家園成為該領域主宰的學習及發現中心。勞倫斯將提供儀器，並培養能讓儀器更加強而有力所需的新經費和贊助來源；歐本海默則將提供勞倫斯的儀器所需的知識基礎。如果沒有對方，兩人都無法實現自己的目標。

不論對其中哪一位，這都會是他生命中最重要、最持久的專業人際關係，而且其影響將會遍及世界各地。勞倫斯和歐本海默的攜手合作，將會影響核子物理學本身的發展、第二次世界大戰的同盟國戰略、以及戰後的民間和軍事核子政策。很難再有任何其他兩人之間的關係，能對現今世界有如此深遠的影響。

• • •

歐本海默來到柏克萊的時間剛好比勞倫斯晚一年，但轟動程度絕對不相上下。那是一九二九年的夏天，再過幾週就是新學期的開始。

兩年前，歐本海默才剛在馬克斯．玻恩的指導下，在哥廷根拿到博士學位，並且曾在那裡與維爾納．海森堡（Werner Heisenberg）、保羅．艾倫費斯特（Paul Ehrenfest）等量子力學明日之星交流。對於量子理論種種令人困惑的悖論，他似乎輕輕鬆鬆就能融會貫通。在他的博士學位口試後，其中一位剛對他嚴格拷問的口試委員正是新科諾貝爾獎得主獲得者詹姆斯．法蘭克（James Franck），而法蘭克就告訴同事：「還好我及時離開，不然他就要來考我了。」

歐本海默一回到美國，已經有十個工作機會在等著他，他最後選了其中兩個：加州理工學院與柏克萊達成了不尋常的聯合協議，允許歐本海默在兩校每學期輪流開課。這對兩校都好，但對歐本海默更好：他既可以在「沙漠」（這指的是柏克萊）建立起新的理論物理學派，也能在加州理工學院（這是一個較傳統的物理系）接觸最新的物理學研究進展。他後來回憶道，當時柏克萊「沒有理論物理。校內的實驗物理相當過時而沉悶……但形勢很好，而且是個挑戰。另外在我看來，加州理工學院與物理學的關係緊密得多，這樣我就不會完全孤立無援。」兩所大學願意分享歐本海默，正可見得美國學術界奇缺合格的理論物理學家，特別是像歐本海默這樣出類拔萃的角色。就在一九三〇年代這十年間，歐本海默的理論加上勞倫斯的迴旋加速器，將使柏克萊一舉超越加州理工學院，不再是個沙漠，而是全球最重要的核子物理學中心。歐本海默抵達柏克萊的時候，遠不及幾個月前抵達加州理工學院那次來得戲劇性；那次他開車穿越沙漠，途中出了兩次嚴重車禍，簡直九死一生，最後是手臂還吊著吊帶就走進加州理工學院的物理實驗室，宣布：「我是歐本海默。」至於在柏克萊，他則是搬進了單身漢天堂的教師會所，鄰居就是二十八歲的勞倫斯（比歐本海默大了快三歲）。兩人立刻就成了朋友。

擁有高等學位的科學家，常常在自己的專業之外仍有廣泛的閱讀興趣，但歐本海默有興趣的範圍更是異常廣泛。哈佛的同學就曾讚嘆「他到這裡就像一場智識上的搶劫」，除了當然會博覽物理和化學，還另外讀了數學、哲學和法國文學。他為了想讀原文的柏拉圖，就學了希臘文；又想研究《薄伽梵歌》，就學了梵文。在旅居歐洲期間，他也曾用自學的荷蘭語，在荷蘭萊頓大學舉辦講座，技驚四座。他回憶道：「我並不覺得當時荷語講得多好，但得到了肯定。」多年後，他有一次要求手下的柏克萊研究生助理里歐．尼戴爾斯基（Leo Nedelsky）代替他去演講。他告訴尼戴爾斯基：「一點都不麻煩，一切都在這本書裡。」而當尼戴爾斯基指出這是一本荷文書，歐本海默回答道：「可是這荷文寫得很簡單啊。」

然而，歐本海默這種不由自主的多才多藝，點出他在智識上特別的缺陷：沒有耐心鑽研某個自己的領域。這肯定是其中一項原因，讓他成了美國可能最有成就但沒拿到諾貝爾獎的物理學家。只不過，這並不表示他沒有首開先河的研究。在那個物理學空前的智識發酵期間，幾乎所有主題都可見到歐本海默提出的長短論文，而且總是原創論文，常常深具影響、甚至是開創性的論文。在一九三〇年，他就曾預測正電子（positron）的存在，也就是帶正電的電子。但正如一位理論家所言，他「自己討論出正確的結論」之後，就對這個話題失去了興趣；最後是他在加州理工學院的學生卡爾．安德森（Carl Anderson）發現了這種粒子，並因此獲得諾貝爾獎。歐本海默在一九三〇年代對天體物理的研究裡，就曾預測有中子星，而且更令人驚訝的是也曾預測了黑洞的存在，也就是在龐大的恆星坍塌之後，形成擁有巨大引力的物體，連光都無法從其引力中逃脫。世人一直要到一九六七年才發現中子星，更要到二十一世紀才找到黑洞的確切證據，這正可突顯歐本海默的成就，以及職涯莫名欠缺臨門一腳的缺憾。

歐本海默的同事羅伯特．賽伯（Robert Serber）回憶道：「歐本海默極擅長的一件事，就是看到物理現象，就能在信封背面完成計算、得出所有重要係數。但講到要細緻地把研究做完……這就不是歐本海默的風格了。」而且剛好相反：歐本海默最出名的一些論文，裡面總有些基本的數學錯誤，有時候還會讓結論也出了問題。同樣是來自賽伯的說法：「他物理學很好，但算術真的很糟糕。」

歐本海默真正的天賦所在，在於統整合成，他對物理學的掌握，讓他幾乎看到任何新的實驗發現，都能想出一套理論基礎。放射實驗室最傑出的一位成員路易斯．阿爾瓦雷茲（Luis Alvarez），就曾在一九三九年的某個下午見證這種天賦，當天他突然告訴歐本海默一項驚人的消息：德國化學家奧托．哈恩（Otto Hahn）與助手佛里茨．史特拉斯曼（Fritz Strassmann）宣布發現核分裂，將鈾這種重原子核一分為二。歐本海默當時在他位於勒孔特館的研究室，他站在黑板前，旁邊有一些總是會跟著他的學生。聽到這項消息，歐本海默迅速宣布：「那是不可能的」，接著就用數學方式證明為什麼哈恩和史特拉斯曼一定是錯的。歐本海默最不惹人喜愛的一點，就是這種智識上的傲慢，這次更是如此。但第二天，他去了阿爾瓦雷茲的實驗室，見證了核分裂的證明。阿爾瓦雷茲回憶道：「還不到十五分鐘，他不僅同意分裂反應確實無誤，還推測出在這個過程中會釋放額外的中子，可用來分裂更多的鈾原子，進而產生能量或製造炸彈。」這正可看出歐本海默的科學洞察力，也可說是典型的歐本海默：他很快就理解了背後的物理學、並拋下了自己最初的錯誤想法；更令人印象深刻的是，他已經設想好了未來的延伸，就像西洋棋大師能夠思考未來幾十個棋步。

在柏克萊，歐本海默既有個人魅力、也有智識上的吸引力，這種獨特的結合，讓他成了羅沙拉摩斯（Los Alamos）原子彈計劃極具效率的領導者。賽伯後來提到，歐本海默就像是「理論物理的吹笛人」；阿爾瓦雷茲或許也帶著一絲嫉妒地表示，歐本海默的一票「跟班」把他的各種舉動和怪癖學得十足十，一直抽著他抽的香菸品牌切斯特菲爾德（Chesterfield），模仿他那雙長腳的步態、以及幾乎聽不見的喃喃自語。歐本海默的藝術品味就成了學生們的藝術品味，一位學生艾德溫・尤林（Edwin Uehling）：「我們應該不會喜歡柴可夫斯基，因為歐本海默從來不喜歡柴可夫斯基。」每年春天學期結束，歐本海默會離開柏克萊、前往加州理工學院，這群跟班也會坐著搖搖晃晃的大篷車，隨著他向南行。而等到八月，這票人會再次向北遷移。

歐本海默的上課風格特別不一樣，他會背對著學生，在黑板不一定哪個地方寫著複雜的公式，有時候學生都還來不及抄，他就會為了有空間繼續寫而把前面的公式給擦了。曾在歐本海默指導下於柏克萊取得博士學位的愛德華・戈爾瑞（Edward Gerjuoy）回憶道：「我腦中還有他站在黑板前那個獨特的樣子，一隻手抓著一支粉筆，另一隻手夾著一根菸，他的頭就在一片菸霧中若隱若現。」歐本海默的講課總是低聲又含糊，三不五時會暫停一下、發出學生描述是「nim-nim-nim」這樣的聲音。他的歐洲朋友保羅・艾倫費斯特到加州理工學院找他的時候，就曾經坐在第一排、卻還是聽不懂他在講什麼，最後終於大聲喊道：「小歐啊，你是在講祕密嗎？」

他講的課，難懂的還不只是他的語音含糊，就連內容主題本身也是晦澀難解，就算對全球最有經驗的理論家來說也是個挑戰。卡爾・安德森當時是加州理工學院的研究生，就曾經在坐滿人的演講廳裡聽了好幾天的課，卻還是聽不懂歐本海默講的量子力學課程。他最後向歐本海默承認，自己實在完全聽不懂，只好退選這門課。歐本海默也很為難，告訴他其實所有學生都做了這件事：整個演講廳的學生都是來旁聽、沒人真的修課，所有人拚命想聽懂這個主題、但沒人想拿自己的成績來冒險。他拜託安德森留下來，否則如果連一個修課的學生都沒有，這門課就開不成了。安德森聽話留了下來，最後也拿到一個A，但他回憶道，所有課程內容仍然是：「從頭到尾都聽不懂」。

歐本海默與勞倫斯不同，勞倫斯十分擅長傳達概念、但對於講課很不耐煩，歐本海默則是喜歡教學，但實在不太會教。他教課方式的不清不楚，反映的是他對於當時新發現的現象還有一份不安全感，而這種現象就算到今天也還需要新的思考方式才能理解。有位修過他課的研究生，指責他講起課總讓學生聽不懂，而他就怯生生地解釋道：「在那些時候，我其實在教的是自己。」

對於那些不是歐本海默忠實信徒的人來說，這一切都讓人感到困惑；聽不懂的人甚至包括恩里科．費米，而費米也是有著一群忠實信眾的這種人。在一九四〇年曾有一次，費米坐在一場滿是歐本海默學生的柏克萊研討會上，發現自己實在跟不上眾人含糊呢喃的討論。後來他向朋友兼同事艾米利奧．塞格雷（Emilio Segrè）哀嘆道：「我參加了他們的研討會，但心情非常差，因為我實在聽不懂。只有最後一句讓我心情好了起來，講的是：『這就是費米的β衰變理論。』」然而，歐本海默其實正在建立起美國最先進的理論物理研究，他在一九二九年至一九四三年（離開前往羅沙拉摩斯）這段時間在柏克萊指導的二十多篇博士論文，佔了美國該時期物理博論的很大部分。原因之一，當然是因為他是美國少數直接受教於歐洲量子理論創始者的教師之一，也是少數一心想將知識傳授給新世代的人之一。至於另一個原因，則是因為一直要到一九三〇年代末，才因為獨裁主義和戰爭因素而使得歐洲物理學家向美國大舉移民；在那之前，歐本海默幾乎是獨佔了整個美國市場。即使已經到了一九三七年，戈爾瑞在紐約市立學院讀完了物理系，向學校的顧問詢問可以去哪裡繼續做理論物理研究，「他們唯一能講出夠規模的研究團隊，就是歐本海默的團隊。」

•••

在兩人都還是單身漢的最初幾年裡，勞倫斯和歐本海默幾乎就是焦不離孟、孟不離焦，一起社交、一起玩樂，也有些共同的習慣，只是方式有些不同：兩人都抽菸，但歐本海默是抽個不停，而勞倫斯只是偶而抽一抽（而且似乎是為了給自己的清教徒出身留點尊嚴，總是偷偷地抽）。不論是想定義、或者光是想瞭解勞倫斯與歐本海默之間的關係，就讓許多認識兩人的人花上了不少閒暇時間。化學家馬丁・卡門（Martin Kamen）說得簡潔：「歐本海默非常理性而內省，但偶爾變得傲慢而有魅力，他一直有種不安全感的困擾。分析能力過人，但操作能力低落。至於勞倫斯，比較沒那麼理性、而是高度訴諸直覺，幾乎不會懷疑自己，而且有著卓越的操作技能……一個有理論上的敏銳，一個有實驗上的技術，兩人能夠達到互補，也就成了兩人關係密切的基礎，讓他們跨越在智識與文化上的鴻溝。」卡門就表示，兩人在某個面向上能夠配合無間：「他們有個共同的目標：想站上舞臺的中心。」

讓兩人的夥伴關係格外不同的一點，在於這個核子物理萌芽的時期，理論家和實驗家習慣性相互帶有尊敬和懷疑。兩種人各有刻板印象中不同的性格、世界觀、甚至是政治觀。諾貝爾獎得主、莫莉的妹夫兼勞倫斯的實驗室同事埃德溫・麥克米倫，就曾在多年後表示：「理論家在政治上往往偏自由派，從自由主義到激進主義；實驗家……比較屬於政治上的右派。」麥克米倫當時是在回顧戰後時代，科學政治的戰爭已然失控，讓許多人的職涯與名聲掃地，但毫無疑問，即使在一九二〇與一九三〇年代，一個人選擇的物理研究方式就會反映並決定他看待世界的方式。

但勞倫斯和歐本海默明白，要不是有彼此，他們不可能有如此的成就。布瑞迪就曾說：「勞倫斯非常依賴歐本海默，只要迴旋加速器跑出的結果叫人覺得困惑，勞倫斯的反應總是『我們問一下歐本海默。』」

而布瑞迪回憶一次這樣的情形：「所以我們就去找了歐本海默，勞倫斯連一句話都還沒說完，歐本海默就說了：『不，不，不，不，不，這不可能，這樣就違反熱力學第一定律了。不可能。』而勞倫斯只好說：『好吧，算了。』他們的合作一直就是這樣。」

而對歐本海默來說，勞倫斯那套了不起的機器不斷產生出大量的實驗結果，也讓歐本海默得到許多刺激。他後來回憶道：「很多時候，他們〔透過迴旋加速器〕發現的東西實在令人震驚，我只能說我不知道那怎麼可能。有些時候，我確定當時自己真是目瞪口呆，知道自己過去都錯了。」同樣令他讚賞的，還有勞倫斯創新的期刊俱樂部，也就是每週為研究生、物理教職員與偶爾來訪的卓越學者提供自由形式的科學資料及新聞交流；歐本海默把這稱為勞倫斯的「另一項偉大發明」。只要是在柏克萊的期間，歐本海默很少錯過任何一場俱樂部聚會，而且也時常擔任主席，只是那些時候，從主席位子退下的勞倫斯就會坐在出席者當中，像一般人一樣拚命想瞭解歐本海默在喃喃自語些什麼。

此外，歐本海默也不像其他理論物理學家，會在勞倫斯和他那群全心操作設備的人前面顯得傲慢。歐本海默認為，勞倫斯的成就「不是在於理解自然，而是在於理解『研究自然的過程有何問題』。他對物理學研究的貢獻，和任何其他人不相上下。」一般的理論家對於以毫不複雜、毫不抽象的方式去觀察自然，並不認為有什麼價值，但歐本海默是少數願意承認其價值的理論家，而這也正是勞倫斯的研究方法。歐本海默表示：抽象「並不是勞倫斯喜歡的方法。他喜歡的是去打造並延伸某種研究技術。這種方法是在工具的層面，而如果沒有這種方法，天文學和物理學就不可能有什麼成就。」

從表面上看，雖然兩人的個人生活與事業經歷各種變化，通常可能讓最親近的朋友之間產生裂痕，但他們的友誼直到一九四〇年代仍然堅定。勞倫斯是熱狗牧場的常客，他會穿上「很合適的騎馬裝」，坐在英式馬鞍上。而在家的時候，他和歐本海默會在柏克萊附近悠閒地慢慢散步，逛著北加州如田園詩般的樹林。歐本海默回憶道，他發現勞倫斯的智識興趣不像自己那麼廣泛，大概不太想討論像東方哲學或西方藝術之類的話題，所以「我們談物理學。」

他們彼此的信任和關心彌足珍貴。一九三一年十月，歐本海默因母親病危而前往紐約，勞倫斯十分瞭解一旦母親過世會對歐本海默造成的影響，因此每隔幾天就會寫信給他。對於這樣的關心，歐本海默回應道：「離開這麼久，我覺得很抱歉」，甚至要求勞倫斯「對那些現在像是沒了爸爸的理論孩子們，盡你所能照顧一下好嗎？」——雖然他並沒有說明，到底這位實驗家能怎麼照顧他那批走理論路子的學生。

該年年底，兩人在紐爾良舉行的美國物理學會會議重聚，享受著他們日益響亮的名聲，而且顯然關係仍然密不可分。一位同事的妻子就親眼目睹兩人在電梯門的兩邊聊了許久，勞倫斯不斷走出電梯、就是為了和歐本海默再說一句，最後是電梯小姐說了：「兩位甜心，該停了吧？」才結束這一切。在同一次研討會，也可看到勞倫斯的另一面，這隨著他們的關係成熟、還會變得更加明顯：也就是勞倫斯做為歐本海默的諮詢對象與導師，一如梅爾．圖福在勞倫斯前往柏克萊的關鍵時刻所扮演的角色。歐本海默發表會議論文的時候，被加州理工學院校長羅伯特．密立根大加抨擊，密立根可說是眾所皆知的挑剔。密立根提出他的宇宙射線起源理論之後，有十多年的時間不斷捍衛這套理論，而可能是因為歐本海默對此提出挑戰，讓他頗為光火。歐本海默十分感謝勞倫斯在這次事件上的道義相挺，在事件後的幾天，就寫信表示：「厄尼斯特，對於週三會議的事，你低聲對我說的那些安慰的話，完全就像是你會做的事，真的很貼心。我當時真的很需要聽到這樣的話，我覺得自己的簡報很丟臉，也對密立根的敵意和厚顏感到痛苦。」而就像是為了要報答勞倫斯的安慰，歐本海默還透露，因為密立根的所作所為，讓他決定在「不完全和加州理工撕破臉」的前提下，開始與加州理工學院切斷關係，把更多心力投入柏克萊。

•••

但也就是在這個時候，兩人的關係開始有了微妙的改變。歐本海默作為理論家的名聲日益提升，但勞倫斯的專業地位更是到了另一個層次。歐本海默後來回憶道，勞倫斯「在一九三〇年代就成了相對出眾的人，而且這也是理所當然。他認為我有成為極優秀物理學家的潛力……但就某種意義而言，還不夠實際、不夠有經驗、也不夠理性。」

歐本海默也意識到，兩人的社交圈子也註定互不相融。歐本海默夫妻兩人喜歡與聰明的波希米亞人與政治左派交往，他們的物理學朋友是那些從喜歡音樂和藝術的天主教徒，像是賽伯夫婦，以及加州理工的萊納斯・鮑林（Linus Pauling）。而隨著勞倫斯的專業地位提升，他的社交圈開始包含那些已經成為其金融贊助人的銀行和石油巨擘。早在一九三二年，史普羅爾就已經贊助勞倫斯加入波希米亞俱樂部（Bohemian Club），那是舊金山頂級名人才能加入、最受尊崇的組織。對於像歐本海默這種真正的波希米亞人兼猶太人，要加入是天方夜譚。

事實上，在整個一九三〇年代，歐本海默就是在各種專業與學術界高層的反猶太主義浪潮中力爭上游。一九三六年，伯奇願意為羅伯特・賽伯開出的年薪僅僅只有一千二百美元，於是歐本海默得費盡心力，才讓賽伯擔任他在柏克萊的研究助理。（在歐本海默的請求下，勞倫斯從放射實驗室的經費裡又再撥了四百美元。）但歐本海默想為賽伯爭取助理教授職的努力最後仍是徒然；要到多年後，賽伯才發現是伯奇在從中作梗，伯奇在給朋友的信中寫道：「系裡有一個猶太人已經夠了。」

然而，真正讓勞倫斯與歐本海默之間出現嫌隙的，是政治。一九三〇年代，勞倫斯認為自己是支持新政的民主黨人，但他真正想的，是要讓政治別來插手自己的實驗室。事實上，他認為科學家不該參與任何形式的政治活動；在一次與歐本海默的談話裡，他就說政治活動就是「政治胡鬧」。歐本海默的弟弟法蘭克也是放射實驗室的成員，而勞倫斯就問過他：「你去胡搞政治做什麼呢？你並不需要做這種事，你是個優秀的物理學家。」這可說是個預見了未來的問題，因為在法蘭克．歐本海默爆出曾是共產黨員之後，他與勞倫斯實驗室的關係也驟然畫下句點。

至於歐本海默，他不能放下政治的程度，就像他不能放下音樂和美酒；這都是他與外界往來的方式。對於歐本海默的政治活動，最令勞倫斯惱火的不是他愈來愈看不慣的激進主義色彩，而是在戰間的幾年間，社會可接受的政治言談光譜變得狹隘，但歐本海默一直看不出自己的言行可能對整所大學、特別是物理系造成怎樣的傷害。一開始，勞倫斯就是私下暗地解決掉歐本海默漫不經心搞出的問題，例如歐本海默曾在放射實驗室的黑板潦草寫著，要舉辦雞尾酒會，贊助西班牙內戰的共產反法西斯勢力。勞倫斯在每天巡視實驗室的行程裡看到這些字，不發一語，但狠狠將這些字擦去。隨著時間過去，他發現愈來愈難對這位朋友的政治立場保持沉默，最後終於對歐本海默的「左傾活動」發出譴責，並告誡他，這可能會讓他在學術及產業界的發展受限，而且隨著戰爭逼進，在政界的發展也岌岌可危。

在幾年間，緊張的關係並未真正浮出台面。勞倫斯將新娘莫莉帶到柏克萊之後，歐本海默仍然是家庭圈的親密成員。勞倫斯的第二個兒子在一九四一年元旦後出生，就跟著歐本海默而命名為羅伯特。等到歐本海默也有了自己的新娘，在一九四〇年十一月娶進梅開二度的凱瑟琳·「凱蒂」·哈里森（Katherine "Kitty" Harrison，她當時已穿著孕婦裝），勞倫斯是鎮上第一對邀請他們共進晚餐的夫婦。

然而，隨著職涯與政治傾向令兩人漸行漸遠，他們之間也似乎有了更根本的歧異。多年後，歐本海默面臨生命中重大的公關危機，而勞倫斯只要願意說句話，就可能保他脫離出於政治緣故的苦難，而吉姆·布瑞迪就問了勞倫斯，為什麼他和他手下的柏克萊團隊沒有為歐本海默提出任何辯護。

勞倫斯答道：「理由十分充分：因為只有我們才真正知道他是哪種人。」

布瑞迪回憶道：「在我看來，這幾乎是個人恩怨了。」只有時間才能解開這個謎團。

然而，兩人的決裂還是很久以後的事。在一九三三年，兩人的合作讓加州大學成了全球數一數二的學術中心，而且具備著頂尖的財力、頂尖的抱負。當時，柏克萊吸引著最有潛力的年輕研究生，接待著最傑出的訪問學者，賺取著研究基金會的最多獎助，同時也引來絕大部分的公眾目光與讚譽。羅伯特·歐本海默是全國首屈一指的理論家；而厄尼斯特·勞倫斯則是知名的實驗家，同時更製作出了研究原子最有力的工具，得到全美的使用。該年，出現一個激動人心的訊號，顯示勞倫斯的名聲已遠播至歐洲：索爾維會議（Solvay Conference）邀請勞倫斯參加。那是在比利時布魯塞爾舉辦的國際精英會議，每三年舉辦一次，而勞倫斯是該屆唯一受邀參加的美國人，將與其他二十一位現任及未來的諾貝爾獎得主展開合作。

該屆會議主席、法國物理學家保羅・郎之萬（Paul Langevin）請勞倫斯提供講題大綱，而勞倫斯回覆表示，他將會提出一項驚人的新理論，認為氘（一種氫的重同位素）的原子核撞擊到另一個原子核時將會分裂。這是一項語出驚人的主張，將會重寫物理學的基本定律，並有迴旋加速器的充分研究數據為基礎。令人放心的是，這項結果也經過歐本海默的理論驗證；歐本海默很高興他們能夠推翻一些他非常不同意的歐洲量子動力學理論。正如歐本海默在會議前夕愉快寫給弟弟的信裡所言，勞倫斯「已經絕對確立了H_2核的不穩定性，它受碰撞後會分解成中子和質子……就我看來，對於海森堡那套關於原子核的「偽量子力學」（pseudo qm），這將會構成無望推翻的障礙。」

這本來有可能是勞倫斯和歐本海默合作的極致巔峰：以堅實的理論基礎，展示了驚天動地的實驗結果。然而，他們卻是在國際舞台犯下了世界級的錯誤。事實證明，大科學還沒有做好上場的準備。

PART 2

放射實驗室

CHAPTER 6 氘核事件

勞倫斯得到索爾維會議的邀請，不只是確立了放射實驗室在國際科學領域的地位，更可說是放射實驗室璀璨登場的派對。

這場會議在一九三三年十月召開，以「原子核的結構與性質」為主題；會議由比利時化學家暨實業家厄尼斯特．索爾維（Ernest Solvay）於一九一一年首創，該屆為第七屆。自成立以來，勞倫斯之前只有七位美國物理學家能夠參與，而該屆他則是唯一的美國與會者，將與歐洲科學界最閃亮的明星密切交流，討論核子物理學的精微之處。其他與會人士還包括愛因斯坦、海森堡、波耳、薛丁格（Erwin Schrödinger）、瑪麗．居禮與女兒和女婿艾蓮娜及菲特列．約里歐—居禮，這些人完成其開創性的研究時，手中都沒有像勞倫斯那樣的資源。而與會者中單單來自劍橋的就高達八人，包括拉塞福、查兌克與考克饒夫。

對於自己受邀，勞倫斯第一時間便廣為宣傳，在寄給史旺和其他朋友的信裡表示自己「感到驚喜，而且十分高興」，並且向柏克萊申請了三百美元來支付旅行費用。在會議幾週前，他就對考克饒夫及查兌克所提交的論文提出詳細的評論意見，實際上也就是對廣受尊敬的卡文迪許實驗室提出直接的研究挑戰。然而，勞倫斯即將踏上一片薄冰。而隨著他身陷困境，將會幾乎拖垮迴旋加速器及放射實驗室的名聲，並且讓大科學看來一片光明的前景蒙上陰影。

當時的主題是稱為「氘核」(當時稱為deuton，今日則稱為deuteron）的粒子，也就是重氫（heavy hydrogen）、又稱為氘（deuterium）的原子核；氘核和勞倫斯就讓彼此聲名大噪。

中子和氘都是在一九三二年這個神奇的年份所發現，核子物理學就在這年吐露了一些它最了不起的祕密。首先是氘。在哥倫比亞大學的柏克萊化學博士哈羅德・尤里（Harold Urey），當時已經開始尋找雷蒙・伯奇等人所推測的氫的重同位素。尤里想找的是個質量為二的原子，根據伯奇的估算，在一般濃度的氫氣中，氘（2H）與一般氫原子（1H）的比例約為一比四千五百。他的發現可說是科學演繹的勝利，因要在他找到氘這項同位素過了好幾個月後，才找到了讓氘有額外重量的中子。而在查兌克發現中子（也就是拉塞福找了十年的不帶電粒子）之後，終於完整拼湊出了氘的原子結構：一般的氫核只有一個質子，而氘核則有一個質子和一個中子。

尤里的發現啟發了他在柏克萊的導師、化學系的傳奇主任吉爾伯特・路易斯，讓路易斯開始試圖設法大量生產重水（也就是在水分子中，用氘來代替普通的氫），以便以重水做為介質，進行氘這種新同位素的實驗。路易斯一向以實驗手段靈活而聞名，這次他也不愧其名聲，想出一種運用蒸餾電池用酸的電解過程，很快便取得了純度更高、量更多、濃度達百分之五十的氘。路易斯對自己的製程實在太有信心，甚至把這種仍然稀有的物質拿來隨意揮霍。有個學生便回憶道：「他喜歡說他把第一批重水拿來餵蒼蠅的故事，說蒼蠅翻了個肚子朝天，朝他眨了眨眼。」至於比較可信的故事，是他用滴管把最初的樣品拿來餵了一隻老鼠，而在老鼠攝取了「全球總量」的重水之後，並未顯示任何不良影響。

很快地，路易斯就開始向勞倫斯供應大量重水，勞倫斯再將重水汽化後泵入迴旋加速器。路易斯可說是老派個人研究的代表，但他很高興能在拓展科學研究疆界的道路上盡一分心力，這時他也成了放射實驗室的一員，總是坐在凳子上、拿著黑色雪茄吞雲吐霧，看著勞倫斯的助手用這種全新而極度有效的新子彈，撞擊著他們能找到的任何元素。

對於氘核可能的應用，勞倫斯的興奮程度與路易斯不相上下。任何其他有質子兩倍質量的離子（例如一對質子），撞擊靶原子核時確實會有更高的衝擊力，但由於本身也帶了雙倍的電荷，因此也會受到靶原子核所帶正電的排斥。然而，氘核既有兩倍的質子質量，又不帶雙倍的電荷，所以應該更能有效穿透靶原子核的電磁場。然而，最後氘核的有效程度，就連勞倫斯也為之驚訝不已。李文斯頓回憶道：「我們一使用氘核，得到的反應是史無前例的驚人。」以鋰為靶物質，氘核產生的分裂蛻變是單純使用質子的十倍（以發射出的α粒子來計算）；以鈹為靶物質，產生的分裂蛻變更躍升了一百倍。

阿爾瓦雷茲後來就說：「勞倫斯對氘核束有一份出了名的愛戀。」最後，放射實驗室透過一個白金的「窗口」，能讓將氘核從真空室轉移射向空中，進而明顯展示這種子彈的力量：勞倫斯總是興致盎然地向參訪者展示，氘核束打向空中而使氮電離之後，就會放出叫人毛骨悚然的紫色光芒。然而，這裡絕不只是發出紫光這麼簡單。被氘核所撞擊的所有元素，都會產生大量的α粒子，代表元素的分裂蛻變。

這項發現讓勞倫斯開始整天待在放射實驗室，監看著他的魔法子彈不斷撞擊幾十種元素。對於像鋰和鈹這樣的輕元素，效率極高並不叫人意外，但就連像金和白金這樣較重的原子也得到同樣的結果。最後，放射實驗室對實驗結果大感興奮，而且這份興奮絕不只是因為建造出了更大的儀器而已。放射實驗室終於好好運用了它獨特的優勢：以這個案例而言，就是路易斯能提供大量的氘，而迴旋加速器能提供高額的能量。全球沒有任何實驗室能與之匹敵。一時之間，雖然卡文迪許實驗室仍然沐浴在查兌克發現中子的榮光之中，但放射實驗室已經儼然成為值得尊敬的競爭對手。特別是放射實驗室對於較重元素的研究，要研究這些元素，所需的能量遠非卡文迪許的考克饒夫–沃爾頓設備所能提供。

李文斯頓回憶道：「突然之間，我們關於核子物理的論文如洪水般湧向全世界，這個領域別無他人，因為其他人既沒有氘核、也沒有夠高的能量。」李文斯頓補充道，氘核「正是讓柏克萊實驗室聞名的原因。我們開創了一個全新的科學領域。」還不到五月底，勞倫斯已經授權柏克萊的公關單位發出聲明，詳細說明在鋰、鈹、硼、氮、氟、鋁和鈉中所見證到的「轉變」，並表示「依這種進步速度，任何人都不敢猜測核子物理將在短短幾年間取得怎樣的成就。」

而且那還只是開始而已。放射實驗室團隊正準備在一九三三年七月的《物理評論》向全世界正式公佈其氘核研究結果，同時又發現到，不論撞擊何種靶物質，放出的質子都具有同樣的能量、在空中移動相同的距離（十八公分）。根據傳統的核子物理學，這會是個不尋常、叫人困惑的現象：不同重量的原子核在分裂蛻變之後，應該放出的能量要各有不同，愈重的元素就該產生更高的能量。勞倫斯致信考克饒夫，寫道：「我幾乎完全想不通」。但他的困惑並沒有持續多久。幾天之內，他就提出了解釋的理論：這些質子並不是靶物質分裂蛻變後的產物，而是來自氘核本身，而氘核是在與原子核接觸後「爆炸」。這種結論又帶出另一項同樣令人驚訝的假設：如果氘核破碎之後，為它的組成成分（質子和中子）賦予相同的能量，根據簡單的數學計算，一個中子的重量就是一個原子質量單位（這個質量單位當時定為氧原子重量的十六分之一）。這樣算出的中子重量，要比任何其他實驗室所假定的都輕得多。

勞倫斯的研究結果對核子物理學具有重要意義。他的中子重量與卡文迪許實驗室所認為的重量大不相同，卡文迪許實驗室認為中子的重量應在一點零零六七至一點零零七二單位之間。不難理解，對於自己所發現的粒子，卡文迪許實驗室當然希望自己是最熟悉其特徵的那個，更不用說該實驗室一向對於自己能用精心手工製作的設備取得精確的測量值而深感自豪。因此，面對勞倫斯的挑戰，卡文迪許實驗室可沒打算逆來順受。在索爾維會議前，小科學與大科學之間已逐漸形成一場龍爭虎鬥。

一開始，是由勞倫斯毫不客氣的銷售手段技壓全場。五月，加州理工學院有一場會議向來訪的波耳致敬；在會議上，波耳提到如何用氘核撞擊八種重靶元素（到鋁為止）而造成蛻變，並間接提到重量較輕的中子。波耳將這些結果讚譽為「了不起的進展。」加州理工學院校長羅伯特．密立根也忍住了該校與柏克萊對立的立場，讚揚勞倫斯「全然非凡的」發現。

接著是美國物理學會年會，於芝加哥舉行，而該市還籠罩在一九三三年世界博覽會的光彩之中。這是勞倫斯首次登上全國性的舞台，而事實也證明他完全能勝任這種挑戰，成為讓《紐約時報》以兩篇頭版文章報導、並登上《時代》雜誌專題的明星。《時代》雜誌的科學通訊記者威廉．洛倫斯（William L. Laurence）將柏克萊的氘核稱為「科學的新奇蹟創造者……至今所發現最具威力的大砲，能將目前鎖在原子內核而相對巨大的能量給釋放出來。」洛倫斯剽竊了卡文迪許實驗室法蘭西斯．亞斯頓（Francis Aston）的比喻，在報導中提到一杯水所釋放的能量就能讓遠洋郵輪茅利塔尼亞號「來回越過大西洋。」他在報導中把勞倫斯介紹成一群柏克萊奇蹟小子「童軍黨」的領導人，提到這群人多半「還只有三十出頭。」

而在《時代》雜誌的報導中，是以勞倫斯與一般普通讀者溝通的才能為重點。文章一開始，描述波耳被纏在麥克風線裡，而讓喇叭傳出一陣尖銳刺耳的高音。「去聽聽加州大學這位圓臉的年輕教授厄尼斯特．奧蘭多．勞倫斯講述他如何用『氘核』子彈讓元素分裂蛻變，會更輕鬆，也更愉快。」《時代》察覺到，趨勢已經從以「理論家波耳」所代表、固守「以思維探究」的傳統、而大眾曾「苦心理解」的小規模物理學，逐漸轉向如勞倫斯一般、高大健壯的一群年輕新實驗家，這些人無憂無慮地跳過了理論的樹叢，向鋰原子發射氘核，「就像男孩拿著彈弓。」《時代》認定勞倫斯是個人才，之後很快也就讓他登上了封面，成為現代美國科學的象徵。

•••

與此同時，卡文迪許實驗室並沒有閒著。拉塞福也像勞倫斯與路易斯一樣，很快就想到了將氘核用作子彈的好處。由於他無法在自己的實驗室裡產出氘核，便在那個五月、吉爾伯特．路易斯來訪的時候，取得了極小的一批氘核：大約半立方公分、約十分之一茶匙的純重水，密封在三個精緻的玻璃安瓿（ampoule）裡。馬克．歐力峰研發出一種方法，能將水轉化為氣體，而且幾乎不會造成損失，於是卡文迪許實驗室就能一次又一次回收使用這批寶貴的純重水。

拉塞福也不吝向路易斯大讚勞倫斯的成就，並恭喜「勞倫斯等人迅速利用這個新的大棒來攻擊核子敵人……這些發展讓我再次感到年輕。」但拉塞福等人後來發現，勞倫斯的結果似有可議之處。這些人知道自己絕無可能取得勞倫斯透過迴旋加速器所能獲得的巨大能量，於是選擇使用較低的能量、但較高的質子流，也就是讓粒子數更多。他們一樣找到了勞倫斯那些會移動十八公分的質子，但只有在鋰與鈹這兩個較輕的元素才成立。在卡文迪許實驗室，金這種元素並未發生此種分裂蛻變的情形，科學家發現，只有在受到較重的微量雜質（如硼）污染時，才會稍微得到類似的結果。重要的是，甚至在一個乾淨的鋼靶上，原本應該完全沒有反應，但歐力峰也檢測到發射出質子的現象，並確認了發射率會隨著撞擊的長度而增加，於是得出結論：氘核其實會「卡在靶元素上」，因此勞倫斯認為氘核子彈會分裂蛻變，但其實只是氘核撞擊到了靶表面上其他的氘核。換言之，是勞倫斯所撞擊的靶物質受到污染；他以為自己有了偉大的發現，但其實只是實驗操作技術不佳。兩個實驗室之間的經驗差異造成了這次的事件：對卡文迪許實驗室那些老練的實驗家來說，污染是種他們早已熟知並極為瞭解的現象；但對於柏克萊那些性急而一味猛轟的研究者來說則並非如此。

隨著索爾維會議即將到來，已經不僅僅是柏克萊與卡文迪許，外界也開始對氘核大感興趣，並且質疑勞倫斯的分裂蛻變理論、以及據以計算出的中子重量。像是卡內基研究所的梅爾・圖福，就以嚴正的用詞警告這位他小時候的朋友，提醒他常常在取得所有事實之前，就妄下毫無根據的結論。勞倫斯在前往布魯塞爾的前夕回了信，但信中充滿責怪與戒心。他寫道：「我很同意，從鈹產生中子並不能證明氘核的分裂蛻變、或是證明中子的質量很小。但我認為，我們現在已經得到了相當確鑿的證據……從鈹以外的靶元素，我們也觀察到了正確數量的中子。」他滿懷信心地向前啟航。對於美國物理研究所所長亨利・巴頓（Henry Barton）這位朋友，勞倫斯則寫道自己準備「說服所有人，氘核就是分裂蛻變了。」而他有史以來遇過最難討好的一群人，已在大西洋彼岸等待著他。

• • •

勞倫斯抵達比利時的幾週前，才和拉塞福有了一次遠距的爭執，兩人對於未來能否有效運用原子核所發出的能量有不同意見。在英國科學促進會九月舉行的會議上，拉塞福對這個想法潑了冷水，他提出警告：「用原子分裂產生的能量還很不夠水準；根據我們目前擁有的工具與智識，如果有任何人說我們可以運用原子能，都是瞎扯。」

這句「瞎扯」立刻傳遍了全球，讓懷疑論者大感寬慰。《科學人》就表示：「有些不負責任的作者……告訴那些他們那些輕信的讀者……以為靠著極少量的物質原子所鎖住的能量，就能讓郵輪來回橫跨大西洋；或許這能讓這些作者多少冷靜一點。」然而，勞倫斯聽到這句評論，卻有非常不同的想法。他同意拉塞福的觀點，認為核反應產生的能量還「不夠水準」，但他認為這「純粹是射擊準度問題。目前大概在一百萬次『射擊』當中，只能成功讓原子核分裂蛻變一次……但這不影響事實：只要『擊中』，原子就會放出比擊碎原子所需能量大上二十倍的能量……就個人而言，我還不知道是否能做到，但我們會繼續努力。」

表面看來，拉塞福與勞倫斯似乎意見完全對立，當時的人也是如此認為。但事實上，兩人的觀點並沒有那麼分歧。拉塞福已經仔細表明自己思考的前提是「根據我們目前擁有的工具」，他當然不排除在未來的某個時刻，勞倫斯所提的「射擊準度」能夠提高到一定程度，讓分裂原子所需的能量遠低於能夠產生的能量。兩人之間最大的差別，在於對勞倫斯來說，所謂的未來可能就是現在。就這點而言，正如在許多科學爭論當中遠見到頭來總會勝過短視，勞倫斯是對的。

但不論如何，索爾維會議的討論重點都不是對未來的預測，而是針對目前手上擁有的研究結果。勞倫斯知道，卡文迪許實驗室懷疑的不只是他的氘核理論，還包括迴旋加速器本身作為實驗工具這件事。他已經在事前收到了與會者的論文，並在裡面做了相關的標記，像是在考克饒夫的文章裡，有一句斷言迴旋加速器「只有小的粒子束才可能」，勞倫斯就氣憤地把這句話畫掉，並在頁邊寫上「不對！」

在會議上，考克饒夫把卡文迪許實驗室對於氘核爆炸的質疑說得委婉，表示勞倫斯的論點並不一定是錯誤，但肯定是不夠成熟：「在我們尚未取得更多實驗資訊之前……進一步討論這些轉變的本質是件相當多餘的事」，最好是用他自己的加速器，雖然能量不及迴旋加速器，它的粒子束流量則是大上許多，結論就是「我們目前的資訊還不夠。」拉塞福和查兌克直言，他們在所有撞擊實驗中，都並未找到勞倫斯那種輕得可疑的中子，也認為沒有理由要根據勞倫斯的說法來修改自己對於中子重量的估計。

聽到自己的氘核理論遭到其他歐洲與會者的持續炮轟，勞倫斯更驚訝了。維爾納・海森堡認為，放射實驗室的實驗結果根本不符合核子理論，而且斷然表示這裡該退讓的是勞倫斯的實驗結果、而非行之有年的物理理論；這也可見他對美國科學的蔑視。根據理論，如果假設中的分裂蛻變是發生在原子核的電場內，靶元素愈重，產生的質子和中子就愈少。波耳雖然曾在加州理工學院大讚勞倫斯，但現在轉而支持自己的朋友兼學生海森堡，認為就算氘核在打進靶原子核後分裂，射出質子的速度和範圍也該隨著靶元素的重量而增加，而不是如勞倫斯所發現的保持不變。而根據瑪麗・居禮與約里歐—居禮夫婦提出的想法，中子甚至比查兌克計算的還要重，如果是他們所認為的重量，將能一舉解開許多原子核活動的謎團。他們想讓勞倫斯有個下台階，於是推測或許會有不同種類的中子、各有不同的重量；但最後會證明，他們假定的中子重量最接近正確答案。勞倫斯盡了最大努力來應對所有挑戰，但顯然一敗塗地。

李文斯頓後來回想：「在那場會上，勞倫斯既在某些人心中建立了名聲，也在某些人心中失去了名聲。」其中，查兌克所產生的輕蔑格外造成麻煩：「在那之後多年間，查兌克都覺得柏克萊出的所有研究都肯定是捏造的。」雖然他的上級拉塞福態度比較和善，很高興看到勞倫斯為自己想法辯護的精神，但查兌克的那份輕蔑並未減輕。拉塞福把查兌克唸了一頓：「他就像我在這個年紀的時候一樣。」

拉塞福很高興地邀請勞倫斯參觀卡文迪許實驗室，勞倫斯也十分期待，接受了這邀請。在訪問期間，查兌克還是表現出他陰沉的那一面，對這位美國人如此粗魯，讓他的同事和朋友還得幫他找藉口。耶魯的厄尼斯特．波拉德（Ernest Pollard）前一年才剛在查兌克的指導下取得博士學位，波拉德向勞倫斯表達了同情：「我聽說你在歐洲和查兌克『槓上了』。我覺得他的問題在於總是過勞到難以想像的地步。在我和他合作的兩年裡，他似乎總是看來十分疲憊，卡文迪許研究真正的主任是他，而不是拉塞福。」勞倫斯的回應也承認：「他對我是有些唐突……雖然我有點失望，但真的沒跟他槓上什麼，因為我對他的研究實在如此尊敬。」雖然如此，拉塞福還是用滿滿的善意做了補償，他在勞倫斯離開後告訴歐力峰：「他是個很衝動的年輕人，但他能學會的！」而更耐人尋味的是，之後是拉塞福繼續抗拒在這所傑出的老實驗室裡裝上一台迴旋加速器；至於後來去了利物浦大學的查兌克，則將發起英國第一個迴旋加速器建設專案，後來也成了勞倫斯在專業上最親近的朋友之一。

但那還是好幾年之後的事。在當下，查兌克的輕蔑就像是來自這個小科學防禦堡壘深處發出的聲音，令勞倫斯深深懷恨在心。他回到柏克萊，更加速了氘核撞擊的腳步，就像是被查兌克激到，希望向他證明些什麼。他向一位同事誇耀柏克萊撞擊計劃的規模，就忍不住補了一句：「或許不用多久，證據就能說服那些最懷疑的人……甚至是查兌克。」這時的李文斯頓正在加州理工學院休假，告訴勞倫斯有一位來自丹麥的新進物理教師查爾斯・勞瑞森（Charles Christian "C.C." Lauritsen），正在觀察以氘核撞擊鋁、碳和銅所產生的中子。勞倫斯就說：「在我看來，查兌克就快要不能那麼自以為是了。」勞倫斯甚至還像是伸出棍子去逗獅籠裡的獅子一樣，寄了一封信給某位卡文迪許實驗室的科學家，誇耀著自己已經找到了氘核分裂蛻變的「明確證明」，並補充道：「現在看來，就連查兌克也會同意。」而在一篇寫給《物理評論》的文章中，勞倫斯也試著反駁卡文迪許實驗室認為他的結果是由污染所導致的說法：「經過一系列測量，使用多組經過仔細清潔的靶物質後，都顯示同樣的現象。」對於為這項研究提供大部分資金的研究法人基金會來說，勞倫斯是在一個幾乎所有人都認為並不穩定的基礎上，豎立了一座高聳的科學燈塔：「原子在受到適當撞擊後會爆炸的首個確定案例，確實十分重要，不僅可能帶來原子能，更特別因為這就當代理論來說是無法理解的……〔這〕有望成為新理論架構的基礎。」

然而，整個趨勢顯然與勞倫斯的立場相悖。勞瑞森在加州理工學院的觀察結果，非旦無法確認勞倫斯的想法，結果還正相反，認為撞擊產生的中子是來自分裂後的靶元素，而非分裂的氘核。這份報告登上《物理評論》，而旁邊的文章就正是放射實驗室對於輕中子所提出的辯論文章；勞瑞森完全接受查兌克的中子重量作為討論基礎，文中絲毫未提及勞倫斯的理論，彷彿這不值一提。

更重的一擊還在後頭。這一擊來自梅爾・圖福，勞倫斯從歐洲回來之後還途中去華盛頓拜訪。勞倫斯拜託這位兒時朋友，用卡內基研究所的加速器仔細檢查放射實驗室的結果，那是當時世界上唯一能量能與迴旋加速器匹敵的儀器。然而，圖福唯一能證實的只有放射實驗室的研究實在太過輕率隨便。圖福在二月寫了一封信給「親愛的厄尼」，提到：「我們處理完手上所有數據之後，得到了令人震驚的結論：你提出的觀察結果，我們一項都無法確認。」他認為，唯一可能的解釋就是污染。講白了，就是勞倫斯的粒子束聚焦太差，於是讓氘核沾在迴旋加速器內部的表面上。因此，勞倫斯所發現的並不是氘核自己會分裂（如果是這樣，就是驚天動地的發現），而是氘核與氘核會融合。這其實也是重大的發現，只不過並不是勞倫斯這幾個月激烈辯護的那一套理論。

根據卡文迪許實驗室、卡內基研究所和加州理工學院的證據，結論已無庸置疑。二月二十八日，考克饒夫寫信告訴勞倫斯，精心清潔撞擊靶物質後，證明完全沒有氘核會爆炸的證據，因此提供了「非常合理的理由，讓我們拒絕承認你的假設。」充滿紳士風範的歐力峰也在兩週後提出一項觀察，發現只要有一層氘核污染，就會產生錯誤的結果。（他寬容地問道：「你覺得這是否可能？」）或許也是必然，最後一項證明勞倫斯錯誤的證據就來自拉塞福，再次證明了他的理論直覺搭配著卡文迪許的精準實驗能有多大效果。一天晚上，他半夜三點打電話叫醒了歐力峰，聲稱氘核–氘核的碰撞會有兩種反應，而且產生的頻率幾乎相同：其一，發射出一個質子，並創造出有三個中子的氫同位素（也就是氚）；其二，發射出一個中子，並創造出原子序數三的氦同位素。

歐力峰大吃一驚，問他有什麼理由得出這樣的結論。「理由！說什麼理由？！」拉塞福大喊。「這就是我的直覺！」拉塞福得到的結論，代表著勞倫斯因為短視而固守著一個大有問題的模型，於是錯過了發現兩個新的同位素；而拉塞福作為一個孤身一人、固守傳統的衛士，就憑著他著名的靈光一現，察覺了真相。

這下勞倫斯能做的，就只是思考如何儘量不犧牲自己或放射實驗室初生之犢的尊嚴，而放下自己已經被推翻的立論。這個過程開始得十分謹慎，首先是由勞倫斯、路易斯、李文斯頓與亨德森聯名撰寫一封誠摯的信函，寄給《物理評論》，承認「我們原先根據這些現象，提出了認為氘核不穩定的假設，但目前已找到其他對此般現象合理的解釋。」他們承認，進一步研究很可能顯示污染「能夠完全解釋我們觀察到的現象。」

這封告解的內容已經十分坦誠不諱，但就科學慣例的要求只是差強人意。勞倫斯隨後也以個人名義寫了幾封幾乎完全相同的懺悔詞，寄給考克饒夫和圖福：「我無法理解自己有多愚蠢，竟在實驗進行中沒有體認到這種可能性（也就是污染）……很遺憾這項氘核不穩定的問題給您造成諸多辛勞，並非常感謝您如此有效和迅速介入、澄清一切。」他寄信給考克饒夫的同時，也收到了一封來自拉爾夫・福勒（Ralph Howard Fowler）的信，他是拉塞福的女婿，也是拉塞福在卡文迪許的副手。福勒對勞倫斯所犯的錯十分寬容，雖然這肯定不是事實，但他安慰勞倫斯「有很長一段時間，拉塞福和查兌克幾乎相信你的解釋是對的。」

圖福就不那麼寬容了。他向考克饒夫抱怨，認為勞倫斯的錯誤「會引發這麼大的風波，是出於判斷和觀點，而不是出於技術。」或許圖福也覺得很沮喪，就這樣看著兒時摯友因為出色的裝置設計能力而廣受讚譽、聲名大噪，卻自得自滿地做著品質低劣的物理研究。而在圖福看來，更糟的是勞倫斯不願意在發佈消息之前先證實結果，於是對其他實驗室的科學家造成不可原諒的負擔，白白浪費時間和金錢，試著證實無法確定的結果。

在私下，圖福譴責勞倫斯的口氣甚至還更嚴厲。他寫道：「面對你的發表所引起的廣泛興趣，我們已經斷定，唯一能處理這種情況的方法，就是直白地講出我們投入多少努力來確認你的結果，而且最後就是無法確認。現在已沒有辦法能夠迴避這個問題……我必須說，我們這裡絕對不喜歡自己被送上的這種處境。一輩子一次就受夠了。」接著，他表示自己已經將報告寄給了《物理評論》。圖福的憤慨，倒也讓勞倫斯找回了一點反抗的情緒，他回信表示：「你說你們沒有辦法確認我們的任何一項觀察，看起來也是把話說得太過了。」

這部家庭劇的最後一幕，就在六月中旬、美國物理學會年會上演，地點就在勞倫斯的主場柏克萊。圖福與加州理工學院的勞瑞森都報告了自己的發現，也都毫無保留地指出他們的結論與勞倫斯這位主人的結論不一致。《科學》有關於該次會議的正式報告，撰寫者是勞倫斯在系上的同事李歐納．洛伊伯，其中提到接下來就有了「激烈的討論」。這裡把話講得溫和，但現場的言詞尖酸辛辣，雙方互相詆毀而不遺餘力；有一度，柏克萊物理系主任、好好先生雷蒙．伯奇是親自出手把勞倫斯和圖福給分開，要激動的兩人都冷靜一下。洛伊伯的報告還試著隱瞞各家實驗結果的出入，表示勞倫斯、圖福與勞瑞森的研究結果「至少並不互斥，而是互補」，並向讀者保證這三篇論文「構成一致的景象」。

但這讓圖福大怒，要對洛伊伯的報告提出「糾正」，認為那是「錯誤、會造成誤導的。」為了不讓任何人再誤會他指責的對象，圖福指出放射實驗室「在幾個月前放棄了一項重大的假設……而他們得到通知，表示這項假設並無法在帕薩迪納、劍橋或我們實驗室得到證實。」要說這三項實驗室的結果「『並不互斥』是說得太過樂觀，對這種說法我不願負責，也絕不贊成。」

• • •

氘核事件是放射實驗室的轉捩點。一直到一九三三年秋天之前，厄尼斯特．勞倫斯一路平步青雲，名聲在物理學界及一般大眾間日益響亮。迴旋加速器變得赫赫有名，成了一種科技熱潮，不斷成長；於是其發明人也開始寧可走向裝置設計、銷售技巧，而不是硬科學研究繁瑣的苦差事。在柏克萊校園那棟木建築裡重達數噸的龐然巨物，是實業家和基金會主任們能夠實際欣賞讚美的設備；但設備背後真正要從事的高深科學研究，他們就比較難以理解了。只要這些贊助者還願意繼續開出支票，勞倫斯在科學上的失敗似乎並不要緊；研究人員與一般大眾也如此熱切期盼著能看到擁有數百萬伏特能量的質子，根本不會停下來問問這究竟有什麼用。然而對科學家來說，這些都至關重要，最後只有科學家才能判斷，投入大科學的諸多經費究竟花得是否值得。

甚至早在氘核事件發生前，放射實驗室的某些研究人員已經開始質疑，對迴旋加速器的崇拜是否已經掩蓋了對基礎科學的追求。但他們把這些抱怨硬生生吞了下去，因為就連他們，看到迴旋加速器的技術能力界限不斷推升，也是興奮莫名。看起來，如果你在放射實驗室，研究半途而廢並算不上什麼，但如果想偷懶不去值夜班操作迴旋加速器，則會是一大罪過。這種本末倒置的核子研究方法，苦果已擺在他們面前。

對於那些早已懷疑迴旋加速器的人來說，勞倫斯犯的錯讓他們對此更加鄙夷。拉塞福就是其中之一。他在爭議落幕後告訴查兌克：「我不會在卡文迪許放迴旋加速器。」拉塞福會有這種態度，不僅是因為迴旋加速器在一九三三年的索爾維會議上表現不佳，也是因為他自己做研究的方法所致。查兌克就回憶道：「拉塞福會對複雜的裝備感到恐懼。」但他也補充道，身為一位只要靠著大小足以放在實驗室工作台上的儀器、就能一再取得佳績的科學家來說，這種態度也很自然。

然而，核子物理學的複雜度正在迅速超越小科學實驗室儀器的能力。查兌克察覺這種跡象的時間，要遠遠早於拉塞福。一九三五年，正如李文斯頓再也受不了勞倫斯的獨裁統治，查兌克也在一怒之下離開自己的導師拉塞福，前往利物浦大學。對於這樣一位高掛在卡文迪許穹蒼上的明星來說，這實在是個委屈，但能夠讓他與拉塞福就研究技術上爭個是非。查兌克解釋道：「我還沒準備好跟他吵架。」小科學的袖裡仍有乾坤：它還能再有幾次更重大的成功，而且也同樣稍微是以放射實驗室的聲譽做為祭品。但查兌克知道時機已經到來，只有迴旋加速器產生的高能量，才能為物理學服務。

利物浦大學是個貧窮的機構，物理系的實力也平凡無奇。但查兌克將讓這裡有所改變。他抵達才幾週後就接到消息，自己因發現中子而獲得諾貝爾獎。第一批祝賀信中，就有一封來自勞倫斯。勞倫斯透露，英國工業大廠都城—維克斯（Metropolitan-Vickers）的研究主任亞瑟·佛萊明（Arthur P. M. Fleming）來訪，被勞倫斯說服，將提供經費在利物浦大學設置迴旋加速器。對這項消息，查兌克展現出由衷的熱情，顯見真正的他並不是勞倫斯在索爾維遇到的那個頑固、老唱反調的人，他只是一位將自己全心投入科學的專業人士，渴望得到任何協助，幫助他所在貧困的大學進入更高的領域。他告訴勞倫斯：「你知道這個實驗室過去幾年的經費，一定會大吃一驚，比某些人拿來買菸的錢還少。」

利物浦大學很快就滿心歡喜地迎接勞倫斯的藍圖，以及兩位英國出生、受過放射實驗室完整訓練的物理學家，被派遣去協助查兌克打造他的迴旋加速器。利物浦大學成了歐洲迴旋加速器建設的先鋒，很快就開始與卡文迪許實驗室競爭英國核子科學中心的地位。而作為歐洲的迴旋加速器中心，後續加入的還包括菲特列・約里歐在巴黎的實驗室、波耳在哥本哈根的實驗室，以及如奇蹟一般，卡文迪許實驗室在一九三六年意外取得兩筆經費，發現自己「在錢堆裡打滾」，於是也加入了這批行列。至於這兩筆經費，第一筆是蘇聯付了三萬英鎊，為彼德・卡皮察（Peter Kapitza）買下他在卡文迪許實驗室的設備；卡皮察是蘇聯公民，在一九三四年返家的時候遭到蘇聯拘留，但蘇聯保證在莫斯科為他複製在英國的實驗室，他的心也就開了。第二筆經費，則是汽車巨擘奧斯汀勳爵（Lord Austin）捐贈了二十五萬英鎊，讓卡文迪許實驗室再也不用採用貧窮的研究方法。這些實驗室很快就都出現了受過柏克萊訓練的迴旋加速器專家，他們帶著大科學的DNA走向了全世界。

放射實驗室之所以能從氘核的難堪窘境中恢復過來，部分也是因為勞倫斯坦率地承認了錯誤（至少是在證據已無可辯駁之後）。在放射實驗室裡，勞倫斯還是似乎覺得這事很丟臉；李文斯頓回憶道：「那是個錯誤，而且是嚴重的錯誤。他告訴我們，我們讓熱情把自己趕得太快，未來應該要更小心，先把結果分析完，再去發表。」然而他同時也聲稱，錯誤是科學研究方法裡難以避免、甚至可說是不可或缺的一部分。他告訴庫克西：「我已經從感覺難過當中走出來了。如果我們犯了錯之後就開始過度擔心，我們就只會永遠悲慘，因為只要繼續向前，就還有許多更多的事可做。」然而，他已經決定要讓理論家和實驗家在實驗室裡有更密切的往來，如此才更能挑戰或補足彼此的判斷。很快地，將會有許多動機強烈的研究人才，加入由勞倫斯所率領、熟悉迴旋加速器的團隊，因為像埃德溫·麥克米倫、法蘭茲·庫里耶、路易斯·阿爾瓦雷茲等科學家都會開始挑起重擔，把迴旋加速器從工程上的新玩意變成能夠帶來真正科學成就的來源。第一次能夠展現其能力的機會，也已經近在眼前。然而，勞倫斯很快還會學到另一則嚴峻的教訓：如果注意力不夠集中，不論設計出的裝置再怎麼精妙也無力回天。

CHAPTER

7

迴旋加速器共和國

艾蓮娜與菲特列．約里歐—居禮兩人，身為瑪麗．居禮的女兒和女婿，可說是物理界的皇室成員。話雖如此，他們受到的抨擊也不比索爾維會議上的勞倫斯來得輕鬆。根據卡文迪許實驗室代表團無情的批評，他們的錯誤在於認為中子的重量比查兌克的版本更重。此外，根據他們以α射線撞擊硼和其他輕元素的結果，他們認為質子是由一個中子及一個正電子（positron）所組成，這樣一來就與查兌克的理論相矛盾（查兌克認為是質子與電子組成中子）。但無論是兩人或查兌克的理論，都會遇到同樣的難題：如何將電子（不論帶正電或負電）結合到當時主流的原子核模型之中。

勞倫斯從索爾維會議回國之後，不得不接受批評，大受打擊；而約里歐夫婦回到他們樸實的巴黎實驗室，下定決心要驗證自己的中子理論，並以此獲得諾貝爾獎。他們的研究方式，是用著一如往常簡陋的來源（一塊便宜但能放出大量α射線的釙），放出α射線來撞擊鋁箔。正如他們所預料，撞擊讓鋁箔靶放出了正電子。但他們停止撞擊之後，放出粒子的狀況卻仍然繼續，簡直就像是自然存在的放射性同位素一樣。只不過，這些並不是自然的同位素，而是實驗所產生、不穩定的同位素磷。正如他們在法國期刊《論文集》(*Comptes Rendus*)所言，他們發現了人工放射性元素。

這一發現讓全世界物理學家為之震動，尤其是瑪麗．居禮。她的女兒和女婿約里歐夫婦還特別將第一批人工製造的放射性元素放進試管，帶到她臨終的病榻邊。約里歐後來回憶道：「我現在還記得那個畫面，她指間拿著〔那個試管〕，手指滿是被鐳灼傷的傷痕，但我永遠不會忘記那時她臉上無比快樂的表情。」

至於放射實驗室，則是從勞倫斯那裡得到這項消息，李文斯頓記得他「咆哮著進了實驗室……在頭上揮著一份《論文集》」。對於約里歐夫婦的成就，放射實驗室的成員可不像居禮夫人那樣愉快，因為這又是一次對於他們實驗太過草率的教訓。要論設備，世界上沒有任何實驗室比他們更有能力找到人工放射性元素，因為沒有任何實驗室能像他們一樣進行這種持續的撞擊。對於竟然忽略了早就在眼前持續了好幾個月的現象，比任何實驗室更找不到藉口。他們早就用氘核去撞擊了幾十種元素，並且努力追蹤過程中排出的α粒子；但他們竟沒注意到撞擊結束後仍會繼續放出電子或正電子。

更讓他們大感恥辱的是，他們用迴旋加速器幾乎可以立刻重現約里歐夫婦的發現。約里歐夫婦假設，他們用α粒子在硼中引出的放射性元素，將可以用氘核在碳中引出。而氘核正是放射實驗室的獨門強項，於是勞倫斯下了命令：「我們試一試。」李文斯頓和亨德森才花了幾分鐘，就瞭解了為什麼放射實驗室未能看到約里歐夫婦發現的現象：迴旋加速器的振盪器與蓋革計數器是由同一個開關操作，關了迴旋加速器、就會關閉檢測裝置。李文斯頓和亨德森將開關重新拉線，用氘核束撞擊碳靶十五分鐘，接著打開計數器。李文斯頓回憶道：「你就看著它咔搭、咔搭、咔搭、咔搭。」他們成功讓碳蛻變成了有放射性的氮。「它本來就在那裡等著我們。勞倫斯把消息帶來還不到半小時，我們就已經在觀察這個現象了。」

勞倫斯為了掩飾自己的挫敗感，下令全實驗室動起來，把約里歐夫婦的研究從鋁、鎂和硼延伸到其他的重元素。但在一些寫給最親近的同事的信裡，他透露了自己最真實的感受。他向普林斯頓的約瑟夫．博伊斯感嘆道：「我們手上有這些放射性物質已經超過半年了。我們現在一直在責怪自己，怎麼就是沒辦法注意到？」

由於柏克萊持續主張迴旋加速器是更有利於進行各種核子研究的工具，這樣的疏漏不能只怪開關，而必須有更深入的解釋。勞倫斯常用的一個藉口，在於大家都沒想到居然有可能引發出放射性元素，所以就算放射實驗室沒注意到，也是非戰之罪；畢竟在約里歐夫婦偶然發現之前，全世界所有其他實驗室也同樣忽略了這個現象。然而，事實並非如此。早在一九二〇年代，拉塞福用α射線撞擊靶元素之後，就已經開始尋找是否會引出放射性元素。拉塞福之所以失敗，是因為他的檢測裝置還無法感應到中子和正電子（當時這兩種粒子都尚未發現），而這才算是一種可以理解的疏漏。因此，對於拉塞福早在十五年前就認為在理論上可能出現的現象，放射實驗室卻連找都不去找，這實在不能用開關問題來當藉口。

一直到一九四〇年，勞倫斯對於這項疏漏仍然很嘴硬；當時他所找的理由，則是因為放射實驗室一心改進迴旋加速器，因此犧牲了某些不重要、短期的發現。他告訴洛克菲勒基金會的華倫·韋弗（Warren Weaver）：「如果還沒有辦法能夠大幅提升產量來生產這些放射性物質，〔約里歐夫婦的研究〕就只不過是學術圈才會感興趣的議題。」但他表示，這是人類的萬幸，迴旋加速器經過精心研發，已經可以來提供這項服務。整個放射實驗室都深刻感受到這份失望。亨德森在多年後感嘆道：「我一直覺得很遺憾，我們沒有為勞倫斯找到人工放射性元素。它一直就在我們手上，只要我把蓋革計數器放進去、放在靶上，我就會看到了。」傑克·利文古德用了一個勞倫斯永遠說不出的生動比方，告訴博伊斯，勞倫斯有多麼感慨：「我們都想狠狠踢彼此的屁股。」這裡真正的罪魁禍首，就是在勞倫斯帶領下的實驗室文化，他一心只想改進迴旋加速器，於是對於實驗疏漏草率都十分寬容。

正因如此，在勞倫斯還在為了捍衛其氘核理論而做最後掙扎的時候，約里歐夫婦就發現了人工放射性元素。這種雙重的羞辱互相加成，終於讓勞倫斯與放射實驗室痛定思痛改變路線，做起研究時更加謹慎。這也剛好算是適當的時間，因為實驗室再次因為把重點都放在裝置的設計，而受到愈來愈多批評。這時，法蘭茲·庫里耶以美國國家研究研究員的身份從耶魯大學來訪柏克萊，但他就認為放射實驗室的實驗程序太草率，因此無法使用迴旋加速器進行認真的研究。他在柏克萊向耶魯的實驗室同事庫克西表示：「這個領域發展得愈來愈亂……勞倫斯和亨德森太興奮，腳步不夠穩。他們的靶都太髒，計數的時候也不肯計得久一些。」

庫里耶身為一位富有想像力的實驗家，對勞倫斯的氘核理論有所懷疑，於是向庫克西提議，一起去說服耶魯也購置一套迴旋加速器，然後做出比勞倫斯更優秀的研究。庫里耶寫到：「我完全同意迴旋加速器是個完美的高能量來源」，而且認為如果耶魯的實驗室也有一座，必能讓耶魯實驗室「站上核子物理學的地圖」，而且「可能僅次於勞倫斯的實驗室」。他又用帶著精英的傲慢而補充道，這等於是耶魯也對迴旋加速器給予肯定，對勞倫斯來說也是好事；他向庫克西說，在當時就因為柏克萊做的物理研究品質太差，「沒有人真正相信他的迴旋加速器有用」。但最後，庫克西挑了相反的一條路。他畢竟和勞倫斯是從研究生就開始的朋友，於是離開了耶魯、加入放射實驗室，終其一生擔任勞倫斯不可或缺的得力助手。

雖然庫里耶還有懷疑，但已有跡象顯示，放射實驗室已經逐漸將重點從裝置的設計改善轉向嚴肅的科學研究。氘核正迎來自己的榮耀時刻，事實證明，對於輕元素靶來說，這種重量有兩倍的粒子比質子更能引發放射性元素（正如成員在勞倫斯下令而複製約里歐夫婦研究時所發現的）。

放射實驗室對其發現的第一份報告，在二月二十七日寄到了《物理評論》，比起勞倫斯在加州理工學院的競爭對手勞瑞森要早了重要的兩天。雙方的研究在《物理評論》以相鄰的頁面刊出，而這裡的一大重點，在於雙方是從不同的研究觀點來做這項重要的科學研究。勞倫斯的文章只有簡短的四段，報告了他們以氘核在十四種輕元素引發了放射性，並輕率地推測「在這些核子反應中，這些元素有許多可能會形成新的放射性同位素。」相較之下，加州理工學院的勞瑞森等人則是審慎地花上整整兩頁，詳細解釋自己為了用碳和硼來驗證約里歐夫婦的發現，究竟採取了哪些步驟。他們提供了精確的電離數據，闡述了他們對於受撞擊原子所放出的正電子如何轉化為γ射線的理論，並且仔細避免對於這個新現象有何重要做出任何猜測。這裡的差異意義重大。對科學家來說，如果想對人工放射性這項新科學得到逐步的引導介紹，該去讀勞瑞森；如果想預見這項新科學有何可能成就，就該去找勞倫斯。

雖然是憑著一股信心，但勞倫斯關於可能創造出新放射性同位素的的猜想確實無誤。迴旋加速器開始以驚人的一致性，生產這些新產品。勞倫斯向老朋友博伊斯報告：「我們也很驚訝，我們用氘核撞擊的所有東西（大約十二個元素）都變得有放射性。」迴旋加速器即將獲得國際聲譽，成為核子科學不可或缺的工具。放射性同位素即將成為一套新物理、化學和生物學的貨幣，至於勞倫斯的迴旋加速器，就是全世界上最傑出的鑄幣廠。再不到幾個月，氘核事件的慘劇就會被遺忘，全美、歐洲、乃至亞洲的大學，都會積極爭取要有自己的一台加速器。

• • •

某間歐洲實驗室還有另一項發現，更為迴旋加速器建立起「物理研究必備」的地位。三月份，費米證明了只要是比磷更重的元素，想誘發放射性的最有效子彈就是中子。這項發現讓這位義大利物理學家的名聲更上一層，成了少數跨理論和實驗兩端的物理學家。費米證實了自己的假設，雖然重原子核能夠抵抗氘核與其他雖然較重但帶電的子彈，但不帶電的中子卻能夠穿透重原子核。他的發現同時也讓迴旋加速器變得更加重要，因為迴旋加速器能夠大量製造出質子、氘核和中子（只要將氘核束打在像鈹這樣會放出中子的靶上即可）。

在過去，傳統科學家用極少量的鐳或塊狀的鐳-鈹為自然放射源，取得了像是核蛻變、中子、人工放射性等等重大發現，改變了整個物理學；但這個時代已經過去了。鐳作為一種實驗時的放射源已經功成身退，因為在自然形態下，鐳無法產生能量足以探測重核的粒子。然而，迴旋加速器做得到，它上場的時候來了。

在放射實驗室，每位研究人員都自行要求或被分派到元素週期表上的某個元素，做為實驗的目標，最資深的成員就會分到最有希望的元素。來自芝加哥大學的博士後化學研究員馬丁·卡門是在熱潮開始後不久才來到實驗室，所以排序落後，研究的是從鉈到鉍之間的重元素，就算用二十七英寸的迴旋加速器也很難讓它們出現放射性。然而，這裡沒人是獨力奮戰。勞倫斯所鼓勵的團隊式研究開始徹底發揮，合作就是軍令。卡門很快就被物理學家傑克森·拉斯萊特（Jackson Laslett）挑上，協助處理鈉同位素的化學分離，化學家格倫·西博格（Glenn Seaborg）則是進了處理鉮的團隊。雖然前有氘核研究的慘痛教訓，但勞倫斯還是開心地主持著這所有活動，而不太擔心實驗結果。他給博伊斯的信上寫著：「我們正在快樂地撞擊原子」，而給比姆斯的信上多寫了兩句：「我們撞擊那些原子核的時候，發現了很多讓人覺得很困惑的事。」

當時學術界的工作方式仍然以各自獨力研究為主流，看到放射實驗室這種合作研究的新模式，總讓到訪者嘖嘖稱奇。其中一位就是研究生路易斯·阿爾瓦雷茲，他來自芝加哥大學，是個瘦得像竹竿、臉色發紅的年輕男子，而且因為母親的愛爾蘭基因壓過父親在西班牙北部的祖先基因，他有一頭紅棕如鐵鏽般的頭髮。阿爾瓦雷茲之所以會對放射實驗室產生興趣，是由於勞倫斯在芝加哥的一場演講；後來他又陪著自己的父親、也就是梅約診所（Mayo Clinic）傑出的生理學家華特·阿爾瓦雷茲一同在一九三四年夏天到訪柏克萊，更加深了他的興趣。一開始看到這棟白色油漆剝落的舊木頭建築，阿爾瓦雷茲還很失望，但一跨過門檻，就發現自己到了在他回憶中「我見過最令人興奮的地方」。阿爾瓦雷茲靠著自己出身著名科學家族的身份，在放射實驗室待了好幾天，徹底感受其獨特氛圍。他後來指出，芝加哥的研究生「在教室裡大家都像很好的朋友……但如果有人建議朋友的實驗怎樣改會更好，會被認為是嚴重失禮的行為。相較之下，放射實驗室每個人都被鼓勵對同事手中的實驗提出建設性的批評。」在芝加哥，學生會小心藏著手上極少量的化學試劑，躲在自己的門後做研究。但在放射實驗室，根本就沒這種門。「放射實驗室的核心焦點是迴旋加速器，每個人都會使用、而且使用權平等（雖然對勞倫斯可能更平等）……每個人都可以借用或使用他人的設備，或者更常見的是安排聯合實驗。」阿爾瓦雷茲認為，這種物理學的團隊研究方式是「勞倫斯最偉大的發明」，也決心一得到學位就要立刻加入。

他當時所目睹的，就是二十七英寸迴旋加速器大量生產出的氘核與中子。十分幸運，勞倫斯下令要擴大撞擊規模的時候，剛好庫克西也對二十七英寸真空室完成改良；庫克西的加入，填補了李文斯頓離職前往康乃爾大學所造成的設計人力缺口。（要到第二年，庫克西才正式述職。）他重新設計的真空室讓迴旋加速器產生的能量增加了一倍，達到六百萬伏特，也讓粒子束成長為四倍。

這時，放射實驗室就像在次原子子彈的一片海洋中游泳。費米的同事佛朗哥・拉賽蒂（Franco Rasetti）在一九三五年短暫拜訪，就驚訝於二十七英寸迴旋加速器生產中子的「巨大優異性」，其生產效率遠超過歐洲的任何設備。費米做實驗時用的是裝有一公克鐳的小瓶，能夠產生六百三十毫克的輻射、每秒產生約六十三萬個中子；而拉賽蒂計算，迴旋加速器的氘核束每秒會拋出一百億個中子，相當於幾公斤的鐳（譯者註：居里〔curie〕是一種得到公認的放射性測量單位，定義為一克的鐳二二六同位素的放射性活度。而一毫居里〔millicurie〕則是居里的千分之一）。大約在那個時候，柏克萊的公關部門在放射實驗室的保羅．亞伯索德（Paul Aebersold）協助之下，估計成本不到十萬美元的迴旋加速器已經生產了「相當於五百萬美元鐳的放射性。」這個算式自然是經過一定程度的美化，但無可爭議，迴旋加速器已經邁上以工業規模生產放射性同位素的道路。

勞倫斯也沒忘記用迴旋加速器來賺錢的潛力。雖然最初的放射性產品最適合用於物理研究，但那只是開始而已。在各個富裕的研究基金會眼中，最有興趣的是能夠用於醫學研究和癌症治療的同位素。當時已經相當瞭解怎樣的同位素適合應用在生物醫學上：其半衰期必須至少有幾小時、必須對人類無毒，並且要能對癌腫瘤強力放出γ射線、造成的生理效果等同或優於鐳造成的效果。在大蕭條的影響下，許多研究慈善機構削減了提供給物理和化學等基礎科學的經費，但生物學和醫學等研究的經費仍然源源不絕。

勞倫斯也因此調整了他的研究計劃和募集經費的方式。梅西基金會（Josiah Macy Jr. Foundation）是一間完全只補助健康衛生研究的基金會，而勞倫斯就告訴該基金會總裁路德維希．卡斯特（Ludwig Kast）「我們已經走在生產出高強度中子輻射的路上，並且正接近生物學上有趣的領域。」勞倫斯很有技巧地把發現人工放射性（特別是中子引起的放射性）的功勞攬在放射實驗室頭上：「在上一封信裡，我已提到以高速氘核撞擊許多常見物質後，發現能以人力引發放射性……而在過去兩週內，我們發現中子射線也會產生類似的效果。」勞倫斯頗為刻意地略去了費米在中子研究的貢獻，為的就是在後面請求卡斯特提供二千二百五十美元，希望「將中子輻射的產量增加到十倍以上。」勞倫斯確實得到了這筆經費，同時也從長期不離不棄的研究法人基金會得到五千美元，用於大規模生產同位素。

不久之後，他就發現了夢想中的醫療放射性同位素：鈉二十四，由氘核撞擊普通岩鹽便可產生。這種有放射性的鈉，半衰期長達令人滿意的十五點五小時，而根據勞倫斯計算，其γ射線能量約為五百萬電子伏特。也就是說其強度比鐳更強，因此對物理和醫學研究都大有用處。結果已無庸置疑，勞倫斯迅速先寄了一篇短論文給《物理評論》，而且為求保險，這次又跟著寄上一份長篇、完整的報告，詳細描述其研究方法、解釋污染的可能；他決心不再走上氘核的覆轍。他表示：「毫無疑問，放射鈉將在物理和生物科學派上許多用途」。勞倫斯這次終於沒講大話，但不論是新同位素的有效程度、或是迴旋加速器生產同位素的超高效率，就連早就習慣聽勞倫斯說樂觀大話的專家，也大感出乎意料。勞倫斯寫信告訴費米，迴旋加速器已生產出一毫居里的放射性鈉，還遭到費米的嘲笑。費米以為勞倫斯對數字一向粗心，一定是算錯了位數，其實講的是微居里（microcurie），也就是再小一千倍，於是在回信裡「很有技巧地」糾正了勞倫斯。而勞倫斯再回信的時候，裡面就確確實實附上了一微居里的鈉二十四。短短幾個月前，這樣的附件幾乎難以想像，但現在卻可以毫不在意地以郵件寄出，讓質疑的人閉嘴。

放射鈉在科學研究和商業應用的價值不言可喻，讓勞倫斯又開始了與專利局之間的新爭執，吵得比迴旋加速器獲得專利那次更久、而且得到的好處也更少。這一次的專利爭議是由勞倫斯自己所發起。生產出第一批放射鈉後，他在幾天之內就向研究法人基金會的專利律師亞瑟・奈特提到了這項成就，並建議立刻為這種同位素及其生產方式申請專利。他告訴研究法人基金會總部的霍華德・波以朗，時間至關重要，因為申請的時間不能晚於「附帶聲明印行公布的時間，也就是十月十五日，這樣才能保留在國外申請專利的可能……放射鈉註定會有重大的實用意義。」

然而，事實證明美國專利審查員顯然很不合作。他們的反對理由有三：首先，勞倫斯、李文斯頓、路易斯和亨德森許久之前就已提出用氘核撞擊輕金屬的方式，不該再就此申請專利（雖然，這些科學家當時並未觀察到人工放射性的情形）；第二，約里歐夫婦、考克饒夫與沃爾頓也已提出以氘核來引發放射性的作法（雖然，這些歐洲學者並未製造放射鈉）；第三，是由費米發現放射鈉本身（雖然，費米用的程序與勞倫斯不同）。

奈特和勞倫斯花了幾個月，希望反駁這一連串的反對意見。與此同時，專利審查員還陷在新舊科學方式的角力之中，一邊是老舊、傳統個人方式進行的小科學，另一邊是勞倫斯在放射實驗室新創的合作研究團隊（很快就會成為大科學的標準模式）；在專利局裡，傳統上還是習慣認為某項發明屬於某一位、最多兩位發明者，遇上這種團隊研究就會出現認定困難。為了解決合作貢獻歸屬問題，奈特請勞倫斯寫下一份陳述，時間追溯到一九三三年首次開始以氘核撞擊的幾次實驗，以確認「路易斯、李文斯頓和亨德森博士在這幾次實驗中負責哪些部分」；換言之，也就是要確認每個人在發現放射鈉的成就中扮演哪些角色。勞倫斯的回應顯得很有戒心，表示「放射鈉的實驗是由我獨自發起」，並補充「確實是我提議以這種方式尋找人工放射性，並且積極監督各項實驗。」

問題的惡化愈演愈烈。加州理工學院向波以朗暗示，勞倫斯聲稱自己在發現以人工引發的放射性方面居首功，等於是瞧不起勞瑞森率先、或至少是同時取得的研究成果。事實上，大約在加州理工學院與柏克萊的論文在《物理評論》同時刊出的一週前，勞瑞森就已經在《科學》有了一篇文章，報告自己確認約里歐夫婦人工放射性研究結果的情況。

波以朗擔心柏克萊希望申請專利的範圍太大，可能引發一場跨校大混戰，於是懇請勞倫斯縮小申請範圍，以避免爭議。他寫道：「我知道對於任何正直的科學家來說，捲入關於研究發現先後的討論是多麼令人反感，特別是如果有些實質因素（也就是錢）進入考量的時候。」他也警告，羅伯特．密立根的加州理工學院自尊甚高，絕不能小看：「加州理工很強大，而且只要情況合適允許，不論是智識上的聲望或金錢上的回報，都會力圖取得。」波以朗在結尾表示，希望「在專利申請時，任何關於發現先後的問題……可以不經過辛辣刻薄的討論就解決。」

這等於是暗示著，勞倫斯申請專利是侵犯了加州理工學院在這項發現上的重要性，不難想見他因而大為光火。他告訴波以朗：「在仍有先後之類問題的時候就去申請專利，確實肯定不令人愉快；但在我覺得牽扯的利益夠大的時候，我就會毫不猶豫地『挺身而出』。」他承認，勞瑞森在發表時間上是比他早了一週，但「我們和那邊的朋友對話得知，實際上我們才是第一批以氘核撞擊產生放射氮的人。」但勞倫斯還是得承認，自己的這項主張不見得站得住腳，因為兩者的前後最多不會超過一天。他承認：「要證明我們在這件事情上其實比較早，絕對會非常不愉快。」

事實上，對於這場曠日費時的專利戰，勞倫斯的興趣愈來愈低。本來，只要在「適當而有尊嚴」的前提下，他會很樂意「為我們的研究尋求商業面向」，但這種可能似乎正在逐漸消失。現在在他看來，再去申請專利「幾乎不值得」，於是他問波以朗，這真的很重要嗎？由於研究法人基金會已經擁有迴旋加速器的專利，而迴旋加速器又是唯一能夠製造放射性物質的設備，「因此並沒有必要對這些物質本身擁有專利。」

於是，勞倫斯把究竟要不要繼續為放射性物質申請專利的事丟給波以朗，而波以朗還不打算放棄。奈特試著再請勞倫斯寫一份陳述書，好完成申請，但勞倫斯擔心，如果去主張自己擁有自然物質的所有權，這種作為實在太不體面，無論結果如何，都可能讓放射實驗室惹人白眼。他告訴奈特：「對這件事，我想得愈多，熱情就愈低。就算真的拿到專利，我覺得也會引起許多批評。」而在波以朗的鼓吹下，這項專利案還是再拖了四年，才在一九三九年四月以失敗告終。到最後，是根據考克饒夫與沃爾頓的發表先於路易斯、勞倫斯、李文斯頓與亨德森，專利局才終於做出最後判斷。

勞倫斯認識到，放射實驗室的地位之所以能在全球物理學界迅速崛起，部分原因在於其他大學尋求建議、人力和放射產物的時候，放射實驗室都十分慷慨。研究法人基金會也只會對商業和產業單位強制執行迴旋加速器的專利權；如果是學術機構，都能免費獲得設計圖。至於勞倫斯本人，沒有比看到迴旋加速器共和國版圖日益擴大更讓他開心的事了（「迴旋加速器共和國」一詞，是由費米的朋友兼助手艾米利奧．塞格雷所創）。這場爭奪放射產品專利的大戰，原本有可能讓各方關係由善轉惡，並讓迴旋加速器的傳播腳步放慢、甚至完全停擺。

迴旋加速器的成本，當時已經讓學術圈的院長校長大感不悅。就趨勢看來，各學術機構之間未來必會面對激烈而昂貴的競爭，而高價的研究設備就是第一戰。僅僅幾年之後，麻省理工學院校長卡爾．康普頓（本身就是有一具迴旋加速器可用的物理學家）就對在學術科學中引入「異常競爭元素」發出哀嘆。他告訴耶魯大學醫學院退休院長溫特尼茲（M. C. Winternitz）：「對於一項新學科來說，這是其中一項日益增長的苦痛，而我們大學校長對此的責任不比任何人少。」正如康普頓的觀察，大科學的各項需求（包含設備的驚人成本），已經對學術界造成變化。勞倫斯的迴旋加速器和研究方式已經帶來新的典範，而他現在希望盡可能降低這帶來的負面影響。

與此同時，迴旋加速器共和國的版圖還在不斷擴大。在一九三五年五月，勞倫斯長期作客東岸的時候，這情勢變得非常明顯。那次長期出訪有三項目的：至各地演講、尋求更多募資機會，以及將勞倫斯的第一個孩子、七個月大的約翰．艾瑞克帶給在紐黑文的外祖父母看看。

勞倫斯的演講第一站是在梅爾．圖福贊助下，於卡內基研究所開始，他告訴放射實驗室的新研究生埃德溫．麥克米倫，這「似乎帶來了一場『熱潮』」（後來麥克米倫娶了莫莉的妹妹艾爾西，和勞倫斯也成了姻親）。受歡迎的關鍵，在於勞倫斯稱為「雜耍表演」的一些事：他展現放射鈉用途的方式，是先喝下一大杯添加放射鈉的鹽水，再在手臂放上蓋革計數器，讓觀眾瞧瞧它在身體中流動到四肢的速度有多快。但更讓他興奮感動的，是在整個總抱著懷疑與傲慢態度的東岸，迴旋加速器已逐漸得到接受。他寫給麥克米倫：「東岸的每個人都非常重視我們的研究，這特別叫人滿足（真是太想不到了）。不論其規模大小，幾乎所有實驗室都來問我怎麼開始迴旋加速器的計劃。就連圖福也開始有這個方向的計劃！」

放射實驗室聲名鵲起，最直接的好處在於來自各基金會的經費；勞倫斯走在曼哈頓的街道上，一一拜訪研究法人基金會、化學基金會、梅西基金會，讓自己在專業上新得到的尊重發揮作用。像洛克菲勒基金會這種過去並未提供經費的研究慈善機構，也表示放射實驗室未來申請經費會很有希望。勞倫斯告訴麥克米倫：「我得到的經費已經足以支應必要運作，但我希望經費能足以讓我們全力衝刺。我正在積極繼續募資，事情看起來也很有希望……我會堅持下去，直到得到這筆錢。」

此外，為了自己手下訓練有素的迴旋加速器好手，他也努力為他們找工作。柏克萊能為放射實驗室成員提供的教職很少，而且不論如何，如果能將手下的人送到世界各地，將會是傳播迴旋加速器福音的一大關鍵。如果是其他實驗室主任，可能會不喜歡競爭對手大學來挖角；但勞倫斯十分歡迎，至少是不會加以阻攔。他寫道：「在我和東岸的聯絡中，我不會阻止他們來挖角你們任何人。相反地，我會盡力找來最多、條件最好的工作機會，而且如果出現機會，相關人士可以決定要不要隔年便去就職。」如果是出於另一位實驗室主任口中，可能聽起來就像是說說而已，但紀錄顯示，就算是手下最好用的人才，勞倫斯也是積極為他們尋找機會出路。至於有某些人，屬於放射實驗室真正不可或缺，勞倫斯的作法就是為他們取得基金會的補助經費，或是在一有可能的時候，就逼柏克萊物理系把鳳毛麟角的教職提供給這些人。麥克米倫就是如此，那年夏天得到了講師職位，於是拒絕了普林斯頓的挖角。在大蕭條的年代，預算緊張，就算是勞倫斯，想為手中最看重的成員找教職也是一大難事，例如麥克米倫就是五年內第一次有人得以取得物理系的專任教職，其困難可見一斑。而且在這之後，還要再過三年，放射實驗室才能讓另一位成員得到專任教職：路易斯．阿爾瓦雷茲。

勞倫斯希望他的迴旋加速器操作員能將他們的知識帶到世界各地。在放射實驗室得到博士學位的傑克森．拉斯萊特就說：「我們都得熟悉他的技術。他會說：『如果你現在離開、成了其他學校物理系的一員，你可能會做一些這樣的事。』」要成為放射實驗室的博士候選人，就一定得懂基本的金屬鑄造、管線工程，以及電氣工程。

李文斯頓於一九三四年離開而前往康乃爾大學（後來轉至麻省理工學院），是第一個帶著迴旋加速器ＤＮＡ的迴旋加速器子民。隔年，米爾頓．懷特和馬爾坎姆．亨德森去了普林斯頓。到了一九三九年，已經有將近二十位曾受過勞倫斯迴旋加速器訓練的物理學家，在十多所美國大學打造迴旋加速器；還有一些人則是去了劍橋、利物浦、曼徹斯特和巴黎等地。在哥本哈根，波耳研究所的工程師太過信任其創所人及波耳的名聲，在一九三五年開始迴旋加速器計劃的時候不但未聘請放射實驗室擔任顧問，甚至就連柏克萊的設計圖也看得不夠仔細。一九三七年，他們只能緊急求救；來的是拉斯萊特（勞倫斯最看重的一位助手），告訴他們磁鐵設計不良，而且裝置規劃也有問題。設備必須回廠重新打造，也就是得把所在建築的牆打掉一面、再把設備裝上渡輪、送回給製造商。

至於大多數想要設置迴旋加速器的實驗室，都會尋求放射實驗室的協助，免得學到一場重大的教訓。勞倫斯的管理方式，靠的是有源源不絕、願意無償學習如何操作迴旋加速器的研究生與博士後研究員；也就是說，就算有經驗的老手不斷被挖角，放射實驗室也不用擔心人力短缺。放射實驗室這時的產能已經不只有科學論文和放射性同位素，還包括每年至少六位博士後研究員；庫克西就告訴一位在東岸的朋友：「這些人都完全懂我們這一套。」

一九三五年邁向尾聲，而放射實驗室也已準備迎來地位與名聲上的大躍進。會提到勞倫斯這個名字的群體或情境，在一兩年前還都難以想像。例如在該年十二月的諾貝爾獎頒獎典禮，主持人稱頌著約里歐夫婦發現人工放射性的貢獻，但就稍微岔題去談了一下勞倫斯製備了放射鈉，並希望「這可以像鐳鹽一樣派上醫療用途。」可見瑞典已經有人注意到他。在這個時候，放射實驗室要夢想自己得到諾貝爾獎還為時過早，但有人注意到放射鈉與其可能應用，已預示著放射實驗室未來的光明前途。

CHAPTER 8 約翰·勞倫斯的老鼠

一九三五年，約翰·勞倫斯（John Hundale Lawrence）博士搭著火車，第一次抵達柏克萊。約翰比厄尼斯特·勞倫斯小了快四歲，這時年僅三十一，但看起來反而像是哥哥：約翰的髮線後退，臉上有著鄉村醫生那種陰沉的表情。約翰並不像勞倫斯能激起別人的忠誠和奉獻，很難讓人感受到他研究未知事物時的樂觀和熱情，從未因其個人魅力或隨性的態度而得到喜愛，也不是一個在科學家團隊裡激勵人心的領導者。然而，此時他確實已經是個很成功的研究者，研究的是大有前途的新領域。

勞倫斯和約翰年紀相差太遠，所以從未一起上中學或大學，但兩人私下感情不錯，至少幾週都會通一次信。在約翰的印象中，只有很少數的幾次，勞倫斯擺出了那種自己是哥哥、年紀比較大、比較聰明的架子。有一次，約翰還剛上南達科塔大學大一，迷上打籃球、追女孩，荒廢了學業，就被好好教訓了一番。勞倫斯告訴他：「你真的該開始認真了，因為如果你想進好的醫學院，你真的最好定一點。」約翰回憶道：「我就這樣成了全班頂尖。」而這樣激發出的努力，也讓他上了哈佛醫學院。

就專業而言，這對兄弟可說是種共生關係。約翰提議將核子研究延伸到生物學和生理學，而勞倫斯提供達成這項目標的工具。在一九三五年的那天下午，約翰在奧克蘭下了火車，帶著一項特殊的貨品：老鼠，而且是幾十隻。這些老鼠和他一起搭著三等車廂，從波士頓抵達了西岸，即將在柏克萊接受中子的照射。

約翰．勞倫斯是因為與哈佛大學神經外科先驅哈維．庫欣（Harvey Williams Cushing）醫師的合作，開始對放射醫學感興趣。庫欣個頭不高，但整整齊齊，個性很有吸引力，有著一絲不苟的冷靜風格；他的重要發現就是後來所稱的「庫欣氏症」（Cushing's disease），症狀為體重快速增加、特別是在軀幹與臉部，而他發現這是因為腦下垂體的腫瘤所致。庫欣對約翰的影響可能還要比勞倫斯更為重大；約翰在醫學院大四的時候，庫欣就把他從學生當中挑走，任命為臨床助理。

「我的學位要怎麼辦？」約翰問道。

「我會處理，你不用讀大四了」庫欣回答道。

庫欣向約翰介紹了醫學研究的治學系統，而或許更重要的是，他讓約翰知道物理實驗室產生的X光可以用來治療腫瘤。根據約翰的回憶，庫欣認為這項發展可能「與巴斯德和細菌學一樣重要，甚至是更重要。」在庫欣指導下，約翰研究了犬類與老鼠的腦下垂體症候群，也思考如何將X光用在人類身上。這項研究將他帶到了哥哥勞倫斯位於柏克萊的實驗室，以及大衛．斯隆的X光管，這也正是全球最強大的X光管。一九三五年夏天，約翰從梅西基金會得到一小筆經費，能夠搭三等車廂前往柏克萊，把自己和老鼠帶到放射實驗室。

對於兩人的利益興趣能有交集，兩兄弟都十分高興。在當時，各個科學學科門派分立，特別是在醫學院的刻意安排下，基礎科學與應用醫學科學壁壘分明。約翰回憶道：「醫學生得到的建議是別去碰數學、物理和化學，主要都修生物學的課。」哈維．庫欣是少數瞭解放射物理研究醫學價值的醫學專家，而且無論是在此或其他許多方面，都有著不尋長的卓越見識。

勞倫斯與庫欣一樣對跨學科研究的價值信心滿滿，但柏克萊與他有同樣觀點的人並不多。加州大學醫學院位於舊金山海灣另一邊，而他們對勞倫斯的提議也特別不屑一顧。就連醫學院院長的努力，也無法平息這項在學科間的的敵意。雷蒙．伯奇就回憶道，院長有一次為勞倫斯辦了一場晚宴，席間某位醫學教授便「起身發表談話，指稱迴旋加速器在醫學上根本沒用，他們是在浪費時間。」而且，這種情況不只出現在醫學院。當時，迴旋加速器不但發現了同位素，還能以生產線般的高效率來生產，但柏克萊對同位素的需求量居然如此低落，讓約翰大感吃驚。約翰表示：「當時，只要有人想要、就能得到供給。但就是沒有我們在東岸看到的那種興奮之情。」放射實驗室供給全美如芝加哥、波士頓、紐約等地的同位素，數量還要多於供給加州大學的量。顯然，要讓科學家們也建立起兄弟之情的任務，就要落在這兩兄弟身上了。

• • •

約翰走進放射實驗室，第一印象就是工作人員對輻射的態度輕忽到令人震驚。他知道勞倫斯本人確實瞭解中子的效能（也代表著隨之而來的危害），原因在於兩人的通信常常就會提到中子穿透人體組織的能力。自從一九三三年以來，勞倫斯就常常提到中子束的影響，他告訴波以朗：「中子輻射如此強烈、強大、深具穿透力，讓我們擔心這對我們的生理影響。」像是吉爾伯特．路易斯的化學系大樓吉爾曼館（Gilman Hall），雖然和放射實驗室之間還有一條寬廣的小巷，但甚至在吉爾曼館也能偵測到來自放射實驗室的中子。當時，路易斯他們的化學實驗結果有時候會忽然衰退，讓這些化學家大惑不解，最後才終於發現是中子干擾所致。勞倫斯寫信給波以朗提到，路易斯「開玩笑跟我說，要宣告放射實驗室是一項公害」。勞倫斯的話裡也還是帶著一絲幸災樂禍的得意。

約翰為放射實驗室擬了一套安全規範，包括將迴旋加速器的控制台從加速器旁移到另一個單獨的房間。他也要求在加速器周圍以裝水的金屬罐加以屏蔽保護，以減輕中子能量造成的破壞。然而，對於迴旋加速器會對工作人員內臟造成的危險，約翰說破了嘴，效果還比不上他第一次用中子去照射老鼠後的結果。他把老鼠關在一個有氣孔的黃銅小圓筒裡，再把圓筒放在磁極之間，就在要以氘核撞擊而產生中子的鈹靶旁邊。經過低功率照射一分鐘後，他們關了加速器、打開圓筒。眾人看著一隻死老鼠，實驗室裡是一片震驚的沉默。

後來事實證明，是有人忘了打開通氣開關，老鼠的死因並不是輻射、而是窒息。但那是幾天之後的事了，這段時間已經足以讓人誤以為老鼠是受輻射曝照而死，在心中留下深深的陰影。約翰回憶道：「在此之後，沒人接近那道粒子束。」

勞倫斯把這次事件看作是「有趣」的消遣。但比較嚴肅的是，他告訴普林斯頓的米爾頓・懷特：「我們所有用迴旋加速器的人都很緊張，也決定要有一些針對中子的防護措施……所有人都很驚恐，決定該先暫停一下。」約翰提出的防護措施很快就都執行完成。

回到東岸之後，約翰還是掛心勞倫斯等人的中子曝露問題，他建議勞倫斯，放射實驗室全員都應該做「完整的血液檢查，而且常常複檢。我相信我們應該對中子多留點心、少碰運氣。」但勞倫斯比較需要的，可能不是提醒他中子對身體的影響，而是不斷逼他採取適當的預防措施。兄弟倆的第一次學術合作是在《美國國家科學院院刊》的論文，十二月寄出、隔年二月刊登，報告粒子的危險與可能的療效。該文提到中子如何得到超強穿透力，得以穿透如鉛等等重元素：相對於鉛的原子核，中子的重量非常輕，即使正面碰撞，中子損失的能量也非常小，「就像是撞球與砲彈相撞。」因此就算是厚度大、密度高的材料，中子也能在不損失太多能量的情況下穿透。然而，中子如果撞上像氫原子核（即質子）這樣接近自身重量的原子核，就會將更多能量傳遞給靶質子。因此，如果是氫含量高的物質（例如生物組織），就更容易吸收中子。勞倫斯再次展現特長，從這項效應推算一項大膽的結論，向波以朗吹噓著：以斯隆管X光照射老鼠腫瘤後，「初步結果」暗示著「比放射實驗室至今所有成就都遠遠更為重要的發展，因為這意味著我們可以治癒癌症。」

根據勞倫斯和約翰的計算，中子的生物作用比X光強上一百倍。他們認為，人體所允許的每日劑量應為一百分之一倫琴，約為X光標準的十分之一。在給國家科學院的論文中，他們寫道：「這應該是一項警告，因為許多實驗室即將使用具備此種功率的中子產生器，而除非提供足夠的保護屏蔽，否則只要幾分鐘，設備附近的人就會曝露於超出允許劑量許多倍的輻射之中。」

在放射實驗室，這些話大概都是說說而已，很少遵守。有一次，卡門和利文古德在處理一張緊急的放射鈉訂單，於是忘了他們的口袋式曝露計。等到在迴旋加速器旁邊中子亂竄的環境裡待了二十分鐘後，他們發現自己已經吸收了超過每日劑量幾百倍的輻射。卡門回憶道，這次的經歷「讓我們開起一種黑色玩笑，說以後生小孩大概會生出怪物。」他們安慰自己：「從我們知之甚少的基本遺傳學看來，〔只要〕我們的孩子不通婚，就不會有什麼重大問題。」

• • •

這個時候，勞倫斯正在巡迴全美各地，與基金會商談、接受演講邀約。一九三六年一月的第一週，他就到了哈佛大學舉辦一系列共六場的講座。但這件事將讓勞倫斯與加州大學長期的合作出現最嚴重的危機。

從勞倫斯在波士頓下車那一刻起，哈佛大學校長詹姆斯・科南特（James B. Conant）的目的顯然就不是只想聽他演講。科南特在第一晚的晚宴上就問勞倫斯，如果想在哈佛大學複製放射實驗室，可能需要多少經費？接下來的問題也很理所當然：勞倫斯願意承擔這項任務嗎？勞倫斯給了格南特一份清單，其中包括需要為他手下的頂級成員安排多少教職、以及需要多少資金，才能打造出他正在構思的下一代迴旋加速器：一項六十英寸的龐然巨物，用以生產醫療用同位素，並且治療癌症。

這項討論很快就得到科南特的回應：年薪一萬二千美元的正教授職位，再加上主任職，帶領一整個新成立的工程和應用科學研究所。另外，新迴旋加速器也是交易的一部分。

科南特早就一直在思考，如何將哈佛推向實驗和理論物理學的最前端。當時的哈佛，幾乎就像勞倫斯剛到職時候的柏克萊，可說是物理學界的蠻荒之地，特別是隔壁鄰居正是麻省理工學院，相比之下更為不堪。科南特認為，如果能挖來勞倫斯，就能一舉將兩校在實驗物理學方面拉到同等地位。而如果勞倫斯還能把朋友歐本海默一起帶來，就連理論物理這塊，哈佛也能衝上前端；哈佛多年來一直想聘請歐本海默，但他也一直沒有接受。研究生學院院長喬治·伯克霍夫（George Birkhoff）向勞倫斯保證，會將歐本海默奉為「創意理論家」，也透露哈佛願意以六千美元年薪聘用他為副教授。伯克霍夫寫道：「由於他才三十二歲，這樣一來他就會在同年齡層顯得高人一等」，顯然他以為歐本海默是勞倫斯團隊裡的年輕成員。

雷蒙·伯奇身為柏克萊物理系主任，對於哈佛對加州大學造成的威脅非常敏感。他擔心一旦勞倫斯離開，放射實驗室和物理系的成員都會像水庫出現裂縫一樣迅速流失。如果勞倫斯和歐本海默都離職，柏克萊幾乎不可能留得住像麥克米倫、阿爾瓦雷茲等年輕有為的物理學者。據他估算，柏克萊物理系的排名將從全美第一大跌到第十二名。而且，留不住的除了人力，還有資金。伯奇深思：研究法人基金會「還是會給一點點，但還會有人留在這嗎？」

但事實是，歐本海默並不想回到哈佛；他在哈佛就學的時候，雖然得到智識上的刺激，但在社交上卻感到孤獨。他也認為哈佛不是勞倫斯的好選擇。歐本海默認為，勞倫斯在哈佛絕不可能得到像在柏克萊的自由，也認為勞倫斯會發現主任職是個負擔。歐本海默知道哈佛教職帶著一種膚淺的榮耀光環，但他告訴伯奇：「我們有責任要救救勞倫斯，別讓他毀了自己。」

確實，一開始勞倫斯似乎是被哈佛的奉承給沖昏了頭。伯奇還知道更多內情：勞倫斯曾因加州大學醫學院對約翰的不理不睬而感到惱火，畢竟約翰是一位具有紮實研究背景的醫師，但因為醫學院拒絕給予教職，所以只好以助手職位待在放射實驗室。伯奇回憶道，約翰和勞倫斯在放射實驗室做的是「純學理研究，醫學院並不看重……任何人只要沒有豐富的臨床經驗，他們都不想多費心思。所以約翰基本上在那裡是不可能得到位子的。」接下來還有很多年的時間，加州大學柏克萊分校的醫學院依舊看不起約翰的研究，一直要到一九四二年，才終於透過成立獨立的放射科學實驗室，巧妙解決了這個問題。唐納實驗室（Donner Lab）的建立經費是由威廉・唐納（William H. Donner）所捐贈，他是一位退休的鋼鐵大亨，兒子死於癌症；勞倫斯與約翰上台報告他們關於放射性同位素用於生物醫學用途的第一篇論文時，他就坐在觀眾席裡。而在一九四八年，約翰成為該實驗室的主任。

・・・

柏克萊校長史普羅爾和勞倫斯兩人很合得來，莫莉對這兩人的描述就是：「高大、外向、充滿精力與熱情的男人」。兩人的關係一部分出於個性，一部分也出於信任。勞倫斯對史普羅爾提出許多在經費、空間和機構支持的需求，但也承諾會有充分的回報；而且為了兩人的共同利益，勞倫斯總是說到做到。之前便有一次，西北大學在一九三〇年試圖挖角勞倫斯，而史普羅爾就靠著高明的手段，弭平其他教職員的反對聲浪，仍然將勞倫斯升為正教授。但這次，史普羅爾也認為事態嚴重，於是邀請勞倫斯到他的辦公室來討論。會議的幾天前，伯奇將重點寫成一疊索引卡，來找史普羅爾，認為必須滿足勞倫斯的一切要求，好讓他留在柏克萊。伯奇本來是想警告這位柏克萊校長：「〔與勞倫斯〕爭吵會是個致命的選擇，因為這樣〔勞倫斯的〕決定就會是出於情緒、而非根據理智。」

然而，伯奇低估了羅伯特．史普羅爾，他是那極少數哄起人來比勞倫斯還高明的人。唯有一位完美的政治家，才有可能在所有董事、立法者、教授和慈善家的利益之間達到平衡，把加州大學建設成一流的學術機構。史普羅爾安撫人和鼓勵人的方式，早就是柏克萊校園裡的傳奇。他有一項深感自豪的紀錄：他想留的人，從來沒有留不住的；而勞倫斯更是其中的重要角色。後來，史普羅爾講到這位在柏克萊待得幾乎和他一樣久的科學家，說的就是：「見鬼，他逼我的。」

在合作的多年間，史普羅爾有許多機會觀察勞倫斯，知道他更看重的是能有適當的資源和行政支持來做研究，看重的程度遠超過一般像工資、學校聲望之類的問題；勞倫斯所追求的是科學的發展、而不是個人的發展。史普羅爾認為，雖然哈佛大學的地位很誘人，但在物理學的發展進度卻遠遠落後於柏克萊，想追上這個差距至少需要兩年；而對於像勞倫斯這種一心想待在研究最前端的人來說，這樣的時間就等於是退步。於是，他的任務就是向勞倫斯保證，柏克萊將一如往常支持放射實驗室，並且協助進行勞倫斯心中所想的規模擴張。

關於這次對話，唯一的紀錄是來自勞倫斯，他在一封信中與波以朗分享自己的印象，信裡提到史普羅爾鬥智也鬥情感的技巧有多麼高明：

> 開門見山，史普羅爾校長就明確表示他非常希望把我留下……他立刻向我保證，只要他還是柏克萊的校長，除非我瘋了，否則他就會支持我、支持我們的研究。他說，哈佛提出的條件不僅是很大的榮耀，也提供了許多機會，他完全瞭解我可能會想接受。但另一方面，他說他覺得，要在柏克萊提供類似的誘因也不是不可能，並要我提出自己想要的條件……我說如果能實現心願，希望放射實驗室的核子物理研究能繼續得到與目前大約相同的支持，此外還要建一間新實驗室，配備專為醫學研究和治療設計的迴旋加速器。還有，要有持續的預算，支持一小群員工進行醫學研究工作。

史普羅爾顯然對手下的人瞭若指掌。他表現樂觀的態度，請勞倫斯編列初步預算。三天後，勞倫斯提出計劃，提議為放射實驗室現有的每年一萬五千五百美元預算再增加八千一百美元，以聘用一名助理實驗室主任（準備提供給庫克西）、兩名研究員，以及一名研究助理。

勞倫斯向史普羅爾提出警告，正因為放射實驗室的成功，人員費用必定會急劇上升。當時，放射實驗室在物理界的獨特地位曾經吸引了一大批物理訪問學者，願意免費參與其研究、或是自行努力取得補助或獎學金；根據勞倫斯計算，柏克萊根本是分文未出，就取得了共有十位研究人員的貢獻。然而，這種好事已經即將結束。勞倫斯指出：「國內外的許多領先機構，現在都在建設具有類似設備的實驗室」，再也無法強迫「所有對核子物理與穿透放射線感興趣的人來到柏克萊。」在不久之後，放射實驗室就將必須為成員支付能過活的薪水。勞倫斯沒向史普羅爾提到是自己播下了這種競賽的種子，但很明顯，最後是由柏克萊付出代價。

然而，勞倫斯所提出的條件，核心其實在於另外兩項要求。其一，是將放射實驗室指定為柏克萊的獨立單位，以確保「研究的連續和穩定。」這是小事一件。其二，則是要有一台「全新、更大的迴旋加速器」，用於醫學研究，包括大批生產合成放射性同位素。新迴旋加速器生產中子的能力將是二十七英寸迴旋加速器的十倍，強度「能使人類癌症的實際臨床治療成為可能。」該計劃成本為二萬五千美元，還要再加上每年高達二萬二千美元的員工年薪（兩名醫學博士、兩名物理學家、兩名技術人員），以及其他運作費用。勞倫斯也承認，新迴旋加速器的成本「很難以一般的大學預算來支應」，並承諾會協助籌募必要經費。然而，這裡的暗示很明顯：如果柏克萊無法承諾投入醫療用迴旋加速器，哈佛正虎視眈眈。

勞倫斯所提交的預算，開始了他與史普羅爾的快速攻防；史普羅爾努力尋求富有校董的支持與經費，而勞倫斯也不隱藏自己想知道什麼時候才能坐上火車前往哈佛，繼續與科南特討論。勞倫斯提出預算後的那個下午，史普羅爾再次請他去開會。史普羅爾的手指劃過表格上的數字，新的迴旋加速器要花上二萬五千美元，加上每年的營運成本共要四萬美元；他說：「這是一項頗大的計劃。」

沒錯，這項計劃雄心勃勃，勞倫斯承認。「在哈佛有可能做得到。」但勞倫斯同意先推遲前往東岸的行程，讓史普羅爾有機會施壓主要的金主：身兼鐵路大亨暨銀行家身份的柏克萊校董威廉・克羅克；先前斯隆在醫學院的X光管正是由他提供經費。與此同時，史普羅爾也能鼓吹校董會全體，從大學資源中撥出更多資金。當時，股市崩盤仍然嚴重影響著柏克萊得到的捐助，勞倫斯居然還提出如此大膽的經費要求，令校董都抽了一口氣。然而，他們也同意史普羅爾的判斷：如果失去勞倫斯，柏克萊要付出的代價將會更為高昂。於是他們投票通過支付勞倫斯為放射實驗室所編列的所有年度運作及維護費用。此外，放射實驗室也將成為柏克萊的獨立單位，由勞倫斯擔任主任，而不再隸屬於物理系。對伯奇來說，早認為放射實驗室與物理系的關係像是「尾巴搖狗」，因此並無異議；就他看來，不論勞倫斯是否屬於物理系，都是對柏克萊物理學研究的錦上添花。

至於新的迴旋加速器，史普羅爾在信中告訴勞倫斯：「我只能說，董事會對這條路的可能性表現出極大興趣，並協助我為新迴旋加速器尋求建造經費以及年度運作費用。」他向勞倫斯保證，自己已經看準一位口袋很深的金主，並「有理由希望，在這個方面的努力會得到成功。」

史普羅爾千錘百鍊的直覺可能已經告訴他，在勞倫斯心中，哈佛提出的條件已經不再像開始那般誘人。想把許多已完成的研究從西岸整個搬到東岸，對於一個本來就習慣一動不如一靜的人來說，不可能沒想過其中的困難。史普羅爾甚至可能知道勞倫斯已經碰上另一個得考慮的因素：莫莉反對搬家。

勞倫斯考量哈佛提議的因素之一，是以為太太如果能夠回到故鄉新英格蘭，將會有多麼興奮。但事實上，她的一顆心早就轉給了北加州，並覺得勞倫斯對哈佛的興趣令她很煩惱。出於傳統家庭教養，她並不想干預丈夫選擇生活和工作的地點，她後來解釋道：「這個問題的重點在於他想要什麼、什麼又對他的職涯有好處。我連對此表達意見都沒想過。」但她「想到他打算收拾行李、搬回劍橋，就感到恐懼而發抖。我住過那裡，而且並不想住在那裡，不想和家人住在那。」勞倫斯一向不管家庭事務，但隨著決定的時間愈來愈近，他開始感覺到每次一提到哈佛，莫莉的聲音都透露著一股害怕。

除了莫莉的感受已經溢於言表，歐本海默不斷對哈佛唱反調的努力也終於發揮了效果。勞倫斯終於屈服了。甚至早在柏克萊的各項承諾正式定案之前，他已經向科南特表達自己的遺憾。他寫道：「在您開出的條件中，最有吸引力的因素就是您保證會持續支持我的研究，而如果到了哈佛，能做出一番事業也是無庸置疑的。然而現在的情況是，這裡的大學管理階層很樂意將放射實驗室打造成永久性的大學活動……因此，從要進一步推展我們研究計劃的角度來看，顯然我不應該在此時做出改變，否則就會嚴重拖延實驗室的重建。」

哈佛的事件讓勞倫斯與加州大學的關係產生了永久的改變。後面還會有其他大學挖角，包括德州大學也開過極優渥的條件。然而，柏克萊再也沒有任何一次面臨可能失去勞倫斯的風險。勞倫斯終其一生，他的名字都將和柏克萊緊緊相繫，繼續完成更多的原子撞擊、帶來更多的成就。

• • •

為了擊退哈佛所需要的費用，讓加州大學的校董猛然察覺手上有一位天縱英才。其中興致最高昂的，就是舊金山的律師約翰・法蘭西斯・尼蘭（John Francis Neylan），他從事公共服務長達四十年，立場也逐漸從自由派走向保守派：一開始是擔任加州改革派州長海勒姆・約翰遜（Hiram Johnson）的顧問，接著擔任報業大王威廉・蘭道夫・赫斯特（William Randolph Hearst）的首席顧問，最後則成了彷彿口吐火焰的反共主義者，決心要把柏克萊教職員裡所有的共產黨都趕出去。當時，尼蘭擔任校董已將近十年，而哈佛的挖角舉動激起了他的好奇心，把他帶到了放射實驗室的門口。

他在多年後回憶道：「那就像一個二手修鍋碗瓢盆的地方，在校園裡小到微不足道。」

他走進實驗室，見到了年輕到難以置信的勞倫斯教授，「接著我就被介紹給康乃爾大學來的某某博士、另一個地方來的某個博士、再一個地方來的又是某位博士……我真是大吃一驚。在那裡，沒人每週必須刮兩次鬍子以上，就是一群孩子啊。」勞倫斯自然擔任著東道主，請尼蘭坐到黑板前，試著向他解釋迴旋加速器的原理。尼蘭回憶道：「當然，在第一分半鐘之後，他講的就已經遠遠超出我的理解，我不知道他在講什麼。」

勞倫斯編織出一項宏偉的願景，講述著柏克萊校園的科學研究將會改變人類的生活，靠的不只是物理學的進步，還包括在健康衛生與醫學領域的進步。尼蘭覺得兩人之間建立起了某種關係。幾天後，他把最重要的一位校董：七十一歲的舊金山律師蓋瑞特・麥肯納尼（Garrett McEnerney）帶到了放射實驗室。這位高尚的紳士曾經與多位州長與總統進行過社交活動，而在勞倫斯對他施展其魔法的時候，尼蘭就站在一旁觀察。尼蘭回憶道：「麥肯納尼和勞倫斯談得很愉快，而我們走出去的時候，他說『剛才你跟得上多少？』我則說：『他才剛跑第一圈我就沒跟上了。』」

在接下來的三十年裡，尼蘭將會擔任勞倫斯的贊助者、導師與嚮導，讓勞倫斯知道那些位高權重的人都如何行事。在莫莉的回憶中，「尼蘭有點把勞倫斯當成他的門徒。他會照顧勞倫斯、確保勞倫斯得到照應、得到研究所需……他會教勞倫斯怎樣做才對自己最好。」而在這個過程中，尼蘭的政治色彩也多少抹到了勞倫斯身上。多年後，尼蘭推行一套反共忠誠誓詞，而與柏克萊教師形成衝突，而勞倫斯（當時正處於他對柏克萊影響力的巔峰）是少數拒絕發言反對的教授之一。此外，也因為尼蘭真心鄙視歐本海默（「太自負，還要叫上帝讓一讓」），勞倫斯與歐本海默在最後幾年關係交惡，很有可能也與尼蘭不無關係。

• • •

一九三六年五月，身形頎長的路易斯．阿爾瓦雷茲以全職博士後研究員的身份回到放射實驗室，很滿意地發現，去年訪問期間讓他留下深刻印象的快意隨性依然存在。當時勞倫斯與庫克西都出城去了，來到這棟木建築大門來應門的研究生便把阿爾瓦雷茲帶去見傑克．利文古德。利文古德問他：「你什麼時候能開始工作？」阿爾瓦雷茲回答：「我把外套脫了就行。」

阿爾瓦雷茲發現，自上次訪問以來，放射實驗室的樓面配置有了幾項不同。控制台已根據約翰．勞倫斯的指示重新配置，只不過現在就得塞在一個擁擠的房間裡，兩邊分別是庫克西的工作台、以及一張製圖桌。迴旋加速器室的主體仍然是一個大型的牛軛狀磁鐵，但過去用著紅色密封蠟的舊真空室，已經換成新的真空槽，依其設計師的名字而稱為「庫克西罐」。

在這後面是另一個實驗室空間，阿爾瓦雷茲的位子就在這裡，但他一走進房間，就被約翰．勞倫斯的鼠籠發出的強烈惡臭給震驚了。房間裡，有一位顯然對惡臭免疫的女研究生，坐在一台測量電磁輻射的攝譜儀前。阿爾瓦雷茲問她怎麼受得了這種難聞的氣味，但她很歡樂地向他保證任何人都能很快就習慣；當時他還半信半疑，但很快就發現事實確實如此。更揮之不去的刺鼻氣味是來自於循環油，用來冷卻巨大的磁鐵及其變壓器。其中就有一個變壓器需要維修，這也成了利文古德交給阿爾瓦雷茲的上任工作。阿爾瓦雷茲回憶道，當天午餐時間回到家裡的時候，他的衣服吸滿了溫熱的油，還滴個不停，妻子蓋莉第一次被那股氣味熏得眼淚都飆了出來，而「在接下來幾年，聞著那股氣味就知道我在哪。」

等到勞倫斯從東岸的募款之旅回來，阿爾瓦雷茲已經習慣了實驗室的氣味及其他各種古怪的現象，包括實驗室裡的煙霧已經足以形成射頻干擾：只要拿著燈泡，將金屬底座接觸到實驗室裡任何暴露的電路上，燈泡就會發光（工作人員常常用這種小技巧，讓訪客留下深刻印象）。勞倫斯用一則好消息來歡迎阿爾瓦雷茲：他為新的六十英寸迴旋加速器募到了七萬美金，而阿爾瓦雷茲就要負責設計這具新加速器的磁鐵。阿爾瓦雷茲回憶道：「我說自己對磁鐵一點都不懂」，但勞倫斯的回答就非常勞倫斯：「別擔心，你會學到的。」

阿爾瓦雷茲很幸運，加入放射實驗室的時候，迴旋加速器的發展正好已經變得夠可靠，能夠滿足勞倫斯的期許。在一九三五年，二十七英寸迴旋加速器開始一直出問題，讓研究生和技術人員總得忙上幾小時，在機器內部進行故障排除。就在那一年，勞倫斯忙著應付全美各地湧入如山一般的大批同位素訂單，但實驗室也接連發生叫人特別摸不著頭緒的故障現象。他向梅爾·圖福哀嘆道，這就像有「一種麻煩的流行傳染病，提高功率輸出就會得病。」然而，勞倫斯再次發揮天生的樂觀本領，向圖福保證「再過不久，我們就能解決這項麻煩，繼續滿意地前行。」他說的也確實沒錯，不到三週後，就找出並修復了造成故障的電路問題。

然而，其他問題仍然存在。十月中旬，勞倫斯向波以朗保證，實驗室最後一定能夠穩定供應放射鈉，但就當下而言，「我們的設備時好時壞，有一大部分時間都花在把機器拆開維修和改造。」對於這項「太黑暗」的評估，勞倫斯又給出了他典型的保證：「已經不會再有任何懷疑，這項設備最後必將生產大量的放射性物質。」他以一項大膽的觀察為這封信結尾：「設備目前已經幾乎進入了實際組裝階段：也就是說，我們已經是針對一個基本上已經可行的概念，再思考還能有怎樣的改進，讓它變得完全可靠、有效。」這些話一定會讓波以朗露出一種心知肚明、不出所料的笑容；在艱苦中，勞倫斯展望著未來，迴旋加速器的不穩定將會成為過眼雲煙。波以朗很有可能知道，這一刻雖然並不像勞倫斯所聲稱的那麼近，但也不會太遙遠。勞倫斯總是會做出像這樣極其樂觀的預測；但要不是他總是能說到做到，也不會有人相信他。

確實，一九三六年出現了一系列的科技進展，帶來了更高的能量、更高的粒子流、前所未有的可靠性。一切的開始，就是將陳舊的真空室換成新版的庫克西罐，使能量將近加倍而達到六百萬伏特，而且幾乎是一安裝上去就開始完美運作。新的真空槽讓迴旋加速器的名聲煥然一新，過去這項設備的管理維護幾乎是種難以捉摸的黑魔法，但現在幾乎在任何條件都能合理運作。

安裝了庫克西罐之後，下一步是將粒子束從真空槽導向設備外。這麼做的目的，是希望將粒子束從機器強大的磁場和電場干擾中解放，伊利諾大學的兩位訪問學者就將電磁場稱為「迴旋加速器過去引起爭議的特徵之一」。放射實驗室把這個過程稱為「噴豬鼻」(snouting)，因為是用一個豬鼻形狀的管子，將粒子束從真空室導向空氣中。根據這項設計，粒子在最後一次於真空槽裡迴旋的時候，會被施加一股電力，讓粒子彎向槽壁，透過厚度為萬分之一英寸的鉑「窗口」而穿透出來。產生的效果十分驚人：長達約二十五公分的明亮條紋，由於和大氣中的氮離子相互作用，產生薰衣草色的亮光。這樣的粒子束不但能用來進行更複雜的實驗，也為勞倫斯提供一項新的「雜耍表演」，總能讓訪客驚呼連連。

最重要的一項升級是在一九三七年夏天，勞倫斯完成了一項四年計劃，將磁極距離拉大到三十七英寸，能夠容納由庫克西設計的更大型真空槽，能容許的最大能量也提升到一千萬伏特。舊真空槽則運往耶魯，成為另一具新迴旋加速器的核心。七月八日，庫克西開著他珍愛的黃色帕卡德新車，在車上裝了滑輪吊掛組，把新的「庫克西罐」吊進實驗室內。三週後，新的三十七英寸迴旋加速器開始發出強大的粒子束。

庫克西的新真空槽凝聚了放射實驗室過往學到的所有迴旋加速器製造經驗，新的迴旋加速器堅固耐用、閃閃發光、以機器精心製造，有玻璃絕緣以及氣冷和水冷裝置。在麥克米倫看來，這是第一座真正顯現出「專業性，有製造精良的表面，一切都有妥善焊接、螺栓固定與墊片密封」的迴旋加速器。這也是第一次，迴旋加速器使用了非放射實驗室自身研發出來的改進措施。正如勞倫斯對史普羅爾的警告，迴旋加速器向四方流傳之後，必將結束柏克萊對廉價研究生勞動力的壟斷，而現在這也正在結束柏克萊對迴旋加速器科技的壟斷。到一九三七年中期，全世界已有十多個迴旋加速器正在建造或運作，而無論是離子源、射頻系統或磁控制器等項目的資訊和創新，已經不再是由柏克萊單向流出，而是與這些開枝散葉的地點雙向交流。雖有必要，但放射實驗室將其他人的創新融入其迴旋加速器時，可不是一件太讓他們得意的事。其中，新想法的流入特別有助益，因為三十七英寸迴旋加速器的目的之一，就是要預先測試六十英寸迴旋加速器的設計細節，那將會是在規格上的巨大躍升，而其中不可知的因素必須愈少愈好。

就這些改進而言，要不是有放射實驗室某位最新員工的照料，效果就不可能這麼好。這位員工正是比爾·布羅貝克（Bill Brobeck），二十九歲，頂著一頭紅棕頭髮，完全出於好奇而在一九三七年夏天晃進了放射實驗室。布羅貝克在柏克萊長大，擁有史丹佛大學和麻省理工學院工程學位，剛剛因為覺得太無聊而放棄了當地電力公司的工作，正在尋找新的努力目標，而且最好不要「整天推計算尺或按計算機」那種不用大腦的工作。幸運的是，他已故的父親是舊金山的企業律師，遺產足以讓全家舒舒服服地面對經濟崩潰和大蕭條的威脅，也讓布羅貝克得以在閒暇時間追求自己的人生目標。

布羅貝克因為常常上柏克萊的圖書館，一直跟著工程學的最新發展。有一天，他讀到了法蘭茲・庫里耶關於迴旋加速器的文章，驚喜地發現這台機器就在校園裡、離他坐的地方就沒幾步，於是布羅貝克就散步過去瞧瞧。在放射實驗室，他遇到了庫克西，正俯身看著六十英寸迴旋加速器的初步藍圖。布羅貝克想申請一個職位，但被告知實驗室沒有錢能請人。他進一步解釋，自己不用錢也願意工作。這樣就足以讓他和勞倫斯好好談談了，他回憶道，勞倫斯「很高興能有另一位對工程有興趣的人，因為就是有很多工程問題。」而對布羅貝克來說，他也很喜歡勞倫斯對實驗室人人平等的管理方式。他認為：「清潔工的重要性並不下於得了諾貝爾獎的科學家，因為他也有自己該做的工作。」布羅貝克上過全美兩所最精英的學校，相較之下，就覺得放射實驗室沒有那種知識分子的勢利，令人心曠神怡；此外，也因為身為一名對核子物理一無所知的工程師，他必定是放射實驗室裡與眾不同的角色。

就連像布羅貝克這種不是物理學家的人，都可以清楚感受到當時「科學知識不斷湧入。」放射實驗室的一面牆上掛著阿爾瓦雷茲設計的同位素圖表，每種新的同位素都會做成卡片列出其特性、用銅鉤掛起來，而且大多數的同位素就是在這棟大樓所發現。然而，就布羅貝克的眼光看來，實驗室的工程水準實在只能嗤之以鼻；在他看來，因為實驗室又要處理物理研究、又要負責機器管理，有太多重要的事情都處理得差強人意。放射實驗室真正的工程人員其實只有一位：唐納德・庫克西，雖然其技術水準無庸置疑，但憑著一己之力，要維護著他所設計的迴旋加速器也已是一大挑戰。

出於其工程師靈魂，布羅貝克看到放射實驗室草率的運作及維護作法實在火冒三丈。讓他看不下去的，甚至還包括建築物本身。在他看來，這棟木建築簡直只是個破木棚子，主要優點是「不管在哪裡釘釘子，都不會有人反對。」中庭的高壓變壓器也看得出年代久遠；布羅貝克稱讚它們是「馬可尼（Marconi）會認可的設備。」（譯註：一八七四年出生的知名物理學家）至於實驗室的操作技術，他「驚訝於事情有多麼亂七八糟、工作有多麼草率、又有多少事情有改進空間。」迴旋加速器確實能夠運作，「但整座機器是靠繩子綁著、靠蠟封著，確確實實就是這樣。」

布羅貝克知道，任何有生產壓力的工廠都會遇上這種問題：「有一種強烈的傾向，希望不惜一切代價維持機器運轉，因此就算發生故障，也只是做些緊急修補、隨機應變，務求無須停機而繼續運作。」不可能真的特地撥出一段時間進行全面維護和整修。「他們做的就是物理學。只要能得到中子，他們就很高興了。就算半小時後就故障，反正已經得到結果，算不上什麼大不了的事。就讓下一個用機器的人來解決吧。」這種做事方法，讓加速器常常故障、長時間停機，也只有長時間停機的這個階段，工作人員才會把自從上次大修以來的各種應急處理補丁全部拆掉，讓加速器回復完整的運作狀態。至於工作人員喜歡玩的遊戲（由於迴旋加速器的力場，在房間裡只要有金屬表面就能點亮燈泡），布羅貝克看了更是嚇得瞪大了眼，因為這很可能會造成火災，特別是房間裡油流得到處都是，常常還會流到地板上。經驗告訴他，像這樣對電氣風險的輕忽，在任何專業環境中都不該發生。

此時的放射實驗室已經從「小科學」精神成長到一定規模，但還沒有那種大機構、大成本研究所需要的專業成熟度，而布羅貝克就擔起了重擔，要給這個太過隨便的地方帶來秩序。由於他的背景，迴旋加速器在他眼中不是一具實驗儀器，而是一台需要定期保養的機器。布羅貝克引進了像是預防性維護之類的基本產業實務，針對三十七英寸迴旋加速器，他最後列出了每週需要完成的二十多項檢查項目，包括要清理水過濾器、檢查油位、將電氣設備除塵、檢查飛輪帶；他表示，這些非常類似於「在汽車維修站的程序」，而且重要性也絕對不相上下。最重要的一點在於布羅貝克來得正是時候，當時正要製造並啟動新的迴旋加速器：「克羅克撞擊機」（Crocker Cracker）。這座迴旋加速器極為巨大，正如迴旋加速器專家史丹・馮・弗希斯（Stan Van Voorhis）所回憶，其他地方的迴旋加速器專家看到第一批照片，得知其大小規模的時候，都「張大了嘴，幾乎要相信這相機肯定是在騙人。」

・・・

一九三五年底，解決了機器操作的問題之後，給放射實驗室成員帶來了新的職業危機：無聊。一九三七年初，庫克西告訴一位朋友：「男孩們都在抱怨，因為迴旋加速器已經變得太無趣了。」

這種抱怨源自於放射實驗室的一項長期問題：沒有時間做基礎科學實驗。

主要原因在於要大批生產放射性同位素的壓力愈來愈大。一項早期紀錄指出，到了一九三七年初，放射實驗室已經固定為「二十幾位物理學家、六位生物學家，以及幾位化學家」製作同位素。麥克米倫巧妙地向勞倫斯表達了許多放射實驗室同仁都有的想法：「我們希望很快就能滿足那群擠在四周要求放射性樣本的生物學家，而且希望或許能為自己做一點點的撞擊實驗。」一九三七年末，勞倫斯告訴考克饒夫，放射實驗室在核子物理方面「目前沒有什麼特別叫人興奮的事可報告」；但事實上，麥克米倫、阿爾瓦雷茲與其他科學家都相信，要是他們有時間可以做研究，絕不會沒有叫人興奮的發現。但勞倫斯認為，對於放射實驗室的發展來說，為所有申請者提供同位素至關重要。他很少拒絕申請，也得到許多表面上的感謝。面對不斷增加的要求，他並沒有調整優先順序、讓員工和研究生有些喘息的空間，而是多排一個深夜班次，好讓迴旋加速器全天運轉。

就算工作如此辛苦，放射實驗室仍然深具魅力。就算只是原本拿了臨時職位前來的馬丁・卡門，雖然總是因為要監督同位素生產而過勞，還是覺得如果回到芝加哥大學的正職，那樣的未來「痛苦到想都不敢想。」他希望能夠「以某種方式得到留在柏克萊的權利，與勞倫斯合作到永遠。」他確實將會靠著一項研究壯舉而獲得這種權利，但很遺憾，並沒有到永遠。

對外面的訪客來說，放射實驗室如此顯然沒有科學野心，總令他們十分疑惑。例如，莫里斯・納米雅斯（Maurice Nahmias）到柏克萊，為他們的巴黎迴旋加速器取得指示器；但納米雅斯看到放射實驗室一心做著辨識新放射性同位素這樣的簡單工作，而不是從事辛苦的尖端物理學研究，就深深不以為然。他嘲笑這些人對迴旋加速器的熱愛是「對於小玩意的狂熱，或是對科學模型玩具的後嬰兒期迷戀」。

阿爾瓦雷茲也同意納米雅斯的看法，覺得當時迴旋加速器「主要被拿來當作生產放射物的工廠，因為只要付出極少的努力，就能發現大量的新放射性同位素。」對於這種他所謂的「同位素淘金熱」，他確實對勞倫斯感到有些同情，因為他也知道公關工作的重要性，以及放射實驗室所擔負的「傳教使命」。但阿爾瓦雷茲還是很不滿，有許多本來可以做硬科學研究的時間，都拿去做沉悶的例行公事：「找哪裡在漏、調整設備、修理振盪器、研發迴旋加速器技術……我們花了幾天維修迴旋加速器，但接著就來了一個生理學家或生物學家，要把第一次撞擊的成果拿走。我們會發發牢騷，但只是在彼此之間發牢騷，如此而已；我們知道勞倫斯的信念有多堅強，而我們也太忠誠，不會允許外人發現我們的矛盾情緒。」從這裡已經可以稍微看出，受到大規模資助的科學有一種缺點：拿的錢愈多，出錢的人就愈希望看到做出了什麼實際具體的結果。然而，基礎科學研究急不得、也必然有些運氣的成份，因此與各方的期許從根本上就有所牴觸。

在所有人當中，阿爾瓦雷茲感受到的拘束可能比大多數人更強烈。同事都讚美他有著一種被卡門稱為「絕妙實驗的本領」，只不過，對於他總想多做實驗，可能就不那麼得人讚美了。卡門回憶道，有一次阿爾瓦雷茲想向勞倫斯要求更多時間來做實驗，於是做了一張圖表，指出放射實驗室成員的發表數量節節下滑。勞倫斯不為所動，指出在阿爾瓦雷茲認為研究停滯的那段時間裡，阿爾瓦雷茲本人就寫出了許多的研究論文。他認為，阿爾瓦雷茲自己的記錄就證明，放射實驗室在「運用迴旋加速器的工作」與「針對迴旋加速器的研究」之間達到了最佳平衡。

然而，勞倫斯並不是對實驗室的緊張局勢視若無睹。在一九三七年一月，他寫信給當時在普林斯頓大學的馬爾坎姆・亨德森，提到：「我們試著在使用迴旋加速器和改進迴旋加速器之間維持合理的平衡，因此大概有一半的時間是用在物理研究，另一半的時間則是在改進它。」雖然那些年輕成員可能不會都同意這算是平衡，但至少勞倫斯是想達到平衡。而且除了極少數例外，曾在放射實驗室工作的人只要一回憶起當時，就會像卡門說的一樣，覺得是一段「神奇的歲月」，充滿「熱情及追求成就的熱忱。」確實有些人認為勞倫斯所開創的這種團隊研究與他們不合，於是也就離開了，但這種人只是少數中的少數。

在一九三七年，出現了對實驗的另一項不利因素：勞倫斯的弟弟約翰對同位素的需求不斷增加。過去這件事能得到隱忍包容，一方面是因為家人關係，一方面也是因為勞倫斯全心贊成約翰的實驗所依據的科學。以卡門為例，他要為約翰的研究團隊生產治療白血病和其他血液疾病的實驗所需的放射磷，但卡門抱怨道，要滿足這樣的需求已經是個「全職工作」。約翰的醫學假設，是基於觀察到磷會自然集中在骨髓裡，代表著磷是比放射鈉更好的醫療輻射載體，因為放射鈉會作為鹽分而分散在體內，而使作用減低。卡門回憶道，從一九三七年耶誕節約翰為柏克萊醫療中心的病人提供第一劑磷放射性同位素之後，約翰對這種物質就有著「無法滿足」的需求。這給放射實驗室造成沉重負擔，一方面撞擊需時長達數小時，二方面同位素還必須經過細心清洗，除去污染的放射性物質和其他雜質，才能安全提供給患者服用。

隔年，與約翰合作的醫師又為迴旋加速器想出一種新用途：直接照射患者。在柏克萊流傳的傳說中，勞倫斯兄弟對自己的母親進行了中子治療。在一九六〇年，勞倫斯與甘達都已經過世，而根據雷蒙．伯奇當時的回憶，故事是甘達被診斷患有末期癌症，但迴旋加速器救了她。伯奇表示：「她是第一個接受這種治療的人，中子完全治癒了癌症。」伯奇希望用這個故事證明「這項儀器的醫療價值毫無疑問」，但其實只是在轉述八卦故事；這個故事之所以流傳開來，可能是因為「科學家治癒自己母親身上恐怖的疾病」這件事實在太有戲劇張力了。只不過，這個版本就是誇張的胡扯。真正的事實是：一九三七年十一月，梅約診所診斷甘達的慢性腹痛和腫脹是由惡性腫瘤所引起。卡爾告訴兩位兒子，醫生表示已無法動手術，六十八歲的甘達可能只剩三個月的壽命；約翰於是把她帶到加州，接受斯隆管強大的X光照射。治療由醫學中心首席放射科醫師羅伯特·史東（Robert Stone）進行，然而是約翰要求進行特別積極的治療方式：「我站在旁邊，鼓勵史東博士給出最高的劑量」，而在這樣的猛攻之下，腫瘤縮小，經過後來的十年，最後完全消失。約翰回憶道：「她得到治癒，毫無疑問。」今天已經不可能再重建真正發生的事情始末，因為甘達的腫瘤並未得到確切記錄，也沒有文件指出是否有其他因素有助她康復。然而，她並未接受中子治療，也顯然不是第一個接受中子治療的病患。她真正接受的是X光治療，在當時已經不算是創新療法，只是她接受的劑量可能高於一般。

事實上，真正更想對活體腫瘤進行中子照射的，可能是勞倫斯、而不是約翰。雖然弟弟約翰才是這項技術的先驅，但約翰是先以外科手術從病鼠身上取下腫瘤，再置於中子束下照射，使用低於會殺死活鼠的劑量，似乎就能摧毀腫瘤；這樣看來，在殺死腫瘤之後，患者仍有可能生存。然而，約翰很快就冷靜思考了這個概念，一方面的原因在於懷疑自己的實驗條件能否真正反映在人體身上。但與此同時，他的哥哥卻是熱情地推動著這個概念。

勞倫斯邀請史東，帶著來自舊金山的癌症患者，每週一到兩次接受三十七英寸迴旋加速器的治療。保羅．亞伯索德在這具巨大機器的旁邊又搭了一座移動式的木造房間，作為「治療室」。（勞倫斯曾經得意地告訴一位癌症專家：「患者幾乎不會知道自己在這樣一具怪物機器的旁邊。」）但這項新任務又進一步干擾了放射實驗室的研究；卡門就發現，要一再組裝、拆卸這個大木箱是很麻煩，加上每次都得祈禱療程中機器不要出狀況。

中子療法實驗將會繼續以新的六十英寸迴旋加速器在柏克萊持續到一九四三年，有史東的指導、勞倫斯的熱情支持，以及約翰愈來愈多的不滿。約翰回憶道：「我當時就可以預見，不會有什麼真正的好事發生。」正相反地，部分患者產生了嚴重的皮膚反應，多年不癒。史東本人最後也認定，這項技術並非有效的療法。一九四七年，他在美國鐳學會（American Radium Society）的年度珍威講座（Janeway Lecture）報告說，在他最初的二百五十二名患者中，在實驗不到十年後，只剩下十八名患者存活。就算考慮到所有人在接受治療時都已被認為患有絕症，史東仍然認為結果令人失望，並建議放棄這種療法。

在接下來超過二十年間，眾人也都是這麼認為。但到了一九七〇年，新研究結果顯示，中子療法最有效的劑量只需要史東所使用劑量的一小部分。從一九三八年開創之時，直到今日，中子療法仍然是針對某些癌症（包括前列腺癌和唾液腺癌）的重要武器。勞倫斯和史東可能手段太過激烈，但他們其實是走在正確的路上。

CHAPTER 9 桂冠

正如勞倫斯向阿爾瓦雷茲所指出，當時放射實驗室已經開始穩定生產傑出的核子物理研究成果。原因之一在於柏克萊迴旋加速器的功率和效率不斷提高，超越當時所有其他迴旋加速器。放射實驗室一心追尋新的放射性同位素，外人可能有些鄙視，但為整個週期表完成同位素名冊確實是件重要的工作。

一九三九年底，放射實驗室在核分裂方面的研究已經獨步全球。一九三五年，這個項目仍是以卡文迪許實驗室為龍頭，專門研究α射線和質子引起的反應；柏克萊只有用氘核的研究能與之匹敵。但到了一九三七年中期，柏克萊不但在所有氘核反應的研究佔了超過一半，就連中子和質子反應研究也拿下很大一塊；到了一九三九年十二月，不論是α射線、氘核和中子的研究，柏克萊都已經完全佔了主導地位，在質子研究也有一定地位。像這樣巨大的研究範圍，是對手所遠遠不及的：根據伯奇在一九三九年的計算，在全球以迴旋加速器發現的所有同位素裡，放射實驗室就佔了一半以上。大科學已經清楚證明了它的價值。而隨著世界各地的迴旋加速器不斷讓同位素列表愈列愈長，各種謠言和期許開始浮出水面，認為迴旋加速器的發明者可能角逐諾貝爾獎。

放射實驗室的科學研究絕不只有找出新的放射性同位素，部分原因就在於實驗室找來了麥克米倫和阿爾瓦雷茲等世界級的物理學家。回到柏克萊後不久，阿爾瓦雷茲就決定將研究重點放在放射實驗室最有趣的一項實驗計劃：尋找K捕獲（K-capture）這種難以捉摸的衰變過程。過去已知的β衰變，是中子放出一個電子而轉變為質子。但在K捕獲的情形，是原子核將最內部電子「殼」（稱為K殼層）的二個電子吸收掉其中一個，於是使原子核質子轉化為中子。發生這種情況時，就會有一個軌道上的電子從較高殼層下降，填補K殼層的空位。而這個動作就會放出可辨識的X光特徵。

雖然勞倫斯自己對搜尋X光深感興趣，但比起其他實驗室，放射實驗室的成績並不特別亮眼。後來才知道，原來是因為每個人都看錯地方。阿爾瓦雷茲判斷，K捕獲應該只會發生在具有許多質子的重原子（也就是原子序數較大的元素），以及半衰期較長的同位素。靠著高明的設計頭腦，他設計出一種實驗裝置，能找出原子序數在二十三（釩）以上的元素的反應。

阿爾瓦雷茲後來表示，啟發他的想法，是因為覺得如果能動搖「貝特聖經的絕對正確性」應該會令人很開心。這裡所提的「貝特聖經」，出版於一九三六及一九三七年，這部重要著作整合了核子物理學當時一切已知及得到認可的理論；編纂者是康乃爾大學的重要核子物理學理論家漢斯・貝特，並得到羅伯特・巴徹與史丹利・李文斯頓的協助。貝特在著作的第一卷便斷言，K捕獲「實際上無法觀察。」而阿爾瓦雷茲招牌的好勝心，自然讓他在提到自己的這項成名之作時，說是想挫挫某位自己所尊敬的長者的銳氣。但他當時肯定並不知道，光是解決K捕獲的謎團，本身就已經是一項重要的科學成就。阿爾瓦雷茲的實驗讓他在勒孔特館地下室待了很長的時間，計算著他親手製作的X光偵測器發出幾次咔嗒聲，而這也為放射實驗室設下了新的嚴謹物理研究標準。靠著這項研究，他終於確定了代表鎵（原子序數三十一）的X光發射。

就連迴旋加速器丟到垃圾桶裡的碎片，也能推進科學研究。舊真空室在一九三六年淘汰時，勞倫斯把裡面的鉬條送給了來訪的艾米利奧・塞格雷。這些零件受到氘核經年累月的撞擊，使用壽命已到盡頭。但對於塞格雷來說（他是費米的好友及研究夥伴），他任教的地點是義大利貧窮的巴勒莫大學，這些有著放射性的殘片已是無價之寶。在他的巴勒莫實驗室，他極其努力地研究著這些柏克萊的鉬條。塞格雷發現這是「豐富的放射礦」，從中取得了磷、鈷和鋯的同位素，接著在一九三七年初中了真正的大獎：第四十三號元素，在自然界從未有人見過，甚至有些科學家懷疑根本不存在，於是在元素週期表上的第四十二和四十四號元素（鉬和釕）之間就有了個惱人的空白。塞格雷寫信給勞倫斯，說著「迴旋加速器顯然證明是下金蛋的母雞」，看來實在有點矯情。很有可能，勞倫斯會寧可這第一種由人工製造的元素

（現在稱為鎝）是由自己的實驗室所發現，但不論如何，總之放射實驗室在此扮演了重要的角色。他還是繼續將金屬廢料提供給塞格雷，甚至還同意了塞格雷的要求，特地將一批氧化鈾以輻射照射、再寄到義大利，好讓塞格雷繼續尋找核子反應。塞格雷就寫道：「我懇求您將它們放在靠近迴旋加速器的地方，並在後面放上石蠟塊，這樣它們就能受到強烈的中子照射」；而且他還很有先見之明地提到：「在我看來，鈾很有發展前景。」

• • •

一九三七年正在成為迴旋加速器發光發熱的一年。勞倫斯沉浸在這片光芒之中，並且也確保整個實驗室都享受著這片榮光。化學基金會是勞倫斯的主要贊助者之一，他就向該基金會總經理威廉．巴芬（William W. Buffum）保證：「我們所有人當然都對迴旋加速器的興建襲捲全球而感到高興」，並表示放射實驗室正接待著不斷穩定來訪的知名國際訪客，又提到「我們的兩名年輕人已經得到邀請，在明年出國」協助處理迴旋加速器的問題，對象分別是在哥本哈根的波耳、以及在巴黎的約里歐夫婦。一九三七年稍晚，勞倫斯也獲頒美國國家科學院五年一次的康斯托克獎，表彰他在物理研究的傑出貢獻。奇異公司的首席研究員庫立吉（W. D. Coolidge），就在主題演講讚許了勞倫斯的「大膽、信念與堅持，程度難有人能與之匹敵。」而在獲獎感言裡，勞倫斯也提到了自己重視跨學科的合作原則。他將這件事描述為「科學必要的團結」，意味著「知識的版圖不論在哪一塊有所成長，都會讓所有科學整體得到新的疆域。」

在紐約羅切斯特舉行的頒獎儀式結束一週後，書報攤上的《時代》雜誌封面就出現了勞倫斯明亮的藍色雙眼，底下的一行標題是「他創造，他毀滅」。對於大剌剌站在沙文主義立場的《時代》來說，年輕的勞倫斯教授的職涯，正象徵著美國科學冉冉升起、彷彿是全球研究的北極星。更加強這種印象的，是拉塞福動爵才在十一天前過世；《時代》宣告著：「厄尼斯特・拉塞福是原子物理學的老先驅，而厄尼斯特・奧蘭多・勞倫斯則是新時代的一員」，標示著科學的火炬從舊世代傳給新世代、從舊世界傳到新世界，也是從小科學傳給大科學。

勞倫斯曾試過讓《時代》把過程中的所有有功人士都提上一筆，但事情未能盡如人意。文章裡確實提到了艾德夫森、李文斯頓與斯隆的名字，但勞倫斯本來也感謝了研究法人基金會與化學基金會的協助，卻因為《時代》決定也要刊出對拉塞福的訃文，稿擠而遭到刪除。同樣被刪的，還有與約翰・勞倫斯合作的生醫團隊；於是最後文章讀起來的感覺，彷彿放射性同位素和中子的研究完全只是這兩兄弟的努力。對於這樣的遺漏，醫學院密切參與研究的羅伯特・史東「大發雷霆」，特別是近來為了協助讓約翰・勞倫斯取得柏克萊教職，學校還不顧過去對裙帶關係的限制規定。至於勞倫斯安撫史東的方式，則是指責這是《時代》的輕忽怠慢。

在當時，登上《時代》封面可說是成為名人的認證，讓勞倫斯在一般大眾之間的名聲大增，而對於這位才華橫溢的美國年輕科學家，大眾也是十分樂意提供種種不請自來的建議與批評。一位來自麻州劍橋的艾倫．威爾斯（Alan Wells）就寫道：「我知道這不關我的事，但你對原子核除了把它撞碎之外，難道就沒別的事可以做嗎？在神的眼中，聰明的作法應該是要帶著愛、一點一滴地揭開地球的秘密，而不是為了一時爽快就亂砸一通。」勞倫斯的檔案櫃裡收到不少這樣的信件，都放進了一個新的資料夾，上面標著「怪咖」（Crank）。

然而，登上《時代》封面才幾週之後，這股崇拜的狂潮開始受到更實質的批評。批評的人不是別人，正是編纂貝特聖經的漢斯．貝特。他一直研究著康乃爾那具小型十六英寸迴旋加速器的電磁場，該迴旋加速器是在一九三五年由李文斯頓建造，是在柏克萊以外的第一台。貝特與同事羅斯（M. E. Rose）於十二月十五日發表在《物理評論》上的一篇短論文中，認為根據愛因斯坦的相對論，迴旋加速器應該會有大約一千一百萬伏特的能量上限，大約也就是柏克萊三十七英吋迴旋加速器的額定能量。

貝特認為，當粒子質量隨著速度而增加，最後只有兩種可能，其一是不受磁場和電場的聚焦效應影響，其二則是無法達到共振（也就是無法在所需的時刻抵達D型盒間的空隙以得到推進）。迴旋加速器的設計可以選擇犧牲共振或聚焦，但不能同時將兩者都犧牲。但這樣也就意味著「如果試著將離子加速至比如今更高的能量……將會出現非常嚴重的困難。」

貝特的結論認為：「構建比現有比例更大的迴旋加速器，看來是無用之舉」，但對於放射實驗室來說，這正處於一個微妙而尷尬的時刻。奇異的庫立吉才在康斯托克獎頒獎典禮上讚許了更新、更大的迴旋加速器將具有巨大潛力，斷言「以這種方式產生的粒子能量，至今還看不到上限。」勞倫斯這時還在大張旗鼓地募資興建他的一億伏特六十英寸新迴旋加速器，如果根據貝特的估算，將會是十倍的無用能量。事實上，貝特宣稱，光是三十四英寸的極面便「足以」達到相對論的能量極限，也就是說，光是柏克萊現有的三十七英寸迴旋加速器，就已經過度大而無用了。

面對貝特的攻擊，勞倫斯的反應令人驚訝，帶著一種自鳴得意、甚至是紓尊降貴的感覺。在寫給加州理工學院出身的李伊．杜布里奇（Lee DuBridge，已經是羅切斯特大學的人文及科學院長）的信中，他寫道：「我非常高興貝特和羅斯正在研究迴旋加速器的理論，因為這個問題並不簡單，有愈多人加入思考會愈好。然而，對於究竟能做些什麼，我覺得貝特還是別提些太籠統的結論比較好，畢竟想給貓剝皮可不只有一種方式。」

在勞倫斯手上，已經有幾張貓皮了。一方面，放射實驗室的羅伯特．威爾遜一直在研究三十七英寸迴旋加速器聚焦電磁場的形狀，發現如果外形向外變窄，將有助於粒子束的聚焦。利用威爾遜的研究結果，麥克米倫計算出就算粒子束顯然沒有聚焦、沒有共振，還是能夠用於實驗研究。實際上，因為磁場本來就有缺陷（一向是靠著墊補法來補救），粒子束從來聚焦就不佳，比起貝特用相對論指出的程度還要糟，但迴旋加速器的效能也一直表現優異。雙方在《物理評論》隔空交火，貝特嘲笑麥克米倫、麥克米倫證明自己的計算無誤，最後貝特敗下陣來，為自己最初的論文加了一份附錄，承認真正的相對論限制可能是原本提出的兩倍。而私底下，他則向麥克米倫解釋說：「是因為我們認為相對論限制的存在這件事非常重要，所以希望儘速告知所有做迴旋加速器的人，而未努力找出最準確的數字。」

事實上，迴旋加速器的能量必然有相對論上的限制；問題只是到底在哪。李文斯頓曾經擔心，自己早在一九三二年就達到了上限。但他錯了，接下來七年的記錄顯示限制仍然遠在天邊。對於實際使用著迴旋加速器的人員來說（而貝特並非其中之一），他們都知道這台機器的運作還有太多未明之處，就算是最精心設想的理論，也比不過實作上的經驗。考克饒夫在卡文迪許實驗室建造一台三十六英寸加速器之後寫道：「雖然迴旋加速器的原理很簡單，但居然真的能運作，還是叫人意想不到。」

就迴旋加速器的尺寸和功率來說，真正的限制是來自物理學以外的東西。正如勞倫斯告訴馬克．歐力峰（他當時正在計劃一台六十英寸的迴旋加速器），真正的限制在於「可得的資金。」而這也成了勞倫斯非常善於克服的項目。

從勞倫斯能夠沉著應對貝特的挑戰，反映出放射實驗室已經對自己的研究品質愈來愈有信心。這種信心的展現，有時候就在於開始願意承認錯誤，例如歐本海默根據迴旋加速器的研究結果建立起一套理論，但在一九三七年四月，波耳來訪柏克萊，卻輕輕鬆鬆就推翻了歐本海默的理論。

當時討論的議題，是勞倫斯與密西根大學的詹姆斯・寇爾克（James Cork）所作的實驗，研究鉑在經過撞擊後分裂蛻變的情形。他們原本以為，隨著撞擊的氘核能量上升，分裂蛻變的情形會是一條穩定增加的協和曲線。但他們卻發現，曲線上有幾個點會忽然躍升。歐本海默稱職地設計出「一種優雅的理論，將這些結果合理化」，而波耳來訪的時候，這項研究也被特別拿來做為放射實驗室科學的展現。

演講在勒孔特館的演講廳舉行，現場擠得水洩不通，許多聽眾只能站著。演講先由勞倫斯簡報數據，再由歐本海默發表一篇「關於其理論結果，一如往常令人昏昏欲睡但內容精彩的演繹」，幾百名聽眾豎起耳朵竭盡全力試著聽懂他「nim-nim-nim」的喃喃自語。接著就是波耳上場。在那個像是洞穴的演講廳，波耳說話的聲音也是幾乎叫人聽不到，但勞倫斯和歐本海默坐得夠近，足以聽到他直截了當地表示，這些結果與他的原子核液滴模型（liquid drop model）不合，因此勞倫斯的數據有問題，而歐本海默的理論也沒有意義。

這可說是一大打擊，特別是已經有人開始將勞倫斯的名字與諾貝爾獎扯上關係，而波耳的支持與得獎息息相關。如果時間是在幾年前，勞倫斯可能會像在索爾維會議一樣堅持己見，甚至會說或許是因為現在的迴旋加速器能量更高了，所以波耳的理論該改一改。但這一次，他展現再檢查一下實驗的成熟態度，並指定由麥克米倫和卡門這兩位傑出的實驗人才，揪出研究裡可能的任何錯誤。兩人很快就發現，仍然是那個致命的老問題：污染。勞倫斯和寇爾克確實已經不遺餘力清除鉑靶上的所有雜質，而且一切都有仔細記錄。但事實證明，他們的清除程序其實反而是將實驗室的落塵烤上了鉑靶，造成這種不規律的結果。

下一步就是重做實驗。這需要花上幾個月來做困難的化學處理，要從撞擊後的鉑、鉉和金箔當中分辨各種放射現象。在這一切之後，麥克米倫和卡門得到的結果仍然出現異常，但完全是另一種狀況。他們發現的是核異構（nuclear isomerism）現象，也就是不同的同位素雖然有同樣的質量數和變化，但放射性特徵卻顯著不同。過去認為這種情況屬於少數特例，但他們證明這種現象比已知的要廣泛許多；實際上，他們隨後就在《物理評論》提出了「異構核的奇妙數字」。這次的研究通過了時間的考驗，波耳的懷疑促使放射實驗室得到這項發現，最後是讓勞倫斯得到諾貝爾獎的機率進一步增加、而非減少。

此外，勞倫斯還有一件可以得意的事，也就是愈來愈多人相信迴旋加速器是可靠的實驗室儀器。雖然考克饒夫不作此想，但迴旋加速器的操作原則正迅速在標準化。在一九三八年四月，庫克西就曾親眼目睹懷疑論者轉變為信徒，當時他正要回到東岸，基本上就是去當個推銷業務。在哈佛大學物理系教授肯尼斯・班布里吉（Kenneth Bainbridge）的陪同下，他在巴特爾研究所停留，該所三個月前才有了自己的迴旋加速器。庫克西向勞倫斯回報，指出打造該具迴旋加速器的亞歷克斯・艾倫（Alex Allen）扳動了幾個開關，「立刻」產生了一道粒子束。

班布里吉從沒看過迴旋加速器運作，而且總是聽說它相當難以伺候，現在不禁睜大雙眼，喊道：「怎麼會這樣？這樣就開了？！」

庫克西把福音帶到了東海岸。在紐澤西的貝爾實驗室，他向該實驗室的傑出物理學家兼科普作者卡爾．達羅（Karl Darrow）介紹迴旋加速器的能力，而達羅的回應是：「我現在瞭解，這個國家可能會需要一千具迴旋加速器。」這個意見很能呼應勞倫斯向亞瑟．休斯（Arthur L. Hughes，卡文迪許出身、時任聖路易華盛頓大學物理系主任）提出的意見：「每個大學中心都該有一具迴旋加速器」，用來研究核子物理學、生物學和臨床醫學。

有些人認為迴旋加速器到當時還在試航階段，勞倫斯對此已經能夠談笑以對。庫克西在東岸出訪期間，麻省理工學院的迴旋加速器專案正由李文斯頓負責進行中，該校物理學教授羅伯利．艾文斯（Robley Evans）就向學校建議，應該把這次的專案當作試用。艾文斯傲慢地向庫克西寫道，還是該由迴旋加速器的發明者來證明一下「迴旋加速器現在算不算是一種標準設備、實驗室工具，能由你的專家在短時間以合理費用設置完成，而且無需過度的本地研發……希望能從你那裡得到必要的人力、計劃、建議等等。」勞倫斯看穿了麻省理工學院在虛張聲勢，於是通知艾文斯，歡迎僱用柏克萊經驗豐富的迴旋加速器專家來完成這項工作，但也提出警告，真正的好手至少要有助理教授職才會願意去。

對於迴旋加速器究竟算不算是簡單易用的實驗室設備，懷疑的絕不只有艾文斯一人。李文斯頓自己也花了十天，參觀東岸的各個迴旋加速器；回來之後興奮地寫信給庫克西：「別說出去，但我沒看到任何迴旋加速器已經上線！他們都還在做些調整，或是還在痛苦地研發中。」庫克西也同意李文斯頓的警告，在信上匆匆寫著「請不要讓別人看到。」

• • •

勞倫斯一向都想用最新的科技、最多的資金、建出最大的迴旋加速器，對於威廉・克羅克捐款而即將興建的新柏克萊迴旋加速器，他心中的願景也是無比宏大。例如他向亞瑟・休斯坦誠：「如果光是為了醫療，要用到這麼大的裝置幾乎沒道理。」柏克萊的六十英寸迴旋加速器都還只興建到一半，東京的「理化學研究所」（Institute for Physical and Chemical Research）就已經取得勞倫斯的許可，直接大膽地完全複製；勞倫斯告訴該所的矢崎為一，克羅克撞擊機之所以規模這麼大，就是「因為我們能拿到這麼多錢。」實際上，勞倫斯想說的是只要有經費就別浪費；這台迴旋加速器如果光是為了醫學研究，確實規模過大，但誰曉得那些多出來的功率能發現什麼呢？

確實，克羅克撞擊機就是規模巨大。校園裡新建起了克羅克實驗室，安裝克羅克撞擊機的磁鐵之後，庫克西把所有工作人員聚集起來拍照，以顯示其規模：三十七人，或站或坐在這個超過三點三公尺高的架構上。這具巍然的磁鐵重達二百二十噸，六十英寸的極面幾乎是在放射實驗室那具前輩的兩倍。有一位迴旋加速器專家就開玩笑說：「它能把中子發射到芝加哥」；另一位想的問題比較正經：不知道射出的粒子束會不會能量太強、最後讓靶「熱到無法處理」？

這時候，勞倫斯又發現了計劃太過宏大的另一項危險：成本超支。靠著哈佛挖角的光環，他開給史普羅爾的預算包括二點五萬美元的興建成本、加上每年二萬二千美元的工作人員薪水；但最後，光是磁鐵的成本就達到了三萬美元，預計的員工薪水也隨著研究計劃的抱負擴大而激增。到一九三七年底，該計劃的預算已經大幅膨脹，包括建築物要七萬五千美元（正是威廉．克羅克在九月去世前捐贈的總金額），以及迴旋加速器需要六萬八千六百美元，由化學基金會補助。

然而，就算這樣，仍然不夠。勞倫斯已經把募資工作轉到高速檔。幸好，此時迴旋加速器仍然當紅，特別是許多生醫基金會，都希望維持醫用同位素的穩定供應。此外，這個領域也出現了一個新的經費來源：美國國家癌症研究院（National Cancer Institute），由國會於八月成立，每年能夠撥款四十萬美元用於補助。勞倫斯迅速向該院的母單位國家諮詢癌症委員會（National Advisory Cancer Council）主任提出「立即和緊急」的申請，希望取得三萬美元作為設備經費，好讓克羅克撞擊機有足夠設備以滿足「適當的臨床和實驗用途。」不到兩週，便獲批准。令勞倫斯喜出望外的是，該委員會也投票決定在未來兩年每年提供高達十萬美元，以

「刺激」全國使用迴旋加速器的癌症療法研究。撥款的任務交給了一個兩人委員會：其一是芝加哥大學的亞瑟・康普頓（諾貝爾獎得主，曾在兩位前放射實驗室成員協助下，建起自己的迴旋加速器），其二便是厄尼斯特・勞倫斯，而由康普頓擔任名義上的主席。（康普頓向勞倫斯保證：「除了你和我，這個委員會沒有必要再有其他人了。」）勞倫斯為第一年的補助款起草了一份清單，除了他自己的迴旋加速器，其他幾乎所有都在其中，包括芝加哥、哥倫比亞、哈佛、密西根和普林斯頓，都各得一萬美元。

但事實證明，這口井其實已經面臨乾涸。國家諮詢癌症委員會檢討了將經費分成許多小筆的作法，決定改為將經費集中在一些較大的專案。與此同時，研究法人基金會仍然因為經濟大蕭條而經費拮据，開始從某些認定較不重要的計劃撤資；在這種壓力下，哈佛和麻省理工學院這兩所在查爾斯河兩岸的鄰居決定聯手合作，而不是各自建造自己的迴旋加速器。學術機構和贊助單位開始懷疑，科學如果必須如此依賴所得的經費多寡，究竟是不是件健康的事。於是，勞倫斯希望每所重要大學都有一座迴旋加速器的希望（就像達羅說要有一千台迴旋加速器的想法），看來愈來愈成為泡影。

而在各個迴旋加速器實驗室掙扎求存的時候，柏克萊的實驗室仍然是其中最饑渴、而且也是最成功的一個。然而，勞倫斯也得窮盡一切資源。這個時候，他第一次求助於某個已經精心培養關係一年多的贊助者：洛克菲勒基金會。這個基金會很快就會取代其他所有來源，成為勞倫斯最重要的慈善贊助人。

・・・

勞倫斯和華倫・韋弗在一九三三年首次見面。韋弗是洛克菲勒基金會自然科學部門的主任，當時已經擘畫了一項雄心勃勃的資助計劃，以實驗生物學為主力。雖然生醫研究當時還算不上是放射實驗室的計劃，但兩人都認為未來必然有機會合作，部分原因就在於兩人都鼓勵跨學科研究：韋弗是數學家出身，曾任教於加州理工學院的前身圖勃多元理工學院；在他後來寫給洛克菲勒基金會受託人的報告中，他就提到自己「特別關心生物與物理科學（生物化學、生物物理學、化學遺傳學、分子生物學等等）之間聯繫」的發展。

一九三七年一月，克羅克撞擊機還只是製圖桌上的藍圖，勞倫斯就已經邀請韋弗來訪柏克萊。在一個涼爽的下午，他帶著韋弗進入放射實驗室，向他展示二十七英寸的迴旋加速器，當然也一定得去看看氘核束射向空中、發出薰衣草色的光芒。有個奇怪的點在於，韋弗和物理學家交往密切將近二十年，居然在日記裡犯了個錯，把粒子束寫為五百萬伏特的「電子」，但這種粒子並不在迴旋加速器所使用的種類之中。（迴旋加速器的粒子束由氘核組成，而氘核則由一個質子、一個中子組成。）

但韋弗確實很欣賞東道主告訴他的重點：「這台機器會以生物學和醫學作為最優先事

項。」勞倫斯不斷向他強調弟弟生醫研究的療效結果，韋弗的筆記就寫到勞倫斯告訴他中子「對癌組織的影響大約是X光的五點五倍，而對普通組織的影響僅為X光的四點三倍。這種差別……可能非常重要。」他還記下勞倫斯向他保證，最近有一位「非常傑出的生物學家」來訪，並表示「這項技術對於生物學和醫學的重要性，可能就像發現了顯微鏡一樣重要。」

韋弗離開的時候，已經深深為迴旋加速器作為生醫工具的潛力所著迷。勞倫斯鋪好了路，最後在年底提出了請求。當時，六十英寸迴旋加速器的經費已將幾近見底，國家癌症研究院的三萬美元仍不足以應付遮蔽和其他安全規定的新需求。之所以有這些新需求，是因為大家愈來愈發現，研究人員對於手上強大的電力和核力（nuclear force）太過洋洋得意，恐怕會輕忽而發生悲劇。在三月，就有一位名叫韋斯利．寇茲（Wesley Coates）的物理學家（原本就是勞倫斯指導的博士生），在哥倫比亞大學的X光實驗室觸碰到高壓電，遭到致命的五千伏特電擊。這項悲劇再再強調了實驗室裡遮蔽高壓電的必要性。

甚至更叫人心驚的，是在九月於芝加哥舉行的第五屆國際放射學大會上，勞倫斯兄弟親眼見證的情形。會議的主題是放射線的各種療效，但對勞倫斯與約翰造成的印象卻非常不同。約翰在幾十年後回憶道，兩人不斷想著，自己遇到的這些學者「手上都有明顯的疤痕，還得植皮。」而勞倫斯的反應也是一反常態的直言不諱：「跟你握手的人，可能只剩兩根手指之類，而且這樣的人很可能就是一位著名的放射科醫生。」在給韋弗的一封信裡，他把這次活動稱為「殘廢大會」。

韋弗在十一月通知洛克菲勒基金會主席雷蒙德·福斯迪克，放射實驗室發生了「意外的緊急狀況」。而實際上是三個：第一，勞倫斯發現還需要更多經費，「才能讓這台巨大的新機器真正安全。」第二，鋼材與其他材料的價格一直上升。第三，放射實驗室的幾位老贊助者沒錢了。韋弗苦笑告訴福斯迪克，這些贊助者多半都「友善地表示，希望洛克菲勒基金會能在這個關鍵時刻進場。」

勞倫斯需要的經費是三萬美元。在申請中，他強調新實驗室不僅是迴旋加速器的實驗室，「也可以作為生物實驗室」；在另一封信中，史普羅爾也訴諸福斯迪克的理想主義，強調迴旋加速器有著「驚人的可能性」，認為其中「有一種應該鼓勵的精神」，而將整個計劃描繪成「對人類未來的投資。」同時來自韋弗、勞倫斯和史普羅爾三方的呼籲，說服了福斯迪克和基金會的受託人，補助金在一月底得到通過，將分兩年支付。

就算這樣，仍然不夠。剩下的缺口，是由勞倫斯用馬柯爾基金會（John and Mary Markle Foundation）和梅西基金會的款項來補足。另外，他還申請了聯邦公共事業振興署（WPA）補助雇用失業工匠的計劃，分別在一九三七年和一九三八年各有十個職位。只不過，由於該署要求放射實驗室所寫的所有論文都必須註明接受該署補助，後來引發了其他捐助者的反對。某些私人基金會並不希望自己被和新政的計劃同列，以免引起企業贊助者的不悅。其中，最強烈的抱怨來自梅西基金會的路德維希．卡斯特，他對波以朗大發雷霆，表示如果WPA被最高法院判決為「違反憲法精神」，像這樣公開揭露WPA與梅西基金會有共同的補助對象，可能等於暗示著「我們與萬惡的共產傾向有關。」在波以朗的建議下，凡是梅西基金會資助的醫療研究論文，都刪除了關於WPA補助的感謝詞。

• • •

一九三七年耶誕節前兩天，一百九十六噸鋼材送到了奧克蘭海濱的摩亞旱塢（Moore Dry Dock Company），即將加工製成克羅克撞擊機的巨大磁鐵。這具龐然大物以二十五噸的銅包覆，在三月底來到了迴旋加速器尚未完工的新家。許多為此著迷的基金會高層都密切注意進度；而在四月份的十天裡，輪到了洛克菲勒的高層法蘭克．漢森（Frank B. Hanson）。這時，巨大的磁鐵已經運至新的克羅克大樓有三層樓的一翼，就在這個磁鐵的巨大影子下，勞倫斯向漢森展示了即將建造醫療室的地點，表示依這種建築方式，「患者將不會看到機器，而且機器也是無聲的」，並且指出在磁鐵周圍也預留了足夠的空間，準備安裝洛克菲勒投入巨款的放射線遮蔽裝置。漢森報告提到，也會有些空間留給約翰．勞倫斯的「鼠群」。看完了尚未完工的克羅克撞擊機，漢森又被帶到對街的放射實驗室，觀賞必不可少的薰衣草光束，當然又是大感讚嘆，再打道回府。

一九三九年一月，比爾·布羅貝克為迴旋加速器設計的六噸真空槽已經裝在磁極之間。這座六十英寸的迴旋加速器，輕鬆成為迴旋加速器設計的全新頂尖規格標準，一切都是定製設計：「不是別人不要的廢磁鐵，沒有回收利用的工業廢棄物……『沒有補丁』」（那正是約里歐夫婦派來的莫里斯·納米雅斯對過去迴旋加速器標準的嘲諷）。所有零件都經過建模、測試，甚至有抗震設計，以因應地震頻傳的北加州。設計這方面並非勞倫斯自負的強項，因此這台新機無論在變壓器、動力傳輸、振盪器或離子源的設計上，都採用了來自全美迴旋加速器專家所提出的各種創新。

終於，來到了「狩獵粒子束」的時刻，也就是要進行系統調整。到了這一步，團隊成員又再次確認了迴旋加速器的運作仍然有些難以捉摸的因素。足足有四個月的時間，勞倫斯、阿爾瓦雷茲、麥克米倫、庫克西和布羅貝克試了各種方法，包括使用各種墊片、重新安排傳輸電纜、重新連接振盪器，或是其他林林總總的大小調整，就是希望能哄哄這台機器，讓它發出一道可偵測的質子束。原本，放射實驗室對自己手動調整的技術深具信心，勞倫斯曾經同意要在四月十五日讓哥倫比亞廣播公司（CBS）現場直播開機狀況；但一直到四月四日都還沒成功射出粒子束，直播不得不取消。

自然界終於在四月十七日屈服，讓勞倫斯等人偵測到了共振。再過一個月，質子束射向了收集器。六月七日又是另一個里程碑，足足有一千七百萬伏特的氘核束，在空中射出了約一點五公尺的距離。根據勞倫斯的計算，這台迴旋加速器的放射物質產量相當於超過一噸的鐳——超越地球已知的存量。他得意地在《物理評論》報告克羅克撞擊機的這項成果，署名除了他之外，還有阿爾瓦雷茲、布羅貝克、庫克西、麥克米倫，以及另外三位物理學家；在大科學的新典範中，成功不是屬於個人，而是屬於一個大家庭。然而，那篇報告有一點仍然非常地勞倫斯。他寫道：「我們確信，如果有更大尺寸的迴旋加速器，就能得到更高的功率。」六十英寸的迴旋加速器已經是相關技術的重大躍升，這時才剛開始發揮作用，但勞倫斯已經想到下一步的事了。

・・・

一九三八年底，放射實驗室洋溢著一片期待與希望。六十英寸迴旋加速器正在走上軌道，它在全美各地的堂兄弟不再像李文斯頓於盛夏看到的寸步難行，而是都動了起來。波耳也從海外發來一條電報：「所有機構都想表達感謝和欽佩」，因為在放射實驗室的資深好手傑克森・拉斯萊特協助下，哥本哈根的迴旋加速器終於完工、開始運作。甚至蘇聯也計劃興建迴旋加速器（在蘇聯直接稱為「勞倫斯儀器」），監督者為物理學家伊格爾・庫爾恰托夫（Igor Kurchatov），也就是後來知名的蘇聯「原子彈之父」。蘇聯的迴旋加速器雖然並未得到柏克萊的建議或協助，但籌資方式卻和柏克萊頗為相同：強調對醫學研究的潛在貢獻。（蘇聯迴旋加速器真空室的測試於一九四一年六月一日開始在列寧格勒進行，但這具機器從未真正上線，因為德國入侵俄羅斯，相關物理學家在三週後便已逃離。）

在這種勝利的氛圍下，關於勞倫斯可能獲得諾貝爾獎的傳言甚囂塵上。競爭對手十分強勁，包括有費米，以及考克饒夫與沃爾頓的搭檔等等，但不論如何，在斯德哥爾摩預定宣布得獎者的那天，許多新聞記者和新聞攝影師都聚到了放射實驗室，或是待在勞倫斯位於塔瑪帕斯路（Tamalpais Road）的家裡。當時莫莉還懷著身孕，客廳裡縱橫交錯的麥克風線讓她走動相當不便，只能不耐煩地等著勞倫斯從校園回家。消息在午餐時間傳來：得獎者是費米。（考克饒夫和沃爾頓要一直等到一九五一年，才因為他們在一九三二年所做的研究而獲獎。）記者收拾了裝備，而莫莉也終於大鬆一口氣，不用再擔心自己得大腹便便地上鏡、還得撐著去參加瑞典的皇家招待會。勞倫斯透過當時在放射實驗室做研究的塞格雷，向費米表示賀意；塞格雷表示，雖然勞倫斯表面大方，但「顯然很失望」。

從那之後到隔年，六十英寸迴旋加速器雖然從設計到興建都煞費苦心，但接下來的運作還是讓處理人員傷透了腦筋。布羅貝克排出操作人員班表，然而，雖然放射實驗室愈來愈專業，還是難以克服層出不窮的故障漏洞，每次當機就可能得花上一週。承擔最大壓力的，就是馬丁・卡門和其他負責生產同位素的人。例如當時在羅切斯特大學有一位生理學家保羅・哈恩（Paul F. Hahn），急需一批放射鐵來研究血液，但卡門在十一月底寫信告訴他：「新的迴旋加速器仍然很碰運氣，在目前的情況下，不可能連續運作一個月。」卡門向哈恩提議，先提供一些三十七英寸迴旋加速器的「排泄物」，包括鐵屑和最近使用過的偵測器的殘餘物，「先撐過這段時間，直到有人向我保證同位素烏托邦的來臨，為此我已經等了三個月。」

卡門的化學長才，讓他在放射實驗室的地位不斷提升，原本擔心會被趕回芝加哥大學的恐慌，已經轉成擔心會過勞死的恐懼。但他也歡慶著自己「前景的重大改進」，其中包括他的第二段婚姻，他娶了一位和他同樣熱愛音樂的新娘。此外，他整個人就是他從事科學研究的證據，因為嚴重暴露在迴旋加速器的靶物質下，據他回憶：「讓我很穩定地處於放射性污染狀態，也讓我在化驗設備附近成了不受歡迎的人。」在一次他和菲利普·艾貝爾森（Philip Abelson）的合作研究中，游離腔（ionization chamber）的實驗結果一直很不正常，令他們很苦惱。但艾貝爾森忽然注意到，實驗的變動與卡門在實驗室裡走動的情況一致，於是要求卡門把衣服一件一件脫掉來測試。測到最後，剩下卡門的褲子。他們把褲子蓋上一直找麻煩的設備，終於找到了放射性的來源：卡門的拉鍊。顯然，就是因為卡門一直做著約翰·勞倫斯的研究，讓拉鍊上累積了許多的放射磷廢物。

然而，等到六十英寸迴旋加速器終於在一九三九年春天不再搞怪時，機器的性能就像設計時所期望的同樣驚人。勞倫斯得意地宣揚著它的成績；過去他曾向伊利諾大學的傑拉德·克魯格（Gerald Kruger）表示「二十七英寸迴旋加速器發生的怪事幾乎讓人分心」，這次他可以盛讚新機器「驚人的平穩和穩定」。而對正打算在蒙特婁麥基爾大學興建迴旋加速器的物理學副教授史都華・佛斯特（J. Stuart Foster），勞倫斯則吹噓著它有三千三百萬伏特的α粒子，而且中子和放射性同位素的輸出「極為驚人」。

現在，六十英寸迴旋加速器將成為卡門的職涯亮點，並為放射實驗室的名聲建立新的里程碑。這段過程的起點，是哥倫比亞大學哈羅德・尤里提出的尖銳評論，這位化學家非常懷疑迴旋加速器究竟是否有用。尤里公開質疑，放射性同位素到底對生物研究是否會有價值；原因很簡單，對於像是氫、碳、氮或氧這些生命的基本組成元素，並未發現會長時間存在的放射性同位素。在尤里發表質疑的當時，情況確實如此：在當時已知的放射性同位素中，碳十一的半衰期只有二十一分鐘；氮十三只有十分鐘；氧十五更只有二分鐘。氫有一種天然存在的放射性同位素「氚」，其半衰期超過十二年，將會在一九三九年底由放射實驗室的阿爾瓦雷茲與羅伯特・科諾格（Robert Cornog）使用六十英寸迴旋加速器成功分離出來；但一直要到一九四〇年，他們才會發表主要的研究結果。只不過，這四種元素其實都有穩定的同位素，而且尤里也在自己的實驗室裡努力生產，用於廣泛的研究，甚至與伊士曼柯達（Eastman Kodak）公司談合約，希望大規模工業生產這些非放射性物質。

勞倫斯對尤里的質疑深感惱怒。尤里的主張不單是對勞倫斯個人的冒犯，而且如果證實確如尤里所言、無法在基本的生物元素找到放射性示蹤劑（radioactive tracer），那就會毀掉放射實驗室的一大募資重點。所以，他在九月的某一天緊急召喚卡門。這位年輕的化學家跑了三層樓，來到勞倫斯位於勒孔特館的研究室，發現他正因尤里的質疑而惱火。勞倫斯問他：「我們能做些什麼？」

卡門認為他可能有答案，但要做到並不容易。他當時與一位名叫塞繆爾．魯本（Samuel Ruben）的生物領域研究生合作，一直在用碳十一標記的二氧化碳研究光合作用，但碳十一的半衰期太短，讓他們走進了死胡同。如果能找到應該具有放射性的碳十四，應該就有成功的希望。但問題在於，雖然碳十四的存在已經被推測多年，但一直沒有人能發現它。為了這項同位素，麥克米倫曾經把一瓶顆粒狀硝酸銨放在三十七英寸迴旋加速器的中子束上放了幾個月，這大概算是放射實驗室對這個同位素最具決心的研究動作。但當瓶子被意外撞落而摔碎在地上之後，這項努力也就結束了。甚至就連碳十四的半衰期究竟是長或缺，也沒有人能夠確定；之所以沒人找到碳十四，有可能是因為它的半衰期實在太短、放射性在測量到之前就消散了，又或者是半衰期實在太長、所以很難察覺其放射性。卡門告訴勞倫斯，他和魯本很樂意繼續尋找碳十四，但這項研究需要長時間的撞擊，而迴旋加速器卻又已經行程滿檔。

「我需要完整的使用時間，」卡門說。「我給你，」勞倫斯立刻回答。

勞倫斯讓卡門能夠優先使用三十七英寸和六十英寸的迴旋加速器，進行「有系統、充滿活力的研究活動」，希望能找到碳、氮或氧的長壽放射性同位素，而以碳十四做為主要目標。

卡門樂陶陶地走下樓，直奔魯本的實驗室，該實驗室位於在化學大樓旁邊的一間破舊建築，被眾人戲稱為「老鼠窩」。這兩位研究人員就像是美國漫畫默特和傑夫（Mutt and Jeff，一高一矮的組合），魯本曾在前重量級冠軍拳擊手傑克．鄧普西（Jack Dempsey）執教的男子俱樂部打過拳，也是柏克萊高中籃球隊的明星球員，但卡門則是矮矮胖胖，毫無運動天份。雖然如此，卡門在學術資歷上則是高出一籌，魯本當時才剛拿到博士學位，還在化學系找教職。

尋找碳十四是一項混亂而費力的工作。他們的碳製備是一種名為膠體石墨（Aquadag）的漆狀石墨懸浮液，塗在探測器上、插入迴旋加速器的真空槽，每次都要在氘核束中撞擊數日。卡門會定期抽回探測器、切下經過撞擊的膠體石墨，而且盡量不去想自己曝露在多少的放射線下。接著這些靶物質就交給魯本來分析，而經過重新塗抹的探測器也再度插回真空槽中。

啟動碳十四研究的期間，剛好又開啟另一次對於勞倫斯奪下諾貝爾獎的熱議。少數聽到的不確定謠言，表示在九月一日德國入侵波蘭後，諾貝爾委員會可能會在歐洲戰爭期間暫停頒獎。然而，委員會最後是在一九三九年頒出了最後一次獎，接著就得暫停，直到一九四三年才恢復頒獎。

十一月九日，得獎名單公布，先是電報，接著是瑞典駐舊金山領事館的電話通知。至於勞倫斯，則是一直在網球場上紓解自己緊張的期待。比賽打到一半，消息傳來。

在放射實驗室，電報大大貼在黑板上，旁邊潦草地寫道「勞倫斯得了諾貝爾獎」，並宣布將在十一月十七日，於DiBiasi's舉辦「大人國狂吵狂喝棒透鬧翻讚爆嘉年華」。後來確實也不負這個取名：慶祝會上鬧成一片，賓客比賽誰能寫出最棒的五行打油詩和歌曲。亞伯索德寫的歌詞，搭配著「喬治亞理工學生歌」（The Ramblin' Wreck from Georgia Tech）的曲調：

And then he bombed some common lead and turned it into gold（他撞擊了鉛，把它變成金）
The prexy jumped around with joy and loudly shouted "Hold（校長高興地又叫又跳）
I am convinced the thing is good—no more I'll have to go（我相信這是件好事，再也不用）
To the solons up in Sacrament' to ask them for some dough（去找聖禮上的賢人，請他們給麵餅）

現場還有個六十英寸迴旋加速器造形的蛋糕，上面寫著芝加哥大學迴旋加速器專家亞特・史內爾（Art Snell）的電報內容：「親愛的勞倫斯，恭喜，你的職涯前途一片光明。」

• • •

勞倫斯是加州大學第一位諾貝爾獎得主；事實上，他是全美公立大學第一位得主。然而這個獎項的意義還不只如此。諾貝爾委員會所肯定的，不只是發明了一項大規模研究必要的工具，也在於建立了一種能夠運用這項工具的實驗室型式，在在證實了科學界的一項巨變。瑞典皇家科學院的西格班（K. M. G. Siegbahn），在頒獎演講中就盛讚迴旋加速器是「無可匹敵，迄今最宏大、最複雜的設備。」至於幕後的辯論，主要是在於勞倫斯作為典型「大科學」先驅者的角色。卡文迪許實驗室的喬治・湯姆森（George P. Thomson）一直為考克饒夫和沃爾頓拉票，就被波耳挖苦了一頓：「嗯，你問勞倫斯做了什麼？不過就是發明了一種儀器，對於那些不熟悉實驗技術有多困難的人，還以為這有多簡單；另外還讓這個儀器確實能夠運作，接著也沒做什麼啦，就是讓全世界許多能力出眾的實驗物理學家都想試著模仿他做的事，只是都模仿不成罷了。」考克饒夫和沃爾頓確實也造了一台大型機器，但正如波耳所言，規模並不及勞倫斯，也未能發明新的研究實驗典範。（喬治・湯姆森是約瑟夫・湯姆森的兒子，而且自己也因為對電子性質的研究，在一九三七年獲得諾貝爾獎。）

最後定案的發言是來自馬克・歐力峰，他是少數來自卡文迪許實驗室但支持勞倫斯的人，同時他也注意到了諾貝爾委員會的焦點已從純粹理論轉向實驗物理的辛勞，他向這位新桂冠得主寫道：「很令人振奮的一點，在於看到諾貝爾獎委員會……體認到了技術在科學研究的巨大重要性。科學技術的重要性得到認可，現在已經與運用這些技術所取得的進步同樣重要，而且更重要的是，我希望這些技術的重要性應該要高於那些解釋這些技術的理論。」歐力峰自己就是一位努力不懈的籌款人，而且相信勞倫斯說的，他將建造讓克羅克撞擊機也相形見絀的更大型迴旋加速器。歐力峰完全瞭解，諾貝爾獎的意義絕對超越那張四萬美元的獎金支票：「可以肯定，現在你成了『迴旋加速器之父』，募集資金將會無往不利。」

諾貝爾獎獲獎的正式慶祝典禮，是在一九四〇年二月二十九日於柏克萊舉行。典禮準備如火如荼，卡門和魯本的研究也正在結尾。在二月的第二週，他們安排了讓克羅克撞擊機進行七十二小時馬拉松式的撞擊。時間來到第三晚，卡門獨自在實驗室裡。空氣中充滿著雷聲和雨聲，還有附近某個陽台上正為法文課放映著某部法國八點檔的錄音，不斷傳來恐怖的尖叫。黎明前，他從真空槽取出最後一個探測器，將膠體石墨刮到瓶子裡，放到老鼠窩給魯本。回家的路上，卡門蓬頭亂髮、在傾盆大雨裡低著頭駝著背，還被柏克萊的巡邏警車叫上車，被當作該夜一起多人死亡的謀殺案嫌犯，和其他嫌犯一起排排站著，讓目擊者指認。卡門通過了指認，被放回家之後足足在床上癱睡了十二個小時。睡醒之後，他看著魯本完成檢測，只不過得拉出一段距離，因為他整個人都帶著放射性。他們的計數器響了起來；數值就比背景輻射高了那麼一點，但這樣就夠了。時間是二月二十七日，搜尋畫下句點。他們找到了碳十四，而且根據他們的計算，其半衰期至少為一千年。（事實上，大約是五千七百三十年。）他們所分離出的這項物質，將會是所有生物同位素當中最重要的一項，成為許多精確生物追蹤和定年研究的關鍵。兩人因為這種身為先驅者的不確定性而顫抖，而且又害怕可能是因為某些小地方計算錯誤而誤入歧途，趕快寫了一篇發表用的報告，送到勞倫斯家裡讓他審閱。

勞倫斯當時正因為慢性鼻竇炎臥病在床，為兩天後的諾貝爾獎慶祝儀式休養生息。但卡門回憶道，他實在太高興能擊敗態度輕慢的尤里，於是「他跳下床，不顧自己還正在感冒，在房間裡跳起舞來，興高采烈地恭喜我們。」但他們沒想到的，是勞倫斯在三月《物理評論》出版後的反應。發表時，魯本成了第一作者，排在卡門之前。

這裡的解釋很簡單，但對卡門職涯的影響卻相當複雜。當時，是魯本要求讓他排在第一作者。這在卡門看來實在太無禮，因為自己才是這個團隊更資深的人，而且自己的研究貢獻也更為重要。然而魯本再三懇求，表示自己在化學系得到教職的希望在此一舉，特別是柏克萊校方一直有種淡淡的反猶太傾向，如果能成為一篇里程碑等級重要論文的主要作者，就能大大有利。卡門當時出於過度的同情、加上缺乏遠見，同意了這個作法。但等到勞倫斯看到出版的文章、聽到了這個差勁的理由，對於放射實驗室居然在這件事上成了附屬，他大怒無言轉身大步離開。發現碳十四，是卡門在放射實驗室職涯的最高成就；但這篇論文的出版，是他不再受到勞倫斯青睞的痛苦開始。更糟糕的是，他對一位好朋友的同情關懷，讓他在一項重大發現上永遠成了較不重要的那個角色。

然而，那已經是後來的事了。在柏克萊舉行的諾貝爾獎慶祝典禮上，卡門仍然因為再次展示了迴旋加速器的驚人能力而沐浴在這片榮光之中。伯奇在惠勒館（Wheeler Hall）向聽眾宣布了這項消息，將碳十四精準地描述為「絕對是迄今製造出最重要的放射性物質。」在他的帶領下，全體觀眾轉向卡門、為他鼓掌。

只不過，當天的主角仍然是勞倫斯。他充分利用這一機會提醒聽眾，迴旋加速器可以帶來「具有直接實際意義」的發現，並且指向了下一個目標：「超過一億伏特能量的領域……這個領域的寶藏，將會超越目前為止出土的一切。」

他表示：「為了突破這個新的邊境，將需要興建一座巨大的迴旋加速器，重量可能超過四千噸」；也就是比克羅克撞擊機還要再大二十倍。勞倫斯說：「當然，這樣巨大的儀器會需要大筆經費。或許我可以說，要突破下一個原子邊境的困難，已經不在於我們的實驗室了。這是一個極其可觀的財務問題，而我們已經將問題交給了史普羅爾校長！」

如果史普羅爾當時對此感到震驚，至少沒有表現出來。但他顯然心知肚明，勞倫斯的計劃將會再次將柏克萊的經費榨乾到超越臨界點。不用說，他需要更多的資金來源。但幸好，這位諾貝爾獎新科得主將會發現有一些資金來源已經就在附近，而首先伸出援手的這位先生，雖然名氣在二十世紀後期比大多數重要人物都低，但他對科學研究進程的影響力卻不下於任何人。

CHAPTER 10 盧米斯先生

這則傳說在一九三〇年代的物理學界口耳相傳：傳說中，在某個山頂上有一間神話般的實驗室，設備精良完備，背後是一位神祕的百萬富翁，能在商界與政界最高圈子如同影子般自由來去。這間實驗室位於紐約市北邊車程一兩個小時的一片鄉村豪宅之中，而且不是每個人都能得到入場資格。光靠人際關係還不夠，如果你才能普通，幾乎不可能獲得邀請；但如果你是卓然有成的科學家、或者展現出成為明日之星的潛力，就會以某種方式得到邀請。

這位百萬富翁的名字是阿弗雷德．李伊．盧米斯（Alfred Lee Loomis），他的豪宅名為陶爾宅（Tower House）。這座都鐸王朝風格、佔地廣闊的豪宅位於紐約州富豪群集的塔克西多公園（Tuxedo Park），由一位富有的銀行家於世紀之交所建，而最後因某場家庭悲劇而廢棄。盧米斯把自己在華爾街賺的錢撥出部分，在一九二六年買下這座廢棄的豪宅，接著購入了最新的科學裝備，開始他人生中的第三波職業生涯。他過去已經當過成功的律師、成功的投資銀行家，現在則成了物理學家。如果以對美國人生活的影響來衡量，這將是他最重要的角色，但也是他最不為人知的角色。

盧米斯的這種「特殊成就」，讓他後來被描述為「沒讓公眾知曉的公眾人物。」但在某個精英圈中，他是一位傑出而受人尊敬的人物。陶爾宅的訪客名單，包括了愛因斯坦與海森堡，而波耳在戰前一次重要的訪美行程中，也先去拜訪了盧米斯，才繼續前往華盛頓；據說他收到電報通知鈾分裂的重大消息時，正是在陶爾宅用餐。

勞倫斯於一九三六年首次來到陶爾宅。而他和盧米斯就此展開的深厚友誼，將改變這兩人的一生。

盧米斯是一個舊世代的人。路易斯．阿爾瓦雷茲有幸同時做過盧米斯和勞倫斯的門徒，他把盧米斯稱為「最後一位偉大的科學業餘愛好者。」這裡的「業餘」是傳統上的定義，指的是不求名、不求利，完全只是為了對知識的熱愛、對真理的追求。十九世紀的科學典範正是如此，代表人物包括達爾文，亨利．卡文迪許勳爵（Lord Henry Cavendish，劍橋的卡文迪許物理實驗室就是為了紀念他而命名），以及著名的埃及學家卡那馮勳爵（Lord Carnarvon）。在世紀之交，專業化的趨勢讓中產階級也走進實驗室和大學課堂，科學成了一種職業，而從這裡就可看出，盧米斯將Tower House轉為私人的科學保護區，彷彿是出於某種守舊的怪癖。然而，從盧米斯對科學的奉獻看來，這是一種錯誤的印象。他的看法觀點其實非常現代。

一八八七年十一月四日，盧米斯出生於美國北方一個顯赫的醫生家族，雖然並非真正的美國貴族，但也已經相當接近，擁有良好的人脈與財富，讓盧米斯有著上流社會的品味和舉止。他的母親來自歷史久遠、地位崇高的史汀生（Stimson）家族，家族從事銀行業和法律業。例如他的堂哥亨利．史汀生（Henry Stimson），就將在公共服務嶄露頭角，擔任一任國務卿與兩任戰爭部長。

盧米斯遵循著他的社會階層傳統的教育路徑：先在安多弗（Andover）就讀著名私校中學菲利普斯學院（Phillips Academy），接著進了耶魯。年輕的時候，他在魔術和西洋棋展現了驚人的天賦，可以矇眼同時和兩人下西洋棋。但在後來，他對這些技能的態度正反映出他個性奇怪的一面：在精通這些技術之後，他就拋下而幾乎再也不碰，轉而迎向新的挑戰。在路易斯．阿爾瓦雷茲與盧米斯往來的三十五年間，從未見過盧米斯為成人觀眾表演魔術（雖然偶爾會為孩子們表演），甚至是從未提過西洋棋這個話題，阿爾瓦雷茲就說到：「在他的各棟房子裡，都沒見過任何的棋盤或棋組。」一切就好像他生命中的各個階段都需要完全集中，不能被舊的消遣所影響。這種模式會一再出現，但有一個重要的例外：盧米斯一生都對科技著迷，還為此自創了一個詞「gadgeteering」（小工具設計）。在他小時候，投入的是模型飛機和遙控汽車；等他成人，則是影響研發出導彈、雷達，以及最後那項最重要的「小工具」：原子彈。

讀完耶魯和哈佛法學院之後，盧米斯在史汀生家族的華爾街「溫斯洛普與史汀生」（Winthrop & Stimson）律師事務所工作，那是一個家族式的合夥關係，以誠信作風與正直的客戶而自豪。在商人無原則的金融界，常有些人犯下無可辯駁的行為，最後還是希望有人協助法律辯護，但該事務所會將這種人拒於門外。雖然這樣或許意味著收入會不如其他事務所，但他們並不在意；他們已經賺得夠多，寧可保持原則。

盧米斯生命中的這個階段，以第一次世界大戰畫下句點。他在二十九歲從軍，而在耶魯磨練的數學技能很快就派上用場。在馬里蘭州的阿柏丁練兵場（Aberdeen Proving Grounds），他協助發明一種測量砲彈速度的新設備，對於精確測距至關重要，而他也得到這項研究的專利。盧米斯得到的專利還不只這一項，另外就有一項關於機械賽馬玩具的專利，但他最得意的是「阿柏丁測速計」（Aberdeen Chronograph），成了美國海陸兩軍的標準戰場設備。這也是他唯一列上《世界名人錄》（*Who's Who*）的發明。

而在阿柏丁與科學家和工程師相處過後，盧米斯回到家，發現史汀生事務所的法律工作實在是無聊至極。他的妹夫蘭登・索恩（Landon Thorne）救了他，這位華爾街神童建議可以合夥從事投資銀行業務。兩人成為完美的互補，由內向的盧米斯判斷該做哪些證券交易，而索恩則是個高明的業務。他們的一位金主就說：「盧米斯一分鐘就能想出九十個想法，而索恩知道怎麼挑出好的、並加以實現。」

在戰後經濟繁榮的時期，這對夥伴搭上電業發展的狂潮，一舉贏得財富和影響力。但到了一九三〇年代，公用事業控股公司開始成了企業腐敗和貪婪的象徵，而一般美國人認為這正是大蕭條的根本原因。盧米斯為公用事業募資的經驗，讓他對於小羅斯福總統自有一番看法。小羅斯福決心拆分盧米斯組織起來的公司，其中就包括聯邦與南方公司（Commonwealth & Southern Corporation），其對手正是田納西河流域管理局（Tennessee Valley Authority），一個新政計劃最早成立的單位。盧米斯的媳婦寶麗回憶道：「他認為〔田納西河流域管理局〕會摧毀商業界」。

在小羅斯福就職時，盧米斯已經實現了成為「百萬富翁」的目標（根據亨利．魯斯（Henry Luce）《財星》雜誌後來引用的數字，他的資產是足足五十個百萬美元），並且還順利讓自己的財富渡過了一九二九年的崩盤危機。一如其他金融家，經濟大蕭條後華盛頓與一般大眾對華爾街和銀行業的敵意令他頗為喪氣，新政開始沒幾年，盧米斯已經辭去了大部分董事職，也幾乎賣掉了所有的公司股票。他的傳記作者表示：「盧米斯沒怎麼回頭，就這樣永遠離開了華爾街。」

盧米斯的人生又將迎來劇變的下一階段，而基礎其實在幾年前就已經打好了。這裡的催化劑是他與約翰霍普金斯大學物理學家羅伯特．伍德（Robert W. Wood）的友誼。兩人在阿柏丁初次相識，而在一次大戰結束後，伍德自願教盧米斯物理，盧米斯則有一項出人意表的提議：「他表示，如果我有什麼可以一起做的研究，而需要的預算又超出〔約翰霍普金斯大學〕

物理系能提供的數字，他願意負責。」

那是在一九二四年。伍德接受了盧米斯的提議，開始研究超音波，也就是頻率超出人耳可聽範圍的聲波。超音波在物理學、化學和生物學研究有極大的潛力，從偵測水下物體到去除病變組織不一而足，但這項研究需要非常昂貴的設備。盧米斯想都沒想，就把伍德送到了奇異公司在紐約斯克內克塔迪（Schenectady）的研究總部，訂了一台巨大的高功率發電機，運到盧米斯在塔克西多公園的住家，裝在車庫裡。

短短兩年間，車庫再也容納不下這間實驗室不斷成長的規模。於是盧米斯買下了當時荒廢已久的陶爾宅，宅子的彩繪玻璃窗早就被小偷打破，客廳到處都是蜘蛛網，屋子鬧著田鼠鼠患（根據當地八卦，還鬧鬼）；但盧米斯接著就把它變成了一座科學的宮殿。

其他有錢人收集藝術品，盧米斯則收集科學家。當地人後來告訴《財星》雜誌，山上那棟老房子有些「怪事。有些奇怪的外地人，頂著一頭長髮、穿著寬鬆的褲子，一住就是幾週或幾月，做著各種瘋狂的實驗，像是用沒人聽得到的聲音來煮蛋、殺死青蛙，或是讓烏龜的心臟在盤子裡跳動之類。」

然而，這間實驗室可不是一堆外行人在胡鬧。在一九二六年和一九二八年，盧米斯和伍德坐船前往歐洲，參觀各重要實驗室。他們見到了拉塞福本人，而盧米斯就回憶道，他「講起話來十分唐突，」聊到一半，這位偉大的科學家忽然爆出一句：「你這個該死的美國百萬富翁！如果你給我一百萬伏特，我就把原子分裂給你看。」盧米斯有些不知所措，回答道：「我們不知道怎樣才能製造出你用得上的一百萬伏特。我們只知道怎麼讓火花跳起來而已。」

在這之後，塔克西多公園就成了著名科學家訪美必定造訪的地點，一流的科學家川流不息（如果在夏季，就還有他們的家人）。盧米斯的賓客有私人列車接送，住所十分豪奢，但他們都是來做認真研究的。在一九二七年後的十年間，陶爾宅裡所做的研究共有六十六篇登上科學期刊。這裡定期舉辦的聚會也吸引了國際頂級的學者參與；一九二八年一月，在一次向德國諾貝爾獎得主詹姆斯．法蘭克致敬的一次會議上，重要講者就包括有：法蘭克本人（這是他第一次在美國演講）、羅伯特．伍德、普林斯頓的卡爾．康普頓，以及史旺，而現場的聽眾則是沐浴在陶爾宅修復後的彩繪玻璃美麗光線之中。在整個大蕭條時期，《物理評論》一貫向發表人寄出的發表費單據上都會附有一則說明，提到如果發表人或其大學無法支付這筆款項，將會由美國物理學會的某位「匿名好友」支付。而這位匿名好友就是阿弗雷德．盧米斯。

• • •

勞倫斯首次造訪塔克西多公園的情形，現在已經沒有明確記載。盧米斯只記得勞倫斯在一九三六年來過了一個長週末。邀請世界知名的迴旋加速器發明者，對陶爾宅來說並不是什麼太了不起的事。他回憶道：「那裡的日常，就是能看到所有著名的科學家。」

但盧米斯記得他和勞倫斯「一拍即合」。兩人在個性和背景的差異，就和勞倫斯與歐本海默同樣天差地遠，但也像其他關係一樣，兩人互補而相輔相成：一個是來自州立大學的鄉村小夥子，一個則是來自安多弗而讀過耶魯的美國北方人；一個是外向的籌資者，一個是在後台的出資者；一個是專業養成的科學天才，一個是熱情洋溢的業餘愛好者。而兩人之間更是有著一種難解的緣分，讓他們註定要成為一輩子的好友。盧米斯回憶道，就算兩人數月不見，感覺起來「也不過就像是我上樓換套衣服再下來的時間。我們立刻就能接上上次未完的話題。」路易斯．阿爾瓦雷茲就表示，他們兩人的友誼「擁有『完美婚姻』的一切特質」，勞倫斯「有著熱情的個性、科學的洞見及個人魅力……吸引著盧米斯，而盧米斯則是向勞倫斯介紹了一個他過去從未見過、而且也感覺同樣迷人的世界。」

勞倫斯前往紐約的時間，與募款需求擴大的時間愈來愈一致，而他也總是會住在盧米斯位於曼哈頓的聯棟別墅。不論是在曼哈頓或塔克西多公園，盧米斯和他外向大方的情婦瑪內特（Manette，將在一九四五年成為盧米斯的第二任妻子）會將勞倫斯介紹給自己的朋友們，而這些朋友也會很驚訝，這位高大隨和、有著充沛活力與明亮藍色雙眼、讓大夥整晚樂不可支的老兄，竟然是某種高深難解科學領域的大師。想到實驗室的科學家，大家想到的都是那種年紀大、有著一把灰色鬍子的刻板印象，很難和眼前這位迷人的年輕人扯上關係。瑪內特回憶道：「他就是個英俊的大個子，充滿愛心、充滿樂趣，很容易和他變成朋友。」

盧米斯對勞倫斯的協助，絕不只在社交。一九三六年，他為勞倫斯開了一個私人基金，用來支付放射實驗室不在計劃與記錄之列的帳目，例如旅行和設備。有幾年的時間，這個基金的規模都不為柏克萊所知。盧米斯捐款的支票是背書給「厄尼斯特．勞倫斯，個人」，款項使用完全由勞倫斯自行決定。雷蒙．伯奇回想起來，就覺得「他甚至可能不用和盧米斯先生解釋。」雖然勞倫斯的個人誠信素有盛名，但像這樣不經審計、而由某位教師個人控制的私人基金，最後還是讓柏克萊的會計人員無法接受。很快地，他們便要求盧米斯必須透過傳統管道來捐款。一九四〇年十一月，盧米斯透過史普羅爾校長辦公室，向柏克萊捐贈了三萬美元的股票。他告訴史普羅爾，柏克萊可以「以任何看似合適的方式」自由使用這筆資金，但也表達自己強烈希望這筆資金「用於進一步推廣與厄尼斯特．勞倫斯教授目下各項科學研究相關的科學事業……因此，我希望您允許勞倫斯教授對此資金用途做廣義的解釋。」最後，柏克萊的審計人員師將這個基金完全納入了所有此類信託基金都有的正式制度，需要存在計息的銀行帳戶當中、並指定屬於大學資產。但就算在那個時候，他們也向勞倫斯保證，這筆資金的撥用「不受一般的柏克萊規定限制，完全由你決定。」就實際而言，直到勞倫斯即將過世前，這個盧米斯定期挹注款項的基金仍然完全由勞倫斯決定如何使用，雖然支出的記錄十分草率，但根據一切證據顯示，都是適當地用於補助放射實驗室的研究。

奇怪的是，一直要到一九三九年，盧米斯才首次造訪勞倫斯在柏克萊的實驗室，但接著就幾乎成了放射實驗室的常駐成員。第一次的造訪，就待了六個月，盧米斯這段時間住在典雅的克萊爾蒙特飯店（Claremont Hotel），就在離柏克萊不遠的青翠小山坡上。每天他都會乘著七人座的豪華轎車前往放射實驗室；盧米斯在裡面做研究的時候，這輛豪華轎車就會停在這棟木建築旁邊，還有一位司機等著。這是盧米斯在柏克萊期間唯一看得出是位富豪的地方；在放射實驗室裡，他就是整天坐在二樓的實驗椅上，一頭栽入研究迴旋加速器的設計細節與原子核的物理學。年紀比盧米斯小了四分之一世紀的阿爾瓦雷茲回憶道：盧米斯會去找那些年輕的實驗室成員，「瞭解我們、並向我們學習。我從來沒有如此認真地和一位像盧米斯一樣年紀的人討論物理問題。」從這次經驗，阿爾瓦雷茲學到了一項一輩子的寶貴課程：「隨著年紀漸長，科學家必須與最年輕的一代保持聯繫，才能維持活躍。」

•
•
•

盧米斯第一次造訪放射實驗室後不久，勞倫斯邀請他參加一件大事，好滿足他最近的痴迷：建造有史以來規模最大的迴旋加速器，磁鐵比克羅克撞擊機大上二十倍、成本也高出十倍。在放射實驗室，這具機器被眾人稱為「硬漢」（he-man），這個神氣的外號並非出於偶然。雖然有像貝特這樣的反對者發出警告，但勞倫斯已經建起了六十英寸的迴旋加速器。而在布羅貝克的辛勤監督下，這台全世界設計最精良的迴旋加速器正在克羅克實驗室裡生產著放射性同位素，以及用中子撞擊著腫瘤。雖然剛啟動時有諸多不確定的狀況，但這時它的運作已經穩定到幾乎讓人覺得無聊；克羅克實驗室每天愈來愈像是個工廠，所以何不再次突破邊界、探索那些未知的領域？

另一項推動勞倫斯雄心壯志的因素，則是全球其他的迴旋加速器也正在加速趕上柏克萊。一九三九年底，全美已經有十三台三十五英寸以上的迴旋加速器已發包或正在運行。另外還有兩座巨型六十英寸迴旋加速器正在興建，一座在卡內基研究所，負責人是梅爾．圖福，另一座則在英國伯明罕大學，負責人是馬克．歐力峰。勞倫斯慷慨分享設計圖和人力的作法，讓他達成了自己的目標，也就是讓迴旋加速器成為任何正規大學物理系不可或缺的設備；然而現在這些諸侯已經開始讓王座上的國王惴惴不安。

科學界常常就是如此，迴旋加速器帶來發現之後，只會刺激人們想做更多研究，於是需要更大、更昂貴的加速器。勞倫斯在取得資金這方面領先群倫。一九三八年四月，硬漢加速器的夢想還在成形，查兌克就寫信給他：「我希望你的新儀器真的很大。我覺得應該要努力達到六千或七千萬伏特……用這樣的粒子，應該就能開始瞭解原子核真正的結構。」這並不是異想天開；正如查兌克的觀察，根據宇宙射線（能量較高、但難以控制）的研究，似乎表示仍然神祕的原子核內還存在著新的粒子、新的能量形式。他寫道：「我認為宇宙射線的現象已經為我們指出道路。」

然而，勞倫斯想的是一億甚至二億伏特，而不是查兌克的六千萬或七千萬而已。他當然不是小看這些挑戰，但他主要預期的障礙是在於地點和財務方面，而非技術方面。他已經注意到，新加速器光是磁鐵就可能重達兩千噸，柏克萊校地無處可放，而且加速器可能放射出大量的高能量粒子，在人口稠密的地區也並不安全；於是他看上了草莓峽谷，那是在柏克萊東邊、山區裡的一處田園峽谷。他一開始預估的建築預算是五十萬美元，但才到年底，興建經費加上十年營運預算就已經逼近二百萬美元。勞倫斯在那年秋天向洛克菲勒基金會的華倫・韋弗承認，「六十英寸迴旋加速器還算不上正式運作，我們就已經計劃興建更大的迴旋加速器，確實就某種層面上令人震驚」，但只要是認識他的人，大概都不會太意外；大科學的本質，正在於不斷拓展研究及其工具的疆界。然而，勞倫斯似乎已經在無意間接近了自己的相對論限制。戰爭已經襲捲歐洲，並隱隱指向美國；國際形勢的詭譎不安，讓人覺得要投入巨額資金研究基礎科學似乎為時過早、甚至可說是愚昧或不識時務。

然而，一九三九年的兩項發展，讓計劃重新成為可能。第一是德州大學打算挖角勞倫斯擔任副校長，開出的條件是年薪一萬四千美元，並且提供極優渥的研究經費，足以支應他想像中最大的迴旋加速器。第二，則是諾貝爾獎。因為第一項發展，讓柏克萊再次認真思考勞倫斯的請求。至於第二項，則是因為大科學不斷成長的進程得到肯定，而讓勞倫斯更受到全美科學研究基金會的寵愛。他的願景仍然看來太過龐大，但又絕對不容輕視。

一九四〇年一月七日，華倫．韋弗到柏克萊拜訪勞倫斯與史普羅爾，正式為硬漢迴旋加速器的籌款活動拉開序幕。勞倫斯已經花了幾個禮拜的時間，為自己打氣加油。耶誕節剛過，他給盧米斯的信裡就提到整項提議「華麗地向前邁進。我已等不及看到計劃實現的那一天。」他當時計劃的，已經是個磁鐵重達四千五百噸、極面寬達一百八十四英寸的迴旋加速器，規模之大，連放射實驗室的老手都會倒抽一口氣。物理學家羅伯特．科諾格告訴朋友：「如果能把它畫成藝術家的概念圖，看起來大概會像是全世界的第八、第九、第十和第十一個世界奇觀。」在史普羅爾有條件批准了放射實驗室取得草莓峽谷土地之後，勞倫斯便請柏克萊的監理建築師小亞瑟．布朗（Arthur Brown Jr.）提出建築草案。這一步非常重要，因為布朗是灣區頂尖的建築師，作品包括有舊金山市政廳、著名景點科伊特塔（Coit Tower），以及諸多柏克萊校園建築。

新提案讓韋弗簡直昏倒，根據他心裡準備提供的補助，還不到這個的一半。不過一個月前，勞倫斯給他的初估還是七十五萬美元的建築費用、加上二十五萬美元的十年營運費用。小心謹慎的韋弗早就料想到勞倫斯一定會追加預算，於是私下重新評估，認為需要一百萬美元的興建費用、五十萬美元的十年營運費用；但即使如此，還是想得太少。想達成這個數字，需要洛克菲勒基金會、柏克萊和民間企業全面出資，才能勉強達標；但韋弗後來就表示，至少這「不是完全沒有希望。」只不過，韋弗告訴史普羅爾，新計劃的興建與營運經費將高達二百六十五萬美元，「遠遠超出我曾（與洛克菲勒基金會主席雷蒙德・福斯迪克）討論過的任何數字。」這代表著，光是洛克菲勒基金會就得至少撥款一百五十萬美元。

在與史普羅爾和勞倫斯的午宴與晚宴會議中，韋弗一片茫然，努力不做出任何難以實踐的承諾。令他更苦惱的是，雖然消息尚未公佈，但他知道史普羅爾已獲任命，將成為洛克菲勒基金會的董事之一。韋弗謹慎地告訴兩位東道主，基金會能提供的經費絕對不超過一百萬美元，而且連這個數字也只是猜測的可能。史普羅爾提到，他願意請求柏克萊校董為此每年提供八萬五千美元，但要知道這將是柏克萊對單一計劃前所未有的承諾——相當於所有其他系所研究經費的總和。史普羅爾挑明表示，其他經費只能靠洛克菲勒基金會和民間企業了。

至於勞倫斯，帶著他無限的樂觀，選擇忽略掉這場會談中那些刺耳的部分，只注意那些正面的回應。像他寫給盧米斯的信中就表示：「韋弗博士匆匆來去，而他的來訪非常成功，從抵達的第一刻起，就顯然非常關心這項計劃；時間愈過去，他就變得愈加熱衷……韋弗和史普羅爾都同意這項計劃非常重要，進度不得拖延。聽到他們同意計劃，在我耳中如同天籟，現在的問題只剩下要找到方法和手段。」

韋弗回到紐約家中，安全地遠離了勞倫斯的熱情樂觀之後，以信件向史普羅爾與勞倫斯大致表達他的疑慮。他鄭重聲明，確實「這裡（也就是洛克菲勒基金會）傾向同意，本計劃就科學的角度而言，具備極大利益及可能的重要性。」接著他再潑上一點冷水：「如果財務情況與世界局勢比現在有利，洛克菲勒基金會很有可能……視之為機會，即使支應所有資金成本，也屬合理。「但這裡的麻煩之處，而且是個嚴肅的麻煩，就在於考量『如果財務情況與世界局勢比現在有利』」

要出資一百五十萬美元絕無可能。由於經濟長期疲軟，而且積極申請的人數又多達數十人，洛克菲勒基金會才剛剛拒絕某醫學院（韋弗未透露是哪間）同樣金額的請求，而且該醫學院若未得到此經費，便將面臨倒閉。在這個時機，如果某項計劃「在不近人情、表達不準確的評論家看來，就是給某單一個人的單一工具」，卻得到了同樣金額的這筆補助，很可能會引發反彈。韋弗建議，如果把整個計劃延上幾個月、甚至一年，會不會比較妥當？他告訴史普羅爾：「幸好，勞倫斯教授還很年輕，而運用六十英寸迴旋加速器也還可以取得許多豐富經驗，其他人異軍突起而超越的危險也小到可以忽略不計。」在這個時機點，或許應該「以比較和緩的方式來檢視所有可能性」。

聽在勞倫斯的耳裡，韋弗的這些話絕對令他難以忍受。韋弗的信在一月二十六日星期五寄達柏克萊；隔週一的破曉時分，勞倫斯就已經在長途電話線上，向洛克菲勒基金會大打感情牌，希望不要延遲迴旋加速器的資金。他告訴韋弗：「我可能是多慮，但我十分擔心整體的國際局勢。」如果歐洲情勢惡化，在美國的慈善支出就會縮減而觀望；就算最後戰爭的陰靄散去，也會有幾百萬美元轉而投向歐洲重建經濟。正因如此，我才憂心忡忡……這對我的意義如此重大，幾乎是生死的問題。」

勞倫斯表示願意將迴旋加速器縮小到一百五十英寸，成本也就能降低到七十五萬美元，另外也會刪去布朗建築設計中所有可想像到的裝飾，蓋出「更像是工廠的建築。」另外也把自己申請的經費降到五十萬美元，再試著以其他經費來源補足。

但對於惱怒的韋弗來說，這些都不是重點。他警告勞倫斯，福斯迪克已有意撤回所有經費：基金會當時已如此拮据，下一年度可用的總額都不足一百五十萬美元，光是勞倫斯心中的願景，就會用盡所有經費。此外，韋弗也提出勸告，如果只要穩穩地多等一會，就能得到一切，又何必現在急著興建一個較小的迴旋加速器？他提醒這位耐不住性子的申請者，確實有重要人物願意支持他建出夢想中完整規模的迴旋加速器，只要再等等，這些支持就能開花結果。韋弗透露，不過幾週前的一次慈善晚宴上，富有的美國前駐比利時大使戴夫・莫里斯（Dave Hennen Morris，也是研究法人基金會的董事之一）就曾把福斯迪克給硬留下講個不停。莫里斯是勞倫斯的粉絲，總是不斷在自己的傑出朋友圈中為放射實驗室募款。例如在諾貝爾獎宣布幾天後，他就曾試圖說服艾佐・福特（Edsel Ford，亨利・福特的兒子，時任福特公司總裁）捐助六十五萬美元的興建基金；莫里斯當時把迴旋加速器描述是「劃時代的」設備，能夠讓「與之相關的人名，與牛頓和愛因斯坦並列。」最後雖然莫里斯被福特拒絕，但和福斯迪克見面的時候，莫里斯提到勞倫斯得到其他重要金主的廣泛支持。他說：「在迴旋加速器這一局，你一定得跟我們一起上。」

韋弗向勞倫斯保證，自己「完全願意為這件事流血」，但「我們就是得多用點時間。」勞倫斯問道：「如果我現在去東岸，會不會有用？」一想到福斯迪克可能被不知疲倦的勞倫斯親自死纏不放，韋弗嚇得臉色慘白，立刻斬釘截鐵地回答：「我看不會。」

然而，勞倫斯手中還有最後一張王牌：阿弗雷德・盧米斯。雖然盧米斯並非洛克菲勒基金會的受託人，但和幾位董事都很熟。這時，迴旋加速器的補助通過就在一線之間，他承諾會讓他們投票支持。盧米斯瞄準的主要對象是麻省理工的校長卡爾・康普頓，他的弟弟亞瑟・康普頓（Arthur Compton）才剛獲任命為受託人。（與史普羅爾一樣，這項任命尚未宣布。）盧米斯意識到，康普頓身為物理學家，會讓他的意見變得格外重要，因此特別邀請他前往自己在南卡羅萊納州希爾頓黑德島（Hilton Head Island）的私人度假所度假一週。康普頓本來就可能對勞倫斯的計劃抱持正面態度，因此這裡的目的並不一定是要改變康普頓的想法，只是希望他能夠更強力表達自己的觀點。用金錢打造出的優雅舒適，本來就是盧米斯的獨到強項，而康普頓受到如此禮遇，也盡到應盡的責任，向韋弗發出書面建議，指出該計劃是「整個自然科學領域目前最有趣、最具潛在重要性、最有前途的項目之一……在我目前所知的各種科學計劃之中，我理所應當將它排在第一位，大幅領先其他計劃。」他在結尾聲明表示「要托付這項計劃，加州大學與厄尼斯特．勞倫斯絕對是無可置疑的選擇。」

在盧米斯的敦促下，韋弗也就是否需要立刻為一百八十四英寸迴旋加速器提供資金，希望幾位著名物理學家提供「經過深思熟慮的意見和建議。」結果，包括波耳、歐力峰、菲特列．約里歐在內，許多可能讓受託人印象深刻的物理學家都回信大表支持。

這已足以讓韋弗放棄延遲的決定。他在四月三日即將召開的董事會上，提出了勞倫斯的申請案。然而，現在時間十分緊迫。他曾在二月中旬詢問勞倫斯，針對最有可能反對新迴旋加速器的理由，有何回應方式。第一個問題，在於新機器功率是否大到足以產生介子（當時稱為mesotron，現在則稱為meson）。當時認為這種粒子是強核力的載體，能讓帶正電的質子維持在原子核中，而不會因為電磁排斥的影響而分開。但在當時，還只能在宇宙射線中找到介子；如果迴旋加速器強大到可能足以用示範實驗展現介子存在，就會是個興建的好理由。但另一方面，如果能量不足以做到這點，看起來就只是大筆金錢的浪費。韋弗問道：「會不會有人同意，認為現在顯然必須建造一種新儀器……用來生產介子？」

韋弗警告，有些人可能甚至會質疑究竟有沒有必要興建新的迴旋加速器，因為宇宙射線的能量就已經和新迴旋加速器預期的能量不相上下。他表示：「有些宇宙射線的愛好者，很可能會說大自然早就為我們提供了極高能量的粒子。」所以，為什麼不先花個十年之類，好好運用大自然的這份禮物，而要花大錢製造一座產生出同樣能量的機器？這個問題的來源顯然是亞瑟．康普頓，他是全球的宇宙射線第一把交椅，得到洛克菲勒基金會宇宙射線研究的補助，義不容辭地提醒韋弗，宇宙射線研究也有可能發現介子與其他基本粒子。而且他還強調更重要的一點：宇宙射線不同於要價數百萬美元的迴旋加速器，就是來自大自然的禮物，完全免費。

韋弗留到最後的問題也最為棘手。這個問題直接打到痛點，也就是為何放射實驗室在過去十年間錯過了核子物理學諸多的里程碑：「我認為，原子核研究在過去幾年間的重要進展包括安德森在一九三二年發現正電子；查兌克在一九三四年發現中子；約里歐夫婦在一九三四年發現人工引發放射性的現象；從宇宙射線研究確定了介子；哈恩等人在一九三九年發現核分裂現象……難道這五項不都是重要的發現，而且都未使用迴旋加速器？」

不出所料，勞倫斯回答得很不高興。關於介子的問題，他向韋弗保證，自己、歐本海默和費米都同意，介子的能量應該是八千萬伏特，所以就算只是一百五十英寸的加速器（預計能讓子彈的能量達到一億伏特），便已足以產生這種難以捉摸的粒子。至於是否應該先讓宇宙射線研究上場、再興建迴旋加速器，勞倫斯認為物理學的目標不該只是「發現自然現象」，而是要投入實用。如果光是靠著大自然的恩惠，並無法實現這項目標：「發現在宇宙射線中的介子，在一段相當長的時間內並不會有什麼價值，除非能夠找到方法……加以控制，並瞭解其諸多特性……對於人類文明而言，找到能夠治癒疾病的新放射線或新物質，意義會比找到一顆超新星要大得多。」

最後要回答的麻煩問題，則是韋弗列出的那些錯過的里程碑。勞倫斯認為，柏克萊的諸多迴旋加速器好手之所以敗下陣來，是因為他們一直專注於研發迴旋加速器，而那實際上是放眼未來：

這些發現，每一項其實都已經是「即將發生」，再不出幾個月，迴旋加速器實驗室就能完成。舉例來說，我們當時已經在調整迴旋加速器粒子束，如果真要發現人工放射性，時間絕不會比約里歐夫婦宣布的時間晚超過一兩個月。我們之所以會在這些發現的幾年前就開始研發迴旋加速器，正是因為相信如果能在實驗室有能夠控制的原子子彈，將會帶來重要的科學進展。假如迴旋加速器的研發能夠早上一年，我要強調，我們完全有理由相信，這些發現有一些就會是由迴旋加速器所完成。

為自己的研究，勞倫斯已經提出他最精心設計的辯護。但他迴避了其中幾項發現的真相，特別是人工放射性和核分裂：迴旋加速器的研究人員根本就能先馳得點，但他們連試都沒試。這並非迴旋加速器有所不足，而是放射實驗室太過輕忽、眼界狹隘，而令他們無法贏得榮耀。韋弗已經指出了迴旋加速器實驗室真正的缺點，問題在於科學判斷、而非技術專長。

這應該可以算是勞倫斯的問題，畢竟他到那時仍然在學習拿捏工程設計與硬科學之間的平衡。

與此同時，盧米斯繼續他的遊說，希望確保順利得到補助。他在三月最後一週發起一項重大活動，出資安排讓一群算是洛克菲勒基金會臨時科學諮詢委員會的人參訪放射實驗室，成員包括：康普頓兄弟、哈佛校長詹姆斯．科南特，以及華盛頓卡內基研究所所長凡尼瓦．布許（Vannevar Bush）。

其中最重要的就是布許，而且理由絕不只因為他是洛克菲勒的受託人。他當時是個五十歲、高大結實的新英格蘭人，祖父輩當過美國北方的船長，父親則是個不信英國國教、相信普救說的牧師。布許的成長經歷讓他既有慧黠的獨立思想，也尊重形式和傳統價值。他身為電機工程師，在一九二〇年代發明了微分分析儀，這是一種類比式計算機，其數位後代將主宰整個資訊時代。接著他擔任過麻省理工學院的副校長（校長是卡爾．康普頓），再接任卡內基研究所所長，等於是身處政府政策和學術研究的十字路口。隨著世界大戰彷彿就在地平線不遠，他當時已經在思考著美國科學家可能扮演的角色。有一年的期間，布許會定期與科南特、卡爾．康普頓和其他重要科學官員會面，一方面表達他的擔憂，擔憂危機可能輕易蔓延超出歐洲邊界、但美國卻是應對消極，一方面也一同思考在科技上做好準備的必要性。他後來寫道：「我們都同意，戰爭必然會爆發激烈的抗爭，美國也遲早難免捲入，而且這會是一場非常技術性的抗爭，而我們在這方面絕說不上是準備周延。」他決心要插手將美國的科技建設推向戰時計劃的最前端。這次是他第一次親身見到勞倫斯，也發現自己同意盧米斯的觀點：應該要把這位柏克萊物理學者算上一份。

在盧米斯和勞倫斯的陪同下，這群訪客走過放射實驗室的走廊，並在二樓庫克西的辦公室短暫停留。在他們讓庫克西拍下的照片裡，這群人背後的黑板上簡單畫著迴旋加速器的D型盒，他們穿著三件式的正式西裝，坐相卻一派輕鬆，互相咧嘴笑著，就像一群朋友聽到某個只有他們懂的笑話。這張快照註定要成為重要歷史文物，在不到一年內，這些人將會再次聚首，成為美國製造原子彈的領導人物。

這次的柏克萊之旅十分關鍵，過去只有專業交流的一群人，將會更瞭解彼此作為個人的樣貌。過程中的另一項助力，則是週末時盧米斯在蒙特瑞（Monterey，從柏克萊沿著海岸往南，車程只需要幾小時）的德蒙特度假莊園辦了一場宴會，目標是讓他們親身體驗勞倫斯的魅力，而且也肯定成功確保他們將對迴旋加速器補助投下贊成票。他後來回想道：「要不是勞倫斯對他們的影響，不可能讓一群人一起待過一個長週末。」等到那個週末結束，已經「無人反對。」在離開西岸之前，諮詢委員會一致同意為一百八十四英寸迴旋加速器背書，並轉交給了基金會。整個遊說工作最後，是由韋弗和盧米斯畫龍點睛，說服福斯迪克相信迴旋加速器能夠輝映基金會另一項重大科學投資：將設置在南加州帕洛馬山的二百英寸海爾望遠鏡，進而鞏固洛克菲勒基金會做為全球首屈一指大科學支持者的地位。

四月三日早晨，勞倫斯接起放射實驗室的電話，聽到韋弗在另一端的聲音：「我們的受託人投票通過一百一十五萬美元。」另外靠著史普羅爾從柏克萊校董那邊擠出的二十五萬美元營運成本，基本上已經提供了勞倫斯要求的一切。在長途電話線上，

勞倫斯感嘆道：「這是完完整整的原始預算啊，我的感受實在言語難以形容。」

在波以朗面前，勞倫斯就沒那麼少言，直說自己就像「走在空中。」這筆錢是一大里程碑，從沒有任何研究實驗室獲得如此大規模的經費資助，甚至從沒有任何人敢做出如此大膽的要求。但重點還不只在於錢，更在於科學界和商業界領導人物所公開表達的敬重，形式就是洛克菲勒基金會董事會十九位傑出產學代表的全票通過。在基金會、大學與業界的攜手合作下，大科學的時代正式啟航。這一切的序幕，就從沒有任何一張反對票開始。戴夫．莫里斯在隔天就寫信給勞倫斯：「所有人無論地位，都支持這項計劃、都支持你。這種難得一見的全票通過，你應該要大大感到情感上的滿足：這是你應得的。」

董事會批准後的幾週內，盧米斯仍然繼續為一百八十四英寸迴旋加速器而努力。他將勞倫斯帶回紐約，再運用自己在業界的關係，為這座巨型機器獲得大量銅和鐵。當時為了備戰，銅鐵的供應都已緊縮，但盧米斯運籌帷幄、煞費苦心，讓勞倫斯得以用優惠的價格取得所需。正如勞倫斯告訴阿爾瓦雷茲的情形：「和古根漢公司談了好一段時間，用優惠價得到銅之後，盧米斯就說：『嗯，現在得來找鐵了。我覺得找艾德．史特帝紐斯（Ed Stettinius）很適合。』」

接著就是一通電話直接打給了美國鋼鐵公司的董事長：「嗨，艾德，我是阿弗雷德。我這裡有個你應該會想見的人，我們什麼時候可以去拜訪？」

然而，還是有些事是盧米斯無法控制的。洛克菲勒基金會的這筆款項，要求迴旋加速器在一九四四年六月三十日之前完工並開始運作。但出於可理解的原因，並未能趕上這個期限。

PART 3

原子彈

CHAPTER 11 「厄尼斯特，準備好了嗎？」

一九四一年九月二十五日，芝加哥，亞瑟・康普頓很平靜地開始回顧他與勞倫斯以及哈佛校長科南特的會面經過，他說道：「那是個涼爽的九月傍晚。我太太迎接科南特和勞倫斯進屋，在我們坐到壁爐邊的時候，給了我們每人一杯咖啡。接著她就自己上樓去忙，讓我們三個人談話時無須顧慮。」

康普頓的這幾位貴客到芝加哥，是為了接受芝加哥大學榮譽博士學位。但這個契機促成更重要的會面，因為科南特是羅斯福政府的重要科學顧問，而康普頓則是一個藍帶委員會（blue-ribbon committee）的主席，負責評估原子能的軍事用途。要求展開這場緊急對談的是勞倫斯，而他帶來的是原子能領域取得巨大突破的消息。這場對話為時僅僅一個多小時，但對話結束時，美國的戰時計劃及這三個人的生命道路都走上了新的方向。美國決定建造原子彈。

• • •

這場會議的種子，早在兩年多前發現核分裂時便已種下。當時是一九三九年一月，物理學家開始思考鈾核吸收另一顆中子之後分裂、釋放出巨大能量的狀況。其中最令人感興趣的是鏈反應（chain reaction，一般譯為連鎖反應，核能領域稱為鏈反應）的可能：如果核分裂後放出的中子又撞擊到鄰近的原子核、進一步導致分裂，就可能繼續放出更多的中子、產生更多的分裂。如果能用適量的能量、從每個分裂的原子核產生出足夠的中子，核分裂的過程就有可能不斷持續，直到所有鈾原子核都已分裂為止。

然而，由於很難判斷放出的能量究竟能否控制而達到實用，眾人開始互相爭辯，想知道究竟這個過程是會造成爆炸、或僅僅是產生熱能。早成一九三三年，勞倫斯就曾反對拉塞福認為原子能是「瞎扯」的說法，現在出現了核分裂的消息，也算是還了勞倫斯一個公道。他在寫給同樣是迴旋加速器建造者的亞歷山大．艾倫的信中，就提到「核能達到實用的那天，可能不那麼遙遠。」

在所有讓想像力盡情發揮的人當中，也有歐本海默。當初，阿爾瓦雷茲衝進他的課堂，告訴他奧托．哈恩和佛里茨．史特拉斯曼率先發現核分裂，歐本海默當下立刻回應「這是不可能的。」但不到幾小時，他就收回了自己的第一反應。而根據他一個學生的回憶，不到一週，歐本海默在勒孔特館的研究室黑板就大大地畫著一幅「非常恐怖、令人厭惡的炸彈圖」。

歐本海默和許多人討論他的猜想。他寫信問另一位物理學家：「鈾可以有多少種分裂的方式？是像某些人猜的一樣、沒有固定方式，又或只會有某些特定方式？最重要的是，從分裂的過程或是激態的鈾上，是否會放出許多中子？……這應該是個很重要的議題。」寫給另一個人的信中，歐本海默則是談到其中的威脅：「我認為，真的不能說不可能，一個十公分的氘化鈾……就能爆成地獄。」

對於這種末日預言猜測，匈牙利物理學家李奧・西拉德（Leo Szilard）並未等閒視之，他精力充沛、思想靈活，就在勞倫斯實際發明出迴旋加速器之前不久，他也曾經想為自己的迴旋加速器原型申請專利。一想到希特勒取得鈾的爆炸潛力之後可能如何，西拉德就痛苦萬分。他告訴另一位匈牙利流亡人士愛德華・泰勒（Edward Teller）：「你知道這是什麼意思嗎？希特勒的成功就靠此舉。」西拉德呼籲研究同仁，應該儘速確認核分裂的爆炸狀況，而面對可能很快就會開始的德國研究，最好能夠搶得先機，此外也要自願將所有研究成果保密。然而，他對於保密的呼籲多半沒人搭理，有部分原因就在於許多人並不認為有什麼好隱瞞的。例如他的朋友費米，就認為爆炸反應的可能性非常小，因此也認為西拉德的判斷不是基於物理、而只是因為太過恐懼。

然而西拉德正是因為吃過苦頭，才知道有時候多疑恐懼只是出於謹慎。一九三三年，希特勒上台；當時西拉德才剛當上柏林威廉皇帝物理研究所（Kaiser Wilhelm Institute of Physics）學院的教師，住在教師會所，就在房間裡放著兩個打包好的行李。等到德國國會大廈燒毀，成了希特勒鎮壓政治異端的藉口，西拉德覺得自己的德國朋友竟看不清這場發展，令他十分不滿：「他們都認為，文明的德國人不會容許什麼真正粗暴的事情發生。」火災隔天，西拉德就已經跳上幾乎沒人的火車、成功逃至維也納；而再過一天，所有開往奧地利的火車都擠滿了難民，而且在邊界被攔下審問。西拉德寫道：「從這就看得出來，如果你想在這個世界成功，不必比其他人聰明太多，只要比大多數人早一天就行。」

西拉德認定，應該要讓美國的科學家有這種早一天的優勢。但也因為如此，看到自己的警告遭到忽視，也特別令他痛苦，特別是像費米這樣的難民，本來就該對於動作太慢的危險有更深的體悟。「我們都想走保守路線，但對費米來說，保守的作法是淡化它〔鏈反應〕發生的可能性，而對我來說，保守的作法是要假設它會發生，並採取一切必要的預防。」

那一年，無論放射實驗室或其他地方的物理學家都開始研究鈾分裂，希望能回答歐本海默與其他更根本的問題：是什麼引發反應？為什麼自然狀態下的鈾沒有見到這種狀況？全球各地都有天然鈾礦，但並未自然分裂，顯然代表這需要特殊的條件。

最後是波耳提出了重要的想法。天然鈾的核分裂截面（也就等於在特定環境下發生分裂的可能性），對於中子撞擊的能量非常敏感。波耳發現，答案在於不同的鈾同位素普遍程度有所不同。其中，鈾二三八最為常見，但必須要有速度較快、能量較高的中子，才會產生分裂。但天然的鈾礦也可能有鈾二三五，這種同位素不論碰上怎樣速度的中子，都很可能產生分裂。只不過，鈾二三五的比例只佔了鈾的大約百分之零點七，也就是一百三十九個鈾原子只會有一個鈾二三五。

波耳的洞見，讓物理學家開始研究如果讓濃縮的鈾二三五分裂、是否能產生足夠的中子來維持鏈反應；而如果確實如此，又要怎樣將分開鈾二三五與鈾二三八、或是提升鈾二三五的比例？由於同位素的化學特性都相同，必須運用非化學的方法才可能達成這種目的。核分裂所產生的中子稱為次級中子（secondary neutron），而根據阿爾瓦雷茲的回憶，這種中子就「成了全球搜尋的目標。」

但奇怪的是，這裡的全球並不包括放射實驗室。勞倫斯認為，必須有六十英寸迴旋加速器，才能滿足日益增長的醫用同位素需求，因此並不值得為了率先找到次級中子就延遲進度。而尋找分裂中子的任務，就被丟到了阿爾瓦雷茲的頭上，他當時是個新進研究員，還沒想好職涯想做什麼研究。他並不覺得這項研究有什麼成名的希望，所以他做的是個所謂的「簡便實驗」，也就是把一具中子偵測器放在迴旋加速器室外的樓梯間，再花個五分鐘來撞擊氧化鈾；看到儀器沒顯示檢測到中子，他就放棄了。他後來才發現，如果他把計數器再靠近迴旋加速器一點、再撞擊多一點鈾、而且是撞個一小時而不是五分鐘，就能在當天找到全球都在找的次級中子。

最後是約里歐的團隊在三月完成這項任務，估算出每次鈾二三五分裂約會產出三點五個次級中子。西拉德和費米在哥倫比亞大學的不同實驗室裡研究，得到的數字是將近二點零個次級中子，仍然是一個很大的數字。西拉德用電報通知一位友人：「有反應的可能性超過了百分之五十。」但他後來回憶，這項發現並未讓他有任何勝利感：「那天晚上，我心中幾乎完全確信，世界正走向悲痛。」

西拉德已經確信原子彈在理論上是可能的，而且有鑑於希特勒意圖征服世界，甚至有可能化為實踐。七月初，他說服愛因斯坦署名，寫信向美國總統警告這項威脅。這正是後來揭開原子時代的重要文獻：一九三九年八月二日，愛因斯坦寫給小羅斯福的信。全封兩頁、八段的信件，由西拉德主筆、愛因斯坦也提供一些意見，行文枯燥、並設定了許多條件前提，並未直接點出局勢的緊迫，主要只有愛因斯坦在信末的簽名，讓人感受到這件事十分重要。信中指出：「最近費米與西拉德的一些研究，我讀到了他們的初稿，讓我預計鈾元素可能在不久的將來成為一種全新而重要的能源，至於這種情況的某些層面，似乎需要行政當局善加警惕，並在必要時快速採取行動。」

信中也提到了可能出現「極其強大的新型炸彈」，並在最後提到德國科學家可能已經開始這樣的研究。

這封信交到了亞歷山大・薩克斯（Alexander Sachs）的手中，這位俄國出生的經濟學者具備科學背景，而且更重要的是，他是小羅斯福的顧問，算是白宮內部圈圈的人。在納粹入侵波蘭、點燃歐洲戰爭幾週後，薩克斯終於在十月十一日進入了橢圓形辦公室。他先和小羅斯福閒聊幾句、也倒了兩杯拿破崙白蘭地之後，薩克斯向小羅斯福唸了自己準備的一封信，把愛因斯坦信中深奧的科學和迂迴的行文轉成總統能夠快速掌握重點的語言。

薩克斯轉譯得好極了。小羅斯福說：「薩克斯，總之你希望的就是納粹不會把我們炸上天。」

薩克斯回答：「一點沒錯。」

小羅斯福叫來了他的軍事副官埃德溫・華森（Edwin M. "Pa" Watson）將軍，把薩克斯的文件交給他，下令：「這需要採取行動。」

• • •

對於接下來的行動速度，就連焦躁的西拉德也會滿意。薩克斯當天還沒離開白宮，華森已經在整理名單，計劃成立委員會來研究核分裂的軍事用途。當時的政府還沒有科學官僚單位能承擔這項任務，所以華森就臨時創了一個單位，後來的領導者是李曼・布里格斯（Lyman J. Briggs），他畢生擔任政府的科學家，當時執掌國家標準局，可說就是政府的物理實驗室。華森的兩名手下奇思・亞當森（Keith Adamson）中校與海軍中校吉爾伯特・胡佛（Gilbert C. Hoover）也加入該單位。這就是後來所謂的「鈾委員會」（Uranium Committee），在十月二十一日由布里格斯主持首次會議，技術顧問則包括西拉德、泰勒和尤金・維格納（Eugene Wigner，另一位移民的匈牙利物理學家）。就政府而言，這可說是閃電般的速度。

然而，一談到需要多少經費，官員和科學家之間立刻出現重大問題。泰勒表示，費米會需要幾萬美元建造初步的反應爐，以測試鏈反應的條件，卻引來亞當森的譏嘲，說在美軍的阿柏丁練兵場，「我們把一頭山羊拴在杆子上，繩子大概有三公尺長，然後保證只要有人能用死亡射線殺死那頭羊，就會得到大獎。但到現在還沒人來領獎咧。」他和科學家夸夸其言表示，想打贏戰爭，靠的是士兵和士氣，而不是什麼花俏的武器。他說個不停，直到被維格納打斷，這位瘦小、紅髮的男子雖然個性羞怯，思路卻極其銳利。他禮貌地表示：「對我來說，聽到這件事真是太有意思了。」他建議，如果真是這樣，何不乾脆大幅刪減軍備預算？亞當森愣住，「好吧，你們會拿到錢。」委員會投票通過，給費米提供第一筆六千美元的補助金。

但在這之後，鈾委員會的運作便陷入停頓。西拉德與維格納離開會議的時候，一心以為政府最高層已經瞭解這項研究的急迫，但現在就遇上了官僚制度再自然不過的拖延。維格納後來回想，當時就像「在糖漿中游泳」。西拉德也感到不可思議。「我曾經以為，只要證明鈾分裂會發射出中子，就能引起人們的興趣，但我大錯特錯。」

感到沮喪的物理學家絕不只有西拉德和維格納。勞倫斯也是如此。

• • •

勞倫斯感受到戰爭的方式特別切身，他的弟弟約翰在納粹入侵波蘭前一個月前搭船前往英國，計劃九月初返國，但英國已捲入戰爭，而且得還渡過目前看來危機重重的大西洋。勞倫斯的父母從南達科塔州焦急地打電報給勞倫斯，希望知道約翰的行程；勞倫斯傳回令人安慰的消息：約翰會從利物浦搭「雅典娜號」(Athenia)郵輪回國，雖然是英國船，但根據海牙公約這套戰爭法，非武裝的客船應該不會受到攻擊。

勞倫斯的電報才剛發出去，就傳來了駭人的消息：雅典娜號被德軍U型潛艇的魚雷擊沉，是這場戰爭中第一艘被擊沉的英國船隻。在接下來兩個晚上，勞倫斯家族對於這場災難得到的消息總是零零星星、說法不一：有人說全員無人生還，也有人說有數百人得救。足足有好幾個小時，勞倫斯就這樣聽著收音機，來回踱步，沉默不語，對朋友和實驗室同事也不理不睬。對於這種完全無能為力的感覺，他深感不安，得鼓足剩下所有的陽光樂觀，才敢接起父母打來的電話。最後，他們終於收到約翰如奇蹟般的電報，表示自己正在一艘英國驅逐艦上，而且「安全無恙。」最後發現這簡直是一則英雄故事：在雅典娜號載浮載沉的時候，他仍然在船上照顧受傷的乘客和船員，是全船最後一位登上救生艇的乘客。

因為這次經驗，讓勞倫斯在實驗室裡對政治的態度不變。就算事情是發生在遙遠的歐洲，他仍然再也不可能認為這與柏克萊進行的研究無關。參訪放射實驗室的物理學家，會發現勞倫斯和他們討論的話題不再是六十英寸迴旋加速器的進展與團隊的成就，而是最新研究的軍事用途。亞瑟．康普頓來訪柏克萊的時候，是為了聽取向國家諮詢癌症委員會報告其三萬美元補助的核子醫學計劃進展，卻被勞倫斯拉進另一段討論，根據勞倫斯向盧米斯所言，是「關於戰爭形勢的討論」。勞倫斯還說，康普頓「正如我們所有人，非常希望我們這些科學家能竭盡所能來準備，而且我們也討論了各種方法和手段。」他告訴盧米斯，這些主題中就包含如何在戰爭中運用新的迴旋加速器，而「在一億伏特以上的能量範圍，我們自然不會忽視發現軍事價值的可能性。」

隨著勞倫斯對於核子研究的軍事用途越來越感興趣，也就對於鈾委員會的沒有動作更為不滿。布里格斯確實把西拉德關於保密的顧慮聽了進去，但他的應對方式卻適得其反。他建立了一個「權限劃分」制度，研究核分裂某個面向的物理學家就無法得知其他面向的研究現況，就算可能與自己的研究有關也不例外。這個瓶頸讓科學家大受掣肘。例如梅爾．圖福，雖然有能力、有設備、也有意願做這項研究，但「很難獲得關於鈾分裂的任何資料」，就連像是核分裂截面這種基本資訊也不例外。就連哈羅德．尤里，都已經是布里格斯委員會裡的一員，也無法得到其他科學家的研究成果來協助分離鈾的同位素。

但這裡也要為布里格斯說說話，並不是只有他的辦公室執著於保密工作。一九四〇年六月，放射實驗室的麥克米倫和艾貝爾森就在《物理評論》發表文章，解釋他們如何發現九十三號元素（鈾的放射性女兒，隨後被命名為錼）。而在文章刊出後，查兌克透過英國駐華盛頓大使館，派出一位特使來責備勞倫斯發表的研究可能對納粹政權有益。《物理評論》很快就同意採用一套系統，即雖然接受關於核反應的文章，但會先保留起來，直到戰爭結束後才刊出。

只不過，不發表研究結果的事小，限制科學家之間的資料交流的事大，畢竟資料交流對科學進步不可或缺。而且，歐洲科學家之間的資料交流其實比美國科學家更為頻繁，只不過是透過個人交流，而不是透過公開發表的期刊。結果就是，歐洲科學家得到了令人驚嘆的發現，在在可見美國科學家面臨的限制。

奧托．弗里施（Otto Frisch）正是這個領域的先驅之一，他是奧地利天才物理學家莉澤．麥特娜（Lise Meitner）的外甥。麥特娜與奧托．哈恩的合作發現了核分裂，並在之後政治流亡到瑞典時提出了理論基礎。（就歷史看來，一九四四年的諾貝爾獎獨自頒給了哈恩，對她並不公平。）弗里施曾經協助他的阿姨做實驗，但自一九三六年開始實施的納粹種族法禁止猶太人擔任高級學術職位，於是他也被趕出了漢堡大學。馬克．歐力峰邀請他前去伯明罕大學，幫了他一把。歐力峰告訴他：「你來就是了，我們會幫你找到事做。」

身為德國國民，弗里施無法參加歐力峰的主要研究計劃（一項開發雷達的祕密計劃），而是去研究鈾二三五的爆炸特性，很快就發現只要用大約一磅的分離同位素就能製造出原子彈。他後來回憶道：「這讓我開始深思，畢竟我覺得一磅並不是那麼多。」

弗里施和他的同胞難民魯道夫・佩爾斯（Rudolf Peierls，當時也住在伯明罕）計算需要多少設備才能取得一磅的鈾二三五。這裡的方式是透過熱擴散（thermal diffusion），以溫差來依重量將鈾二三五和鈾二三八這兩個同位素分離（較重的鈾二三八會受較冷的溫度吸引，較輕的鈾二三五則會受較高的溫度吸引）。他們算出的數字是一百萬英鎊，這個數字也傳給了牛津大學的化學家亨利・蒂澤德（Henry Thomas Tizard），他是英國戰時科學研究的領導者。蒂澤德成立了一個委員會，在喬治・湯姆森（傳奇人物約瑟夫・湯姆森的兒子）的帶領下研究熱擴散理論，這也是英國有組織研究原子彈的開始。

這個委員會的成員還有歐力峰、查兌克與考克饒夫，於一九四〇年四月首次開會，稱為MAUD委員會（雖然委員會的名字看來像是縮寫詞，但實際上是來自麥特娜發給考克饒夫的電報，電報中請他把波耳的信發給「Maud Ray Kent」這個人；考克饒夫認為這其實是「radium taken」〔鐳被取得〕的重新排列字謎，暗示著納粹正在收集放射性物質來進行核分裂實驗。但事實上，真的有Maud Ray這個人，他是波耳孩子的前任家庭教師，就住在肯特郡〔Kent〕。）

MAUD委員會等於是英國的布里格斯小組，但只有表面上看來相似。MAUD的成員都是成就斐然的核子科學家。歐力峰後來提到，他們聽說根據弗里施與佩爾斯的計算結論，鈾二三五的臨界質量可能只有一磅，而且鏈反應可能迅速累積達到爆炸力，讓大家都「呆若木雞」。MAUD委員會花了十五個月才下定論，認定原子彈確實可行，並且規劃出必要步驟。等到這個時候，美國科學家已經忙了將近兩年，卻完全沒有結論。

布里格斯委員會對美國核分裂研究的阻礙，只有在一九四〇年六月、MAUD委員會成立兩個月的時候，曾經出現鬆動的跡象。當時，凡尼瓦．布許進了白宮會談，出來時得到一張紙，上面潦草寫著珍貴的名字縮寫「OK－FDR」（OK－富蘭克林．羅斯福）。這份文件用了四個簡短的段落，概述布許建議建立國防研究委員會（National Defense Research Committee, NDRC），好將所有技術研究與軍事用途的研究都由他來管。與小羅斯福總統的會晤花了十分鐘。而布許回憶，在那之後，「所有輪子都開始轉了起來。」

布許後來寫道，華盛頓許多人認為成立NDRC是「一種迂迴手法，讓一小群科學家和工程師繞過既有管道，掌握開發新武器計劃的權力和資金。」而他心中也有個簡單的答案：「正是如此……只有這種辦法，能夠讓這麼廣的計劃動作迅速，並有足夠的規模。」

布許得到任命，成為美國的科學最高獨裁，也很快就會將勞倫斯帶進這個最高的政府委員會。然而，布許對於開發核武的第一次動作並算不上激勵人心：他把布里格斯為費米要求的原子堆研究經費從十四萬大刪到四萬美元，理由是並無證據證明原子堆是否實用、又能否據以研發成武器。這讓費米大失所望，而西拉德對這種感覺真是再熟悉不過了。等到布里格斯委員會似乎終於打算往前進，變成是NDRC在扯後腿。

但勞倫斯很快就會把它導向正確的方向。布許要求勞倫斯在委員會擔任輪調的委員，就像是「一種救火隊」，哪裡出問題就去處理。由此可見布許對於勞倫斯廣博科學知識及柔軟管理手段的看重。但對勞倫斯來說，這項任務似乎還來得太早、壓力也太過沉重。於是，他很有技巧地回絕了。事實證明他運氣很好，因為後來很快又有另一項計劃落在NDRC頭上，而勞倫斯就能有時間接下這項計劃。

該計劃的前身基礎是歐力峰在伯明罕的秘密研究，稱為「空腔磁控管」(cavity magnetron)，是一種高功率的微波源。英國派考克饒夫到美國尋求工程協助，希望將磁控管變成可用的雷達設備。盧米斯也加入會談；等到在陶爾宅招待英國代表團一週後，他敦促布許將雷達訂為NDRC的優先事項。結果就是成立了一個微波委員會，由盧米斯擔任主席、勞倫斯則是成員之一，而NDRC也隨後決定在麻省理工學院成立一項緊急計劃，勞倫斯同意由他招募新實驗室的成員。

他撥出的第一通電話，是打給加州理工學院出身的李伊．杜布里奇，他是在一九三四年的一次放射鈉「雜耍表演」當中首次遇見勞倫斯。杜布里奇後來去了羅切斯特大學建造迴旋加速器，也讓這兩位物理學家關係拉得更近。勞倫斯在十月初聯絡上杜布里奇，簡單表示需要他來帶領一項重要的國防計劃。他說：「我不能跟你說細節，但我保證非常重要。」杜布里奇立刻答應，正可看出勞倫斯在科學界的地位，這總是讓布許印象深刻。杜布里奇後來解釋：「如果勞倫斯會對這項計劃感興趣，我就不該錯過。」就在當天晚上，他搭了火車前往紐約。

勞倫斯的工作還沒完。他和杜布里奇合作，訂出計劃工作人員名單。計劃名稱就叫「放射實驗室」(Rad Lab)，可能是出於一種天真的假設，覺得會讓敵人誤以為只是勞倫斯柏克萊實驗室的延伸。一開始加入的物理學家都是他們的熟人，杜布里奇回憶道：「我們就是把做迴旋加速器的好友都找來。」勞倫斯也是內舉不避親：他召喚到麻省理工學院的第一批科學家，就包括有埃德溫．麥克米倫，他當時正和阿爾瓦雷茲埋頭尋找第九十三號元素。這兩個人都同意加入，一方面是出於對勞倫斯的忠誠，一方面也是出於對國家的責任（這也是勞倫斯跟他們說的，強調這項研究對戰爭至關重要）。

麥克米倫回憶表示：「那其實就是個命令，只是他沒直接這麼說。他告訴阿爾瓦雷茲和我……這項重要計劃正要開始，我們一定得加入，因為希特勒必須被阻止。」麥克米倫心中還是不捨就這樣丟下他的超鈾元素（比鈾還重的元素，例如第九十三號元素）研究，但覺得「如果我們說『我們還有別的事要忙』就不加入這項計劃，實在太不識相。」勞倫斯想讓麥克米倫放寬心，保證只需要他幾個月的時間，但麥克米倫對此很懷疑：「我很強烈感覺，這會花上我好一段時間。而且我是對的。」勞倫斯和盧米斯在麻省理工學院放射實驗室所召來的科學家，最後有許多都會轉去製造原子彈的團隊。

正由於自己從零打造了麻省理工放射實驗室，證明了自己的價值，勞倫斯覺得自己有立場可以向NDRC表達自己認為布里格斯委員會太過懶散的憂慮。但他即將學到教訓，知道自己不該逼得太緊。

勞倫斯的第一步看來充滿好兆頭，當時詹姆斯．科南特在五月造訪柏克萊，為該校的年度創校紀念日發表專題演講，而勞倫斯就鼓動科南特，認為「給布里格斯委員會加把火」的時候到了，勞倫斯認為，是布里格斯害NDRC對於鈾研究的戰爭用途有所懷疑，「如果我們都還沒去研究這些可能性，德國科學家就成功製造了核彈，該怎麼辦？」三月十七日，勞倫斯進一步與盧米斯和康普頓在麻省理工會面，告訴他們自己準備將閒置的三十七英寸迴旋加速器改裝成一具質譜儀（這時已經有了六十英寸迴旋加速器，一百八十四英寸迴旋加速器也在規劃中），以電磁方式分離鈾同位素，製造鈾二三五。康普頓隔天將勞倫斯的話傳達給布許，並提到勞倫斯對布里格斯的負面評價：「緩慢、保守、中規中矩，習慣用和平時期的政府機構節奏來運作」。勞倫斯認為，雖然美國有著「全球數量最多、素質最佳的核子物理學者」，但如果用布里格斯的管理方式，美國科學不但會輸給英國，更危險的是輸給德國。考慮到健談的勞倫斯本人最有機會向布許表達這種緊急情況，康普頓和科南特決定派他到紐約，親自向NDRC主席表達這種想法。

但科南特早該想到這是一件大錯，他曾在NDRC當了布許的副手將近一年，早該知道如果有人越級上報，布許的「報復心非常重。」果然，在布許眼裡，勞倫斯的造訪等於是挑戰其指揮特權。勞倫斯一走進門，還來不及反應，就被布許罵了一頓。布許告訴貝爾實驗室的負責人法蘭克．朱維特（Frank Jewett，是布許的朋友）：「我直截了當地告訴他，這事是我在管，我們有處理的程序。他要嘛當好自己NDRC成員的角色、透過內部機制來表達自己的『意見』，要嘛就滾蛋。」他更告訴勞倫斯，要他支持布里格斯，「除非有一些絕對強而有力的案例」，讓人覺得應該加速鈾研究；但他目前並沒看到。

勞倫斯表達了適當的歉意（布許告訴朱維特「他聽話了」），但實際上，布許才是處於劣勢。到頭來，將會是由科學發展來決定NDRC要走的路，而原子核科學研究就站在勞倫斯這邊。事實上，布許私下也承認，大多數的原子物理都「不是我能懂的。」

另外還有一些原因，讓勞倫斯繼續當個圈內人士。他不僅是美國最有成就的核子物理學家之一，對於組織研究的才能也無人能出其右（正如他在麻省理工創建放射實驗室的例子），因此布許很快就會要求由他在聖地牙哥協調研究和開發潛艇水下通訊科技。勞倫斯為此將麥克米倫從雷達專案中調了過來，負責這項新的計劃。在七月份，布許先是感激地向勞倫斯表示「你已經為放射小組（意思是雷達小組）做出絕佳貢獻」，但接著就蠻橫地表示「我認為，你現在可以問心無愧，把主要心力放在潛艇上了。這很需要你努力關注。」而就像要安慰他一樣，布許在信末說道：「鈾的問題也一直在我心上。」

幾週後，布許說到做到，讓勞倫斯加入康普頓成立的特別委員會，審查布里格斯委員會的工作。不到一週，他們就徵詢了布里格斯小組所有成員的意見，而這些人自鳴得意的態度令他們大為震驚。

康普頓後來寫道：「有兩件事一看便知。第一，總有一天鈾分裂會對世界非常重要。第二，在布里格斯委員會裡，沒有任何委員真心相信鈾分裂會對戰爭舉足輕重……這個委員會考慮這種可能性已經考慮了一年半……沒有人真正感受到它可能對戰爭的貢獻、而願意從其他領域離開。」或許第二件事也不該讓人太驚訝，畢竟就連勞倫斯本人也仍然專注在自己的其他工作：那座在大學山坡上興建中的一百八十四英寸迴旋加速器。五月十七日，特別委員會達成對布里格斯委員會的共識後，康普頓將報告傳給布許，其中討論了可分裂鈾的三種可能軍事用途：將放射性物質丟到敵方領土；為潛艇和其他遠洋船隻提供電力；研發以鈾二三五為基礎的原子彈。最容易的第二種方案，就算實現第一次鏈反應後，也還要至少一年來改進。而且如果費米的計劃得到政府全力支持，第一次鏈反應最快也要十八個月才能達成。至於分離鈾二三五仍然是個未解決的挑戰，似乎還需要三五年，才能製造出原子彈。

康普頓後來把這些發現認為是「整體上有希望。」但在布許看來，大概就是戰爭期間可以不用去想鈾研究了。但他認為，「要為重要的結果辯護，沒有簡單的路」，於是為了再確認自己的想法，他又組織了另一個技術委員會，由朱維特領頭，檢查康普頓的報告。等到這個委員會開會時，勞倫斯又發現了另一個驚喜，於是多了一項技術因素需要考量：柏克萊放射實驗室的格倫．西博格發現並純化了少量某種新的放射性元素；這是第九十三號元素的一個女兒，而第九十三號元素本來就是以中子轟炸鈾二三八後發現的女兒。這個第九十四號元素和鈾的化學性質不同，因此理論上可透過化學方法分離，而且看起來比鈾容易分裂約五倍。這個時候的第九十四號元素尚未命名，後來則稱為鈽。

勞倫斯試著以書面形式表達他對西博格發現物的興奮之情，他以備忘錄向朱維特的委員會宣布這「為運用鏈反應展開了非常重要的新可能性。」如果運用第九十四號元素，發電廠需要的材料可能只要一百磅，而不是鈾反應爐需要的上百噸。最驚人的是，在九十四號元素的鏈反應中，「能量會以爆炸性的速度釋放，可稱為『超級炸彈』。」

如果勞倫斯是親自出席宣布、帶著他一貫的精力神韻，委員會很可能會相信這個新發現的重要性。然而，他當時在柏克萊無法抽身，和莫莉一起照顧緊急動了闌尾切除手術的女兒瑪格麗特。而且康普頓也不在場，當時前往南美避暑。因此，朱維特的委員會並未意識到九十四號元素的重要性，故他們雖然支持增加研究鏈反應的經費，卻仍然不對原子彈抱太大希望。這已經是第二份不置可否的報告，布許也準備把核分裂研究作為戰時計劃叫停。

然而，勞倫斯把它給救出來了。

• • •

一九四一年七月十五日，MAUD委員會的最終報告結果與布里格斯的想法和布許的科技研究都大不相同。一般美國思維模式會將研發過程的不確定性視為重大阻礙，足以否決某項計劃，但該報告卻認為英美兩國科學家有能力克服這些障礙。報告中預估，使用二十五磅的鈾二三五便可製造「有效的鈾原子彈」，而且工廠成本只要大約二千萬美元，便可每天生產一公斤（二點二磅）的鈾二三五，也就是足以每個月生產三枚原子彈。轉眼之間，該委員會就解決了美國擔心原子彈可能來不及派上用場的問題。委員會的結論反而是一九四三年底就能生產出第一枚原子彈，「可能在戰爭中產生決定性的結果。」於是委員會敦促「以最高優先順序」進行研究，並與美國密切合作。

MAUD的主席喬治．湯姆森將報告及技術附錄寄給布里格斯、請他轉給布許，一心認為馬上就會得到美國的合作邀請。但等了一個月，什麼都沒等到。接著，湯姆森聽說歐力峰要跨過大西洋去開一場關於雷達的會，便請他「私下詢問」美國對這些文件的反應。歐力峰抵達華盛頓之後，立刻打電話給布里格斯，但得知的消息令人失望：「這個口齒不清、不起眼的人就是把報告放在保險箱裡」，甚至從沒給委員會看過。歐力峰也去找了布許和科南特，兩人都表示沒聽說過英國的研究結果。

西拉德早就受過這種氣，美國只要講到核分裂的可能軍事用途，反應就格外遲鈍；而歐力峰心中就有個人選，不但能夠理解MAUD委員會的調查結果、也有能力敲醒那些美國高層。他找上了勞倫斯，要求緊急會面。他寫道：「只要有你方便的時候，我甚至願意從華盛頓飛到柏克萊。」早在一九三三年氘核慘劇那一次，勞倫斯就和歐力峰建立起深厚的友誼，於是很高興地提出了邀請。

到了柏克萊，勞倫斯想當然耳開車把歐力峰帶到了校園裡的小山上，讓他參觀正在為一百八十四英寸迴旋加速器而整建的峽谷，當時那具高聳的磁鐵還放在戶外，就像巨石陣的巨石一樣。回到辦公室，勞倫斯請歐本海默也來一起開會。歐力峰向他們提出了MAUD報告的重點，他終於有了能夠接受核分裂引發爆炸的可能性、也能感受到這股迫切需求的聽眾。幾天後，他寫信給勞倫斯表達自己的信心：「在你手中，鈾的問題一定能得到適當且完整的考慮，我希望你能夠在這件事上做點什麼。」他確實沒有看錯人。當時勞倫斯早已致電亞瑟·康普頓，安排在芝加哥召開會議。接下來的場景，會是戰前最重要的一項事件。

• • •

在那個「涼爽的九月傍晚」，康普頓、科南特和勞倫斯坐在康普頓家客廳的壁爐旁。勞倫斯開始覆述歐力峰所說的事，他向科南特強調九十四號元素的重要，描述了如何透過鈾二三八的鏈反應與化學分離方式來製備，也提到對於如何以物理方式將鈾二三五從鈾二三八中分離，放射實驗室已經大有進展。他也提到了，歐力峰擔心納粹正打算用自己的原子彈來決定戰爭的結果。康普頓回憶當時勞倫斯的警告：「如果他們先成功，就會掌握著世界的控制權。」

勞倫斯的話語強而有力，甚至可說是情感激昂。科南特來到芝加哥的時候，腦子裡本來都還是布許等人對原子武器的懷疑，但此時各種的實際細節一一進入他的腦海，他也終於改觀。

科南特確實曾經建議布許在戰爭期間擱置鈾研究計劃，但當時是因為他以為原子彈只是種臆測。但他現在已經站到勞倫斯這邊。他說：「你讓我看到的，是能製造出一種絕對真實、高效的武器。如果真的能製造這種武器，我們就必須搶先一步，落後的代價我們無法承擔。但我得告訴你，像這樣的事情，除非我們傾全力投入一切，否則絕對做不了大事。」

他看著勞倫斯的眼睛，說：「你說你確信這些核分裂炸彈的重要性。但你準備好投入接下來幾年的生命，把這些炸彈做出來了嗎？」

科南特話說得直接，這下不是投入、就是閉嘴。康普頓看到勞倫斯為之愕然，嘴都闔不上。但他的猶豫只持續了一下，接著就回答：「只要你說這是我的工作，我就做。」

不論對勞倫斯或是原子彈計劃，這都是那個關鍵的一刻。布許和科南特之所以一直對原子武器抱持懷疑，有部分原因正在於傑出的物理學家不論在言語或行動上都不願投入。科南特後來表示，他的問題完全是對勞倫斯的考驗、甚至是個激將法。他寫道：「勞倫斯那時大聲疾呼，說要動員所有科學人才參與鈾計劃。我忍不住要用他的話來偷襲一下。」

勞倫斯接下了挑戰。這次在芝加哥的商議，是原子彈計劃的分水嶺。在這之前，科南特一直傾向於反對投入研究原子彈，但現在他已經站向另外一邊。商議後不久，他向布許報告細節（稱之為「我非自願加入的會議」，講得好像自己對主題不知情一樣）。十月九日，也就是商議的兩週後，布許回到白宮，帶著一份MAUD報告和一份由科南特準備的談話要點。他語帶堅定，傳達了MAUD的結論，讓羅斯福同意組織全面的研究計劃，製造原子彈。其中，只有鈾分離廠的實際建設需要得到白宮的進一步命令才能動工。

對於該計劃的重大決策，總統任命了一個「最高政策小組」來判斷。在所有人當中，只有這些人能夠得知一切細節：羅斯福本人、副總統亨利・華萊士（Henry Wallace）、戰爭部長亨利・史汀生、陸軍參謀長喬治・馬歇爾（George C. Marshall）、布許、科南特。製造原子彈的努力已全面啟動。

對布許來說，讓知識和政策權威完全隔開，有個特別好處：剪掉了勞倫斯的翅膀。布許曾寫信給朱維特提到：「過去的困難，一大部分在於勞倫斯對政策的意見強烈，而且管不住嘴。」他讓勞倫斯和康普頓意識到，從此兩人完全只能管科學和技術的事。關於要不要製造原子彈的爭論已經結束，可以繼續往前，但開始要受的是軍事機密的管制措施，比布里格斯的標準更加嚴格，而勞倫斯連布里格斯的標準都早有抱怨。他很快就會想通的。

康普頓得到了布許和科南特的許可，開始審查及協調美國的核分裂研究。在他回憶中，當時期待著科學界成員「為這項探索投入所擁有的一切。勞倫斯就在戰時那幾年以身作則。」康普頓安排在十月二十一日於斯克內克塔迪的奇異研究中心舉行會談，與勞倫斯和他的技術委員會幾位成員見面。對這項召喚，勞倫斯的回應是告訴康普頓，他已經先斬後奏，將給這場技術圓桌會議帶來一位新的與會者：歐本海默。他跟康普頓講得簡單：「歐本海默有重要的新想法。」

然而，勞倫斯邀請歐本海默參與討論的這件事，可說是千鈞一髮。雖然他總是勸告歐本海默放棄他的政治「左傾傾向」，歐本海默卻一直放不下對自由主義目標的追求。不過幾週前，他就在自家舉辦了美國科學工作者協會（American Association of Scientific Workers, AASW）柏克萊分會的組織會議，該協會是個左派組織，其英國分會就和共產黨有關。更糟的是，他還哄了馬丁・卡門和另一位放射實驗室的科學家艾爾・馬沙克（Al Marshak）參加。這兩位來到歐本海默的家，發現有十五名來自柏克萊各實驗室的員工，正聽著兩位勞運人士介紹他們的目標。最後，歐本海默問觀眾有沒有什麼想法。輪到卡門的時候，據他回憶：「我很尷尬地問，〔歐本海默〕來找像馬沙克和我這樣的人之前，是否已得到勞倫斯的允許？」

這個問題讓歐本海默忽然呆住了，只要對放射實驗室熟的人就知道，勞倫斯天生就對任何和政治有關的事充滿疑心。在當年八月，勞倫斯才剛斷然拒絕了哈羅德．尤里的邀請；尤里當時想邀請美國諾貝爾獎得主參加「世界民主聯盟」（Federal Union of Democracies of the World），在尤里口中，這是一個相當無害的、「以思想出發的〔反極權〕運動，我相信這件事的重要性就像我們能為國防提供的實際協助一樣重要。」勞倫斯回答：「民主聯盟這種想法或許是有很多實際優點，但……我並不想用自己科學家的身份來推動這種政治運動。」

至於歐本海默，身為一個喜歡實際行動的人，愚蠢地忽略了勞倫斯的心態。第二天，大受打擊的歐本海默在實驗室堵住卡門，告訴他自己剛把聚會的事告訴勞倫斯，而勞倫斯「氣炸了。」而且歐本海默拒絕透露有哪些放射實驗室成員參加，讓勞倫斯更加惱火。歐本海默說：「必須由他們自己來告訴你。」

卡門去找勞倫斯招認，並解釋自己從一開始就反對AASW，但勞倫斯似乎聽不進去他的抗辯。卡門回憶道：「他要我『快退出』，而我也激動表示自己根本沒有『進去』過。」

而到現在，勞倫斯看重歐本海默作為理論家的才能，超過了他作為政治鬥爭者的缺點。他按捺疑慮，向康普頓擔保了歐本海默的科學判斷，把他送進了斯克內克塔迪的會議。歐本海默在那裡大展才能，極其詳細地解釋了原子彈的物理學，並提出自己的粗略估計：要有個實用的裝置，只需要一百公斤的鈾二三五。（事實證明這是個高估：廣島原子彈的核心運用將鈾濃縮至百分之八十的鈾二三五，重量大約只有六十三公斤。）

在斯克內克塔迪進行這種高層次審議的經驗，給歐本海默留下的影響比起勞倫斯的責罵更為直接，讓他懂得該放下自己的政治糾葛。這讓他有機會把自己思考多年的理論付諸實踐，而且目的是要參與對付自己認真想對抗的法西斯極權。十一月十二日，他急迫希望讓勞倫斯知道自己不會對任務造成不良影響，於是寫信向勞倫斯保證：「以後絕不會再有任何關於AASW的問題……在這個時機點，我認為絕不會有人想在這個時候弄出一個組織，而對我們手上這項工作造成難堪、分裂或干擾。我還沒有和所有參與者談過，但所有談過的人都與我們有共同想法；所以你大可把那件事拋在腦後了。」

康普頓將斯克內克塔迪會議的結果報告給布許，斷言不用花到一億美元，就能實際製造出「極具破壞力的核分裂彈」，以及以工業規模分離同位素。這是布許首次得到明確的背書，告訴他確實能夠及時研發出原子彈、在這場他知道風雨欲來的戰爭上發揮作用。他在十一月二十七日向羅斯福提出報告，並附上摘要，說明他已經正在集結工程團隊、加速所有必要研究。根據先前的瞭解，除非白宮下令停止，否則事情就會繼續進行。而白宮唯一給布許的回應要等到兩個月後；一九四二年一月十九日，小羅斯福擲回康普頓的報告，並附上手寫附註：「V. B.〔布許〕OK。還給你了，我覺得你最好把這鎖在自己的保險箱裡。」

此時，美國科學界已全體動員。十二月初，布許召集一個小團體，擔任原子彈計劃的民間監督，成員包括有科南特、布里格斯、康普頓、尤里和勞倫斯。康普頓擔任了「S－1」這個新委員會的主席。（布許曾經考慮，但最後放棄把主席交給勞倫斯的想法，認為勞倫斯還是太過多話。他向朱維特透露：「這件事……必須以最嚴格的機密來處理。所以我才對厄尼斯特．勞倫斯這個名字很猶豫。」而如康普頓後來所描述，S－1的任務就是在六個月內確定「是否能製造出原子彈」。如果答案是肯定的，美國就會投入基本上無限的資源，全力把原子彈做出來。在委員會的第一次會議上，他們將最重要的事分配下去。勞倫斯，繼續使用改裝後的三十七英寸迴旋加速器測試磁分離技術；尤里，研發一種基於氣體擴散的分離程序，能夠運用汽化後鈾同位素重量不同的原理；康普頓，建立一支團隊，開始研究實際的原子彈設計。眾人同意兩週後再開會。

那是一九四一年十二月六日，星期六。

康普頓回到他在華盛頓的飯店，為未來六個月寫下了三十萬美元的預算。勞倫斯開車去機場，搭上往柏克萊的航班。他在起飛之前就得到消息，三十七英寸迴旋加速器已經從天然鈾中成功將第一批微量的鈾二三五分離出來。

第二天，康普頓搭火車從華盛頓前往紐約，與從德拉瓦州威明頓（Wilmington）上車的費米會面，並告訴他第一批關於珍珠港事件的雜亂電台消息。科南特已經待在劍橋的家裡，準備與妻子一起迎接學生每週下午四點的下午茶。勞倫斯下了機，回到柏克萊。

格倫・西博格，第九十四號元素的發現者，正在教師會所自己的房間裡休息，聽著美式足球比賽的轉播。但轉播突然中斷，插播了新聞快報。西博格團隊做的研究一直是極機密，不能發表任何研究訊息，而他也立刻明白了這則來自夏威夷、驚天動地的新聞對他們會有什麼影響：「在這之前，我們一直是朝著目標小跑步。但現在要賣命狂奔了。」

CHAPTER

12

跑道形電磁分離器

十二月十八日，珍珠港事件不到兩週後，S－1委員會再次在華盛頓會面，但與十二月六日休會時的心情已經大不相同，未來彷彿蒙上一層陰影，一切都得看那個他們已經承諾加入、可能會帶來最後和平的計劃。

會議上，科南特擔任主席，其他與會者包括勞倫斯、布里格斯、康普頓、尤里和紐澤西州標準石油公司（Standard Oil）的研究主任艾格爾・莫弗瑞（Eger Murphree）。他們的任務是找出最有效生產原子彈核分裂原料的方式，當時共有五個選項，其優劣看來都不相上下。這裡的原料指的是九十四號元素，也就是那種由勞倫斯實驗室所發現、似乎很適合分裂的物質。如果想大規模生產九十四號元素，就需要鈾的鏈反應，但費米當時還沒成功。另外還有四種可能的方法，可以從天然礦石中將鈾二三五提煉出來。這四種方式靠的都是同位素二三五和二三八的重量差異，但都還只是實驗性質，也不確定能否大規模生產，分別是：（1）氣體擴散，將六氟化鈾（uranium hexafluoride，一種高度腐蝕性的氣體，化學家會簡稱為「hex」，既是簡稱，也有「巫婆」的意思）通過一層多孔的屏障；（2）熱擴散，靠溫差誘導同位素分離；（3）電磁分離，不同重量的離子通過磁場會有不同的發散路徑，就能達到分離效果；（4）使用高速離心機。

這時，勞倫斯才讓大家知道放射實驗室在珍珠港事件前一天已經分離出一小部分鈾二三五，讓眾人目瞪口呆。他當時已經對鈾委員會的龜速進展太過不滿，因此將自己第一流的人才從六十英寸和一百八十四英寸的迴旋加速器上拉下來，要求他們負責將三十七英寸迴旋加速器改裝成質譜儀這種電磁裝置，用來分離離子。這項工程的經費來源是放射實驗室的私有經費，以及研究法人基金會私下提供的五千美元，作法其一是將原有的真空槽換成一具匆匆設計成的新真空室，裝上固體氯化鈾來源；其二是裝上新電極，用來電離蒸汽、再將帶電粒子加速通過減壓槽；其三是讓離子化的同位素沉積在收集器上，理想狀況就會因為各自的重量不同而各成一塊。改裝工作已於十一月二十四日完成，第一批離子束在剛好一週後開始能夠打在收集器上，兩道離子束畫出直徑約六十公分的半圓形軌跡，最後在收集器上相隔的距離大約是幾公釐。到了十二月六日，質譜儀已經得到第一批可測量到（雖然還幾乎看不到）的鈾二三五，雖然還不夠純，但已經比自然界濃度高出超過三倍。

勞倫斯在這場會議得到了S－1委員會發出的第一份合約：撥款四十萬美元，研究其電磁分離法以及「以迴旋加速器從事關於特定利益、特定元素的特定實驗。」這裡迂迂迴迴的措辭，講的就是第九十四號元素。S－1隔天再次開會時，將鈾二三五與鈽理論的研究監督職責交給了康普頓。這樣一來，他不只要監督費米在哥倫比亞大學的反應爐研究（委員會已為此撥款為期六個月共三十四萬美元款項），同時也管轄著勞倫斯放射實驗室的質譜儀與鈽研究。

而考慮到兩位科學家各有關注的重點，這種安排本來就容易有衝突。不出所料，一月底便爆發衝突，勞倫斯來到芝加哥，希望將所有關於鈽和同位素的研究（包括原子反應爐）集中到柏克萊。這絕不只是一種對權力的競奪而已。無論是康普頓或勞倫斯，都對於把費米的反應爐研究放在哥倫比亞深感不安。不只是因為紐約更容易遭受歐洲發起的攻擊，也因為該校的資源早因為尤里的氣體擴散研究而左支右絀。只不過，康普頓比較傾向將原子反應爐移到芝加哥大學，一方面芝加哥大學行政部分很願意承擔，一方面他自己身為該校物理學教授，在自己的辦公室就能監督這項研究。勞倫斯則提出反駁，認為放射實驗室的設備支援仍有餘裕，柏克萊也熟習支援這樣的大規模核子研究，相較之下，芝加哥大學完全經驗不足。當然，勞倫斯也覺得自己對於大型研究計劃的管理經驗如此豐富，就算同時監督電磁分離、鈽研究、鏈反應的反應爐，也難不倒他。

康普頓這時總有種感覺，雖然相隔兩地，但勞倫斯似乎就是靠著絕對的意志，意圖取代自己的權威。一直以來，就是由康普頓全權負責原子彈燃料的生產（這是個絕對無法下放的責任），而且他也已經訂出時間表草案。這個時間表開始於確定鏈反應是否可行的最後期限（一九四二年七月一日），結束於組裝起一枚確實可行的原子彈（一九四五年一月）。他決心要堅定回絕勞倫斯，但就在此時，他卻染上極嚴重的流感而處於不利的局面。這場重要對決，最後就發生在他家樓上的病床邊。不知所措的阿爾瓦雷茲也在現場，當時是康普頓將他帶到芝加哥，協助籌畫原子彈研究。阿爾瓦雷茲在這件事上左右為難，畢竟他是在芝加哥接受康普頓的指導而獲得博士學位，但後來他也成為勞倫斯放射實驗室受到重用的成員。但現在他就捲入了日益激烈的爭論核心，一邊是步步進逼的勞倫斯，一邊是臥病在床的康普頓。勞倫斯逼得愈緊，康普頓就擋得愈凶。阿爾瓦雷茲回憶道：「我當康普頓的學生這麼多年，從來沒看過他這麼努力爭取任何事。」最後，康普頓是靠著直接下令解決了這個問題：反應爐搬到芝加哥。

勞倫斯反擊：「你絕不可能在這裡得到鏈反應，芝加哥大學的整體節奏太慢了。」

康普頓答道：「今年年底，我們就會得到鏈反應。」「我賭一千美元你們做不到。」

「賭了。」康普頓說。就在這一刻，他和勞倫斯才意識到，阿爾瓦雷茲這個他們的學生暨門徒，正看著他們最糟糕的一面。勞倫斯突然大感羞愧，說道：「我想把賭注減成一支五美分的雪茄。」

「同意。」

最後康普頓贏了，但一直沒收到雪茄。

只不過，勞倫斯對放射實驗室的能力評估也是正確的。有兩年的時間，放射實驗室幾乎就是處於作戰狀態。在一九三九年九月之前，勞倫斯還希望迴旋加速器不要捲入任何戰爭事務，當時史都華．佛斯特曾經想在多倫多大學建一具軍事用途的迴旋加速器，勞倫斯還勸過他「很難……提出迴旋加速器在戰爭中的具體實際應用。」但等到納粹入侵波蘭、全家又因為約翰在雅典娜號的事件而飽受驚嚇，他放下了疑慮，想出各種方式將迴旋加速器投入軍事用途。勞倫斯經歷過研究經費的起伏，深知政府會是個慷慨的金主，正如他為六十英寸迴旋加速器找到的醫療基金會一般。他開始積極爭取政府大大小小的各種合約，首先就是放射性同位素的生產合約，標準費用是迴旋加速器運作一小時二十五美元。到了一九四〇年夏天，流入放射實驗室的政府資金已經如同滔滔江水一般。

這種趨勢最明顯的影響，就是放射實驗室科學家只要擔任政府顧問，其生活水準就能水漲船高。負責監督使用六十英寸迴旋加速器生產同位素的馬丁．卡門，因為工作壓力高、責任重，得到了政府每年五千美元的高額津貼，對於這位過去得靠著一筆又一筆小額獎助金勉強過日的科學家來說，這筆金額簡直「叫人興奮到昏頭」。對這筆天上掉下來的財富，他立刻拿去買了一把美麗的十八世紀塔西尼中提琴，深怕它來得突然、去得意外。

放射實驗室傳統上撙節開支的習慣也消失了。某天，一向對錢斤斤計較的庫克西把卡門叫到他的辦公室，要他列出化學分析要用的詳細設備清單；而且，不用擔心費用問題。卡門完全照做。他翻閱了一大疊的化學品供應目錄，選得肆無忌憚，就連「帶有鍍金墊圈與磨制接口的波氏分餾裝置」也照買不誤，主要只是因為想知道它長怎樣。這個儀器的價格：一千美元。

卡門把清單交上去，但站在那裡感到不安。庫克西的著名事蹟就是連一美元的請購單也會讓他開上冗長的會議、逐條審查所有項目。「卡門，我覺得你沒搞清楚狀況。」庫克西最後開口：「你不覺得我們應該把訂單增加三倍嗎？」

隨著備戰步伐加速，很快就很難分辨放射實驗室和原子彈計劃之間的界線。有些科學家很能左右逢源，例如格倫．西博格，之後就會發現他的研究是二次大戰不可或缺的研究。

對於即將成就他一輩子職涯的這種化學元素，西博格一直懷抱著尊敬之情。他在四分之一個世紀後寫道：「鈽實在太不尋常，簡直是難以置信。某些條件下，幾乎是和玻璃一樣又硬又脆；在某些條件下，又像鉛一樣既軟又可塑形。鈽如果在空氣中加熱，會迅速燃燒、碎成粉末，如果放在室溫下，則會緩慢崩解……與其他所有化學元素都不同，而且就連少量也極具毒性。」

西博格的早年故事與勞倫斯如出一轍，就是典型的美國移民與同化故事，只不過比起書香世家的勞倫斯，他的成長背景更加孤立、文化也更加受限。他出生於一九一二年，父親席奧多．西博格（Theodore Seaborg）是第一代的瑞典裔美國人，母親賽瑪（Selma）則是出生於瑞典，兩人住在密西根州上半島的依許佩明（Ishpeming），街道沒鋪上柏油，卻被從小鎮地底開採的鐵礦染成紅色。

西博格十歲的時候，父母逃離了機會貧瘠的依許佩明，搬到洛杉磯南部的一個小社區。西博格的父親再也沒能找到穩定的工作，也就讓他的成長過程一直處於困窮，但靠著加州一流的州立大學體系，當地學生可免學費就讀。他在一九三三年取得加州大學洛杉磯分校的化學學士學位（該系幾年前才從洛杉磯市中心搬到西部一個田園景色的新校區），接著去了柏克萊繼續讀研究所，指導教授為吉爾伯特．路易斯。路易斯的領地是在吉爾曼館，但在隔壁老舊的放射實驗室裡，二十七英寸迴旋加速器很快就吸引到西博格的注意力。

對放射實驗室來說，西博格這樣的化學技巧正符合所需。對於物理學家來說，放射性同位素的分離和純化簡直是種捉摸不定的黑魔法；但只要是個化學研究生就能輕鬆做到。於是，西博格除了是路易斯的個人研究助理，也立刻成為放射實驗室裡負責的放射化學專家。命運把他帶到這個位子，同時參與柏克萊兩個最著名的部門——路易斯和勞倫斯，看著兩者交會並推動全世界最振奮人心的研究。

柏克萊科學領域這兩位大人物之間的對比大到叫人不可思議。吉爾伯特．路易斯仍然堅守小科學，在放滿手工吹製玻璃儀器的實驗台上，愉快地抽著黑色雪茄。勞倫斯則是不斷改進他的大科學做事方法，現在已經主要負責管理，而由手下的跨學科成員實際動手。放射實驗室以產業規模運作，研究生輪班維持迴旋加速器全天運行。西博格認為，勞倫斯最出色的地方在於吸引所有領域（而不只是物理學）志同道合的科學家，讓大家都被他的活力所帶動，建立並完善他的偉大發明。沒有勞倫斯，就不會有放射實驗室，也就不可能有一個團隊像這樣集結了物理學家、化學家、生物學家、醫生和工程師的各種知識和技能，形成新的科學典範。

• • •

一如所有同事，西博格忘不了自己首次聽到核分裂消息的那一刻：以他而言，當時正在參加勞倫斯的週一期刊俱樂部。那天，他整晚在柏克萊的街道上徘徊，對這項發現無比讚嘆，同時也在心裡大罵自己，花了這麼多時間做實驗、撞擊鈾、分離出同位素，卻沒發現這個現象。他想像著如果是自己做出這項發現，豈不已經名聲大噪？並一心渴望加入勞倫斯的隊伍，一起向核分裂發動全面進攻。

埃德溫．麥克米倫帶來了這個機會。麥克米倫是放射實驗室的資深科學家，正扮演中堅份子的角色，進行撞擊鈾、記錄反應而研究核分裂的實驗。當時，有一項為期「二．三天」的「活動」（activity，指的是當時研究的同位素的半衰期）特別引起他的注意，因為一般來說，由於核分裂時會放出能量，分裂後的產物會和鈾靶有一段距離，但奇怪的是這項活動和鈾靶仍然非常靠近。也就是說，這種活動不是出自於核分裂，而是其他某些反應，最有可能的是鈾核吸收了一個中子。而如果那個中子衰變成質子，那麼這項「二・三天」的活動想必是出於當時還沒人發現過的第九十三號元素。這也會是史上第一次發現比鈾更重的元素：第一個超鈾元素。

根據物理定律，半衰期「二・三天」的元素一定非常不穩定，也就是說可能迅速衰變成下一個元素（九十四號元素），應該特別容易受到核分裂的影響。麥克米倫最初的觀察結果發現，九十四號元素壽命長得出奇，一方面是種缺點，但在軍事使用上卻也是種優點。同位素的半衰期愈長，放射性就愈弱，要檢測到的難度也就愈高。然而，壽命長、可分裂的同位素（特別是方便與鈾分離而取得的同位素），就可能特別適合製造原子彈。

在他位於教師會所的單身宿舍裡，麥克米倫不斷地談著自己的研究，而住在同一條走廊的西博格深深為之著迷。根據西博格的回憶，兩人幾乎每次見面，「無論是在實驗室、在餐廳、在走廊、甚至是進出淋浴間」，話題都與九十三號元素或尋找九十四號元素有關。當時，麥克米倫正觀察著九十三號元素衰變產物的α射線，試著抓住這種難以捉摸的超鈾元素。他有一天得意地告訴西博格，他已經找到一種發射出α射線的元素，而且排除了是九十一、九十二或九十三號元素同位素的可能。看起來，這正是九十四號元素。

但沒多久之後，麥克米倫卻消失了。

要到六週之後，眾人才得知他的下落：他去了麻省理工學院，進行一項機密的「戰爭計劃」。十一月底，西博格寫信給他，希望在麥克米倫不在的時候加入尋找九十四號元素的計劃。麥克米倫抱持著放射實驗室一貫的合作研究傳統，回信表示自己覺得應該有一段時間不會回到柏克萊（可見他並不相信勞倫斯跟他說只需要在東岸待上「一小段時間」），並表示在這段期間，他很樂意由西博格接手。西博格與當時化學系的新進講師喬瑟夫・肯尼迪（Joseph Kennedy，一個像稻草人一樣瘦瘦高高、帶著北德州緩慢語調的人）合作，向勞倫斯呈上他們的計劃。

對於這項尋找九十四號元素的計劃，勞倫斯十分認真以對。如果找到一種能用化學方式分離的可分裂同位素，或許就能平息外界對於鈾計劃的質疑。除此之外，勞倫斯當然也一如往常地希望能展現出迴旋加速器的特殊之處。如果想找到第九十四號元素，唯一的辦法就是透過強烈、反覆地去撞擊鈾元素，而且只有六十英寸迴旋加速器才有足夠的能量能辦到。有了勞倫斯的支持，西博格的計劃得到了優先使用克羅克撞擊機的許可。

一九四二年一月二十日，西博格已經有了足夠的信心，寫信告訴麥克米倫撞擊已經產生了第九十四號元素的未知同位素。他寫道：「看起來，找到第九十四號元素指日可待」，再提到「除了瓦爾（Wahl）和肯尼迪之外，沒人知道最重要的結果……委員會（也就是布里格斯委員會）會希望我們**極度保密**。」他也在一九四一年一月二十八日寄了一份短論文給《物理評論》，以確保這項發現屬於自己的團隊。他後來回想：「我們當時簡直想從在屋頂大喊我們的發現，但戰爭改變了一切。」根據李曼・布里格斯的保密規則，這篇短論文一直保密到一九四六年四月才公佈。而到那個時候，西博格會發現第九十四號元素的存在是用了「最戲劇化的形式」向世界宣布：在日本長崎上空爆炸。

西博格的下一步就是要測試新元素的核分裂截面，也就是要確定它能否維持鏈反應、適合製成原子彈。在這個新的研究階段，需要對鈾進行大規模的撞擊，以產生足夠的九十四號元素、進行必要的實驗。西博格這時是和逃難至美的義大利物理學家艾米利奧・塞格雷合作，計算出如果用六十英寸迴旋加速器撞擊一點二公斤的鈾、時間達一週，就能產出一微克（百萬分之一公克）的九十三號元素。但進一步計算之後，他驚訝到得暫停一會：經過撞擊的鈾將會極具放射性。對於在克羅克實驗室生產出的放射性同位素，實驗室成員早就習以為常，常常直接拿去郵寄；但如果是這個樣本，絕不能等閒視之，處理的人必須戴上鉛手套和護目鏡，在超過一隻手臂的長度以外來處理。

三月初的一天，西博格和塞格雷用了一隻長桿，掛著一個鉛桶，從克羅克實驗室帶走一項剛撞擊完成的鈾樣本。他們穿著含鉛的防護衣，走過吉爾曼館，橫著走上兩樓，來到一間清空的實驗室。在這裡，他們花了整整三天，透過重複繁瑣的加熱、蒸發、溶解、沉澱和離心，分離出九十三號元素。他們把最後的沉澱物倒進入比美元一角硬幣還小的鉑盤，將液體煮沸蒸發，再將最後的殘留物鋪上一層杜可黏膠（Duco Cement）。這個鉑盤接著被黏在一塊紙板上，標上「樣本A」，等待衰變成九十四號元素。這又花了三週的時間。最後，根據西博格的估計，他們已經得到四分之一微克的九十四號元素。

判斷成敗的時刻來臨：他們把樣本拿到三十七英寸迴旋加速器裡，放在中子束下，等著偵測器發出偵測到分裂的聲響。結果立刻表示明確無誤。後來的測試會讓他們知道，第九十四號元素（在原子核裡有九十四個質子、一百四十五個中子）的同位素二三九，可分裂的程度幾乎是鈾二三五的兩倍（再後來的實驗將結果修正為一點二四，但仍然高於鈾二三五），半衰期則大約為三萬年（實際為二萬四千一百年）。這個時間肯定已經夠長，能提供做為原子彈芯所需的穩定度。據西博格計算，將一般的鈾蛻變為可用化學方式提取的可分裂同位素後，原子彈所需原料的產量可增加百倍。這時是一九四一年五月。大約到了該年年底，麥克米倫以太陽系第八顆行星海王星（Neptune）的名字，將九十三號元素命名為「neptunium」（錼）之後，西博格也緊隨其後，以一九三〇年才剛發現的太陽系第九顆行星冥王星（Pluto），將九十四號元素命名為「plutonium」（鈽）。

•••

珍珠港事件幾週後，亞瑟・康普頓把西博格請到芝加哥深談。

內容簡而言之，就是要問西博格能否想出一套化學程序，能從撞擊鈾所產生出的各種放射性可分裂產物中，將第九十四號元素分離出來？康普頓特別表示，這項研究必須以極快速度完成，而且這項程序還需要能夠擴大到產業量產的規模。沒有絲毫猶豫，西博格就表示自己做得到。他之後會有很多機會，不斷責怪自己這項決定是「一個年輕人不想承認可能的失敗，而且也太過無知，沒料到計劃的最終影響，甚至對大規模量產的複雜之處也缺乏經驗，而冒然表達出的信心。」布許和科南特都警告康普頓，當時鈽的分離程序還尚未經實驗證實，這會是場冒險的賭注。

但康普頓堅守了他的立場：「西博格告訴我，在鈽形成後的六個月內，他就能把它用來製造原子彈。」

科南特不屑地哼了一聲，說道：「格倫．西博格確實是個很有能力的年輕化學家，但並沒好到那個程度。」

但他就是到了那個程度。等到確定生產方法之後，西博格的完工日期還比截止日早了四個月。

• • •

得到S－1的四十萬美元合約之後，放射實驗室的規模迅速擴大。早在一九四一年初，成員就已逼近百人。過去，整個實驗室就像是由勞倫斯這位父親看顧的緊密團體，但這種感覺正在逐漸消失。卡門參加了當年的放射實驗室耶誕派對，發現派對上有幾十個人他都不認識，就在給麥克米倫的一封信裡哀嘆「這沒有大夥混在一起的感覺。」為了容納不斷增加的成員，勞倫斯已經要了勒孔特館所有的空房間，並在史普羅爾的許可下，完全接收柏克萊新建的教學大樓，正式指定為「新教室大樓」。（後來會命名為杜蘭特館，以紀念柏克萊的第一任校長。）卡門不認識的那些人裡面，也有一些是過去的放射實驗室成員，受勞倫斯召喚而從康乃爾大學、普林斯頓大學、聖路易華盛頓大學、西屋、奇異回歸，協助他改善以電磁法分離鈾二三五。

只要需要人手，勞倫斯幾乎是看上了就會招進來用，就像是好萊塢的星探，看到路邊賣汽水的女孩，就會把她捧成巨星。像是管理一百八十四英寸迴旋加速器建造的事，他就交給了柏克萊的哲學教授埃德・史特朗（Ed Strong），勞倫斯還曾經用自己的諾貝爾獎金幫他出房子的錢，算是非正式投資加州房地產的一種方式。不過就在某天晚上，史特朗講到自己蓋房子監督木工、水管工和電工的經驗，勞倫斯就開車把他送他上山、去了放射實驗室的工地。在那時，新迴旋加速器重達四千五百噸的磁鐵仍然是全世界最大的磁鐵，也仍然就在露天吹風淋雨，而其他組件則裝在巨大的箱子裡。勞倫斯解釋道：「我需要有個人，一方面可以和技師合作、講他們的話，一方面又不會被物理學家和工程師欺負。」在戰時的那幾年，史特朗就將會負責監督建造全世界上最大的科學建築。但等到戰後，他拒絕勞倫斯請他繼續擔任實驗室經理的提議，又回去繼續教他的黑格爾和馬克思。

從興建二十七英寸迴旋加速器之後，勞倫斯終於再次踏入了一個新的世界。那些第一次和他合作的人，立刻就能感受到他的自信，至於那種急迫感就更不在話下了。就算是凡尼瓦·布許，一輩子身邊都是卓然有成的科學家，但在一九四二年二月來訪的時候，也感覺到這裡的實驗室充滿著「刺激」和「清新」。

實驗室與政府的關係日益緊密，最大的缺點在於保密的負擔日益沉重。布里格斯原本只是禁止發表與核分裂有關論文，但很快就擴大到全面禁止在實驗室外討論這項主題。對於這些日益嚴苛的限制，這些科學家一開始的反應還有點搞笑。西博格團隊開始把第九十四號元素稱為「銅」，結果過了幾個月，設備上真的需要用到銅的配件，只好把真正的銅稱為「對神老實的銅」。這些科學家就是不能提到鈾或鈽。（莫莉·勞倫斯後來也回憶道：「就我所知，鈾就是個我不該去提的髒話。」）最後，他們決定用代碼來指稱這些元素，有的是依原子序數（例如鈾就是「九二」、鈽則是「四九」），有的是依同位素重量（例如鈾二三五被稱為「二五」、而鈽二三九被稱為「四九」）。在戰爭期間，最後就是用這套代碼。

勞倫斯還記得，放射實驗室在一九四〇年發表關於原子的研究論文時曾受到考克饒夫的譴責，這次很快就適應了軍事保密的要求，其中包括新上任的原子彈計劃負責人萊斯利·格羅夫斯將軍（Leslie Groves）要求採行「權限劃分」制度，所有科學家只能得知執行手中特定研究所需的知識。然而對於政府安全官員來說，這並不代表勞倫斯總是能遵守保密，特別是對於那些他認為不可或缺的放射實驗室成員。等到戰爭都已經過去多年，當時格羅夫斯的安全負責人約翰・蘭斯代爾（John Lansdale）中校還在抱怨：「我們在勞倫斯那裡遇到的人員問題，比隨便另外找四個人加起來的還要多。」他特別提到一九四三年八月與羅西・洛曼尼茲（Rossi Lomanitz）的對比；洛曼尼茲是個二十一歲的放射實驗室物理學家，同時屬於勞倫斯和歐本海默門下。勞倫斯希望讓洛曼尼茲負責柏克萊的電磁分離研究，但安全人員不同意，他們認為洛曼尼茲是個危險的左派，希望能把他派去從軍，就能輕鬆把他踢出敏感的核子研究。勞倫斯要求和蘭斯代爾當面對談，以決定洛曼尼茲的命運。那次會面並不愉快。蘭斯代爾回憶道：「對於我們把洛曼尼茲從他身邊抽走，勞倫斯大吼大叫，聲音比誰都大。」但最後，軍方計謀得逞，拿到了想要的人。

勞倫斯對原子彈計劃保密的應對方式，很快就讓他的生活中到處充滿壓力和安全人員。馬丁・卡門就表示：「他後面那些年沉重無比的責任，讓他對人的態度變得強硬，也更加懷疑別人的動機。」

隨著勞倫斯對安全事務的態度日趨嚴格，卡門是最大的受害者，因為他不但失去了在放射實驗室的工作，甚至可說是失去了整個職涯。雖然卡門的研究成果十分重大（發現碳十四），而且也因為他孜孜管理著放射性同位素的生產，而讓放射實驗室在供應研究材料方面有著可靠的聲譽，但他從來不算是勞倫斯核心圈子裡的人。卡門是個化學家、而不是物理學家，他在智識的傾向更像是歐本海默，而不像是勞倫斯。他很有音樂天份，在舊金山與他口中「令人興奮的一群左派知識分子和享受生活的人」往來密切。此外，他是猶太人；雖然勞倫斯並不反猶太，但或許是因為成長背景就是種族同質的鄉村社區，而讓他對種族差異變得過度敏感。勞倫斯在巴特爾研究所任職的朋友亞歷克斯．艾倫於一九三七年負責招聘，勞倫斯向他描述卡門：「他是猶太人，當然對某人來說這會有點問題，但就他來說不該是個問題，因為他絕沒有那些非亞利安人的特徵。他真的是個很好的人。」（我們並不知道艾倫最後是否給了卡門一份工作，但總之卡門最後是留在柏克萊。）

到一九四三年初，卡門的社交關係讓他被軍方安全人員給盯上。他發現自己的家用電話遭到竊聽，自家也有安全人員密切監視，但躲藏技巧實在有待加強：他們會坐在汽車前座，一坐就是幾小時，而且引擎還一直運轉。雖然受到監視，卡門還是覺得自己的社交活動沒什麼好在意的。一天晚上，他和當地的蘇聯副領事格雷戈里．奇菲茲（Gregory Kheifetz）一起用餐。他們是在小提琴家艾薩克．史特恩（Isaac Stern）家裡的派對上認識的。當晚是奇菲茲請客，感謝卡門為某位蘇聯外交官安排到約翰．勞倫斯的實驗室醫治白血病，但這件事在國安人員眼中絕沒有這麼簡單。在那頓晚餐後不久，庫克西把卡門叫進他的辦公室，他臉色慘白，無言地把一頁打字文件交給了卡門，那是要他立刻離開放射實驗室的命令。卡門再也無法回到放射實驗室。

當時，基本上所有學術實驗室都是承接美國政府合約，於是卡門完成找不到研究職位。最後，他在整個戰爭期間就是在加州里奇蒙（Richmond）附近的凱瑟（Kaiser）造船廠擔任檢查技師。有許多年的時間，這位化學家對勞倫斯深懷怨懟，因為勞倫斯顯然把解僱他的事完全丟給庫克西，而且在這期間刻意沒進放射實驗室。卡門向歐本海默抱怨：「勞倫斯覺得我向俄國人透露了些什麼，但除非他自己想過要做這種事，否則我根本無法想像他怎麼可能相信這種荒謬的事。」卡門的職涯一直要等到和平來臨才撥雲見日，得到時任聖路易華盛頓大學校長的亞瑟・康普頓邀請，前往該校監督興建迴旋加速器。根據後來傳出的消息，康普頓打電話給勞倫斯打聽卡門，結果得到熱烈推薦，並保證「卡門對美國的忠誠毫無疑問」。

這些安全限制也對勞倫斯的私人生活造成壓力，除了因為他的職責不斷擴大而有了新的行政考量，也因為他沒什麼人可以吐露這些工作上的重擔。面對同樣壓力的有亞瑟・康普頓，但他習慣和太太百無禁忌地討論自己的研究，因此安排讓太太也接受背景審查，得到安全許可後就能繼續討論；至於西博格，才剛與勞倫斯的秘書海倫・格里格斯（Helen Griggs）新婚，因為她得負責幫放射實驗室科學家的技術報告打字，在戰前便早已通過審查而得到安全許可，現在也省了這個麻煩。

相較之下，勞倫斯本來在家裡就不會談研究的事，現在情勢比過去更為敏感，他當然也不會想在這個時候開始談。但這樣把事情悶在心裡的結果，就是讓他更為疲勞、精神緊張。他這時幾乎總是在出差，忍受著他深惡痛絕的飛行，只是為了能從這場會議趕到另一場會議；自從結婚以來，這是勞倫斯和莫莉第一次沒能一起過感恩節和耶誕節。他最接近讓她知道自己在做什麼的事，是讓她看自己的行程停靠站列表，但只要她一問為什麼他要去某個地方，他只會說：「這不關妳的事。」她回憶道：「所以我最後就不再問了。」

• • •

正如勞倫斯所預期，質譜儀操作員的技能隨著經驗而大幅提升，也讓設備的表現大為改進；到一月中旬，設備運作九小時，就能產出十八微克濃縮至百分之二十五鈾二三五的鈾。這樣的一份樣本大概只有一粒砂子重量的千分之一，但其中鈾二三五的濃度是天然鈾的三十四倍。在一個月後，放射實驗室已經有了二百二十五微克濃縮至百分之三十的鈾二三五。這批樣本分成三份，而其中的兩份，一份送往康普頓原子彈計劃在芝加哥的實驗室，名為「冶金實驗室」（Metallurgical Laboratory，簡稱 Met Lab），一份送往歐力峰在劍橋大學負責的英國政府鈾研究計劃。

勞倫斯還是繼續向前邁進。雖然他的工作人員還在熟悉第一代分離器，他的腦中已經開始勾勒下一代的分離器了。新分離器的形狀像是字母C，才能容納路徑是半圓形的離子束；

新的真空槽比較小，也就更容易維持真空，至於離子源的強度則比原本強了十倍。這次的升級還採用了新型的同位素收集器，形狀像是一個有隔間的盒子，每種同位素都有獨立的隔間，並且使用水冷機制，避免因為高能量離子束的撞擊而熔化。這時，勞倫斯的實驗室幾乎完全是為政府工作，而為了感謝加州大學的寬容，勞倫斯把這個新設備命名為「calutron」（加州大學同位素分離器，以下簡稱加州大學分離器）。

把這個新分離器裝上三十七英寸質譜儀才短短幾天，加州大學分離器的表現就已超出勞倫斯的預期。他打電話給布許通知這項消息，雖然是透過長途電話，但布許還是深深感受到他的興奮熱情，於是快速發了一份短箋給羅斯福，指出「有這種可能，只要到一九四三年夏天（十五個月後），就能生產出數量足夠的原料。」也就是能將康普頓的時程表提前六個月。

而且，勞倫斯的腳步並未停下。到當時，加州大學分離器的產量還很小，運作也不完全可靠，但勞倫斯已經打算換掉十毫安的離子源，把功率增加十倍。就連這件事，也只是通往更遠大目標的墊腳石。既然證明了加州大學分離器可以用在三十七英寸迴旋加速器，他已做好準備，要為戰爭獻上他皇冠上的寶石：為了硬漢迴旋加速器所訂購的四千五百噸磁鐵，當時仍然獨自站在校園上方的山坡。

一百八十四英寸迴旋加速器的計畫原本要求磁鐵工程在十一月完工，但隨著戰爭到來，完工日期已經延後。現在勞倫斯發起緊急計劃，將它改裝成一具巨大的質譜儀，包含數具加州大學分離器，各具分離器又各有多具離子源與收集器。他的目標是希望證明，透過電磁分離，能夠以工業規模來生產濃縮鈾。

勞倫斯估計，改裝工程需要大約六萬美元，主要是為了全天輪班的人力經費。凡尼瓦·布許對這筆花費有所猶豫，認為這項設備最後仍會是加州大學的財產，不該花上政府這麼多錢。於是勞倫斯轉而求助於他最新、也最富有的私人贊助者：洛克菲勒基金會。他請求在華盛頓與華倫·韋弗召開緊急會議，他表示雖然無法提前透露會議內容，但如果韋弗想要完整討論，他可以安排韋弗接受審查、取得政府的安全許可。韋弗拒絕了，他說：「別跟我講任何機密。」反正他也猜得到這場會議的大致原因。「除了需要錢，你還會找我做什麼？」

勞倫斯對韋弗的手法，很類似於他為麻省理工放射實驗室找人的作法：他需要基金會協助完成某項十分重要、但他無法透露的計劃，能依靠的只有他過去的紀錄和名聲。韋弗把這項根本不知內容的要求提給了雷蒙德·福斯迪克，假裝這項經費申請是「用於加速巨型迴旋加速器的建設，以及購買某些相關設備。」後來福斯迪克回憶當時情形，提到受託人感到很疑惑，為什麼柏克萊才剛收到該基金會史上最大規模的一筆補助，沒多久卻又需要追加經費，而基金會提出的理由是「這項需求十分緊急，但無法具體說明。所以，這六萬美元能投票通過，純粹是因為信任。」

一直要到原子彈已經投下，勞倫斯才向福斯迪克透露實情。這件事被福斯迪克稱為「洛克菲勒基金會在原子彈研發過程所扮演的重要角色。」而在董事會上，受託人發現自己無意間資助研發了一項大規模殺傷性武器，他們並不視為是值得自豪的事。福斯迪克在該基金會的官方記載中並不樂意地提到：「在基金會的整個歷史上，從未為任何破壞性目的提供補助，而此等致命武器更不在話下。」

這項緊急工程於五月底完成，草莓峽谷附近蓋起了一座巨大的圓形建築，原本是為了容納全世界最大的迴旋加速器，但現在成了另一項截然不同計劃的總部。與勞倫斯在柏克萊過去的幾棟建築相比，這棟新建築可說是寬敞到令人難以想像，但裡面活動日夜川流不息，於是仍然顯得擁擠狹窄。各種加工車間、一列又一列的重型電器設備，都沿著彎曲的內牆放在一樓，面對著足足有兩層樓高的拱形磁鐵。二樓設有辦公室和會議室。磁鐵的兩個極面直徑大約有四點五公尺，相距約一點八公尺，能夠容納至少兩個背靠背排列的C型真空槽。C型真空槽的兩臂朝外，操作員可以坐在凹形空間內，移動、傾斜、推入或抽出各個離子源、電極、加熱器和收集器；凹形空間裝有耐真空觀察窗，能夠監視離子束的狀況。

在這之後，只要磁鐵一通電，整棟建築物就處於強大的磁場之中。加州大學分離器以每天二十四小時，不斷運作。一位剛從康乃爾大學聘來的年輕新人比爾．帕金斯（Bill Parkins）還記得「我們都知道不能戴手錶或帶鑰匙」，但光是磁鐵對鞋釘的吸力，就讓他像在泥地裡拖著腳走路。工人用的工具都得用無磁性的鈹和銅合金來打造，只不過偶而還是會不小心在磁場範圍內落下一根鐵釘，結果就是像流彈一樣打上極面上，發出金屬敲擊砰地一聲。至於某些大型鐵製器具，像是杜瓦瓶（Dewar flask）這種用來儲存液態氮的金屬真空罐，就必須用鎖鏈好好拴住。而在這棟磁鐵建築的頂樓，則有一張沙發，長時間輪班的工作人員可以去打個盹；而樓下嗡嗡作響的龐然大物會產生熱氣，就能驅走柏克萊夜間山坡上的涼意。

從春天到夏天，勞倫斯等人都不斷調整著設定，而科南特和布許則是不斷催促加快進度。五月二十三日，科南特將各個計劃的負責人（勞倫斯、布里格斯、康普頓、莫弗瑞、尤里）全部召集至華盛頓，希望能夠確定選用其中一兩種分離法，並放棄其他選項。而在這幾天之前，他向布許大致表達了自己將向這群競爭激烈的專家提出怎樣的最後通牒：他們必須判斷「若擁有足夠數量的新武器，是否能成為這場戰爭的決定因素。」如果答案肯定，重點就會放在速度，而巨額的資金也將流入。但如果是否定的，就算有了幾十顆原子彈，也「無法實際決定，而只是有助於戰勝」，那麼就無須急於求成、無須倉促投入經費，甚至可能完全無須進行戰時的原子彈計劃。

就某種程度上，科南特只是在擺擺樣子，因為華盛頓和科學界愈來愈擔心德國可能製造出原子彈，如果真是如此，無論成功的前景如何，同盟國對此的努力都勢在必行。引發這種憂慮的原因之一，在於有消息指出納粹佔領了挪威的一處重水廠，唯一的可能就是敵人正在建造原子反應爐，需要有重水做為慢化劑（費米在決定選擇石墨之前，也考慮過以重水來控制中子)。而這也表示納粹已經發現了鈽,打算像同盟國一樣用反應爐來大量製造。當年春天的早些時候,尤金・維格納已經向康普頓刻畫出一幅可怕的場景:如果納粹得知九十四號元素的資訊,可能只需要兩個月,就能在重水反應爐裡製造出六公斤的九十四號元素,也就能在一九四二年底就製造出六枚原子彈,比康普頓預計同盟國製造出原子彈的時間快上兩年。我們後來會知道,納粹的原子彈計劃其實從未真正上路;但顯然當時並無法得知這種消息。

雖然情勢緊張,但想要決定該選擇哪種特定分離程序,科南特註定只能大傷腦筋。這四種鈾濃縮的方式(電磁分離、熱分離、氣體擴散、離心機),並沒有哪項明顯優於其他選項,也就無法排除其中任何一項。費米此時尚未得到鏈反應,因此鈽的供應還是有問題。然而,想讓所有選項都全速進行,就意味必須投入數億美元,而這件事也令人想到就害怕。

雖然如此,其中有一種確實看來希望更為明確:勞倫斯的方法。他維持著一貫的夸夸其詞,在報告時表示大磁鐵的第一個加州大學分離器將在三週內開始分離鈾同位素。他承諾到九月將能每天生產出四克的鈾二三五。而且他相信,在科技可行的範圍內,每天應該有能力生產出一百克。假設加州大學分離器能濃縮生產出百分之八十的鈾二三五(雖然這在當時還遠遠超出其能力),只要一年,就足以生產出一個三十公斤原子彈所需的原料。

科南特夠瞭解勞倫斯,有信心他並不是在說空話。他迅速考慮了一下,是否要讓美國政府押寶押在加州大學分離器上。然而，這無異於要求勞倫斯把他的夸言給實現：勞倫斯承認，根據當時的發展水準，加州大學分離器雖然可以快速生產濃縮鈾，但數量非常少。究竟能否單純靠這項計劃來承擔完整的原子彈計劃，仍有諸多疑慮。至於科南特，對於這些科學家無法決定採用哪種分離法而大感不悅，只好決定投入八億七千萬美元，讓四種方式都能試行。

那年夏天，放射實驗室繼續改進加州大學分離器的設計。最重要的一項改進是調整磁場，讓離子束更銳利；從最早幾代的迴旋加速器就已經有這種磁場問題，而且到現在還是使用同樣的方式來解決：調整金屬墊片的排列來為磁場「塑型」，就像是調整光學鏡頭，好讓進入相機的光線能夠聚焦成清晰的影像。八月十三日，S－1會議在勞倫斯的柏克萊主場舉行，他也再次對放射實驗室的進展做出大膽宣言，表示加州大學分離器只剩下工程設計問題（這個藉口他已經用了幾十次）。與其他方法相較，電磁分離已經拉大了研發的領先優勢。就其方式而言，要用氣體擴散和離心機來大規模生產鈾二三五，雖然理論上似乎可行，但都還有未能解決的技術問題，到當時也尚未生產出任何鈾二三五。尤里所負責的氣體擴散方式，主要障礙在於要依賴六氟化鈾氣體，這種氣體完全配得上它「巫婆」（hex）這個暱稱的名聲，不論用什麼物質來隔擋都會遭到嚴重腐蝕。至於離心機的方式，則是由勞倫斯在維吉尼亞大學的老朋友傑西．比姆斯負責，但濃縮鈾的產量始終不如預期；最後這也會是第一個被淘汰的方式。一開始，原子反應爐本來應該很值得期待，但費米在康普頓的命令下，只能心不甘情不願地搬到芝加哥，導致這時候還在建造原型。

所以，最後關鍵的問題只剩下電磁分離的產量，要判斷能否製出超過一枚鈾彈的核心。勞倫斯當時還是無法確定。他再次建議科南特保留其他選項，而不要「只選一匹馬來跑完長程，因為在我看來，很有可能其他方式最後會證明是更好的選項。」與此同時，他也完成了一項加州大學分離器大規模的廠房設計，要在巨大電磁鐵的磁極之間放上一整排的真空槽，排列成巨大的橢圓形。每個橢圓形裡會有九十六個真空槽，各有兩個背靠背的加州大學分離器，能夠以一百八十度的弧形發射鈾離子，從離子源到收集器的半徑約一百二十公分。在放射實驗室，這項橢圓型的設計後來被稱為「跑道型電磁分離器」（racetrack）。雖然勞倫斯一開始有所懷疑，但最後就是這項設計生產出炸毀廣島的原子彈燃料。

CHAPTER 13 橡樹嶺

一九四二年六月，凡尼瓦・布許批准購買一塊面積五萬兩千英畝的農村土地，距離田納西州諾克斯維爾（Knoxville）大約四十公里。那是一個狹長而平坦的山谷，兩邊都是樹林繁盛的山脊，一方面已經夠遠，能做為製造原子彈等級濃縮鈾的祕密基地，但一方面也和田納西河流域管理局的電廠夠近，能得到所需的巨大電力。

要準備這個基地，需要大量的建設、整地，並將過去只有乳牛在走的野徑整理成四線道公路。最後把負責完成收購及準備基地的任務，交給了美國陸軍工兵團（US Army Corps of Engineers），但工兵團有些猶豫，認為在S－1委員會選定該使用哪種濃縮鈾技術之前，並沒有必要去收購土地、更不用談施工事宜了。

一九四二年八月底，布許警告陸軍參謀長喬治・馬歇爾與戰爭部長亨利・史汀生，再這樣拖延，有可能會妨礙一項炸彈計劃，而這項計劃已經得到「我認為是一群全球頂尖科學家」的一致背書。他嚴厲的措辭，終於讓計劃立刻啟動。當時是由布里恩・薩默維爾（Brehon

Somervell）將軍率領工兵團，這項計劃也暫時以「替代材料研發」（Development of Substitute Materials）為名，簡稱DSM計劃，直接交給工兵團的曼哈頓工程區（Manhattan Engineer District，簡稱曼工區，位於百老匯大街二百七十號）負責；至於負責人也是薩默維爾最信賴、做事最有效率的手下：萊斯利．格羅夫斯上校。曼哈頓計劃（Manhattan Project）就此誕生。

格羅夫斯的父親是軍隊牧師，而他則畢業於西點軍校，體重接近一百四十公斤，但並不為此而有半點羞愧。他在前一年才接下興建五角大廈的任務，還因為勞工問題、物資短缺、成本超支、惡劣的工作環境，讓他吃了苦頭。但他還是在八個月內就蓋出了全世界最大的辦公大樓。格羅夫斯後來開玩笑表示，在他終於完成這項既複雜又引發各種爭議的工作之後，「我本來希望能夠去前線戰場，好讓我能找到一絲平靜。」

格羅夫斯在接下原子彈計劃之後升為准將，於九月十七日前往布許的辦公室。布許在此時才知道自己多了一位來自軍方的夥伴，並對於自己竟然不知道這項任命而感到十分憤怒。面對格羅夫斯唐突地詢問計劃目前的狀況，布許先是躲避問題，並立刻寫了一封帶刺的信給史汀生的助手哈維．邦迪（Harvey Bundy）：「我和格羅夫斯將軍短暫見過面後，很懷疑他是否有足夠的機智能完成這項工作，我擔心我們已經陷入困境。」

他很快就改變了想法。原子彈計劃最緊要的兩項要求，第一是收購田納西州的土地，第二是確保有最高優先等級，而兩件事都已經拖上了四個月。格羅夫斯才接手短短四十八小時，就把這兩件事都給解決了。

三週後，格羅夫斯到了柏克萊。他來到放射實驗室的時候，對電磁分離技術還很懷疑；由於他的技術顧問是來自石油業，對氣體擴散技術較為熟悉，也就讓他一直認為氣體擴散會是更佳的選擇。然而，他們當時還沒體認到六氟化鈾的棘手之處，又或者說，他們也還沒體認到勞倫斯那種會給人帶來深刻影響的個性。

勞倫斯帶著格羅夫斯參觀放射實驗室，展示運作中的加州大學分離器，一路上舌燦蓮花，講著分離器的諸般優點，讓將軍完全被打動。格羅夫斯在心中把勞倫斯與他拜訪過的其他計劃負責人加以比較，認定了勞倫斯是最有能力的一位。勞倫斯作為大科學管理者的經歷，讓他一眼就能看出如何把某種程序從原型拉大規模到實際的生產。而就他們的計劃而言，時間太過緊迫，並沒有餘裕能夠事前測試各種程序，就得要設計、建造許多大規模的工廠；勞倫斯的天份在此至關緊要。在與勞倫斯相處幾天之後，格羅夫斯認定他的處理程序是唯一展現出有能力生產相當數量之鈾二三五的技術。十一月五日，他要求勞倫斯依據現有的加州大學分離器，規劃出一個巨大的電磁分離廠，而且這項設計必須一次到位，才能交給民間的商業製造業者，開始生產、準備安裝。這間核武工廠代號為Y－12，面積廣達八百二十五英畝，將位於田納西河谷這塊新聯邦公用地的東南端。而在距離約八公里之外，還會蓋出一片住宅區，以容納工作人員。這個社區就是後來的橡樹嶺（Oak Ridge）。

• • •

格羅夫斯來訪柏克萊的期間，還有另一件重要事件：他第一次見到了歐本海默。

自從六月得到亞瑟．康普頓欽點監督原子彈設計的理論研究之後，歐本海默就待在他柏克萊的研究室，和一小群能夠信賴的同事共事。羅伯特．賽伯就是其中一位，也因此目睹了格羅夫斯剛聽完勞倫斯的簡報、由副官肯尼斯．尼科斯（Kenneth D. Nichols）上校陪同走進房間時的情景。賽伯回憶道：「格羅夫斯走了進來，解開外衣、交給尼科斯，說『把這拿去，找間乾洗店，把衣服弄乾淨。』就這樣，把一位上校當打雜的使喚，這就是格羅夫斯的做事方式。」

歐本海默看到了軍方的下馬威，但他並沒因此受到影響。接下來的幾個小時，他就學術層面好好地和格羅夫斯討論了原子彈設計的挑戰。格羅夫斯後來回憶當時，自己的顧問群曾告訴他原子彈可以「在很短的時間內，不用太多有能力的人，就能設計和製造完成」，只要二十個科學家、花上不到三個月就可能成功。但他一直覺得這是種「樂觀到危險」的想法，也一直希望有人能證實自己的直覺。歐本海默提供了這項證實，警告仍有許多理論和技術上的問題有待解決；如果真的希望這項武器能對戰爭發揮影響力，就該立刻投入設計工作。

於是格羅夫斯要求歐本海默一週後與他同去芝加哥，做進一步討論。兩人在芝加哥搭上開往紐約的二十世紀特快列車（20th Century Limited），和尼科斯一起擠在一個搖搖晃晃的小包廂裡，討論如何成立一間原子彈設計實驗室；尼科斯回憶當時，他們談著「設定組織、建造所需設施……還有解決一些預料會碰到的問題，例如要招聘科學家，請他們必須待在地處偏遠的實驗室。」

格羅夫斯一開始想過要請勞倫斯負責原子彈實驗室，但最後決定讓他繼續監督關鍵的電磁分離研究。在其他可能的候選人中，芝加哥不能沒有康普頓，而哈羅德·尤里是個化學家，無法管理物理實驗室。等到歐本海默在水牛城下了火車而準備回到西岸，格羅夫斯已經認定他就是最佳人選。

然而，格羅夫斯確實也還有幾項擔心之處：歐本海默並沒有行政經驗，而且也沒得過諾貝爾獎。在格羅夫斯看來，沒得過諾貝爾獎，應該會讓歐本海默少了點做為計劃負責人該有的科學聲望，但他顯然不知道歐本海默在物理界早就是個響噹噹的人物了。還有一個問題，是歐本海默的左派背景。當時，曼哈頓計劃的安全部門還不是完全由格羅夫斯掌控，他們認為歐本海默習慣涉入政治活動，因而拒絕他參與戰時研究。為了解決這項障礙，格羅夫斯找上了勞倫斯，而勞倫斯不但提出熱情洋溢的推薦，還寫了一封信，希望消除格羅夫斯的所有疑慮：「我認識羅伯特·歐本海默教授已有十四年，他是我學校的同事，也是親密的好友。我很高興能致上我最高的推薦，他學養豐富，品格出眾，個性和善，誠信也無庸置疑。」

勞倫斯進一步向格羅夫斯保證，如果歐本海默未能完成任務，他會親自介入協助。有了這項強力後援，格羅夫斯命令曼哈頓計劃的安全部門「不論手中關於歐本海默先生的資訊顯示如何」，都必須給予必要的許可，並任命由他率領沙漠實驗室，也就是後來的羅沙拉摩斯。

•••

格倫．西博格在一九四二年四月十九日星期天抵達芝加哥，接受康普頓的任命。那天颳著大風，而且是他三十歲生日。他知道前方的挑戰將十分艱辛，因為他和同事就算用上了顯微鏡，也看不到半點第九十四號元素的跡象。這項研究如他所言，是「要用看不見的天平，秤著看不見的物質。」科學家想判斷鈽究竟是否存在，唯一的辦法就是判讀它的微量放射性特徵；這裡的科學不是靠觀察、而是靠推論。

康普頓把西博格的小組命名為C－1組，並把芝加哥大學赫伯特．瓊斯實驗室（Herbert A. Jones Laboratory）的四樓撥給他們使用。這個地方有著老舊的長凳、水槽和通風櫥，讓西博格想起大學時代傳說鬧鬼的實驗室。但他現在是計劃負責人，首要的任務就是要找人填滿團隊空缺。他學著勞倫斯的招聘手段，尋找過去同學和同事裡面的好手，告訴他們這裡有個計劃，絕對會是一生難得的機會，至於內容？他現在就是不能說。像是有一位當時在石油企業工作的大學朋友，西博格知道他過得並不開心，於是寫信給他，提到：「很遺憾，我並不能向你透露這項工作的性質，但是……你應該可以猜得到。我們要解決的，是我碰過最有意思的問題。」

事情說不上是順利。西博格雖然有勞倫斯的活力和熱情，但少了勞倫斯的名聲，光靠著神神祕祕的呼喚，並不能總是讓對方相信他、放下一切、搬到芝加哥去參加一項為期不明的計劃。但不論如何，他還是在五個月內集結起了一支二十五人的團隊；在他抵達的一年後，規模擴大到五十人，而在極盛期更高達百人。

他們的主要目標，就是不斷撞擊鈾靶，取得足以用於研究的鈽。這裡有兩種方法可選：迴旋加速器產生的中子束，又或是有鏈反應的原子反應爐。然而，用迴旋加速器所產生的數量實在太少。根據西博格計算，靠著撞擊鈾靶，每週只能生產出一微克的鈽，得花上兩千年，才能製造出一公斤的第九十四號元素。鏈反應爐會更有效，但當時仍然只存在於理論之中，費米最新設計的原型每次核分裂所產生的中子不到一個，絕對只能說是失敗。而且就算已經能夠啟動並維持鏈反應，接著才是艱難的主要任務：從極高放射性的物質裡萃取出鈽（濃度為二五〇ppm，也就是每噸的鈾只能生產出二百五十克的鈽）；而且因為放射性太高，操作時都得有緻密混凝土牆隔絕。

幸運的是，西博格這個時候並不需要有一公斤的鈽，只要幾微克就行。為此，聖路易華盛頓大學的迴旋加速器（也就是康普頓前往芝加哥大學之前所興建的那一具）就能辦到。西博格團隊徵用了這具迴旋加速器，開始每天二十四小時撞擊鈾。在接下來的十八個月裡，這台機器不知疲倦為何物，總共生產出千分之二克的鈽，大約是一粒鹽的大小。監控這項研究成了西博格的日常，期間只暫停了一次：他迅速前往柏克萊、接了即將成為他新娘的海倫．格里格斯，兩人在內華達州塵土飛揚的小鎮皮奧奇匆匆舉行婚禮，並在火車站二樓的飯店房間裡渡過新婚之夜。接著，這對夫妻搭上火車，前往芝加哥。抵達後不久，第一批放射鈾從聖路易以卡車運達：足足有三百磅（一百三十六公斤），裝在木板箱裡，並有鉛磚做遮蔽。有些箱子在途中震開，高放射性的鈾灑在卡車車廂裡；西博格建議助手戴上橡膠手套來清理這些碎屑。等他們把貨物拖到樓上的實驗室，先是放置冷卻一週，才開始繁瑣的還原、氧化、沉澱和萃取過程。

八月二十日上午，出現突破。西博格的微量化學家使用氫氟酸來還原撞擊產物製成的溶液，發現出現了微量的粉紅色物質沉澱：這正是純鈽二三九。正如西博格在期刊文章所述，這是人類第一次以肉眼見到鈽，而且事實上是第一次以肉眼見到任何人工合成元素。他寫道：「我相信，我當時的心情就像是剛當了爸爸一樣。」自從他和喬瑟夫．肯尼迪在樣本裡找出九十四號元素的 α 射線特徵，時間已經過了二十個月。這時，費米的鏈反應爐還在艱苦地醞釀，他們只知道，這是在幾個月、甚至幾年之間唯一能看到的鈽。

那一天，從白天到晚上，冶金實驗室的同事湧入瓊斯實驗室四〇五室，用顯微鏡觀察這個粉紅色的斑點。幾週後，格羅夫斯將軍也被帶上樓，讓他親眼看看這個鈽的樣本。他把眼睛放上了顯微鏡，研究人員小心翼翼把樣本放上載玻片。

格羅夫斯咆哮了起來：「我什麼都沒看到，等你能給我看到幾磅的這玩意，我才會有興趣！」

•••

格羅夫斯要求提出加州大學分離器最終設計的命令，最後只得到最大略的規格，而且也只適用於最早一批要運到橡樹嶺安裝的裝置。這種情況本就難以避免，因為分離程序還太新，即使Y－12核武工廠已經動工，在還沒有放射實驗室持續實驗所得到的結果前，並無法設計出確定的規格。從加州大學分離器所收集到的鈾二三五，無論在質量和純度的波動都很巨大，而許多因素都會造成這種不同，包括設備內的壓力、磁場的強度和形狀、加速電極的電壓，還有其他種種因素，這些因素彼此間互相影響的情形也尚未得到完整的理解。根據勞倫斯一開始的計算，這二千個加州大學分離器的離子源和收集器陣列（二千個真空槽，或說是大約二十個跑道形電磁分離器）每天將能夠產生一百公克的鈾二三五。到了一月，加州大學分離器已經又有調整修改，每個分離器都可以有一對的離子源和收集器同時運作。這樣一來，產量就會增加一倍；換句話說，要滿足一百克的日產量需求，只要有一千個加州大學分離器便能辦到。勞倫斯有信心，效率在之後一定會再提升，格羅夫斯感受這一點，也就將Y－12核武工廠的規格降低到五百個真空槽、或說是五個跑道形電磁分離器。而在興建的時候，也特地留下了充足的空間，如果未來產能無法持續提升，就能有地方加裝更多真空槽。格羅夫斯訂出了一個會讓人累垮的建築時程，要求第一個跑道形電磁分離器得在一九四三年七月一日之前開始運作，而且年底前就得完成所有五個跑道。在這種時程要求下，可沒有時間慢慢談理論。放射實驗室又回到了早期採用試探法的日子；只要有任何配置能讓離子束更強或更精準，就會納入標準，即使實驗者並不知道原因也無妨。

所有設備都要求以最精密的規格來加工，並且以最耐用的標準來設計。墊片必須能夠承受極端溫度變化，而且即使長時間不斷運作，也要能維持氣密。至於真空泵，過去就算是在運轉最順利的時候，也已經讓放射實驗室人員十分頭疼，而這時因為真空槽需要定期打開來清潔，但又必須立刻重新回到崗位，因此還得把真空泵的尺寸再放大到足以處理這件事。收集器也是歷經不斷的重新設計，持續追求能將鈾二三五和鈾二三八的沉積物分開。

對放射實驗室來說，他們最熟悉的設計元素就是磁鐵。畢竟，他們已經為一百八十四英寸迴旋加速器找來了最大的磁鐵。但這並不意味著要設計Y－12核武工廠的磁鐵就是小事一件，因為這裡所有的跑道形電磁分離器磁鐵加起來，足足有一百倍大。

這也成了格羅夫斯上任以來第一次重大物資危機。最初的磁鐵設計，無論是電磁鐵的線圈，或是傳輸電力到跑道形電磁分離器的大型匯流排，都需要用銅來製作。但全美國的銅都已經被徵用作為其他戰爭需求，雖然格羅夫斯正當紅，也無法克服這項殘酷的事實。於是，設計師選擇改用銀作為原料。銀的供應也頗為吃緊，但美國財政部還有一批貨幣儲備，位於西點軍校的一個金庫裡。格羅夫斯要求取得這批銀儲備，順利獲准，總重大約一萬四千七百噸，總價超過三億美元，條件是在戰後必須全數歸還，一盎司也不能少。由於這批銀條是美元的支撐基礎，消息絕不能外流，無論是加工製成電纜、或是運輸的過程，都有武裝軍警守備，直到成品運抵橡樹嶺。格羅夫斯也守住了承諾：這批貴重的金屬最後全數歸還給財政部，只不過最後一批直到一九六八年才還清。

在勞倫斯成年之後，格羅夫斯將軍可能是他第一個遇到比自己更有動力的人，常常在決策的時候擊敗或壓制了勞倫斯，令他很不習慣；通常格羅夫斯會表現出向他詢問意見的樣子，甚至還會裝模作樣地來一趟柏克萊，但最後才透露自己已經做完綜合考量、單方面決定了解決辦法。此類問題，例如該由哪位承包商負責Y－12核武工廠的營運，最後是交給田納西伊士曼公司（Tennessee Eastman Corporation，柯達的子公司），勞倫斯還在想著候選者的列表，格羅夫斯就已經和該公司達成協議。至於各種設備的製造商，本來應該要經由勞倫斯的批准，但也都是以同樣神祕的方式就做了決定，直到已有定案、合約也已簽定，勞倫斯才得知消息，而且格羅夫斯已經陪同承包商（包括西屋、奇異、艾利斯－查默斯〔Allis-Chalmers

Manufacturing Company」）的代表，正在前往柏克萊，要求放射實驗室能提出完整的簡報，指示這些廠商必須在一到兩個月內將哪些程序及設備完成製造、還要在田納西安裝完成。

然而，格羅夫斯完全瞭解勞倫斯在整個計劃裡的關鍵角色。要不是有勞倫斯的活力、他八風不動的自信，以及超凡的領導魅力，能夠帶領發明分離程序的科學家和工程師，Y－12就不可能成功。不論是對勞倫斯、歐本海默，以及某些曼哈頓計劃所不可或缺的人員，格羅夫斯都安排了同樣程度的個人安全防護，有著與他本人同樣的「某些特殊預防措施」，以保障個人安全。其中一項，就是除非經過格羅夫斯明確同意，否則絕對禁止「搭乘任何種類的飛機飛行。」而且，只要距離超過幾公里、「獨自未得到適當保護」、又或是天黑之後，勞倫斯就不得自行駕駛汽車，而必須由政府所僱用的武裝司機接送。

曼哈頓計劃的規模大到令人敬畏，而無論在相關開支、人力資源、或是物理規模上，都是以Y－12最能作為代表。這個電磁分離工廠，是全山谷最龐大、也最複雜的設施。據格羅夫斯計算，到戰爭結束時，其建築、工程設計及用電將花費超過五億美元，是曼哈頓計劃最昂貴的部分。在為期兩週的施工期間，足足以火車運來了一百二十八節車廂的電器設備。混凝土塊用了六十三節車廂；至於足足有三千八百萬板英尺的木材，更是用了一千五百八十五節車廂。

勞倫斯在一九四三年五月抵達Y－12時，動土還不到三個月，但整個山谷已經面貌大變，讓他看得驚呆了。他原本就已見識到西屋、奇異和田納西伊士曼為Y－12所生產的設備，知道必然會有一番壯觀的景象，但柯林頓工程師工廠（Clinton Engineer Works，這是田納西基地的正式名稱）完全有著獨特而自成一格的面貌。有四棟巨大的兩層樓房正在興建，進度各有不同。過去的乳牛野徑已經變成有著鋪面的大道，谷底交錯著鐵軌，山脊蜿蜒著電纜，連接到一座巨大的開關場，滿是變壓器。勞倫斯向放射實驗室的成員回報：「在那裡看到整個行動的規模，叫人整個振作起來，意識到不論我們是否願意，都必須讓事情順利完成……光從大小來看，就算放進一千人也會像立刻消失一樣。」看到偉大的成就，總能讓勞倫斯心中浮現更大的版圖，橡樹嶺也不例外。「我們必須試著去僱用所有能找到的人、並且讓每個人都派上用場，因為想讓這些跑道形電磁分離器依時程運作起來，會是極艱困的工作。而我們必須做到。」

格羅夫斯希望迅速將Y－12從實驗階段拉到工業營運階段，但放射實驗室提出警告，科學家這時對電磁分離仍然是未知多於已知。其他相關人士也表達了類似的憂慮。田納西伊士曼的一位高階主管回憶當時情形，提到他很擔心公司並無法擔負鈾二三五工廠所需的科學研究，但格羅夫斯為此大怒，表示他已經有「多到連記都記不得的博士」，伊士曼公司只要提供工業上的專業就行。

勞倫斯把他在柏克萊的人手撥了一百名前往橡樹嶺，還親自去校準加州大學分離器。這時，他所用的招聘手法也仍然就是在麻省理工放射實驗室用得順手的那一套，他會問某個人選：「你想去田納西州嗎？」而只要這個人表達出一絲絲的同意，就算是還帶著某些前提條件，勞倫斯也會跟他說：「太好了，後天出發。」

柏克萊的科學家來到這裡，發現Y–12還是一片泥濘、混亂、士氣落在谷底。西博格回憶道，當時街道是用推土機推平，一排一排都是模組預製的房屋，整個橡樹嶺就像是一個「未完工的電影場景。」而且，一切都覆蓋著緻密的田納西粘土。只要有人膽敢嘗試橡樹嶺的自助餐廳，總不免來上一番腸胃不適的歡迎儀式，當時戲稱為「柯林頓熱」。除此之外，這一切還會受到嚴格的軍事管制，就算是已經加入原子彈計劃的放射實驗室，也沒遇過如此嚴密的監控。Y–12核武工廠被分成許多管制區，在這個佔地廣闊的工廠裡，科學家想從一端走到另一端，都會被不斷攔下、要求出示通行證。似乎只有勞倫斯在場的時候，事情才會進行得比較順利。但這並非好現象，因為還有太多其他地方都需要他的關注，而且情形愈演愈烈。但不論如何，只要他現身在Y–12，那些他不在時出現而堆積如山的後勤補給、建築施工、設備設計等等問題，都會獲得解決。他在這裡模仿了在柏克萊的作法，每天早上八點召開一次政策會議，他會坐上整個房間最舒適的椅子，輕鬆問著「有什麼新消息？」來開場。他能夠立刻掌握各種問題的細節、為此制定出解決方案或處理方針，並迅速來到下一項問題。對於加州大學分離器的運作和能力，勞倫斯一直有種發自內心的信任，就像他一直對迴旋加速器有著神祕的親切感。從康乃爾請來的比爾・帕金斯就曾驚嘆：「這一切他從骨子裡就感覺得到。」

把柏克萊那一套移植過來之後，遇到的另一個問題就是嚴重的文化衝擊。當時為了補足加州大學分離器操作員的人力，從田納西山谷請了許多年輕女性來擔任，其中許多習慣赤腳走在地板上，說起話來也帶著外人難以辨識的偏遠鄉村語調；來自柏克萊的這群博士無法想像，Y－12核武工廠的運作居然是靠著這群卡門稱為「基本上是文盲鄉巴佬」的人。卡門表示：「質譜儀仍然是一種極易出錯、性能不穩的實驗儀器，唯有訓練有素的技術人員能夠操作。堅持這種儀器可以建成所需的規模、又能只要按幾個鈕就操縱，會讓人覺得該把你送進精神病院。」

就連這些女性，也面臨文化衝擊。她們所受的訓練，就是要她們坐上旋轉椅，面對只有數字標示的高大金屬製控制台，做著「看儀表板調整指針」的單純工作。帕金斯表示，她們在許多幾乎可說是一夜之間建起的大型工廠裡工作，但雖然看起來像工廠，卻「沒有接貨區，也沒有上貨區。沒有任何貨物進出，但每個人都非常忙碌。」這些女工如果去問主管自己究竟是在做什麼工作，得到的回答會是「一則瞎扯的故事，說是要廣播什麼無線電訊號，好阻礙敵人的通訊」，又或是像有一位教官就和班上的學員表示「我只能說，如果敵人在這件事上比我們搶先一步，就只能求上帝憐憫了。」

然而，這批田納西的女性有一項至關重要的特質，比起柏克萊的科學家都要強：耐心。在Y－12核武工廠正式開始運作的時候，她們的平靜從容讓她們成了頂尖的操作員。事實上，因為這群科學家看不起這些女性勞工，令尼科斯上校相當憤怒，很快就告訴勞倫斯，這些女性可能會表現得比科學家更好，而且他打算用一場產能比賽來證明。勞倫斯接受了挑戰，而且輸了。尼科斯認為，原因在於這些女性所受的訓練就是要聽從指令，不會去辯論、也不會去要求解釋，所以也就不會分心；相較之下，科學家就算只是看到儀表上出現小到不能再小的波動，也會想去調查原因，而且正因為他們瞭解各種數值的含義，結果就是總在進行微不足道的不必要調整。正如尼科斯所預見，等到工廠進入生產階段，需要的是堅定的操作，而非不斷的調整。

在勞倫斯眼中，Y－12就是他的個人封地（雖然是靠著一萬一千名田納西伊士曼的員工，工廠才能運作），他會頻繁巡視，有時候和工人或工程師親切地聊天，有時候身邊則會是像格羅夫斯這種比較不親切的人。有一次，他陪著一位身材高大但彎腰駝背的男子，參訪了好一會，這位男子拉著一張表情陰鬱的長臉，而勞倫斯介紹他的時候更是非比尋常的隆重：「尼可拉斯．貝克（Nicholas Baker）博士。」這是波耳所用的假名，而他陰鬱的表情，反映的是他對於自己的研究被製成恐怖武器的疑慮。至於勞倫斯，當然是看不出有這種疑慮，而這點可能只是更加深了「貝克博士」的鬱悶。

在勞倫斯的簡報中，許多問題的根源都在於核心科技尚未完善，但Y－12核武工廠已經決定要開工。有些對加州大學分離器設計的調整，在柏克萊只是小事一件，但延伸到了橡樹嶺，就會變成所費不貲、耗時耗力的大改動。柏克萊不斷推出新的設計：等到計劃結束時，總共有七十一種不同類型的離子源、一百一十五種接收器和收集器的設計，都製成了原型、完成測試、把結果交給格羅夫斯。有些設計之所以要調整，是因為勞倫斯自己總是在追求下一次的重大科技進展。他幾乎沒怎麼考慮，就決定將加州大學分離器裡的離子源與收集器的陣列數加倍，但改變之後都還沒安裝，他就已經在考慮改成四個陣列、再改成八個陣列、再改成十六個陣列，而且每次決定升級，就需要重新研究對離子束的干涉和消耗的電力。

等到一九四三年初，由於柏克萊的設計實驗結果樂觀、橡樹嶺建設的進展快速，加上勞倫斯深具感染力的無比熱情，讓電磁分離法成為製造鈾彈核心材料的最佳選擇。尤里在橡樹嶺的氣體擴散工廠命名為K－25，進度遠遠落後於時程：到了一九四三年春天，還沒有人知道該用哪種材料製成擴散膜才能抵抗六氟化鈾的侵蝕，而且也沒人知道還要多久才能找到答案。尤里和哥倫比亞的同事約翰．鄧寧（John Dunning，他是這種程序的專家）總是吵個不停，而更嚴重的是，尤里也與格羅夫斯發生衝突。某一次開了一場討論K－25而令人焦慮無比的會議之後，尼科斯上校的筆記潦草寫道：「尤里博士該將精力集中處理什麼問題，仍未得到解決。」

相較之下，雖然工廠已經從谷底逐漸蓋起，Y－12的計劃還在不斷擴大。最新的想法就在放射實驗室的走廊上流傳，稱為兩階段分離程序，要用一種新型的加州大學分離器，將原始跑道形電磁分離器的產物再加以進一步濃縮。原始的跑道形電磁分離器稱為α期分離器，至於較新、較小的跑道形電磁分離器則稱為β期分離器，有三十六個真空槽排成長方形，各有兩個離子源。

格羅夫斯在三月簽署同意這套新系統，於是柏克萊又開始了另一波的瘋狂實驗。β期分離器雖然處理的材料較少，但強度較高，也就更不能容許損失。α期分離器的內部總是會濺上一些材料，大部分可以透過刷洗來回收，但β期分離器處理的材料是經過部分濃縮的鈾，成本實在太高，不能讓任何一點留在離子源、電極或真空槽的內壁上。

到了晚春，五座α期跑道分離器、二座β期跑道分離器，以及許多化學加工使用的附屬建物，完工進度都相當良好。勞倫斯預測，每座α期分離器每月將能生產出三百克的濃縮鈾。第一座跑道形分離器，已準備好在九月開始生產。

但這重要的一步又被逼得退了兩步。當時，歐本海默領導成立了羅沙拉摩斯實驗室，該實驗室估計一枚原子彈所需的鈾二三五數量是原本預估的三倍，足足要四十公斤。科南特在華盛頓聽到這個消息，極力希望以任何方式從橡樹嶺得到夠多的原子彈材料。這個新數字叫人沮喪，但勞倫斯卻從中看到了機會。他認為，Y－12是想滿足新要求最可靠的選項，於是要求進行大規模擴建，包括要再加建更多的β期分離器，以及還要有另一種更新、生產力更高的α期分離器。八月十七日，一座α期分離器在橡樹嶺首次測試成功，格羅夫斯便批准將α期分離器從五座擴大到九座。

十一月初，第一座跑道形分離器已經準備好要進入生產階段。然而，一九四三年十一月十三日通電那一刻，災難降臨。這天也是尼科斯三十六歲的生日，想必令他永生難忘，但並非美好的記憶，因為這座分離器幾乎是立刻發生故障。強力磁鐵讓許多具十四噸重的真空槽都震離了位置，於是又影響了上方的所有管道、泵和電纜。就算是還能留在原位的真空槽，真空狀態也突然出現了漏氣的小孔，必須一一人工手動加以密封。

磁鐵不斷出現故障，直到工程師決定打開來檢查，才發現原來是因為冷卻油已經遭到鐵鏽、金屬屑和沉澱物的污染。而唯一的解決辦法，就是將所有磁鐵運回給製造商艾利斯—查默斯，做好清潔及徹底翻修。這樣一來，進度至少得延遲一個月。

這一大災難讓勞倫斯壓力極度沉重，雖然看起來仍然樂觀開朗，卻也讓人發現，在種種責任與不斷的旅途勞累之下，他的身體已經逼近崩潰邊緣。而讓情況雪上加霜的是，就在眾人一陣兵荒馬亂想找出故障原因的時候，憤怒的格羅夫斯將軍出現在現場。格羅夫斯將延誤的責任直接怪到勞倫斯頭上，特別是後來他得知，放射實驗室的迴旋加速器磁鐵在過去就遇過類似的問題，這種問題應該要在預料之中，於是他對勞倫斯發出了一長串「苛刻的評論」

（這是尼科斯的說法，但肯定講得太客氣）；最後，勞倫斯崩潰了。他前往芝加哥，參加在冶金實驗室舉辦的S－1會議，但背部嚴重抽筋，得由他人連人帶椅扛進會議。在這之後，他立即住進芝加哥大學醫院，並把路易斯・阿爾瓦雷茲從冶金實驗室叫來。

勞倫斯的樣貌讓阿爾瓦雷茲倒抽了一口冷氣。他後來回憶道：「我這輩子從來沒見過這個人受到如此徹底的挫敗，他完全筋疲力竭，極度沮喪，精神狀況非常糟糕。」勞倫斯擔心Y－12這場失敗會讓軍方對整個原子彈計劃失去信心，而這時牽扯到的是幾十億美元、而且甚至是整場戰爭的結果。更令他感到痛苦的是那種無能為力的感覺；這或許是他職涯上的第一次，碰到一個無法自行解決的工程危機。整個修理過程要靠製造商的工程師把磁鐵拉開、清洗油管，再重新組裝妥當。阿爾瓦雷茲回憶說：「他什麼忙都幫不上，只能坐在那裡，冒著汗。」當時，勞倫斯染上了慢性鼻竇炎，背部又很疼痛，而且戴上的輔具非常不合身，疼痛非但未能緩解、反而更為加劇。阿爾瓦雷茲陪在一旁，「握著他的手幾天」，之後勞倫斯再蹣跚回到柏克萊的家中，等待維修結束。

事實證明，危機只是暫時的。艾利斯－查默斯終於完成了必要的維修，α二期分離器在一九四四年一月中旬成功開始運作，讓勞倫斯彷彿撥雲見日。這些新的加州大學分離器還是有些自己的問題，包括斷電、絕緣有裂縫、真空槽漏氣、各種小問題不斷讓人得長期停機拆拆裝裝，但慢慢地，工程師和操作員也摸熟了這些設備的脾氣。到了二月底，α二期跑道形電磁分離器已經生產出二百克濃縮到百分之十二的鈾二三五。雖然這時的產量還令人失望，濃度也還遠遠不足以用於原子彈的核心，但也已經遠超出其他任何方法能達到的濃度。這些產量有部分運往羅沙拉摩斯進行實驗，其他則先儲存起來，準備做為β期分離器的使用原料。

勞倫斯已經又重新站了起來，有了足夠的勇氣和活力，要求再次擴建Y－12核武工廠。在給科南特的一封信裡，勞倫斯不斷強調自己的理論，認為光是Y－12自身，就足以確認原子彈計劃可行。他寫道：「目前最重要的事實，就是整個局勢已經沒有需要賭一把的元素，電磁分離廠已經成功運轉，而在Y（羅沙拉摩斯的代稱）的實驗進度也無疑指出，這些產物可以做為極其強大的爆炸物。一切只是時間的問題。」

• • •

一九四四年中，由於K－25的產能令人失望，格羅夫斯決定裁減氣體擴散計劃。氣體擴散的方式採「瀑布式」（cascade），分成許多階段，每次擴散循環，都能繼續增加前一個循環的鈾二三五濃度。而格羅夫斯下令，裁減K－25的規模，將目標改成為Y－12的β期分離器提供額外原料。因應這項新的安排，勞倫斯也獲准擴建α二期工廠，將把氣體擴散取得的原料再做最後濃縮，以生產濃縮至武器級的鈾。

這個過程還加上了最後一項要素。勞倫斯的前研究生菲利普・艾貝爾森在費城海軍造船廠悄悄接了一項合約，幾乎全憑一己之力，就改良出一種以熱擴散來濃縮鈾的方法。一九四四年四月，格羅夫斯還一直十分擔心橡樹嶺究竟能否供應原子彈的核心，這時一聽說這項研究，立刻派出人員前往費城瞭解詳情。他們找到艾貝爾森的時候，他正在一百根高聳的圓柱森林裡忙著，每根圓柱裡都有著六氟化鈾，而且正不斷累積著高濃度的鈾二三五。三週後，格羅夫斯下令在橡樹嶺建造一座熱擴散工廠，足足有二千一百根這樣的圓柱。

到了一九四五年一月，整項計劃共有三個方向同時進行中。α期分離器每天生產超過二百五十克濃縮至百分之十的鈾二三五。β期分離器將K－25與熱擴散柱所生產的原料混合，每天生產二〇四克濃縮至百分之八十的鈾二三五。這已經是原子彈等級的燃料。以這個速度，一九四五年七月一日之前就能生產出一枚原子彈核心。之所以能製作出這個核心，整個過程基本上就是靠著勞倫斯寶貴的迴旋加速器拼拼湊湊；最後核心將裝上稱為「小男孩」（Little Boy）的原子彈，於一九四五年八月六日，在廣島上空引爆。

• • •

在這些鈾工廠不斷改進與興建的同時，格倫．西博格也開始了自己的競賽，要改良鈽的萃取技術。有一項重大突破，是在芝加哥大學老足球場（Stagg Field）西側座椅下方的壁球場，費米在此建造了一個原子反應爐，並在一九四二年十二月二日成功取得鏈反應。康普頓當時就在現場，看著費米的團隊成員從裡面排放著鈾的高聳石墨塊裡抽出控制棒，也聽到計數器咔噠作響，測量著全世界第一次人工控制原子反應的放射性輸出。康普頓喜不自勝（或許有部分原因也在於贏了與勞倫斯在一月的那場賭注），認為到年底應該就能順利操作鏈反應，於是打電話通知了在劍橋的科南特。他說：「科南特，你應該會想知道，義大利航海家剛剛登上新世界了。」

科南特回答：「這樣啊？那當地人還和善嗎？」「每個登陸的人都是既安全又開心。」

西博格是在校園另一端的辦公室裡得到消息。他在日記裡記下了這一刻，一方面是鬆了一口氣，但也記下了這些年來所有的原子科學家都擔心的一件事。他寫道：「當然，我們並無法知道這究竟是不是人類第一次完成持續的鏈反應。有可能德國人已經搶先了一步。」

六月一日，也就是費米成功六個月後，西博格與杜邦公司的高層見面；杜邦曾在格羅夫斯的鼓吹下，承諾在橡樹嶺建造一座試驗性的鈽分離工廠。而這時他們的目標就是要完成工廠的設計。到了十一月初，鏈反應爐已經開始運作，不到六週，就開始生產出能以毫克為單位的鈽，而且很快就進步到以公克為單位。這些產物會運回芝加哥，供西博格團隊進一步研究；這已經是肉眼可見的量，因此西博格團隊不久之後就不再需要使用微量化學技術，但這樣一來，也就需要新的安全措施，以避免吸入或攝入這些「極具毒性」的物質。與此同時，杜邦開始著手處理製造週期的下一階段：位於華盛頓州中部哥倫比亞河彎，在漢福德（Hanford）這個小鎮附近，興建一座完整規模的生產工廠。

看到漢福德工廠的規模如此巨大，讓西博格大為震驚，就像勞倫斯看到橡樹嶺轉變的反應一樣。西博格與艾米利奧．塞格雷拿長木桿挑著裝有微量鈽的鉛桶走過柏克萊校園，已經是四年前的事了。從那以後，他所有的研究最後就是成了這座工廠，每次可以撞擊二百噸的鈾，每二百天生產出約二百三十克的鈽。鈾原料經過撞擊後，將會送到約十六公里外的另一座工廠，萃取出可分裂的鈽，並最後送往羅沙拉摩斯。根據材料判斷，羅沙拉摩斯這群人製造出的原子彈應該是「胖子」（Fat Man）；這枚鈽原子彈將在廣島原爆三天過後，落在長崎上空。

CHAPTER 14 三位一體之路

戰爭的腳步跑得比原子彈研究更快，使得同盟國科學家對納粹原子彈計劃的擔心也愈來愈沒有必要。美軍開始在歐洲參戰之後，雖然在北非和巴爾幹地區戰術受挫，但到了一九四三年中，憑藉其巨大的資源，同盟國的勝利似乎只是早晚的事。一九四四年六月六日，諾曼地登陸戰，讓同盟國展開對柏林的最後一波進擊，德軍只有在冬季為期六週的反抗算得上有成效，這在同盟國軍事史上稱為阿登反擊戰（Ardennes Counteroffensive），一般民眾則稱為突出部戰役（Battle of the Bulge）。

對於原子彈計劃的物理學家來說，德國在一九四五年五月七日的投降，會令他們發明核彈背後的道德和倫理問題變得複雜。過去同盟國以納粹政權為主要敵人時，這個議題還算相對直觀，光是想到希特勒可能搶先同盟國一步去運用原子的破壞力，就足以讓許多知名科學家（包括來自納粹德國的諸多難民）自願參與曼哈頓計劃。在一九四二年和一九四三年，由於戰爭發展的情況詭譎，對於建造與使用原子彈的質疑都被先放到一邊。在有可能被德軍原子彈威脅到生存的狀況下，對於同盟國搶先一步使用原子彈，很少有人會覺得不當。

然而，在科學家的心中，日本的情況則完全不同。日本的科技能力似乎遠低於德國，而且日本政權對世界的威脅也更為有限。雖然只有極少數的曼哈頓計劃科學家真正知道原子彈的研發進度（主要是在羅沙拉摩斯研究核彈本身的科學家，或是像勞倫斯這種有高階安全許可的人），但整個計劃有諸多實驗室參與，裡面的專家都能感覺得到，自己的研究已接近圓滿成功。無論是物理界或是計劃內的非軍方領導階層，都因而感受到必須儘快開始討論原子彈何去何從、戰後又該如何管理這項科技。

李奧・西拉德就深深感受到，在製造原子彈的必要性，以及其背後的人道主義考量之間，很難達到平衡。一九三九年，正是這位從匈牙利逃難出來的物理學家讓美國開始注意到原子武器的概念，當時他敦請愛因斯坦提醒羅斯福，要注意核分裂的潛在軍事用途。而對於這項自己催生的計劃，西拉德的感受可說是百轉千迴。有四年的時間，他不斷憂心忡忡地希望政府官員加緊該計劃的腳步，但到了一九四五年五月，面對同樣的這批官員，他卻認為如果不想要戰後出現核子軍備競賽，最大的希望在於「不要對日本使用原子彈，保守祕密，讓俄國以為我們並未研發成功。」在德國投降之後，他又提出一項論點：對日本使用原子彈，將會對美國的道德和人道主義立場造成致命損害，破壞任何建立可行國際監管制度的努力。

然而，時間已經晚了。鈽原子彈的測試計劃已經就在眼前，安排在新墨西哥州阿拉莫戈多

（Alamogordo）沙漠進行，代號為「三位一體」（Trinity）；測試後可能只要再幾週，就會在戰爭中實際使用原子彈。

自一九四三年後，就一直有人討論著是否該管制核武、是否還應該對日本使用原子彈。對於戰後規劃以及反對投彈的討論，主要是以冶金實驗室為核心（由芝加哥大學的亞瑟・康普頓領導，格倫・西博格正是在此成功地分離了鈽）。冶金實驗室之所以在相關討論中如此重要，有幾種解釋。第一，它和原子彈直接相關的研究已經在一九四四年初完成；西博格等人在芝加哥完成分離程序的改進之後，事情就改到了漢福德，使用原子反應爐進行大規模的鈽生產。於是，冶金實驗室的科學家就更有時間和閒暇，能夠思考核武背後的更大意義，以及該如何管控。第二，冶金實驗室有詹姆斯・法蘭克；這位德國物理學家的聲譽不容置疑，對於原子能的社會和政治影響殫精竭慮、提出許多細心考量。但在曼哈頓計劃的其他重要研究中心裡，並沒有出現這些考量：在三位一體測試後，羅沙拉摩斯仍然瘋狂忙碌，柏克萊的步調則是完全由勞倫斯一人控制，而他顯然不會讓「政治因素」令他分心；只不過，他很快就會在自己的實驗室裡聽到這種他所憎惡的討論。

這些討論在芝加哥愈演愈烈，原因是似乎有跡象顯示政府正在考慮關閉冶金實驗室。一九四四年七月，格羅夫斯將軍告訴康普頓，打算在九月一日前裁撤百分之七十五的員工。這項前景讓工作人員深感沮喪。對於還在胚胎時期的原子科學，他們希望其破壞潛力，到了和平時期，人力也能直接全部轉為研究核能發電或其他良善用途。正如法蘭克後來所言，發現政府對原子能的興趣可能從頭到尾都只是在於武器用途之後，這些科學家心裡十分不安。這些人擔心，如果原子彈研發失敗，對於這個領域的所有政府補助都會戛然而止，原子對於社會益處的研究也會就此告終。而在另一方面，如果原子彈研發成功，就會需要更多對原子能的基礎研究，只不過也很可能是把重點放在更多更好的武器上。然而，不論核子科技的未來是在於戰爭或和平，把一支經驗豐富的研究團隊解散、不提供任何經濟支持，絕對不是政府聰明的選擇。

對於這些考量，康普頓請來了格羅夫斯與非軍方的代表凡尼瓦·布許及詹姆斯·科南特，一起考慮這個問題。康普頓提出幾個遠程計劃，讓冶金實驗室在一九四五年後繼續運作，其中包括為漢福德和羅沙拉摩斯提供研發協助，以及開始研究某些新科技，例如進階的核反應爐，以及放射線在工業、醫藥及軍事上的應用。康普頓還悄悄打算延攬費米，將芝加哥大學打造成戰後的核子研究中心；當時費米是哥倫比亞大學的教授，也是曼哈頓計劃阿貢國家實驗室（Argonne National Laboratory，位於芝加哥西方）的主任。然而，康普頓的這個舉動只是讓哥倫比亞大學憤怒地向布許提出抗議，布許最後也禁止了這件事。

這個事件提醒了布許和科南特，如果他們不開始思考曼哈頓計劃在戰後的發展，計劃成員就會開始自尋出路。他們也明白，除了是為了安撫該計劃的科學家，戰後政策本來也就需要仔細思考。原因之一，就是世界遲早都會得知原子武器的祕密，不管是因為使用了原子彈、基礎研究自然而然的進展，又或是因為參與計劃的科學家眾多，總不可能永遠守口如瓶。關於蘇聯研發原子彈所需的時間，各方的估計長短不一，從三到四年（歐本海默、布許和科南特的觀點）到二十年（格羅夫斯的觀點，評估的基準點在於自己花了多少努力來管理這項複雜至極的計劃）。雖然蘇聯是這場戰爭中的重要盟友，但美英兩國的領導者並不相信史達林，也擔心蘇聯領導者渴望統治歐洲，將對戰後和平造成威脅。布許和科南特認為，如果想要避免一場威脅世界的軍備競賽，最好的方式或許是在公開展現核武威力之前，就讓蘇聯得知原子彈的資訊，並邀請蘇聯加入國際核武管控機制。

雖然過程算不上有計劃，但花了幾個月時間，美國總統羅斯福和英國首相邱吉爾開始有了核武國際管控的想法。在該年八月，最高法院法官費利克斯．法蘭克福特（Felix Frankfurter，是羅斯福的老友）將波耳帶到白宮，建議立即公開原子彈的祕密，以推動國際管控制度。這項提案列入了一九四四年九月羅斯福和邱吉爾魁北克峰會的議程，但兩人決定，就算在戰後，原子彈也必須是英美兩所國專屬的科技；實際上就是將這兩國視為世界和平的永久守護者，而俄國並不在此列。

布許和科南特從戰爭部長史汀生那裡得知這項決定，在九月三十日以一份備忘錄提出回應，指出原子彈的消息很可能會在一九四五年八月，以非軍事演示或實際用於戰爭而向全世界公開。這項研發中的武器威力約等同於一萬噸的黃色炸藥（TNT），有能力大大改變戰爭及和平的本質；但此時曼哈頓計劃的科學家已經又開始研究熱核「超級」原子彈的理論，這種原子彈的威力可能還要再強上一千倍。他們警告，美英兩國不可能真正壟斷核子科技，頂多只會有幾年的時間。布許和科南特也意識到，只要原子彈仍然是個祕密，當時已經開始的各項戰後外交會談（特別是一九四四年的敦巴頓橡樹園會議，這會是未來聯合國的基礎）就像是在真空中進行。正如詹姆斯．法蘭克於一九四五年初所寫，科學家「都清楚這些計劃安排都過時了，因為未來的戰爭與現在的戰爭將完全不同，只會險惡上一千倍。」

布許和科南特的努力，對政策的影響微乎其微。當時，白宮已經開始準備應對將在一九四五年二月召開的三巨頭（羅斯福、邱吉爾和史達林）雅爾達會議；當時已有跡象顯示，史達林愈來愈打算在戰後歐洲發揮蘇聯強大的影響力，特別是在東歐。與此同時，軍事計劃正在全速進行。格羅夫斯已經開始訓練空中單位，準備將原子彈送至日本；一九四四年十二月三十日，他獲得羅斯福批准，向陸海空三軍的關鍵作戰人員透露了這項任務的基本細節。在這種瘋狂的氛圍中，布許和科南特還在初步想法階段的國際管制提議幾乎沒有得到任何反應。

但在雅爾達會議之後，似乎出現了一線機會。這次峰會在白宮看來相當成功，令其大感欣慰。更重要的是，原子彈計劃正朝著具體的結論邁進，準備在沙漠進行決定性的測試。史汀生回憶那一刻：「大家認為可能性非常高，應該在仲夏就能成功引爆第一顆原子彈……原本只是個有充分理論的希望，即將成為現實。」布許和科南特敦促史汀生，在向世界揭露原子彈之前，必須有認真充分的準備：起草各項公開聲明及法案以因應國際管控問題，也要規劃好這樣的科技計劃在戰後將如何做好國內管理。在第一顆原子火球冉冉上升的那一刻，世界就將由前核子時代走向核子時代；如果在國內或國際上都沒有任何管控措施，就可能造成「類似於大規模歇斯底里」的結果。

三月十五日，史汀生與羅斯福開會時轉達了這些警告。名義上，他此行的目的是要阻止羅斯福的戰爭動員主任詹姆斯．伯恩斯（James F. Byrnes，曾任參議員及最高法院法官）繼續中傷原子彈計劃。這位來自南卡羅萊納州的新政支持者對原子彈計劃幾乎一無所知，卻一直向羅斯福轉述各種曼哈頓計劃支出無度的謠言，並且認為這項計劃的成本已經增加到二十億美元，是「布許和科南特把一項爛交易賣給了總統，應該要有人好好監督一下」（此處為史汀生的轉述）。在給羅斯福的一份備忘錄中，伯恩斯敦促要由外部的知名科學家組成小組，替計劃簡單檢查一下；史汀生回憶表示那是一份「很慌亂也很緊張的備忘錄，而且相當愚蠢」。史汀生在白宮先駁斥了伯恩斯的擔憂，指出原子彈背後的科學團隊包括有勞倫斯、另外三位諾貝爾獎得主，以及「幾乎聲譽卓著的物理學家」，接著他就提出那幾項一直揮之不去的問題，包括未來的管控方式，以及必須準備好聲明，才能在試爆後第一時間向世界宣布。羅斯福也同意這些問題應該提前解決，但之後卻並無機會採取任何行動。這是史汀生與羅斯福的最後一次會面。不到四週後，四月十二日，羅斯福總統嚴重中風而去世，享壽六十三歲。

史汀生再次造訪白宮是在四月二十五日，要向新總統解釋核能可能造成怎樣的災難，而這位新總統「對於我們所有活動的唯一所知，就是我們很厚顏地向他表示這件機密無法向他透露，而他也很支持地接受了。」史汀生後來寬慰地指出，這位杜魯門總統接了新職之後，「還是表現一貫的寬容氣度，與我們先前拒絕透露機密時的杜魯門參議員殊無二致。」在這次，史汀生也未刻意淡化核武的國際和政治重要性。正如他在會面前所提出的短箋所言，如果沒有完備的原則來約束原子彈的知識、加以管控，「目前世界這種道德處境和科技進展的兩相對照下，最終將會完全受到這種武器的擺佈。換言之，現代文明可能遭到完全摧毀……另一方面，如果能夠正確使用這種武器……世界的和平及我們的文明都能得到拯救。」史汀生的直接目標就是希望得到杜魯門的許可，建立專門委員會來討論這些戰後的議題。而當場他就得到了許可。

五月一日，臨時委員會（Interim Committee）成立，由史汀生擔任主席，伯恩斯、布許、科南特與康普頓擔任委員。會這麼命名，是因為認為國會將在戰後立刻成立一個常設委員會。而在不久之後，史汀生便任命一個科學小組為委員會提供建議，成員包括勞倫斯、歐本海默、康普頓與費米。這些人都是大科學的領導者，這時也被召集來思考這項「大科學」以來最重要的作品。

科學小組的角色一直沒有明文規定。會提出這個想法的科南特，認為當時原子彈科學家一想到研究可能造成的後果就大感不安，而科學小組可以作為一種管道，讓臨時委員會瞭解這些科學家的想法。但其他成員是否也作此想，值得懷疑；畢竟只有康普頓帶領的實驗室會想公開表達這種矛盾的心理。

而就實際制度上，不論任何呈給臨時委員會的議題，科學小組都有機會提出建議。一開始看來，這些議題似乎包山包海。但在實務上，兩個委員會很快就達成共識，主要是處理那些科南特後來所謂「最重要、需要把意見都記錄下來的事項。也就是，是否要用原子彈攻擊日本。」

五月三十一日，在五角大廈，臨時委員會首次與科學小組開會，格羅夫斯與陸軍參謀長馬歇爾也出席了會議。當時，德國戰敗已經過了三週，世界的注意力轉向日本。康普頓回憶當時的討論，提到日本「戰力居於劣勢，但她還在背水一戰、不願意承認失敗……一大危險在於陷入瘋狂的軍閥仍然控制著日本，不可能會投降。」一直到今日，還是有人討論著日本當時可能的抵抗，討論著如果同盟國要登陸入侵日本本島可能要付出的代價，但毫無疑問，對於一九四五年的決策者來說，登陸將造成慘重的人命損失（許多學者估計將有百萬人喪命）。在這種背景之下，展開了五月三十一日的討論。

透過冶金實驗室的法蘭克所傳來的備忘錄，康普頓將一般科學家擔心原子彈可能造成的社會和政治影響紀記載下來。文件中警告，使用這種一次可能殺死數千人的武器，將會造成美國的「道德孤立」；法蘭克寫道，如果美國希望以國際條約禁止使用核武，自己卻曾經使用，就會讓美國「處於劣勢，難以推動禁令」。

相反地，法蘭克提議「在某些偏遠無人的島嶼上做演示」。但這絕不是首次有人提議要做非軍事演示，事實上已經私下談論了許多年。一九四四年九月，布許與科南特就曾向史汀生提出類似建議：「在首枚原子彈演示之後，將立刻完全揭露」這項科技，但需略去製造和軍事上的細節。他們指出，「這次的演示可以在敵人的領土，也可以先在我們自己的國土演示，再通知日本儘快投降，否則這些材料就會用在日本本土。」

然而，五月三十一日這場會議是第一次有人將演示的想法提交給美國政府的決策部門。雖然如此，整個議題還是經過精心安排，原先並非官方議程的一部分，而是在委員會討論了其他幾項正式議程後才提出。這些正式議程，包括討論美國相較於全世界其他地區，在原子武器方面理論上具備的優勢有多大。（這裡的「世界其他地區」其實也就是指蘇聯。）康普頓估計，美國在原子彈研究的領先地位不超過六年。至於研發和生產下一代的熱核彈，歐本海默認為美國還需要三年的時間；但對於擔心這種武器會擴散而威脅文明的人來說，這算不上什麼令人安慰的時間表。當時，伯恩斯原本還把原子彈當成一種可以用來和俄國討價還價的未成形籌碼，當他聽說歐本海默驚人的數字時，真是「徹底大驚」。

等到討論轉向這項美國科技計劃的未來，勞倫斯抓住機會為戰後的大科學設下立足點，希望透過政府支持，能推出「有力的工廠擴建及儲存計劃」。這個想法同時得到亞瑟．康普頓與卡爾．康普頓的支持，畢竟兩人都還有自己的大型學術機構需要照顧。然而，關於軍方是否會繼續監督這項計劃，勞倫斯似乎不以為意，但歐本海默有不同的想法。歐本海默認為，這種情形會讓基礎研究窒息；他表示，一邊是基礎科學研究，另一邊是羅沙拉摩斯與其他曼哈頓計劃實驗室所做的研究，兩種研究有著根本上的差異，後者只是「摘採了過去研究的成果。」他斷言，想讓美國科學繼續全面綻放，就需要「一個更悠閒、更正常的研究環境。」在這一點上，他得到了布許的認同。

接著就來到午餐時間。康普頓後來回憶上午的開會情形，「似乎使用原子彈已成定局，只是在戰略和戰術的細節各自表達了不同意見。」但同時，勞倫斯也已經帶著贊同的態度，提到非軍事演示的可能性。在午餐時間，伯恩斯請勞倫斯再多解釋一番。勞倫斯記得「這得到了一定程度的討論，大概是十分鐘左右。」

在勞倫斯和康普頓的印象中，一般對此的反應都是負面的。康普頓回憶道：「原子彈是一種精密、還在研發階段的裝置，我們承受不起其中一個是啞彈的機率……雖然透過演示而無須犧牲人命是個很有吸引力的選擇，但並沒有人能提出令人信服並足以止戰的方式。」歐本海默對整個討論都很反感，在他看來，使用原子彈的問題並不在科學家的專業領域。多年後，他表達自己對整個科學小組的感覺，認為「在我們看來，身為科學家並不代表就有資格回答關於如何使用原子彈的問題。我們不瞭解日本的戰情，我們不知道入侵是否真的無法避免……我們確實說過的，是並不認為把其中一個這種東西拿去沙漠上當煙火炸掉，就能讓人留下深刻的印象。」但正如他後來回憶當時，這場討論發生在試爆之前，而那次試爆的結果到頭來確實令人抹滅不去。

歐本海默的觀點令勞倫斯記憶猶新。勞倫斯在八月底向朋友卡爾·達羅表示：「歐本海默覺得，而且格羅夫斯和其他人也這麼覺得，唯一的演示方式就是攻擊真正的建築結構。」正如將軍所解釋，這樣一來，能選擇的目標就縮小到有大型軍火工廠、四周又有工人住房的城市。

勞倫斯也回憶曾對達羅提到，反對者的另一種論點是「會被原子彈殺死的人數，數量級上並不會比已死於空襲戰火的人數更多。」在某種程度上，這是一種量性的判斷，確實也是如此；但從質性的角度來看，這是對於已成定局的結果，絕望地希望加以合理化。歐本海默為委員會提出估算，這枚原子彈可能奪走二萬人的生命；但根據後來的估計，單就爆炸本身造成的死亡人數，而不計入後續因輻射暴露造成的死亡，廣島約為六萬至八萬人，長崎則為四萬至五萬人。確實，相較於從二月開始、而在三月九日至十日晚間達到高峰的東京空襲事件，這些空襲由低空飛越的飛機投擲燃燒彈，原子彈造成的死亡人數確實相等、甚至稍低。

然而，這樣的比較忽略了一項事實：幾乎所有參與曼哈頓計劃和空襲轟炸決定的人，都瞭解核彈會改變一切，肯定會帶來新形態的戰爭、國家之間也會塑造出新的關係；這正是一開始要設立臨時委員會的重點。在為五月三十一日會議準備的瑣碎手寫筆記裡，史汀生也承認了這一點：

「我們認為這絕不只是一種新武器……就其效果而言，對於人類生活的一般日常，是無限地更為巨大。可能會讓國際文明遭到破壞、或臻於完善……成為科學怪人、或是世界和平的手段。」如果只是單純就傷亡人數來考量，要投下原子彈的決定就會簡單得多。史汀生後來寫道，在五月三十一日的會議上，他和馬歇爾都表達了這樣的觀點：原子能「不能只視為一種軍事武器，還必須考慮到人類與宇宙的新關係。」然而，這種觀點與冷酷計算可接受的死亡人數並不相容，但他保持了沉默。

五月三十一日會議結束時，臨時委員會及科學小組並未達成共識。康普頓回憶道，科學小組在午餐後被要求準備一份報告，「提出我們是否能夠設計任何的演示行動，能夠在不使用原子彈攻擊實際目標的情況下，有可能讓戰爭結束。」

於是這群科學家都相信，應該會等到他們有進一步想法之後，才會決定是否投下原子彈。然而，整件事就在沒有他們參與的狀況下繼續往前了。五角大廈會議結束的隔天，臨時委員會通過了三項向杜魯門總統提出的建議：（1）原子彈應該「盡快」用於對抗日本；（2）原子彈應投向「雙重性質的目標」，例如四周有「易受損害的房屋及其他建築物」的軍事設施或軍火廠；（3）事先不應提出警告。雖然委員會最後的投票意見一致，但有一位海軍副部長拉爾夫・巴德（Ralph Bard）不同意第三項建議，決定辭去職位，並向史汀生建議給日本兩到三天的警告期。這項建議也向上送到了白宮，但顯然最後並未獲得採用。

六月十五日，科學小組的四名成員還在羅沙拉摩斯開會，希望完成臨時委員會最後指派的任務。這場會議令人十分痛苦，情緒激動。康普頓回想當時，「我們想到了即將上陣的戰士，想到那場即將對美日雙方人民都造成巨大代價的入侵。我們下定決心，只要能有辦法，一定要找到某種有效的方式，既能展示出原子彈的力量、讓日本軍閥無法忽視，又能避免人命的損失。要是能做到就好了！」

康普頓後來寫道：「我們小組最後一個放棄希望的人」，正是勞倫斯。勞倫斯的同事發現他整個週末都「顯然十分痛苦」；康普頓表示，特別是他曾和參與迴旋加速器研究的日本物理學家建立深厚友誼，也為此心中特別有所動搖。這件事說來並不得體，但也不是不正確，因為嵯峨根遼吉與矢崎為一這兩位日本科學家確實在放射實驗室工作了一年多，後來也在東京的理化學研究所建造了第一台在美國以外的迴旋加速器，完全複製了勞倫斯的機器，甚至連柏克萊已經發現並糾正的錯誤也被複製了。

科學小組雖然沮喪，但實在想不出除了向日本投下原子彈之外的其他選擇。最後是由歐本海默執筆，在六月十六日向華盛頓寄出只有一頁而令人沮喪的備忘錄，上面寫著他們的結論。該備忘錄建議，應事先向英國、俄國、法國和中國知會當下的研究進度，並表達使用原子彈的可能性，並要求這些盟邦建議「如何互相合作，讓這項發展有助於改善國際關係。」關於該實際投彈或只是演示的問題，則是「我們無法提出足以止戰的技術演示；除了直接的軍事用途，我們看不到可接受的替代方案。」對於這項充滿邪惡威脅的結論，由於從未發現勞倫斯本人的筆記，並無法得知他本人同意的程度有多高。而在歐本海默的備忘錄中，則承認「我們這批科學上的同事，對於要首次使用這些武器，意見並不一致」，但他很可能指的是整個科學界，而不只是四個委員會成員。無論如何，勞倫斯簽署了六月十六日的聲明，而且此後從未公開表示對結果有何疑慮。

到此時，木已成舟。在科學小組最後一次會議的前一週，美軍五〇九混合飛行大隊（509th Composite Group）的B－29超級堡壘轟炸機就在來自伊利諾州的二十九歲中校保羅・蒂貝茨（Paul Tibbets）指揮下，進駐北馬里亞納群島的天寧島（Tinian Island），距離日本南端約二千四百公里。在羅沙拉摩斯，剩下的最重要任務就是測試鈽原子彈的爆炸設計：中央有一個一個空心的鈽球，四周有一層炸藥，爆炸後將使鈽向內擠壓而達到臨界質量以上。整個設計需要精心設計、精準計時，才能產生對稱的衝擊波，由於整個設計完全是出於創新，並沒有人能確定所起的作用。相較之下，鈾原子彈用的是勞倫斯在橡樹嶺跑道形電磁分離器所生產的可分裂鈾，工程設計上並不困難，也就無須再測試；而且不論如何，橡樹嶺所產出的濃縮鈾二三五產量如此稀少，也確實只能做出一枚原子彈，最後裝上了蒂貝茨的「艾諾拉・蓋號」（Enola Gay，以他母親的名字來命名）轟炸機，前往廣島。而在漢福德的反應爐則正在生產出大量的鈽，以進行測試，並可能在之後製作出無限量的鈽原子彈。

• • •

三位一體測試的過程叫人神經徹底緊繃。自格羅夫斯將軍以降，曼哈頓計劃幾乎所有的高級官員都來到了阿拉莫戈多沙漠的測試場。在羅沙拉摩斯，這種緊張情緒幾乎叫人難以忍受，令人十分焦躁。艾爾西・麥克米倫，也就是埃德溫・麥克米倫的太太、莫莉・勞倫斯的妹妹，就曾回憶道：「當時要有正常的舉止真的很不容易。很難去思考，很難克制不發洩一下，很難不在生活裡的所有活動都放縱一番。」

羅沙拉摩斯的氣象學者看遍天氣報告，想找出一段會是晴朗天氣的時刻，在南邊約四百公里遠的阿拉莫戈多進行測試。最後，他們選定了七月中旬的幾天。一直到七月五日，勞倫斯才從人在羅沙拉摩斯的歐本海默得到一條確認電報：「十五號之後的任何時候，都可以安排我們的釣魚之旅。因為天氣還不確定，有可能會延後幾天。我們的睡袋不夠，所以請不要帶任何朋友一起來。請讓我們知道可以在阿爾伯克基（Albuquerque）哪裡找到你。」

格羅夫斯在七月十三日抵達柏克萊，布許和科南特也在。那天晚上，勞倫斯招待他們在奧克蘭的Trader Vic's餐廳用餐，嚐嚐直接用手拿來吃的肋排，再配上餐廳招牌的邁泰雞尾酒。一行人接著搭乘格羅夫斯的專機前往阿爾伯克基，但格羅夫斯發現重要物理學家都住在那裡規模最大的飯店，為此大發雷霆。只要有外人認出他們任何一位，就可能妨礙機密，因此他下令所有人要散開住到城鎮周圍的其他飯店。在七月十五日晚上十一點，一輛政府轎車來接勞倫斯上車，再經過三個小時顛簸的車程，來到距離原子彈測試場約三十二公里的坎帕尼亞山（Compania Hill）觀測站。勞倫斯大約在凌晨兩點抵達，現場還有麥克米倫、羅伯特·賽伯、愛德華·泰勒、剛封爵的詹姆斯·查兌克爵士，還有一位年輕的加州理工學院物理學家理查·費曼（Richard Feynman），剛運用他的無線電技能，修好了觀測站的短波收音機。於是，眾人立刻開始聽到地面控制站與B－29觀察機之間的對話廣播。在遠處，勞倫斯可以看到聚光燈照亮著高達三十多公尺的測試塔，上面掛著那個鈽「小工具」。

由於忽然來了一場雷陣雨，測試從四點延後到五點三十分才進行。在場的所有觀察者，都用自己的方式來化解緊張心情。勞倫斯對結果和爆炸當量開了賭盤，而在距離測試塔不到十六公里的主觀測站也幹了同樣的事；可投注範圍從四萬噸TNT到零。泰勒在臉上塗滿了防曬乳。其他人則是不斷玩弄著防護眼鏡；麥克米倫帶的是焊工面罩，配上他能找到最黑的遮光板。在大本營，觀察員得到的指示是要趴在挖出的壕溝裡，以腳朝向測試塔，以免受到爆炸的傷害。而在坎帕尼亞山，防護要求比較不那麼嚴格。收音機傳來吱吱嘎嘎的倒數計時，勞倫斯再也坐不住了。正如他向格羅夫斯所報告：

我原本認為，觀察火焰的最佳位置是透過我所乘坐的汽車車窗，能夠擋下紫外線，但我在最後一刻決定下車（確實證明了我十分興奮！），才剛踏上地面，我就被一團溫暖明亮的黃白色的光籠罩，一瞬間就從黑暗變成了燦爛的陽光，我記得自己一時之間驚訝得說不出話來。我要再想了一想，才告訴自己「真的就是它了！」接著透過我的黑色太陽眼鏡，看到地上有個巨大的火球迅速升起，先像太陽一樣燦爛明亮，接著不斷沸騰而旋轉滾入天際，亮度也逐漸下降。在大約地面上一萬到一萬五千英尺高的地方，顏色是橘色，我判斷直徑大約是一英里。至於在更高的地方，顏色變成紫色，這道紫色餘輝感覺上持續了很長的時間……會有這種紫光，是因為那些氣體有很強的放射性。（這種光的主因在於空氣中的氮氣，在實驗室中，我們偶爾會用迴旋加速器引發微型的此類狀況。）……這是一幅壯麗的奇觀……

閃光過後兩分多鐘，衝擊波襲來。先是一聲尖銳、響亮的爆響，接著大約一分鐘後，從周圍的山脈傳來迴聲……就像是在幾碼遠的地方放了一個巨大的鞭炮——又或者說，就像是在大約一百碼外發射了三十七公厘火砲一樣。

在爆炸的那一刻，賽伯就站在勞倫斯旁邊，眼睛完全沒有防護，就盯著那個火球瞧。爆炸的閃光讓他有好幾秒的時間什麼都看不見，只能判斷光的顏色有著微妙的變化，臉上也感受到爆炸的熱風。透過他的焊工面罩，麥克米倫也看到了與勞倫斯所見相同的紫色光芒，也同樣認為原因在於大氣氣體的電離。所有的觀察者都有一種目睹了災難事件的不安感。麥克米倫說：「觀察者當下的反應是敬畏，而不是興奮。」

常有人提到歐本海默對當時自己反應的回想；他表示腦中出現了梵文《薄伽梵歌》的一段經文：「『現在我成了死神，世界的毀滅者』，我想在場所有人大概都有類似的念頭。」但有理由相信，這是事後才加上的精心闡述；根據現場人士的回憶，空氣中飄著的更像是種鬆了一口氣、歡快的感覺。

無論如何，勞倫斯這個通常不會像歐本海默那樣自省自察的男人，費了一番工夫在紙上記下自己的情緒，同時也把他眼中他人的反應記了下來。他寫道：「那場爆炸宏大而幾乎災難性的比例，之後立刻讓每個人的行為都有些肅穆。響起了一些帶著克制的掌聲，但隨著大家開始評論這個事件，更多的是一種安靜的低聲私語、像是一種敬畏。查爾斯．湯馬斯博士向我說，這是人類史上最偉大的事件云云。

「就我們所有人而言，雖然我們知道這件事理論完整、確實能夠產生爆炸，但我們都有一種感覺，我們在這天跨越了人類進步的一個重要里程碑。」

• • •

測試的結果很快傳給了史汀生，這時他正陪同杜魯門，參加在柏林附近波茨坦（Potsdam）舉行的三巨頭會議。消息是由知名銀行家暨臨時委員會成員的喬治・哈里森（George Harrison）所傳來，寫道：「今早開始手術。診斷尚未完成，但結果似乎令人滿意，已經超出預期……格羅夫斯醫師很高興。」測試成功之後，讓美國要向盟友透露消息的壓力大減。雖然科學小組建議通知英國、法國、中國和俄國，但實際上真正的問題在於要告訴蘇聯些什麼。與史汀生協商後，杜魯門決定等到波茨坦會議的最後一天，並且給史達林一份只有最簡單概要的報告。杜魯門後來回憶這次事件，他繞過蓋著檯面呢的會議桌，來到俄國那方，刻意把自己的口譯員留在後面，緩緩向史達林走去：「我就這麼隨口向史達林表示，我們有了一種新武器，破壞力非比尋常。這位俄羅斯總理並未表現出什麼特別興趣，只說他很高興聽到這個消息，並希望我們會把它『好好用來對抗日本人。』」

杜魯門可能認為自己手段夠高明，既給了史達林足夠的資訊、讓他們不能抱怨自己一無所知，也沒給出什麼真正有用的訊息。史達林當時之所以不動聲色，確實可能是因為杜魯門刻意表現的若無其事，但也有可能反映的是他早就透過自己在西方的間諜網，得知了在阿拉莫戈多的測試。對歐本海默來說，杜魯門連試都不肯試，就拒絕與蘇聯建立真正的核武控制夥伴關係，喪失這個機會實在太令人遺憾。他後來表示：「那實在太漫不經心了。」

• • •

在三位一體測試後，要在日本投下原子彈的計劃也繼續進行，而並未與科學小組再有協商。然而，原子彈科學家之間的紛紛擾擾還在繼續，也一如往常，是以芝加哥的冶金實驗室為中心。西拉德傳下了一份請願書，主張以道德為由，反對任何使用原子彈的方案。（他後來修改了措詞，表示若有「適當的警告、並給予在已知條件下投降的機會」，則可容許使用原子彈。）這份請願書有超過六十位冶金實驗室科學家的連署，由康普頓轉交華盛頓當局。然而，在冶金實驗室連署的請願書並不只這一份，也不是所有人都反對使用原子彈；另一份請願書有部分內容就是：「那些前線部隊的人……為國家冒著生命危險，難道無權使用已設計出的武器嗎？……就算只能挽救極少數美國人的生命，也讓我們使用這項武器吧，就是現在！」

廣島任務的確切時間，只有原子彈團隊的少數物理學家知道，其中就包括阿爾瓦雷茲與賽伯，兩人在天寧島上共用一個帳篷長達兩個月，調整著各項儀器，準備用降落傘投下原子彈。八月五日凌晨兩點四十五分，阿爾瓦雷茲登上「偉大藝術家號」（Great Artiste）B－29轟炸機，伴隨著蒂貝茨的「艾諾拉．蓋號」共同出航這趟轟炸任務。經過將近整整六個半小時，兩架轟炸機都來到了廣島上空。艾諾拉・蓋號投下了名為「小男孩」的鈾原子彈。阿爾瓦雷茲看著自己的三個測量儀器在原子彈後方飄落，接著飛機以兩倍G力高速迴轉、以避開衝擊波，而他還在檢查接收器，確保儀器還在收集數據。投彈四十五秒之後，他感受到了爆炸的威力。

「突然之間，明亮的閃光照亮了整個機艙，爆炸的光線從前方的雲層反射回來……過了一會，劇烈的衝擊波兩次猛擊著飛機。」接著，偉大藝術家號持續在廣島上空盤旋。阿爾瓦雷茲回憶道：「我想找那座目標城市，但怎麼也找不到。我的朋友、也是我的老師勞倫斯，投入了大量精力、幾億美元，建造機器來為『小男孩』原子彈分離出鈾二三五。我原本以為轟炸機投偏了幾英里，沒投到城市上……還在想著該怎麼向他解釋這樣的失敗。」但原子彈其實投到了目標。之所以找不到廣島，是因為整個城市已被摧毀。

兩天後，阿爾瓦雷茲正準備第二次出任務，在長崎投下鈽原子彈「胖子」。他和賽伯以及從柏克萊來的理論物理學家菲利普・莫里森（Philip Morrison），一起在天寧島上的軍官俱樂部休息，想起了嵯峨根遼吉，想起他在放射實驗室的兩年時光。或許，這種個人關係也能用來推動戰爭畫下句點？這三位美國科學家小小的個人舉動，或許能夠稍微抵消他們對嵯峨根遼吉及其同胞所降下的毀滅。於是，三人匆忙寫下一則訊息，放到信封裡，貼在三具發射到爆炸漩渦中的測量儀器上：

這是我們所寄出的個人訊息，希望您運用自己身為知名核子物理學者的身分來讓日本參謀本部相信，如果再繼續這場戰爭，您的人民將遭受可怕的後果……這三週以來，我們已經在美國沙漠進行一次原子彈試爆，在廣島引爆了一枚，今早又引爆了第三枚原子彈。我們懇請您向領導者證實這些事，並盡您最大的努力，阻止這種毀滅與虛擲人命的行動，如果再繼續下去，只會讓日本所有的城市都遭到摧毀。身為科學家，對於這種美麗的研究成果被派上此等用途，我們深惡痛絕，但我們可以保證，除非日本立刻投降，否則在憤怒中還會有許多倍的原子彈如雨般落下。

他們的署名，是「在您留美期間的三位科學界前同事」。

這封信後來在長崎的廢墟被發現，一直到日本投降後，才送到了嵯峨根的手中。在許多個月後，在康普頓家三兄弟排行老二的威爾遜．康普頓（Wilson Compton）到日本旅行，收到了嵯峨根寄來的副本。他把這份副本轉給阿爾瓦雷茲，阿爾瓦雷茲在上面簽了名，再在一九四九年還給嵯峨根，也算是一種紀念品了。

隨著這項「祕密武器」壯觀登場，杜魯門也在長崎投下原子彈五天後宣布日本投降，群眾一片歡天喜地，也對這項武器大感興趣，但與此同時，曼哈頓計劃的科學家卻開始激烈地自我反省。對於自己最親近的一些朋友與同事表現出的憂心疑慮，勞倫斯也感同身受。然而，他也對於各種事後諸葛的批評大感不耐，在他看來，這項決定就是結束了這場戰爭，而且可以想像得到，是結束了所有的戰爭。南達科塔州大學的路易斯．阿克利教授，在多年前讓勞倫斯走上了物理學這條職業道路，而這時勞倫斯寫信給他表示：「我相信現在全世界都會意識到，人類事務再也不可能用戰爭來解決了。」

對於許多關於原子彈、希望他參與的辯論，勞倫斯都推辭了。八月九日，在長崎投彈之後，他一時不小心，曾向卡爾．達羅坦誠，他曾向臨時委員會提案要採取非軍事演示。此時達羅正希望引開大眾的怒火，不讓大眾覺得科學家是研發新殺人科技的共犯，於是抓住這個機會，希望讓大眾覺得科學界頂層對這件事的態度並不一致。他向勞倫斯寫道：「我希望你能公開你曾提出這項請求的事實……主要是因為大眾的輿論可能會對科學有害。有些人甚至開始怪罪科學家，認為是他們的研究造成這些後果。我認為我的猜測算不上太牽強或太荒謬：在不久之後，應該會有人說是『那些曼哈頓計劃的邪惡物理學家故意研發出原子彈，而且他們心知肚明，這些原子彈會被用來在未經任何警告下，殺死成千上萬無辜的人民。廢掉物理學家！』我們不能讓他們以此做為反對科學的藉口。」

勞倫斯並未聽信這一套。他向達羅簡單描述了臨時委員會對於採用演示的反對意見後，告訴達羅「我傾向認為他們做了正確的決定。比起因原子彈而犧牲的生命，透過縮短戰爭，確實是挽救了更多的生命。此外，不言可喻……世界一定已經意識到，絕不會再有另一場戰爭了。至於對物理學家和科學家的批評，我認為這將是我們必須擔負的十字架，我認為就長遠而言，全世界所有的理性個人終究會意識到，這次的事件就正如所有的科學追求，到頭來是讓世界變得更好。」

而對於歐本海默，勞倫斯也表現出了同樣的不耐煩；一九四七年，歐本海默在麻省理工學院的亞瑟·里特（Arthur D. Little）紀念講座演講上，表達了自己對原子彈所感受到的痛苦折磨。他表示：「以一種最原始的感受，無論用怎樣的粗俗、幽默或虛張都無法完全消除，讓物理學家懂得了原罪；而這成了他們永遠無法放下的知識。」

歐本海默的觀點，其實比表面看來的更加細緻；他是希望科學家在釋放出核分裂的威力之前，能夠有些他們所缺乏（也或許並不需要）的內省反思。然而在勞倫斯聽來，似乎是歐本海默認定了各地所有的科學家都有罪，於是他的反應也很粗暴，動怒表示：「我是物理學家，我不需要去放下什麼『物理學讓我懂了原罪』的知識。」

然而，正因為長久的友誼、同事關係、又一起度過了原子彈計劃的種種艱辛，讓勞倫斯很難對歐本海默的不安完全置之不理。在長崎投彈後的週末，勞倫斯造訪了羅沙拉摩斯，發現歐本海默正陷入自我懷疑，努力想為臨時委員會起草另一份公報，處理「原子能領域未來研究的範疇與計劃」。歐本海默試著向委員會表達他對原子武器（包括他所謂的「超級炸彈」）未來的「深遠」想法。歐本海默向科學委員會報告的結論中，認為不可能「對原子武器提出有效的軍事反制對策」，美國無法保證在原子武器一直維持「科技霸權」，而且「就算達到這種霸權，也〔無法〕保護我們免受最可怕的毀滅。」想達到這種目標，辦法不能靠科學和技術專業，而是要靠著消除戰爭。勞倫斯和歐本海默至少在這一點上有共識。兩人所不同意的地方，在於勞倫斯認為對日本投下原子彈已經達到了這項目標；相較之下，歐本海默卻覺得目標因此變得比以往任何時候都更加遙遠。

對於歐本海默這份公報的草案，勞倫斯大多贊同，但要求一項重大的改動。歐本海默寫的是：「我們最無法肯定的事情在於，就算未來幾年間我們在原子武器領域的技術地位大幅強化，也不見得能就結束戰爭的議題做出重大貢獻。」而勞倫斯建議另一種替代說法：「無須多言，只要我國需要強大的武力，我們就必須持續握有並積極開發原子武器，並可能因此維持多年的領先地位。但我們確信……其他勢力也能在幾年內生產出這些武器……因此我們認為必須以堅定的步驟達成國際協議，以減少、甚至是完全消除此類發展的可能。」

在歐本海默看來，這就是勞倫斯想為自己實驗室爭取政府補助的行銷宣傳，最後他也說服勞倫斯讓步放棄。在科學小組最後為史汀生準備的備忘錄中，雖然承認研發更有效的核武「對任何國家政策來說，都會是一項看起來再自然不過的因素」，但也強調，這樣的國家安全

「唯一可憑藉的基礎，就是要讓未來不可能發生戰爭。我們一致且急切地向各位建議……為達此目的，應採取一切步驟、達成所有必要的國際協議。」

然而，歐本海默帶著這封信抵達華盛頓的時候，史汀生卻缺席了；這位七十七歲的男子經過整個夏天如同超人般的辛勞，現在去了度假勝地阿迪朗達克山脈，恢復體力。於是，歐本海默被帶去見了喬治・哈里森，哈里森再將他的想法傳達給已當上杜魯門總統國務卿的詹姆斯・伯恩斯。伯恩斯指示哈里森，給歐本海默一個直白的回應：「以目前狀況，歐本海默關於國際協議的建議不切實際，而且……他和其他一夥人都該全力繼續研究。」這裡說的研究，指的就是下一代的超級武器，預計威力將比投在日本的原子彈強大數千倍。

歐本海默回到羅沙拉摩斯，在一封鬱鬱寡歡、寫給勞倫斯的信裡記下了他的想法。他寫道，在華盛頓「時機不對，要把話說清楚還太早。」他已經努力嘗試，想讓這些人知道不是光靠著繼續做原子彈研究就能維護國家利益，他甚至還建議，要「像上次大戰後禁止使用毒氣一樣」，以國際公約禁止使用原子武器。（這裡指的是一九二五年的《日內瓦公約》協議從此禁用毒氣。）然而沒人想聽他的話。他告訴勞倫斯：「我從對談裡很清楚地知道，波茨坦會議的情況非常糟糕，在想吸引俄國來合作或管控的事情上，可能是幾乎或甚至完全沒有進展。我不知道他們到底付出了多少努力。」（事實上，就是沒有做出任何努力。）歐本海默還報告了在華盛頓的兩項「悲觀的」發展：其一是伯恩斯下令繼續原子彈研究；其二則是杜魯門發了一道「御旨」：「未經他個人批准……禁止揭露任何有關原子彈的資訊。」在歐本海默看來，能透過國際協約來管控原子武器的機會正在流失，而且可能再也無法挽回。更令人不安的是，科學家控制自己職業命運的能力也似乎正在逐漸消失。他承認自己感到「深切的悲痛，並對於我們該走的路感到極度迷惘。」

在歐本海默寫給勞倫斯的信中，最後幾段是關於回歸柏克萊的事。在過去幾週討論原子彈計劃的未來走向，整個氛圍讓兩人身心都精疲力竭，友誼也出現嫌隙，而且這還絕不是兩人之間唯一的問題。歐本海默已經懷疑，自己是否還能融入柏克萊：「未來想在柏克萊達成任何成就，都必須依靠……在觀點不同的時候，仍有一定的互相尊重。」

他已經暗示著，柏克萊的物理學研究未來可能不會再有羅伯特·歐本海默。而隨著戰爭結束，走向和平，這還只是勞倫斯需要面對的其中一項改變。前方仍有挑戰，但也將出現機會，而且是巨大的機會。在整個科學界裡，沒有人比勞倫斯有更好的條件可以抓住這些機會了。

CHAPTER

15

戰後的幸運

戰後的美國物理學家，會感受到兩種矛盾情緒之間的拉扯。在廣島和長崎投擲原子彈之後，他們獲譽為英雄；甚至在《生活》雜誌記者的筆下穿著「超人的外衣」。許多人都會詢問他們對科學、社會甚至政治議題的意見，這些意見流傳得也很廣。

然而，這些研究的後果也讓許多人感到負擔沉重。像是講到核子研究對社會有何影響，冶金實驗室的物理學家詹姆斯・法蘭克後來就儼然成為相關討論的意見領袖，他寫道：「在過去，科學研究的結果完全客觀中立，不論人類後來將研究派上什麼用途，科學家都可以拒絕承認自己應負直接責任。然而，現在我們已經不能再採用這樣的態度，因為我們的核能研究雖然大為成功，同時卻也帶來遠高於過去一切發明的危險。」

在當時，美國大眾及政治領袖都還對這些擔憂視若無睹。杜魯門總統認為自己下令投下原子彈是展現了勇敢的決斷，毫無打算討論這之中該有何道德反思。因此，他與歐本海默的首次見面也就相當不順利；一九四五年十月二十五日，歐本海默受邀前往橢圓形辦公室，討論如何立法管理美國國內的原子武器。歐本海默和杜魯門可的開場白非常糟糕，歐本海默開口就說：「總統先生，我覺得我雙手沾滿了血。」據杜魯門的描述，他就拿了一條手帕給歐本海默，說：「拿去，你要擦一下嗎？」杜魯門後來又將這件事轉述給時任副國務卿的迪恩·艾契森（Dean Acheson），把歐本海默稱為「愛發牢騷」的科學家，並抱怨歐本海默是怎樣「走進我的辦公室……搓著雙手，跟我說因為原子能的發現而讓他手上沾滿了血。」他指示艾契森：「我不想再次在這個辦公室看到那狗娘養的。」

勞倫斯並未受到歐本海默那套形上學沉思的影響，十分樂意因為自己將戰爭帶向結束而得到公眾讚譽。這些讚譽還包括了總統榮譽獎章（Presidential Medal for Merit，當時是美國頒給非軍職平民的最高榮譽），這項獎是在一九四六年初，由格羅夫斯將軍與史普羅爾在柏克萊的儀式上頒發。此外，伊士曼柯達、奇異與美國氰氨公司（American Cyanamid Company）都送上顧問合約，另外還有許許多多的邀請，請他擔任政府委員會的委員、演講、或是到國會作證。校董約翰·尼蘭發現自己的門徒似乎是來者不拒，但這諸多承諾已經影響了勞倫斯的健康，於是決定自己介入作為緩衝，如他後來所說：「好保護他不遭到劫掠。」勞倫斯後來把尼蘭稱為他「聽告解的神父」，他會有點不好意思地向那些來請他幫忙的人表示，自己得先請示尼蘭，才能接受邀請。

勞倫斯曾經預想，隨著軍方補助告終，放射實驗室也會像其他科學機構一樣，在戰爭結束後必須快速節食減肥。由於曼哈頓計劃的要求，放射實驗室位於柏克萊校園山坡上的建築群大為膨脹，共有三十座建物、高達一千二百名專業人力，但勞倫斯早在一九四四年中就告訴史普羅爾，放射實驗室應該很快就會萎縮成物理系的一個普通相關機構，每年預算大砍百分之九十九，只剩下八萬五千美元。

然而，做這些預測的時候，原子彈尚未投下；當時還因為α期跑道形電磁分離器故障，讓勞倫斯壓力大到進了芝加哥大學醫院。而到此時，勞倫斯對成長與資金的期許變成了極度的渴望。他計劃要大幅擴建放射實驗室，希望經費由柏克萊、格羅夫斯將軍的曼工區與洛克菲勒基金會共同提供，但他並沒想清楚最後的帳單要怎麼分給這三方。比爾．布羅貝克回憶道：「當時我們的名聲實在太響亮，怎麼分都沒什麼關係，總之錢就是會從某個地方過來。」一開始，多數經費都來自格羅夫斯，他極力支持勞倫斯的實驗室，每年投下超過三百萬美元。

推動新研究向前發展的力量，來自於勞倫斯手下那群天賦異稟的物理學者團隊，他們已經從戰時任務回歸。在戰爭期間，他們的新發現都先保留而不發表，但這並不代表他們就會停止思考、或是停止從原子彈物理學的研究中取得新知。麥克米倫和阿爾瓦雷茲一從羅沙拉摩斯回來，就等不及用他們想出的新方法來處理一項老問題：提升能量會遇到的相對論障礙。貝特對這個障礙的想法並沒有錯，只是當時還提得太早；但如果迴旋加速器打算把能量提升到超過三千萬電子伏特，現在就得面對這個問題了。

麥克米倫把他的想法稱為「相位穩定性」，是他在羅沙拉摩斯「在床上躺了一晚」想到的概念。他意識到，如果是以脈衝、而非粒子束的方式來加速，加速電壓以一定的頻率振盪，而讓粒子在接近光速時仍能維持相位，就能讓粒子得到更高的能量。這種程序產生的粒子數較少，但每個粒子的能量較高。這個想法最後的實現，是使用所謂的「同步加速器」；這一大突破的重要性，與勞倫斯的迴旋加速器原理足可相提並論。麥克米倫回憶道：「如果我當時真的體會到這件事的歷史意義，我那天早上起床的時候，就會在筆記本上寫下：『我昨晚有了一大發明。』」但他當時做的，是把一篇短論文寄給《物理評論》，而根據戰時保密規則，需要先繼續保密，直到戰後（一九四五年九月）才能發表出版。一直到這個時候，麥克米倫才得知還有別人也想到了相位穩定性：莫斯科列畢傑夫物理研究所（Lebedev Physical Institute）的弗拉迪米爾・維科斯列爾（Vladimir Veksler），他在一九四四年發表了兩篇相關論文。但麥克米倫撰寫其論文時並未得知這兩篇文章。維科斯列爾發信向《物理評論》抗議麥克米倫的論文「並未提及……我的研究。」這項抗議確實有理，麥克米倫也公開道歉。自此之後，同步加速器原理的功勞就同時歸於麥克米倫與維科斯列爾，兩人幾乎是同時得到這項發現，但可以肯定，兩人是在隔了半個地球遠的距離、分別得出這項發現。

與此同時，阿爾瓦雷茲也在考慮關於電子加速的物理限制。他所思考的是直線加速，這是勞倫斯和大衛・斯隆在柏克萊共同研發的技術，一直要到一九三一年，才發現迴旋加速器的效能更加優秀。但就物理學上，這已經像是遠古以前的事了。阿爾瓦雷茲認為，既然一九四五年已能達到更高的能量，就某些目的上，線性加速器的效能或許會高於迴旋加速器；會讓他有這個想法的原因，是麻省理工學院放射實驗室為雷達所發明的先進振盪器，稱為SCR－268，甚至戰爭還沒結束，在軍事用途上就已經過時，於是足足有三千台這種設備在軍隊倉庫中積灰。在阿爾瓦雷茲的要求下，勞倫斯向格羅夫斯商討這些設備。很快地，有七百五十具多餘的振盪器送向了柏克萊，阿爾瓦雷茲建議用這些振盪器將電子加速到足以產生人工緲子（muon）的速度，那是一種過去只能在宇宙射線中探測到的粒子。

正如勞倫斯在戰爭結束時的預測，和平時代讓大科學有了大幅成長的機會。光是為了麥克米倫和阿爾瓦雷茲的雄心壯志，就需要三台巨大的新機器：同步加速器，將電子加速到三億、並最終達到十億伏特；線性加速器，將質子推動到一點四億伏特（阿爾瓦雷茲發現，如果要處理電子，麥克米倫的相位穩定同步加速器能得到更好的效果，因此將自己的機器重新調整，用來加速質子）；一百八十四英寸迴旋加速器，在戰後經過重新設計，能好好運用相位穩定性的概念，最後改名為同步迴旋加速器。

這還不是全部。早就等不及從芝加哥回到柏克萊的西博格，提議在山上建立一個「高能實驗室」（hot lab），繼續他對超鈾元素的研究。在他看來，此類元素為數眾多，只是尚待發現，所以他需要設備來處理強烈的放射性，而最重要的是一個核子反應爐，這也正是勞倫斯唯一缺乏的核子技術。為了逼迫柏克萊滿足他的要求，西博格從勞倫斯有樣學樣：他讓柏克萊知道，亞瑟·康普頓希望他留在芝加哥，已經開出一萬美元年薪、加上擁有僱用十幾位科學家的權力。勞倫斯從史普羅爾那裡擠出了必要的薪水及人員許可，並親自投入為西博格的高能實驗室和反應爐尋找經費。

最後、但重要性絕不在話下的，是廣受重視的生醫研究，勞倫斯可沒打算放棄。他的計劃包括要繼續支持約翰·勞倫斯的放射性示蹤劑及醫療同位素研究，以及支持約翰與醫學院約瑟夫·漢米爾頓醫生（Joseph Hamilton）合作，研究核分裂的生物作用，以及鈽及其他超鈾元素的人體代謝作用。一九四五年，校董們終於決定在物理系裡設了一個「醫學物理組」（Division of Medical Physics），解決了醫學院對相關研究的敵意問題。醫學物理組成立之初共有四名教師，其中就包括約翰。他成了醫學物理組的助理教授，薪水多半由物理系的預算支付。

在一九四六年之後，放射實驗室預算已升到每年超過二百萬美元，還不包括新機器的購置。光是建造同步加速器與高能實驗室，並改裝一百八十四英寸迴旋加速器，就得花上六十萬五千美元。至於阿爾瓦雷茲的直線加速器，勞倫斯甚至沒有提出預算，因為這項設備太新，連大致的建造預算也難以估計。沒人比勞倫斯更清楚，自己的擴張計劃所需經費，絕對會超過柏克萊、洛克菲勒基金會、以及老金主研究法人基金會能提供的資源。他也知道，還有一票其他人也在積極爭取經費，包括其他傳統大學對手，以及曼哈頓計劃在芝加哥、橡樹嶺和羅沙拉摩斯所成立的各間實驗室，都希望在和平時期建立自己的永久研究中心。

想在這些競爭中勝出，需要勞倫斯徹底發揮他的募款實力。九月十九日，日本投降幾週後，勞倫斯來到雷蒙德．福斯迪克在紐約的辦公室，口若懸河，講著一百八十四英寸迴旋加速器有多麼神奇重要，希望能得到一筆新的補助，完成當初因為戰爭而暫停的建設。他解釋道，在取得第一筆撥款後的這幾年裡，新的科技進步已經超越了迴旋加速器的原始設計，洛克菲勒基金會原本核可的一百一十五萬美元還剩下四十萬，但並不足以完成這項工作。

但在他的報告過程中，勞倫斯犯了一項嚴重的失誤。他料想錯誤，誤以為洛克菲勒基金會雖然是在不知情的狀況下，提供了六萬美元協助將一百八十四英寸迴旋加速器改造為鈾分離裝置，但之後必然是對這個角色感到驕傲；所以勞倫斯向福斯迪克大讚：「要不是有洛克菲勒基金會，就不會有原子彈。」（這是福斯迪克隔天向韋弗的轉述。）但勞倫斯沒想到，這聽在福斯迪克的耳裡有多令人惱火；想到洛克菲勒基金會的投資居然成了空前的死亡毀滅武器，福斯迪克一直十分氣憤。在他看來，是基金會遭到矇騙，而與魔鬼訂下協議。在洛克菲勒基金會一九四〇年的年度報告所言，是因為「人類對知識的渴望」而撥款補助一百八十四英寸迴旋加速器；而在五年後，一九四五年的年度報告卻哀傷地提到，這曾經光榮的目標「將人類文明帶到深淵的邊緣……我們為了追求真理，最後所做出的工具，卻讓我們自己就能夠毀滅各種制度、毀滅人類所有光明的希望。」福斯迪克對於科學這時所面臨的兩難，並沒有好的答案。「長遠來看，就科學研究本身可能並無法區別好壞……因此我們這個時代必須做的，並不是要抑制科學，而是要阻止戰爭……科學必須幫助我們尋找答案，但主要決定權在於我們自己。」

雖然勞倫斯的話讓福斯迪克想起了基金會的愧疚，卻也打開了通往救贖的大門。勞倫斯指出，迴旋加速器很有希望讓基礎科學在和平時期的進展大幅向前，使福斯迪克相信，相對於廣島原爆，這可能是有益的科學平衡。福斯迪克向韋弗表示，他再次為勞倫斯那種「激動人心」的樂觀情緒所著迷，在會談結束時，甚至是很擔心放射實驗室可能根本不需要基金會的資金。勞倫斯曾提到，可能會向軍方申請經費來完成迴旋加速器，然而一旦接受政府撥款，便意味著這部設備將主要用於軍事研究。

光是一想到基金會已投入如此大筆預算，現在居然可能要白白送給軍方，就讓福斯迪克燃起要爭取所有權的鬥志。他告訴韋弗：「這個迴旋加速器是我們的孩子，也會是我們皇冠上的寶石；當然，前提是我們不會用原子彈把世界炸成碎片。如果勞倫斯需要更多經費，而且取得政府經費的條件是不能有完全的行動自由，我認為我們就該介入。」這不是第一次、也不是最後一次，勞倫斯操弄著多位經費提供者互相角力。

•
•
•

比起其他曼哈頓計劃實驗室的主任們，勞倫斯對局勢發展看得更精準，知道在戰後的許多年間，格羅夫斯將軍依然可能會是物理研究的主要贊助者，原因就在於當時華盛頓仍在激烈辯論是否該將核子研究從軍方轉至民間，結果尚在未定之數。因此，勞倫斯努力培養與格羅夫斯的關係，甚至還推動柏克萊在一九四五年授予格羅夫斯榮譽博士學位。格羅夫斯也是投桃報李，一九四六年勞倫斯榮獲總統獎章時，格羅夫斯在頒獎致詞中提到：「我們把一億美元賭在他身上，而且贏得了勝利。」從兩人第一次見面，格羅夫斯就對勞倫斯的行政和科學能力充滿信心，而在電磁分離程序成功之後，這份信心更是有增無減。在一九四四年和一九四五年，芝加哥冶金實驗室與其他曼哈頓計劃的實驗室開始有人公開批評格羅夫斯的管理。但正如某位工作人員所回憶的，由於勞倫斯「非常嚴格且成功地阻止實驗室成員對此發表任何意見」，放射實驗室完全沒傳出此類風聲。也就可以想見，在三位一體測試的隔天，格羅夫斯之所以只選了勞倫斯所發表的個人記述，將其送至五角大廈，絕非偶然。

勞倫斯下定決心要和格羅夫斯維持良好的關係，另一個例子是發生了某件事，讓整個物理界爆出怒火、公眾輿論也群情激憤，但勞倫斯卻是噤聲不語。這件事，就是美軍在十一月恣意摧毀了日本的五部迴旋加速器。美軍接管人員將這些設備拆除、丟進太平洋，其中就包括在東京直接完整複製勞倫斯的那座六十英寸迴旋加速器。此外，東京實驗室的主任仁科芳雄原本已經得到接管官員的許可，能夠重啟迴旋加速器，進行生物和醫學研究，但工兵卻在十一月二十四日意外前來，帶著大錘和噴燈，把這座珍貴的迴旋加速器毀成廢鐵。美軍官員給這種行為找藉口，說同盟國必須要摧毀日本的戰爭機器，但這正展現出美軍完全不懂得迴旋加速器的科學價值，因此五角大廈要再聲稱自己多懂得管理核子科學，可信度也就大幅下降。

這個事件讓勞倫斯立場尷尬，因為當時他正在等待格羅夫斯批准放射實驗室雄心勃勃的戰後計劃預算。在戰前，仁科芳雄還曾經派出嵯峨根遼吉與矢崎為一，到放射實驗室接受訓練，眾人還以為他可能會強烈反對美軍的行為，其實他和勞倫斯有這段關係。然而，勞倫斯卻決定避避風頭，由卡爾．康普頓發出譴責；康普頓擔任佔領軍的科學顧問，公開指稱破壞迴旋加速器「是一種愚蠢至極的行為。」後來，康普頓得知軍方居然引用了自己的名字、做為行動合理性的藉口，變得更加憤怒。當時，仁科芳雄前往接管總部要求解釋，結果被告知銷毀令是經過康普頓特別認可，但事實恰恰相反：康普頓是起草命令，允許重啟東京的迴旋加速器來進行生醫研究。

雖然格羅夫斯在這一事件遭遇政治火力猛烈炮擊，但勞倫斯安慰他，同意「現在這個時候，要採取任何行動來重啟迴旋加速器都不適當，這件事最好還是先放著。」但在給凡尼瓦．布許的一份報告中，勞倫斯其實比較掛念仁科芳雄的需求：「我非常希望能夠做點什麼事來糾正錯誤……至少讓仁科芳雄能重新補足實驗設備。」然而，勞倫斯從未公開表達這些想法。

勞倫斯細心培養與格羅夫斯的關係，最後也得到了豐碩的成果：包括阿爾瓦雷茲需要的雷達振盪器、以及麥克米倫同步加速器所需要的電容器在內，格羅夫斯把軍隊價值二十萬三千美元的剩餘物資都免費送給了勞倫斯。十二月，格羅夫斯從曼哈頓工程區的經費裡撥了十七萬美元給放射實驗室，用以完成一百八十四英寸迴旋加速器（該計劃就是在戰時由軍方與加州大學簽訂合約而啟動），並且還撥款二百二十萬美元，用於山坡上的各項建築及營運開支。回想當時的放射實驗室，阿爾瓦雷茲開心地表示：「我們運作的燃料就是一大桶的美金。」

我們可以說，勞倫斯推動了美國科學的一項轉變，且其重要性絕不下於任何純粹因科學發現所啟發的轉變：開始了政府在和平時期的經費贊助。一九三六年，聯邦政府所支付的研發經費為三千三百萬美元，佔研發經費總額二億一千八百萬美元（包括產官學界及慈善基金會）的百分之十五。而從一九四一年到一九四五年，政府所提供的經費增加到每年五億美元，佔年度總額的百分之八十三。等到戰爭結束，經費增加的趨勢並未平緩：到一九四七年，雖然全美在科學研發方面的投資大幅增加，但聯邦研究預算已上升至六億兩千五百萬美元，仍然佔了一半以上。

政府在各項研究、特別是核子物理研究方面的巨大影響力，讓許多科學家十分不安。菲利普·莫里森寫道，在一九四六年：「加州大學柏克萊分校每投入一美元做物理研究，軍方就投入了七美元。」在柏克萊舉行的美國物理學會年會上，有超過一半的論文都載明部分經費來自陸軍的曼哈頓工程區，或是其積極的新對手：美國海軍研究署（Office of Naval Research）。當時，有大約三十所大學是承接海軍合約進行核子物理研究，有些時候政府經費就佔了這些研究預算的百分之九十。

但勞倫斯並沒有這些人的疑慮。原因之一，在於他和格羅夫斯的關係，讓放射實驗室使用政府經費時幾乎沒有任何限制。而由於其他原因，在所有的曼工區實驗室裡，放射實驗室也有著特殊地位：這是唯一在戰前便存在的實驗室，當然也就是唯一原本就有著自身管理結構的實驗室。所以，雖然格羅夫斯逐步裁撤曼哈頓計劃的各個實驗室，卻留下了放射實驗室。他後來寫道：「我覺得，只要能得到政府適當財務支持，勞倫斯活多久、柏克萊實驗室就能存續多久。」

• • •

勞倫斯積極爭取政府經費的同時，華盛頓正掀開一場立法戰爭，爭論是否該讓原子能脫離軍方的掌控。杜魯門向國會發表一項咨文後，肯塔基州的眾議員安德魯・梅伊（Andrew J. May）與科羅拉多州參議員艾德溫・約翰遜（Edwin C. Johnson）便提出了相關的法案。杜魯門的咨文是由國務院律師赫伯特・馬克斯（Herbert Marks）所起草、並參考了歐本海默的意見，其中肯定「無論在國際或國內，原子能的釋放都帶來了一股革命性的新力量，無法以舊觀念的框架來思考。」杜魯門政權致力於尋找「一項令人滿意的安排，希望能夠控制這項發現，讓它成為強大而有力的工具，用以維護世界和平、而非毀滅世界。」

起初，科學界傾向贊成梅伊—約翰遜法案，特別是因為有一份支持的聲明是由歐本海默所撰寫、並得到勞倫斯和費米連署，也就是在臨時委員會科學小組的四人當中，已有三人支持。

但科學家真正讀了法案內容之後，支持也就煙消雲散，因為真正的內文不是由國務院律師、而是由戰爭部律師所起草，該方案將原子研究的控制權大多交給軍方。只要認定是敏感資訊而又違反了安全規定，其罰則顯然與軍法不相上下：罰款高達三十萬美元，若為「有意」洩露，刑期可能長達三十年。

在幾週之間，批評聲量不斷上漲；在一次採訪中，哈羅德·尤里將這項法案稱為「國會史上第一份極權主義法案。」他鬱悶地說道：「你可以稱之為共產黨法案或納粹法案，就看你覺得哪種更糟。」科學家對此的厭惡，很快就落到了這項法案那些知名的支持者身上。正如芝加哥物理學家赫伯特·安德森（Herbert Anderson）寫給羅沙拉摩斯科學家協會（Association of Los Alamos Scientists）主席威廉·席金柏森（William A. Higinbotham）的信：「我必須承認，我對歐本海默、勞倫斯、康普頓和費米這些領導者的信心……有所動搖。我相信這些大人物被騙了，他們從來沒有機會看到這個法案。」

安德森的說法對康普頓並不公平，康普頓是明智的，他要等到真正讀到法案才決定是否連署歐本海默的聲明，而且他最後的決定就是拒絕。但安德森對其他人的看法是正確的：就連歐本海默，也是在還沒看過法案就寫了聲明，而勞倫斯和費米也盲目地連署。三人很快就撤回了他們的支持。幸好，在科學家的反對、公眾對軍方控制的質疑之下，再加上像是拆毀日本迴旋加速器這樣的錯誤決策使群情更加激憤，梅伊—約翰遜法案最後未能通過。

而在不幸的梅伊—約翰遜法案背書又撤簽事件之後，勞倫斯便再也不介入國內控管方案的各種討論。不論如何，他最親近的個人顧問都不鼓勵他在華盛頓有何積極作為：弟弟約翰一直都很擔心勞倫斯常常有支氣管和鼻竇感染、背痛、以及其他壓力纏身所顯現的症狀；而在戰爭邁向尾聲及戰後初期，勞倫斯又染上病毒性肺炎，新傷舊病愈演愈烈。約翰・尼蘭擔心華盛頓的需索無度，將會讓這位柏克萊明星教師捲入首都那種沒有贏家的政治風波。因此，在戰爭部長羅伯特・派特森（Robert Patterson）邀請勞倫斯到華盛頓發表對替代梅伊—約翰遜法案的後續法案發表意見時，雖然勞倫斯似乎認為這是一件榮耀的事，但尼蘭提出強烈反對。尼蘭回憶道：「他對這件事有點孩子氣，來找我，問我：『這是什麼意思？』我說他們想找個替死鬼，而且你還被提名了。他說：『你覺得他們真的會這樣做嗎？』我說你真的不懂那些政客。」阿弗雷德・盧米斯也和尼蘭有相同的憂慮，於是請了舊金山的律師羅瀾・蓋瑟（H. Rowan Gaither，曾在戰爭初期協助管理麻省理工雷達實驗室），協助尼蘭篩選各種請勞倫斯擔任諮詢委員與公司董事的邀請。

勞倫斯退出這項政策辯論，也反映了他長期以來的信念，也就是科學和政治實在不應混為一談。在戰爭期間，為了國家安全，他暫時放下這項信念，參加了政府計劃的最高層委員會。但和平到來，放射實驗室已經變回了追求自身利益的民間研究機構；勞倫斯的直覺告訴他，在這種情況下，他實在不應介入難以捉摸的政策鬥爭，免得突然發現自己選錯邊而遭到孤立。

儘管如此，還是不停有著各式的呼籲送到放射實驗室，希望他加入公眾討論。一九四六年二月，美國科學家聯盟（Federation of American Scientists，由超過二十個大學和政府實驗室的科學家團體組成）希望他能支持康乃狄克州參議員布萊恩・麥克馬洪（Brien McMahon）提出的新原子能法案。在麥克馬洪法案中，除了適用於武器、推進和其他軍事需求的範圍外，都直接將軍隊排除在原子能管控的單位之外。民間監督機制交給原子能委員會（Atomic Energy Commission）負責，由總統所任命的五人組成。梅伊—約翰遜法案令人憎惡的安全條款得到放寬，罰款減少到最高二萬美元，刑期減為最高五年。

目前並無書面記錄證明勞倫斯對這項提議有何回應，但在同時間給韋弗的一封信中，他提到了自己對該聯盟及各種一般科學倡議活動的個人意見。他寫道：「我自己感覺，我們這些原子科學家，很多參加政治活動的運氣都不好。特別令人遺憾的是，他們在政治問題浪費了那麼多的時間和精力，本來都可以用在科學研究上的。」

杜魯門在八月一日將麥克馬洪法案簽署通過為法律。而在年底之前，他所任命的五位原子能委員會委員也得到了參議院同意：主席為田納西河流域管理局前主任大衛・李林塔爾（David Lilienthal）；其他成員則包括羅沙拉摩斯的物理學家羅伯特・巴徹、共和黨金融家路易斯・史特勞斯（Lewis Strauss）、商人索諾・派克（Sumner T.Pike），以及愛荷華州德梅因（Des Moines）的報紙編輯威廉・威馬克（William Waymack）。該委員會從國防部手中得到最重要的核能設備，就是曼工區的那些原子實驗室，那些實驗室在戰後一直由格羅夫斯維持原貌。

這項任務十分艱鉅，因為各大科學家在戰後都回歸了自己過去的學術崗位、又或是因為其傑出表現而有了新的去處，因此優秀的人力一空。而且，戰後將管理權移交民間之後，這些實驗室的角色更不明確，也讓剩下的人員士氣再受打擊。對於這些實驗室，勞倫斯盡其所能維持它們的穩定：當然，放射實驗室仍然完全由他掌握，而且相較於那些純粹為了原子彈計劃而成立的實驗室，放射實驗室也沒有受到相關質疑。此外，勞倫斯也向加州大學施壓，希望與政府續簽合約，管理羅沙拉摩斯。這件事讓他和導師約翰・尼蘭少見地起了衝突，尼蘭在校董會上投票反對這項交易。而發起這項合約的勞倫斯終於在最後說服尼蘭，表示如果結束這項合約，等於是從一項「對政府的責任」中逃跑，而且可能是切斷了一條極重要的政府補助管道，而大科學正需要靠此來繼續成長。尼蘭同意延長合約，但條件是勞倫斯答應絕不會直接管理羅沙拉摩斯實驗室，只會「自由參與」研究項目的顧問工作。勞倫斯的直覺是正確的，羅沙拉摩斯的合約讓柏克萊能夠維持在政府資助核子研究的中堅地位，甚至讓其他也在競爭政府經費的大學開始抱怨柏克萊根本是「加州大學原子托拉斯」(University of California Atomic Trust，這個名稱是哥倫比亞大學的伊西多・拉比〔Isadore Isaac "I.I." Rabi〕所創，他既是諾貝爾獎得主，也是麻省理工放射實驗室及曼哈頓計劃的資深成員)。

在各個核子實驗室要移交給民間的真空過渡期間，勞倫斯和他的實驗室發展得風風火火。麥克米倫的同步加速器和阿爾瓦雷茲的直線加速器都在興建中，西博格接受任命，成了柏克萊的正式教授，有權僱用四名助理教授及副教授、以及十二名有薪研究生。他的高能實驗室所需經費是來自洛克菲勒基金會最初撥給迴旋加速器所剩餘的四十萬美元，因為當時的一百八十四英寸加速器目前已改為同步加速器，取得了曼工區的十七萬美元經費，再加上加州大學的十三萬二千美元，整個已經興建完工。

這座一百八十四英寸同步加速器位於一棟巨大的紅色圓頂建築內，很像是校園的山丘上有一座封閉式的旋轉木馬，而且也仍然是放射實驗室拿來表演用的好工具。在一九四六年十一月一日黎明之前，經過勞倫斯和實驗室人員徹夜努力，這座設備首次成功產生二億伏特的氘核束，而他們也偷偷慶祝了一番。這座設備的正式發表日定於十一月十八日星期一，事前則有阿弗雷德・盧米斯在蒙特瑞的德蒙特度假莊園為布許、科南特、康普頓兄弟與勞倫斯舉辦一場三天的假期；這是在重現一九四〇年把大家帶在一起的那次假期。這些賓客隨後開車前往柏克萊，會見原子能委員會的新成員。

勞倫斯在Trader Vic's餐廳請大家吃晚餐，上陣招待賓客的是他客製的個人菜單；大衛・李林塔爾在他的個人日記寫著「一種煙燻肋排，要『用手拿著』吃，還有一杯咖啡加白蘭地。」這位原能會主席將勞倫斯形容為「核子領域、或說所有研究領域，相當了不起的人物……一個非常年輕的人，高大、紅臉、充滿活力和熱情。一點都不像是那些什麼偉大科學家的樣子，完全不像。和他談話的過程，就能感覺到一種活力衝勁，而這種印象也與證據事實相符。」在整個會面過程中，勞倫斯一直努力表現出溫和友善，但這背後有著嚴肅的目的：他希望讓委員瞭解原子能在和平用途的潛力，例如發電，而這也正是放射實驗室希望發揮核心作用的領域。而這裡隱的潛台詞，則是需要政府提供經費興建更多核子反應爐，包括希望在柏克萊也能有一座。李林塔爾記道：「他努力強調著這一點。」

雖然李林塔爾深深感受到勞倫斯的風采，但他也不是省油的燈。他是一位身經百戰的政府官僚，在聯邦政府的職業生涯初始，就出任了新政之下的田納西河流域管理局（TVA）。而他所面對的敵人，就是一群財力與影響力雄厚的財團，他們希望從一開始就抹殺掉TVA的公用事業巨擘。當時，雖然這些人的領導者是手段高強的溫德爾・威爾基（Wendell Willkie，未來將代表共和黨挑戰羅斯福，也是阿弗雷德・盧米斯在商業上的學徒），但李林塔爾擊敗了這些對手，並讓TVA成了新政最有效的機構之一。

勞倫斯讓李林塔爾驚訝的一件事，在於金主竟如此多、又如此多元。其中之一是羅伯特・

麥考密克（Robert R. McCormick）上校，他是《芝加哥論壇報》的老闆，想法右派而獨樹一格，因為勞倫斯研發出了原子彈、摧毀廣島和長崎、讓戰爭「從非理性轉成愚蠢」，而和勞倫斯建立起友誼。勞倫斯向李林塔爾透露，他們兩人關係好到勞倫斯去芝加哥的時候都住在麥考密克的鄉間豪宅裡。麥考密克的《芝加哥論壇報》是羅斯福新政最凶悍的批評者，但勞倫斯還是竭盡全力，希望拉近麥考密克與李林塔爾這位新政重要人物之間的關係；他曾為麥考密克安排參觀阿貢國家實驗室與漢福德實驗室，當時就希望說服李林塔爾也能同行。這件事其實很有可能會造成不愉快，而李林塔爾也很明智地拒絕了。

• • •

在一九四七年一月的第一週，原子能委員會任命了其最重要的技術顧問機構：總顧問委員會（General Advisory Committee）。總顧問委員會主席為歐本海默，其他委員包括科南特、費米、西博格、拉比、杜布里奇、前羅沙拉摩斯物理學家西里爾．史密斯（Cyril Smith）以及實業家哈特利．羅威（Hartley W. Rowe）與虎德．沃辛頓（Hood Worthington）。表面上看來，似乎是勞倫斯的又一次勝利，因為其中就有五位是他的朋友或前同事。總顧問委員會於一九四七年初召開會議，要決定核子研究經費如何分配給原本的原子彈實驗室與新的大學申請單位，歐本海默下令該委員會「不得對擁有特殊歷史因素的加州大學有任何偏袒。」布羅貝克還記得當時有個笑話，把這件事講得更是簡單明瞭。原子能委員會章程規定，如果委員會與某個原子實驗室的主任意見不合，委員會能夠開除該位主任。「但有人問道：『那如果是柏克萊的放射實驗室呢？』答案是：『噢，如果是這種情況，那是主任可以開除委員會。』」

在迴旋加速器啟動幾個月後，放射實驗室進一步遊說的機會出現了。這次是在柏克萊召開的會議，與會者包括原子能委員會、總顧問委員會，以及各政府實驗室的主任。勞倫斯再次做東，安排了四天的美酒和美食，原子能委員會的人記著那是「美好而盛大的晚宴，有大量的紅肉」，地點在波希米亞小樹林，那是灣區社會精英們到北加州森林度假的鄉村世外桃源。當時，勞倫斯也請來了約翰・尼蘭，一方面希望確保加州大學對勞倫斯和羅沙拉摩斯的承諾，另一方面當然也是希望在手握重權的李林塔爾與深具說服力及影響力的尼蘭之間建立起個人聯繫。

從柏克萊的立場來說，這次的會議再成功也不過了。另一項有利因素在於，這讓委員有機會暫時遠離華盛頓；華盛頓總有著被扣上共黨紅帽子的國安風險，而且也總有著永無止境的政策爭辯，爭論原子能研究到底該多偏向軍武、又或是和平時期的應用。等到貴客離開後，唐納德・庫克西就通知阿弗雷德・盧米斯：「委員會成員……與幾位主任很詳細地告訴我，他們在瞭解彼此的問題上有了長足的進展。我相信，後人會認為這四天對於國家是無價之寶。」兩個月後，委員會撥款一千五百萬美元興建新加速器，其中大部分將流到柏克萊。

然而，放射實驗室在原子能委員會的地位也並非無懈可擊。一方面，勞倫斯和歐本海默之間的關係已經嚴重惡化。戰爭結束後，勞倫斯還是逼著歐本海默回到柏克萊，但兩人在戰時的經歷讓彼此間的歧異已擴大成鴻溝。特別是歐本海默已經不同了；他前去羅沙拉摩斯的時候，是希望要在超越理論物理學的世界中證明自己，而他現在已不再是過去那個不食人間煙火、自我陶醉的知識分子。經過戰火洗禮而獲得強大自信的歐本海默，將會讓勞倫斯相當難以對付。歐本海默在多年後回想：「他對我的看法，認為我可能是個很優秀的物理學家，也讀了很多書，但就某種意義上，不夠世俗、經驗不足、也不是很講情理。只要這種感覺在友誼裡生了根，以後就很難改變。而等到情況有所不同，就會有些痛苦。」

在整個戰時，歐本海默與柏克萊高層之間的爭鬥幾乎從未間斷，而且勞倫斯竟無法理解，這讓歐本海默對柏克萊感到厭煩失望，更令他自己傷心。他在原爆幾週後寫信給勞倫斯：「你可能覺得不解、也覺得是個錯誤，為什麼在Y（羅沙拉摩斯）的我們和加州大學高層之間的意見不合……會讓我思考不想回到柏克萊。」他認為勞倫斯之所以無法同理，是因為勞倫斯已經習慣在柏克萊能呼風喚雨：「如果你還能記得，我的處境一直是遠不如你，應該就不會那麼難以理解。」然而，勞倫斯還是一再表現出麻木不仁的態度。等到歐本海默打電話給他，表示自己到頭來還是願意回到柏克萊，勞倫斯的回答是：「太好了，這樣我就可以好好管管你了。」事隔多年，歐本海默仍記得那「可怕的一刻」。

歐本海默在柏克萊沒待多久。一九四六年十一月，原子能委員會委員暨紐澤西普林斯頓高等研究院（Institute for Advanced Study）受託人路易斯．史特勞斯來訪放射實驗室，把歐本海默拉到一旁，挖角他擔任該院的主任。該院是一個獨立的私人研究中心，最為人所知的一點是愛因斯坦曾在此任教，但整體而言的科學聲望並不高；受託人認為歐本海默有助於改進這一點。歐本海默考慮了好幾個月都沒回答，讓史特勞斯相當惱火，但歐本海默最後做出決定，認為搬到東岸能讓他更容易參與在華盛頓的重要政策辯論，同時也能在普林斯頓打造世界級的研究聖地。這項任命案在四月宣布。

• • •

放射實驗室主宰政府補助的另一項挑戰，來自於紐約長島東端正要成立的一所新大學實驗室：布魯克海文國家實驗室（Brookhaven National Laboratory），一般認為是與柏克萊位於不同地區、但能夠一較高下的強勁對手，於一九四六年成立，得到格羅夫斯將軍的祝福，以及哥倫比亞大學伊西多．拉比的科學精神指導。為了這所新實驗室，拉比結合了九所美東大型研究機構而成立美國大學聯盟（Associated Universities）；在戰後經費高達數百萬美元的高能物理研究領域，這九所機構本來各自都難有參與競爭的實力（譯者註：九所大學分別是哥倫比亞大學、康乃爾大學、哈佛大學、耶魯大學、普林斯頓大學、麻省理工學院、約翰霍普金斯大學、賓州大學，與羅切斯特大學），而在這之後，一如勞倫斯強力守護著柏克萊的利益，拉比也將強力守護著布魯克海文的利益；他身為總顧問委員會成員，完全能注意到歐本海默和西博格如何將研究經費帶到了放射實驗室。

如果要說美國大學聯盟犯了什麼錯，就是一直要等到權力從曼工區移交給原子能委員會之後，才去取得該實驗室位於鄉間的用地，那是一個除役的美國陸軍基地「厄普頓營地」（Camp Upton）。這項延遲讓勞倫斯在沒有對手的情況下取得了格羅夫斯的慷慨贈禮：等到布魯克海文獲准成立，勞倫斯的三座新加速器都已經奠下基礎。然而，包托史丹利．李文斯頓在內的布魯克海文團隊，在拉比活力十足的指導下迅速站了起來。等到在波希米亞小樹林的那次度假時，他們已經提出了自己的大加速器計劃。

雙方的戰火即將點起。放射實驗室參戰的起始點，是由布羅貝克所設計的「貝伐加速器」（Bevatron），這個英文名字指的是要產生能量超過十億電子伏特的粒子（Billions of eV Synchrotron），而實際上是一百億電子伏特。布羅貝克的貝伐加速器設計是以麥克米倫的相位穩定性原理為基礎，將同步加速器的可變磁場和同步迴旋加速器的可變頻率結合在一個混合的加速器中，利用這兩項原理將能量推升到新的領域。

一開始，雙方的競爭還很友善。在盧米斯於德蒙特度假莊園營造的熱情氛圍中，勞倫斯很開心地向拉比賣弄著布羅貝克的設計，似乎很高興有機會讓迴旋加速器共和國的版圖再次擴大。布羅貝克解釋道，不論如何，「布魯克海文總是會需要一些東西。」但是等到情況明朗，發現原子能委員會的加速器預算只有一千五百萬美元，不足以興建兩具貝伐加速器（甚至連一具也有困難），麻煩就浮上檯面。兩間實驗室成了零和遊戲，只有一邊能贏，否則就是兩邊都大受損害。在麥克米倫建議下，勞倫斯縮減提案，只要興建六十億伏特的設備，而預算也只需要不到一千萬美元。然而，就算如此也已經是野心過大，讓原子能委員會不得不思考勞倫斯是否已經想得太過頭，以及是否真的有必要在東西兩岸各有一台類似的機器。在總顧問委員會上，費米成了勞倫斯計劃的主要批評者，認為在放射實驗室那三台新機器發揮功效之前，就想興建一具十億伏特的加速器，為時過早。他認為，如果「支持一個看來輕率而考慮不周的計劃」，其實是對科學有害。但同時，拉比也敦促他的團隊要以勞倫斯的規模格局來思考。身為拉比親自挑選來建造加速器的人，史丹利・李文斯頓本來想建造的是一個七點五億伏特的同步迴旋加速器。但與貝伐加速器一比，這個能量範圍似乎微不足道。「接受一些更大的挑戰，」拉比刺激著李文斯頓。「做點大事。」

一九四八年二月，兩個實驗室幾乎同時將計劃提案交給了原子能委員會：柏克萊計劃的額定功率為二十八億伏特，布魯克海文則為二十五億伏特。（為了與貝伐加速器有區別，命名為宇宙級加速器〔Cosmotron〕。）這項競爭讓放射實驗室大感壓力：知道布魯克海文也打算提出申請之後，勞倫斯只給布羅貝克等人短短的兩週來完成提案。然而，因為勞倫斯在建造加速器這個領域的聲譽無庸置疑，也讓他們的工作稍微輕鬆一點。布羅貝克回憶道：「我們的提案內容主要是在成本估計，因為你沒有必要再去說服別人『勞倫斯能建造加速器』……那次的提案十分簡短；並沒有太多科學根據。」估計出的成本為四百五十萬美元。

對於這兩項提案，總顧問委員會後來更重視的考量點在於員工士氣和實驗室政治、而非科學價值。拉比指出柏克萊手頭已經有了三座加速器，認為應該給布魯克海文一個迎頭趕上的機會。歐本海默並不同意，認為「打擊柏克萊團隊的士氣，會影響國家科學的健康。」然而就總顧問委員會整體而言，風向是往布魯克海文的方向吹。

然而，勞倫斯變了一套從帽子裡掏出兔子的戲法。一整年間，放射實驗室的大部分時間裡都在使用恢復原本功能的一百八十四英寸迴旋加速器，希望能得到介子；這是當時眾人都在尋找、也最難以捉摸的次原子粒子。介子的存在，是由日本物理學家湯川秀樹在一九三四年預測，他認為介子帶著將原子核結合在一起的力，抵消了帶正電的質子彼此的電磁排斥。（在勞倫斯最初向洛克菲勒基金會的華倫·韋弗申請一百八十四英寸迴旋加速器經費的時候，就是以尋找介子做為目標之一。）當時只有在宇宙射線裡能夠找到介子，使得高能物理學家只能從這裡收集。而一百八十四英寸同步迴旋加速器是極少數能將 α 粒子加速到足以生產介子的設備之一。然而，花了一九四七年一整年，勞倫斯還是無法在攝影膠片上捕捉到人工產生的介子。

接著在二月，塞薩爾・拉特斯（Cesare M. G. Lattes）這位年輕的天才巴西實驗家來到柏克萊。才沒幾天，他就找出了讓勞倫斯一直無法製造介子的實驗問題；還沒到月底，就捕捉到了史上第一個人造介子的軌跡。勞倫斯當時還在Trader Vic's用餐，接到電話通知這個消息，立刻衝出餐廳想親眼看看證據，而把客人都丟在餐廳裡目瞪口呆。

對勞倫斯來說，這項發現不只是應用物理學的勝利，更能夠提醒總顧問委員會，放射實驗室就是站在全世界高能實驗室的最高端。等到委員會四月重新開會，柏克萊能否分到一塊貝伐加速器的大餅已經完全不是個問題。委員決定撥款建造兩座不同尺寸的機器，各自適合產生不同的粒子；唯一剩下的問題，就是由哪間實驗室來建造哪台機器。到最後，柏克萊分到的是能夠產生六十億伏特質子的貝伐加速器，能夠滿足勞倫斯希望「盡量大」的偏好。而布魯克海文則分到額定功率為二十五億伏特的宇宙級加速器，但也得到總顧問委員會明確承諾，未來會再撥款興建更大型的設備。勞倫斯的名聲、加上他對這位最新贊助機構的敏捷反應，讓他取得了最後的勝利。

CHAPTER

16

誓詞與忠誠

放射實驗室物理學家沃爾夫岡・潘諾夫斯基在許多年後表示：「第二次世界大戰結束後，勞倫斯個人從未真正退出軍事領域。」

這位德國出生的科學家說的沒錯。雖然放射實驗室很快便回歸基礎核子研究，但勞倫斯個人仍然對軍事計劃興致勃勃。就算已經到了一九四八年，橡樹嶺完全改以氣體擴散來處理濃縮鈾、原子能委員會也取消了加州大學分離器的經費，但勞倫斯仍然繼續加州大學分離器的研究，決心要改善其效能。他與海軍上將海曼・李高佛（Hyman Rickover）磋商核子動力潛艇的研發，並認為當務之急是要投入「真金實銀」——不是什麼初步研究的二百五十萬美元，而是直接投下一億美元。（勞倫斯提出的意見很有大科學的風格：「想取信於人，計劃規模就必須夠大；而只要夠大，就能吸引到優秀的人才。」）他另外也心心念念的，則是放射戰的計劃，這項計劃把他長久以來和弟弟約翰一起研究的放射性同位素療法研究，轉成一種致命的戰術武器。阿爾瓦雷茲就回憶道：「放射戰一直在勞倫斯教授心裡。」但科學界和軍方的主要人物都認為放射戰效果差、不實際、也不道德。

勞倫斯似乎是希望維持那種讓大科學在戰爭中勝出的氛圍。而在戰後雖和平但緊張的頭幾年，關於原子彈社會和政治影響的爭論愈演愈烈，勞倫斯也愈來愈堅持應該要有更多武器研究、別老是在反省些什麼。他的論點認為，國家安全是最重要的，而為了保護國家安全，就該為此追求最先進的核子技術，也就是「超級原子彈」：熱核彈、也稱為氫彈。

勞倫斯之所以會如此擔心外界、特別是共產主義對國安的威脅，可以追溯到他最早參與戰時研究的時候，正是國安問題讓放射實驗室失去了羅西．洛曼尼茲與馬丁．卡門。但到了戰後，更影響其觀點的因素在於他與一些富有的保守派（例如約翰．尼蘭）過從甚密；這些人一心認為共產黨都是陰險狡詐、決心要顛覆西方文明，簡直是刻板到如同諷刺漫畫一般。反共主義的風潮在柏克萊營造出一股日益增強的懷疑和指責氛圍，而勞倫斯也迅速捲入其中。

• • •

想糾出放射實驗室祕密共產份子的行動始於一九四七年，當時有一位希望吸引鎂光燈的州參議員傑克．坦尼（Jack Tenney），他主持的委員會就等同於加州議會的非美活動調查委員會（Un-American Activities Committee），打算調查在他看來柏克萊安全鬆散到應受質疑的問題。一如當時許多的「獵赤」（red hunt）事件，坦尼的聽證會簡直就像「吉爾伯特和蘇利文」（Gilbert and Sullivan）的喜歌劇。會上的明星證人是該委員會的首席調查員，他表示自己拿著手電筒，在放射實驗室的山坡周邊閒晃，爬到柵欄下、四處遊蕩、卻沒有受到任何阻止，可見這是國安結構上的重大漏洞。

這些爆料並未引起新聞界或大眾的激憤，委員會也就結束了調查。然而，全國興起的那種反共氛圍並未輕易消除。一九四八年，在眾議院非美活動調查委員會（HUAC）施壓反共下，原子能委員會決定在全美各地成立地方人事安全委員會，以審查其承包商（例如加州大學）員工可疑的政治關係。柏克萊調查委員會的主席是尼蘭，正是勞倫斯特別推薦給原子能委員會的人。至於另外兩名委員，則是兩位著名的戰爭英雄海軍上將切斯特・尼米茲（Chester Nimitz）與少將肯揚・喬伊斯（Kenyon Joyce），只不過聽證會都是由尼蘭進行質詢，而兩人只是默默參與。

尼蘭等人調查的第一個對象，是一位前羅沙拉摩斯的化學家羅伯特・赫利（Robert Hurley），據稱他拉脫維亞出生的妻子有左派傾向。尼蘭把赫利傳到他在舊金山的律師事務所，進行了嚴厲的審問，期間對赫利提供諮詢與支持的只有柏克萊化學系主任溫德爾・拉帝默（Wendell Latimer）。在尼蘭問到他與自由組織的關係時，赫利以諷刺口吻迴避了問題，而拉帝默則是因為發現整件調查竟如此不公，完全只是基於謠言與被告無法查看的ＦＢＩ檔案，默默在一旁生悶氣。尼蘭認為赫利是在支吾搪塞（尼蘭後來表示「他是那種自作聰明的人」），下令將他開除，但後來得知，拉帝默又悄悄地重新僱用了赫利。尼蘭再次命令開除赫利，而這次也就沒再翻案。

對於調查委員會同時擔任檢察官與法官的雙重角色，拉帝默向大衛．李林塔爾提出了抗議。這位原子能委員會主席將拉帝默的抗議轉交給調查委員會，讓喬伊斯少將詢問尼蘭：「如果讓勞倫斯提供一些善意但直率的建議，是否能讓拉帝默保守一點、不要那麼情緒化？」尼蘭表示自己已經問了勞倫斯，但勞倫斯保證拉帝默只是「太過勞累」。

調查委員會找上勞倫斯，可見他們信任勞倫斯能站在他們的立場，在這個新興的安全國家（security state）與其僱用的科學家之間，就雙方的利益達到平衡。等到委員會將目標轉移到羅伯特．賽伯（他曾是歐本海默在羅沙拉摩斯的理論物理得力助手），這份信任就幫上了大忙。在戰後，賽伯成了柏克萊大學的重要一員，勞倫斯把他請來接替歐本海默首席理論物理學家的位子。然而，由於他的朋友和妻子夏綠蒂有左派傾向，賽伯也就受到攻擊。這對夫妻都曾在羅沙拉摩斯通過審查、得到安全許可，夏綠蒂當時是該實驗室不可或缺的圖書管理員。但原子能委員會拒絕在柏克萊給予她相同的安全許可，讓她無法在柏克萊擔任相同職位，也讓賽伯很不高興。

而在尼蘭的調查委員會上，賽伯的擔保人正是勞倫斯本人，絕對比得過任何的安全許可。勞倫斯處理聽證會的方式與拉帝默大不相同，也帶來了截然不同的結果。尼蘭記得勞倫斯說：「『因為他真的是個好人，我希望各位在心中能先做無罪推定。』」勞倫斯把自己的人生押在賽伯身上，而且證明他是對的。」勞倫斯現在也學會了如何玩這套安全許可的遊戲。他不像是拉帝默，他會接受規則、把注意力放在保護被指控的人，而不是去攻擊這套系統。

這場經過精心安排的聽證會，只有一次碰上問題：尼蘭問了賽伯一個危險的假設性問題，影射著霍康・雪佛利爾（Haakon Chevalier）的案子。雪佛利爾是歐本海默的密友，也是柏克萊法文系的教師，他曾找上歐本海默，希望將原子彈計劃的資訊交給蘇聯。歐本海默當場拒絕了這項議，但這件事後來還是給歐本海默帶來了政治問題。

尼蘭對賽伯的問題是：「如果有某個同情俄國的人，要求你從勞倫斯那裡取得一些祕密資訊，再交給俄國的特務，你是否會鼓勵勞倫斯？」

賽伯回答：「我想我會。」而勞倫斯立刻驚呼一聲「什麼？」但是，是賽伯聽錯了問題。經過勞倫斯仔細引導，他才解釋自己的意思是他會告訴勞倫斯有這件妨礙國安的事、而不是要勞倫斯參與這項間諜活動。尼蘭接受了他的解釋，也讓賽伯通過安全審查，聲稱他「坦白直率」。

對賽伯來說，這整件事都令他惶惶不安。他覺得自己就像是電影上那種軍事法庭的被告，由三個板著臉的審訊者，質問著一些他幾乎不記得的人的事。後來，也從無正式通知告訴他通過了審查，但歐本海默後來提到，他有一次看到調查委員會的報告，賽伯「得到極高的讚譽」。但賽伯表示這實在算不上什麼安慰：「我覺得這次的經歷十分羞辱人、非常叫人害怕，對於我得經歷這種事，我相當憤慨。」

一年後，勞倫斯不得不為了保護放射實驗室的同事，再次介入。這次尼蘭找上的是梅爾文．卡爾文（Melvin Calvin），這位未來的諾貝爾獎得主曾在芝加哥的冶金實驗室工作，接著來到柏克萊，與約翰．勞倫斯一起研究醫療放射性同位素這種和平時期的應用。勞倫斯立刻介入，告訴尼蘭自己已經針對這些指控進行調查，而且調查結果「強化並重新確認了」他對卡爾文忠誠度的信心。他告訴尼蘭：「他除了有優秀的科學才能，我也一直認為他是一位人品高尚、忠誠且正直的好人。」勞倫斯的聲明立刻化解了委員會的疑心，簡單審訊之後便讓卡爾文通過。

至於另一個更複雜的案例，則並非由原子能委員會的調查委員會處理；這次捲進風波的是歐本海默的弟弟法蘭克．歐本海默，他是一位才華洋溢的物理學家，在加州理工學院取得博士，但理論研究的表現仍比哥哥遜色。與哥哥不同，法蘭克在一九三七年就和太太潔姬共同加入共產黨，以為這個黨派也追求著自己對社會正義的目標。但到了一九四〇年，他們感到失望，也於是退黨。只不過，法蘭克並未放棄其政治信念，也不像歐本海默那樣以職涯發展為名而壓抑這些信念。然而，法蘭克一九四一年到放射實驗室任職時，還是答應勞倫斯，不會因為勞工運動或其他原因而給實驗室帶來麻煩。歐本海默早就親身感受過勞倫斯有多麼厭惡讓政治影響實驗室，因此早對法蘭克三令五申。歐本海默後來回憶道：「我警告過他，如果他不乖，勞倫斯就會開除他。」

法蘭克對實驗室貢獻良多，包括對加州大學分離器的研究。然而對勞倫斯來說，他的左派政治立場一直如芒刺在背。一九四四年，在前往橡樹嶺的火車上，勞倫斯就責怪著法蘭克：「為什麼你要搞這些事？好科學家不是那種只想著吃飯、睡覺、做愛的人。你不是那些什麼事都做不了的傢伙。你不需要這樣。」法蘭克斯回憶道，勞倫斯擔心政治會給實驗室帶來分心與紛擾，造成他所謂的「不同質」。

在勞倫斯看來，法蘭克並未守住諾言、避免為實驗室帶來政治麻煩：戰後不久，法蘭克就向一位報社記者表示，自己之所以把演講移到某個小場地，是因為黑人被禁止進入另一個較大的場地。勞倫斯就訓斥他：「你看看你做了什麼，你把種族關係帶進實驗室！」然而，等到戰後法蘭克有機會得到明尼蘇達大學教職時，勞倫斯還是熱情推薦他為「實驗室所有成員當中頂尖的一位」並讚揚他「科學思維的原創性和完整性」。

法蘭克得到了這項教職。他在一九四六年離開柏克萊，並得到勞倫斯的保證，放射實驗室隨時歡迎他。但在兩年半之後，一切都變了。一九四八年十月，法蘭克正準備和物理學家約翰．威廉斯（John Williams）一起訪造柏克萊，討論在明尼蘇達大學興建加速器的事宜，但勞倫斯突然通知威廉斯，表示法蘭克是不受歡迎的人物。勞倫斯並未提出解釋，而為此大感震驚的威廉斯也只好再去急忙找一位「符合您許可」的旅伴。至於法蘭克，原本一直期待著這次出差就像是終於再回到老家，但結果想必讓他比威廉斯更感震驚。就在得知消息的當日，他憤憤不平地寫了一封信向勞倫斯呼告：

親愛的勞倫斯：

究竟怎麼了？三個月前，你還摟著我的肩，祝我一切順利，告訴我隨時可以回來任職。但你現在說不歡迎我了。

是誰改變了？是你、還是我？我有背叛我的國家、或你的實驗室嗎？當然沒有……是不是有人認為我曾經有意或無意洩露了任何機密？……你並不同意我的政治立場，但你從來沒有這種必要，而且現在又流傳了一些新的傳聞，講著我遙遠的過去……

對於你所做的，我真的非常驚訝，也很受傷。

這封信雖然真誠，卻是一則恬不知恥的謊言，這或許正是法蘭克主要的人格缺陷。一九四九年，在眾議院非美活動調查委員會的調查下，法蘭克才終於公開承認自己是個共產黨員。這時，他遭到明尼蘇達大學解雇。然而，在他寫信給勞倫斯的時候，早已清楚有關於他過去的傳聞在「流傳」；一九四七年，華盛頓《先鋒報》的一位記者不斷追問，而他否認了自己的共黨身份。這位記者的消息來源，無疑是一份關於歐本海默的FBI檔案，裡面就揭露了法蘭克與共產黨的關係。愛荷華州的參議員伯克．希肯路波（Bourke Hickenlooper）在華盛頓傳閱這份檔案，有部分原因是為了反對讓大衛．李林塔爾進到原子能委員會。許多科學界高層，包括李林塔爾、科南特與布許，對這份檔案都不陌生。很有可能勞倫斯也聽說過這份檔案，也就會知道法蘭克一再否認黨員身份是個謊言。光是這一點，就足以讓他禁止法蘭克進到放射實驗室。

而最後的一項恥辱，是勞倫斯要求麥克米倫夫妻取消邀請法蘭克參加晚宴。這件事之所以很傷，是因為法蘭克與麥克米倫的友誼可以追溯到一九三〇年代中期，曾有許多假期，麥克米倫會和歐本海默兄弟一起在他們新墨西哥州沙漠的牧場露營和騎馬。勞倫斯這樣對私人友誼的干涉，只會讓他與歐本海默夫妻之間的鴻溝日益加寬加深。歐本海默回憶道：「有一次〔在柏克萊〕，我們在某個人的大型宴會上遇到勞倫斯，我〔對他這樣的干涉〕說了幾句。我認為勞倫斯並不介意我說的內容，但事情往往就是這樣，我的太太也說了幾句，但說得比較尖銳，而我覺得勞倫斯就介意了。」

•••

原子能委員會人事委員會的聽證會，預示著將有一場在國安和政治方面的衝突，對柏克萊和放射實驗室產生歷史性的影響。這場衝突是關於加州大學的效忠宣誓（loyalty oath）。

一九四九年初，曾安排放射實驗室最早一波國安聽證會的傑克・坦尼再次登場，一股腦提出十三項法案，針對的就是各大學和州政府的可疑共產黨人士。而為了避免保守派議員大規模干預大學事務，羅伯特・史普羅爾在三月二十五日請求校董修訂柏克萊所有就職者的就職誓言，為這項一九四二年訂出的誓言再加一條，宣誓就職者並非「任何相信、提倡或教導推翻美國政府的政黨或組織」的成員或支持者。而校董們還更進一步，要求柏克萊的教職員需要明確反對共產黨。

這並不是史普羅爾做過最好的決定。他讓校董相信這條附加條款已得到教授代表同意，但事實上教授代表們根本一無所知。就是這麼一個動作，就破壞了他與校董之間的關係，也讓教師之間產生疏離。由這份效忠誓詞所引發的不信任，讓整場風波沸騰超過兩年，而柏克萊作為學術殿堂的聲望也遭受難以估計的損害。

究竟是否要簽署誓詞的問題，讓教師之間產生分裂。大多數人雖然反對這份誓詞，但最後還是選擇簽署，特別是在董事會下令將把拒絕簽署的人都開除之後。然而，對於許多教師來說，這份誓詞的意義要深刻得多。就算是已經簽署的人，被逼著要做政治表態的經驗也是如此令人反感，令人開始思考究竟是否要留在柏克萊。而且這項爭議還帶來了更深刻的傷害，不但傷害了柏克萊，更傷害了放射實驗室。

勞倫斯的導師約翰・尼蘭也遭到這項爭議的傷害。尼蘭一開始也反對史普羅爾版本的誓詞，但原因很有趣，他認為如果那些極端份子已經在柏克萊無孔不入，這樣的誓詞也只是鼓勵他們作偽證而已。他後來表示：「我相信共產黨什麼誓都敢發。」但不久之後，他反而成了校董之中的主導人，要求將那些不簽署的人都開除。隨後，尼蘭的立場越來越頑固，愈來愈具爭議。雖然可以說最早是史普羅爾引發了騷動，但真正在最後造成制度破壞的是尼蘭。在校園裡，尼蘭後來成了這整件事的罪魁禍首，而且也不能說是沒有道理：在他的要求下，校董會在一九五〇年總共解僱了三十一名未簽署誓詞的教職員。但在兩年後，加州最高法院命令讓他們全部復職。其中一位就是麻省理工出身的物理學者大衛・薩克森（David Saxon），他會在一九七五年成為加州大學校長。

而因為勞倫斯與尼蘭友誼深厚，讓他難以感受到放射實驗室成員、特別是歐洲出身的科學家所面臨的道德困境。就算其中最反共的一群，也認為這份誓詞讓他們想起過去歐洲對學術自由的箝制。勞倫斯很難理解這種態度；艾米利奧・塞格雷回憶道，勞倫斯認為這些反對意見都只是「叫人難以理解的狡辯」。此外，對於那些拒不妥協的人，勞倫斯的立場也十分堅決；例如當時放射實驗室有一位傑出的理論家吉安—卡羅・威克（Gian-Carlo Wick），勞倫斯得知威克拒絕簽字後，就把他請到辦公室，好好教訓了他一番。勞倫斯宣稱，除非威克改變主意，否則「在我看來，就可以滾出放射實驗室了。」而在威克堅持立場後，勞倫斯就要他交出通行證。

最後是路易斯・阿爾瓦雷茲挑起重擔，介入了這場爭執。阿爾瓦雷茲自己是願意簽署誓詞，但他知道勞倫斯所作所為已經遠超出其權限；與威克起爭執時，校董還尚未決定是否該解僱不簽署的教師。阿爾瓦雷茲之後回憶事情經過，他趕緊去勞倫斯的辦公室提出忠告，只要威克並未違反教師職責，勞倫斯就無權解僱他。阿爾瓦雷茲回憶道：「勞倫斯嘟嘟噥噥作聲了好一會，最後才終於冷靜下來，同意我說得沒錯。」阿爾瓦雷茲再去找威克，請他忘了這整件事，並解釋道：「勞倫斯有時候就是有點情緒化。」威克拿回了通行證，但這次對於他智識獨立性的侮辱並無法輕易說忘就忘。幾個月後，他便辭去柏克萊的職位，轉至匹茲堡的卡內基理工學院（Carnegie Institute of Technology）。

這是放射實驗室人才流出的開端。接下來離開的還有沃爾夫岡・潘諾夫斯基，這位性情溫和、出生於柏林的粒子物理學者才三十歲，才華橫溢，理論思考敏捷、實驗實作的天賦出色。當初是阿爾瓦雷茲親自從曼哈頓計劃把他挖來，認為他是「我在羅沙拉摩斯和柏克萊的祕密武器」。潘諾夫斯基在柏克萊才待了兩年，就已經迅速升到副教授，雖然憎惡那份誓詞，但還是如他後來所言「不情願地」簽了名。在這種國家安全的大戲裡，他覺得自己是個早已見多識廣的老經驗；在他看來，像他這樣在戰爭期間持有安全許可的科學家，都已經習慣了「個人安全措施裡都有的那種非理性和缺乏隱私」。然而，等到校董會明確表示將以解僱做為威脅而強迫簽署誓詞，他就決定不可能繼續在柏克萊服務。既然已有多所精英大學向他招手，他告訴了勞倫斯自己辭職的決定。

勞倫斯告訴他：「在聽到校董的說法前，先別做任何事情」，並安排讓尼蘭與他會面。勞倫斯和潘諾夫斯基一起開車跨越了舊金山大橋，沿著半島到達尼蘭在阿瑟頓（Atherton）林木蓊鬱的莊園。尼蘭高傲地問潘諾夫斯基：「年輕人，你有什麼困擾？」潘諾夫斯基回答道，他對於校董所主張想法的偏狹感到不安。尼蘭回答道：「聽著，孩子」，接下來就是長達兩個小時的獨白，講著這份誓詞的歷史、史普羅爾的表裡不一、以及教授對校董會的不尊重。在回程路上，潘諾夫斯基告訴勞倫斯，自己並未改變主意。幾週後，他接受了史丹佛大學的邀請，並在該校任教至二〇〇七年過世。

由於勞倫斯拒絕反對這份誓詞，放射實驗室的人才持續流失。這整件事在在表明，勞倫斯強力反對將政治帶入實驗室的信念並沒有任何效果，因為事情已經很明顯：不管怎麼做，都不可能將政治世界排除在外。勞倫斯一向認定政治討論不是實驗室科學需要在意的，但這反而只是讓所有成員的政治歧異更為擴大。無論是在物理系或放射實驗室，柏克萊的物理學家最後分成了兩個陣營。一邊是勞倫斯、阿爾瓦雷茲和一些其他支持誓詞的人；另一邊則是幾位同樣十分傑出的科學家。那些大聲反對誓詞的人，最後都有被邊緣化的感覺：未簽署誓詞的放射實驗室科學家傑克．史坦伯格（Jack Steinberger），就感到相當憤怒，因為「阿爾瓦雷茲把我唸了一頓，說那些共產主義的『同情者』裡應外合、罪孽深重，而在他所說的那群叛徒之中，他可能也把我算了一份。」阿爾瓦雷茲雖然也曾警告勞倫斯對威克的態度，但最後還是他對老闆的忠誠佔了上風。他還禁止史坦伯格使用一百八十四英寸迴旋加速器，但當時史坦伯格正需要這來完成一項重要實驗。不久之後，塞格雷和麥克米倫原本提名史坦伯格擔任教職，卻被打了回票；最後，史坦伯格在辦公桌上發現一張紙條，寫著由於他拒絕簽署誓詞，實驗室已不再歡迎他，請他在夜幕降臨前離開。

等到爭議結束，已有六位物理學家離開放射實驗室，其中包括僅有的四位理論家。塞格雷回憶道：「對理論研究來說，這是一次重大打擊。」之後留下的是一種深深的不滿，因為雖然不斷有同事努力請求他們站出來反對誓詞，但這些放射實驗室的領導者、這些柏克萊最傑出的人物，包括了勞倫斯、阿爾瓦雷茲、西博格、麥克米倫和塞格雷，卻從頭到尾保持冷漠。

對勞倫斯來說，誓詞並不只是學術自由的問題，同時也要考慮到對其他同事教授、以及對校董會裡那些朋友的忠誠。有這些考量的人絕不只他一個，只不過他樹大招風，不表態的效應也更大。第一位記下這件事的歷史學家大衛・加德納（David P.Gardner）便寫道：「這些名士大家聲譽卓著，而柏克萊的科學名聲也有部分正是靠著這些人，現在我們也只能猜測，如果這些人也未簽署，校董會究竟是否會將他們解僱。」

其中有某些人，事後也試著為自己的行為合理化，似乎是害怕歷史對他們的沉默做出評斷。在這件事上，塞格雷某些最親近的同行朋友失去了或放棄了他們的職位，而塞格雷後來就表示這份誓詞只是一連串「一時之間的愚行」之一，他雖然表面接受，但心裡並不以為然，認為這「毫無意義」。「在我算來，我曾宣誓效忠的對象就有國王、墨索里尼、政黨、各種憲法和機構，已經不下十五次，」就算再多一份，又算什麼呢？

至於格倫・西博格，他的鈽研究有賴政府，因此對於自己的束手就範也講得更為坦率。他在回憶錄裡解釋：「雖然我認為這份誓詞是一項極度不明智的政策，但我抗議這件事的程度，也就只是拖到最後一天才簽。在我看來，拒絕簽署並不會有任何好處；我被解僱，並不會讓誓詞消失。疏遠勞倫斯也不會有任何好處，而他在戰後已愈來愈走向右派。我相信，如果省下我的政治資本，就能用來進行一些更有成效的戰鬥，例如悄悄地擺脫一些不必要的保密規則。」

關於勞倫斯對這件事的看法，他並沒有留下任何公開聲明。我們只能從他同事的回憶中側面瞭解到，他們都認為勞倫斯堅定地支持尼蘭的立場。阿爾瓦雷茲說：「因為他和尼蘭的友情，勞倫斯覺得這件事在情感上得站在一起。」

愛德華・泰勒也查覺到這樣的情感連結，而他對此極度厭惡。誓詞剛開始引發爭議的時候，泰勒這位才華洋溢的理論家也才剛同意離開芝加哥大學，前往加州大學洛杉磯分校（UCLA）任教。在他看來，勞倫斯居然認同一項讓他實驗室理論物理人才為之一空的政策，實在可恥。泰勒後來又發現，因為自己接受了UCLA的教職，尼蘭竟以此吹噓著證明了效忠誓詞並未妨礙招募傑出的科學家到加大任教，他大為光火，撤回了接受任用的決定。但為了不讓事情太難看，泰勒決定親身前往、通知這項決定，於是得到史普羅爾及幾位高層主管安慰性的接待。在他寫給一個朋友的信中提到：「有一個例外：厄尼斯特．奧蘭多．勞倫斯。從納粹時代以來，我從沒看過這種事。我已經把話講得夠溫和、夠籠統，所以勞倫斯並沒有攻擊我個人。但他確實提出了威脅，而且除了尼蘭的觀點，他什麼都不聽。我離開他辦公室的時候，實在覺得有點噁心。」然而，雖然此時如此交惡，但泰勒與勞倫斯的路很快又會再次交叉。超級炸彈將會讓兩人再次合作。

效忠誓詞的事件，讓放射實驗室的名聲有了微妙的轉變，不再是個純粹科學研究的天堂，而會因為某人對於國家安全和武器研發的政治觀點，就讓他的職涯前景籠罩陰霾。到頭來，政治還是進了放射實驗室的大門，而且多少算是在勞倫斯的邀請之下。未來的柏克萊校長大衛．薩克森就表示：「傑出的人離開，是因為放射實驗室的氣氛……並未讓那些持不同意見的人感覺受歡迎。」薩克森相信放射實驗室注定會衰落，原因部分在於出現了與放射實驗室競爭的對手，而且其中許多正是以勞倫斯所開創的模型為基礎。「但我認為，衰落之所以速度加快、程度加劇，正是因為這份效忠誓詞。」

CHAPTER 17 氫彈陰影

一九四九年九月二十三日，一則新聞報導掀起了核子政策辯論的政治熱潮。勞倫斯當時正要去優勝美地國家公園開一場商務會議，他把車停靠在麥瑟德街角一家報攤邊，看到了這則頭條。杜魯門總統宣佈，偵測到在蘇聯發生一場「原子彈爆炸」。他的用字遣詞都經過精心挑選，但意義已經十分明顯：美國對原子彈的壟斷已經結束。史達林的物理學家只花了四年，就和美國達成了核子平衡，而這也與歐本海默預測的時間大致相符。

回到柏克萊校園，美國以代號「Joe-1」稱呼俄國這次核爆，而Joe-1的新聞令阿爾瓦雷茲整個呆住。對於阿爾瓦雷茲來說，他在戰後四年的和平時期不斷做著基礎研究，而蘇聯的核彈除了是危機、也是轉機。據他所知，美國的熱核彈計劃一直停滯不前。但如果蘇聯已經準備好從原子彈走向熱核彈，就很有可能比美國早上一步。而放射實驗室那些花了政府數百萬美元的大型加速器，雖然會對國家安全貢獻良多，但現在並無用武之地；然而熱核彈計劃的規模，正適合大科學的資源和雄心。隔日，他在勞倫斯的辦公室裡堵住他，說道：「這件事我們一定得做些什麼。」勞倫斯也無須更多催促，有了阿爾瓦雷茲加入後，他打電話給愛德華．泰勒，當時泰勒還在羅沙拉摩斯，考慮是否接受UCLA物理系的教職。

在泰勒的邀請下，勞倫斯和阿爾瓦雷茲飛到阿爾伯克基，黎明前降落、早上十點就到了羅沙拉摩斯。與泰勒的對話證實了阿爾瓦雷茲的印象：熱核彈並沒有什麼進展。泰勒告訴他們，這項名為「超級」(Super)的計劃「基本上沒發生任何配得上這個名字的事。」聽泰勒說來，要不是有他個人的努力，根本已經不會有這個計劃了。

對於這項他最喜歡的主題，泰勒話匣子根本關不上，於是三人一起開車回到阿爾伯克基，一路上討論著熱核彈計劃的基本要求。簡單來說，熱核彈的原理是釋放氫的輕同位素融合產生的能量，但想啟動這項反應需要極大的能量，幾乎就是要有一場常規的原子爆炸。泰勒承認，當時要解決這項技術問題還早得很，甚至不知道究竟能否解決。但他提出了一項極具說服力的論點，讓勞倫斯和阿爾瓦雷茲知道該怎樣使華盛頓重新將這項計劃視為優先事項。泰勒相信，要推動熱核彈的方法之一是使用氚，這是一種氫的超重同位素。（氚核有一個質子和二個中子，比起氘這種更為人所知的氫的重同位素，還要多一個中子。）只要在重水反應爐裡用大量中子撞擊氘，就能產生氚。然而，從戰爭結束之後，政府支持的反應爐研發速度就放緩、幾乎是停滯。勞倫斯和阿爾瓦雷茲發現這裡就是關鍵：要敦促原子能委員會提供經費打造能達到生產規模的重水反應爐，再以此打造氚燃料的熱核彈。

該做的事很清楚了，於是在凌晨三點三十分，這兩位柏克萊科學家便登機前往華盛頓。降落後，他們開始不斷造訪各個國會和原子能委員會辦公室，第一天的結束是在城裡與阿弗雷德・盧米斯及其新婚太太瑪內特・盧米斯共進晚餐；這兩人都是透過離婚結束前一段婚姻（瑪內特的一段婚姻在內華達州），才又共結連理。盧米斯對熱核彈計劃大加贊許，而在這位共同導師的慫恿下，勞倫斯和阿爾瓦雷茲隔天早上繼續他們的遊說活動。

整體而言，得到的回應很正面。在原子能委員會，他們先與委員路易斯・史特勞斯和研究主任肯尼思・皮策（Kenneth Pitzer）會面；皮策是柏克萊的物理學家，暫時借調到政府服務。除了這兩人外，在原子能委員會服務的五角大廈聯絡官羅伯特・勒巴隆（Robert LeBaron）也同樣熱情。他們的早餐會被一封來自柏克萊的電報打斷，通知勞倫斯已經第六次當上爸爸（這次是個女兒蘇珊）。

接著就是這次行程最重要的會議：與參議員布萊恩・麥克馬洪和其他原子能聯席委員會的委員見面。在這些國會議員的腦子裡，勞倫斯和阿爾瓦雷茲灌注了各種俄國即將用熱核恐怖手段統治世界的邪惡景象。委員會鷹派的常務理事威廉・博爾登（William Borden）當時就在現場做著筆記，寫下這兩位「甚至說他們擔心俄國可能已在競爭中領先我們，他們說這是他們第一次真正擔心美國會輸掉一場戰爭。」

等到兩位物理學家再回到原子能委員會，拜會主席大衛・李林塔爾的時候，迎接他們的人就沒那麼多。李林塔爾當時已經苦惱一整天，國防部提出了一項三億一千九百萬美元的提案，希望擴大美國的核武庫，但杜魯門總統仍未做出決定。李林塔爾在日記裡發著牢騷：「天大（的計劃）……更多、更好的炸彈……我們一直說『沒有別的辦法』；但我們該說的是『我們還沒聰明到看得到其他辦法』」而勞倫斯和阿爾瓦雷茲的造訪只讓他的心情更差，兩人的提議令他十分不悅，甚至把椅子轉過去背對著兩人。李林塔爾的日記上沒好氣地寫著：「一整天……就是在談熱核彈，光用這種武器，就能摧毀廣大的地區。」而勞倫斯對這種令人憎惡的新武器如此嚮往，讓李林塔爾過去對勞倫斯的欽佩煙消雲散。「厄尼斯特．勞倫斯和路易斯．阿爾瓦雷茲為此在這裡流著口水。我們就只能做這種事嗎？」

對這次的會面，勞倫斯和阿爾瓦雷茲也同樣不滿。阿爾瓦雷茲表示自己「對他的行為感到震驚……他把椅子轉過去看著窗外，顯然連討論都不想討論。他不喜歡熱核彈的點子，我們幾乎沒辦法跟他談這個話題。」從這裡已經看出跡象，熱核彈將使原子能委員會產生分裂，一邊是李林塔爾，另一邊則是熱核彈的超級熱衷者路易斯．史特勞斯，各佔一方怒目相視。

這次造訪華盛頓，讓勞倫斯成為氫彈最重要也最可靠的推動者。他推動熱核彈的努力，將為柏克萊帶來龐大的新政府經費，成立的新武器實驗室將直接讓美國的核子計劃規模擴大一倍，並在未來幾十年間推動著美國的科技發展。然而，他的種種作為也將讓他的名字永遠與核子擴散問題緊緊相連，並使他留給後世的科學成就蒙上陰影。

勞倫斯的動作，讓朋友和同事陷入窘境。他們多數認為要在美國研發重水反應爐絕對是件好事，但原因是為了推進關於核子的知識。如果是要拿來製造熱核彈，很多人的態度就會變得比較保守了。而看到勞倫斯把他高明的說服天份用在如此道德可議的計劃上，叫人更為不堪。

看到勞倫斯和阿爾瓦雷茲的大規模拜會行程、以及泰勒重出江湖設計熱核彈，歐本海默寫了一封信給科南特，親切地稱呼他「吉姆叔叔」（科南特當時五十六歲，比歐本海默大九歲），表達自己的疑慮：「華盛頓的想法氛圍已經起了極大的變化。兩位深諳此道的提倡者，也就是厄尼斯特・勞倫斯和愛德華・泰勒，正在運作整件事。這項計劃長久以來都在泰勒的心上，而勞倫斯也說服了自己，從俄國核爆的事件推論俄國很快就會做出熱核彈，而且我們最好要打敗他們。」但至於興建能產生中子的重水反應爐，歐本海默則是持贊成態度。由於反應爐也能用在除了熱核彈以外的用途，「出於各種原因，我認為我們只能說阿門了。」但歐本海默還是懷疑科學能否克服製造熱核彈的技術挑戰，而且他也對這一切辯論背後的政治感到不安：「我不確定這個可悲的玩意能成功，也不確定除了用牛車拉之外要怎樣運到目的地……但我擔心的是，這玩意似乎已經引發了國會和軍人的想像，能做為俄國威脅的解方……我們把它當作拯救國家與和平的方式，但在我看來充滿了危險。」

去過華盛頓之後，勞倫斯和阿爾瓦雷茲原本打算飛往渥太華，看看加拿大政府設在附近的喬克河（Chalk River）實驗室的重水反應爐；他們認為這套設計或許可以改裝產生氚。得知買不到機位後，他們就自顧自地改為前往哥倫比亞大學，拜訪原子能委員會總顧問委員會的委員拉比。拉比本來還以為他們只是朋友來打打招呼，卻驚訝地聽說他們是在遊說推動大型的氫彈研發計劃。

阿爾瓦雷茲回憶那次會面，拉比稱讚他們的提議來得正是時候。他後來寫道：「拉比也對俄國核爆的事很擔心，而且很同意我們的計劃。他告訴我們『能看到一線隊伍再次集合絕對是件好事，你們這些人已經玩迴旋加速器玩了四年，該回去認真工作了。』」

如果事實如此，這就真的是科學界大老的重要背書，但拉比對這次會面的回憶卻非常不同。他確實同意應加大這項計劃的馬力，讓美國恢復在核武方面的領先地位，但他認為這兩位訪客對熱核彈的幻想遠超過實際。拉比後來回憶道：「他們極度樂觀，兩人都是非常樂觀的紳士……對這件事、對於需要的特殊材料，泰勒博士給他們提出了非常樂觀的估計。結果他們就興高采烈要一股腦投入了。」

拉比盡了全力，想讓他們想得實際一點：「和這兩位先生談話的時候，我常常很不自在……這些人實在熱情太過，讓我必須保守一點，所以我總是得做件奇怪的事，說著『等等、等等。停一下、停一下。』這種話。」

• • •

勞倫斯的新目標又讓他找回那個不知疲倦為何物的自己。他派阿爾瓦雷茲回到柏克萊召集一支反應爐設計團隊，並宣布放射實驗室有了一項新使命。與此同時，他回到華盛頓與曾任格羅夫斯副官的肯尼斯・尼科斯會面；尼科斯現在是五角大廈的武器研發負責人，而勞倫斯希望能夠敦促美國參謀長聯席會議將氫彈指定為軍事需求，以助這項研究在國會山莊取得經費。尼科斯隔天向聯席會議提出簡報，聲稱整個科學界都支持這項計劃，於是讓擔任主席的二戰英雄歐馬・布萊德雷（Omar Bradley）將軍宣布：「只要做得到……我們就不能只是空坐著。」

泰勒的步調速度也差不多，但就沒那麼成功。十月，費米剛從義大利飛抵美國，泰勒就前往芝加哥拜會。費米顯然不太相信他的話，但實在懶得和滿口花言巧語的泰勒談太久，只好向泰勒表示自己航程勞累，沒辦法聽他的簡報、更別說要給出什麼承諾。泰勒接著前往紐約的伊薩卡（Ithaca），爭取康乃爾大學的漢斯・貝特參加熱核彈計劃；之後他向阿爾瓦雷茲報告自己「覺得貝特沒有問題」。

但那是泰勒的自我幻想，不是理性判斷。貝特還沒有仔細權衡一切之前，並無意加入，而且他的態度其實傾向反對。貝特回憶道，泰勒說的話讓他充滿「很大的疑慮。我從來無法理解，為什麼會有任何人能對推動〔這項計劃〕如此有熱情。」他也注意到，泰勒、勞倫斯和阿爾瓦雷茲刻意掩蓋了相關道德疑慮，主要只把熱核彈當做一項科學挑戰，「也就是說，該如何克服技術上的障礙。」但對貝特來說，這還不夠。他把這份疑慮帶給歐本海默，而歐本海默表示自己有同樣感受，並且把自己寫給「吉姆叔叔」的那封信給貝特看，表示科南特也同樣反對熱核彈計劃。貝特與另一位朋友物理學家維克多・魏斯科普夫（Victor Weisskopf）討論一旦掀起熱核戰的必然結果：「我們都必須同意，在這樣的戰爭之後，就算我們贏了，世界也不會……像我們所要保護的世界一樣。」他拒絕了泰勒。

勞倫斯在無可扼抑的熱情之下，還是認為這項計劃的未來十拿九穩。他回到柏克萊，花了一個週末四處尋找重水反應爐的合適地點，一心認為自己很快就能讓重水反應爐成為放射實驗室的生力軍。他最中意的地點是休森灣（Suisun Bay），位於舊金山北部聖帕布羅灣（San Pablo Bay）附近，勞倫斯認為此處已經和人口稠密區離得夠遠，但與柏克萊的距離仍然夠近，方便時常監督管理。樂觀的他還告訴阿爾瓦雷茲，將來就讓阿爾瓦雷茲當休森灣計劃的主任。阿爾瓦雷茲倒是比較審慎，在日記裡寫的是「我將會以幾乎全職的時間，在一項未經授權的計劃裡，擔任某間不存在的實驗室的主任。」

確實也在不久之後，勞倫斯和阿爾瓦雷茲就發現華盛頓幾乎沒什麼進展，這令兩人有些不安。他們在一九四九年九月離開華盛頓的時候，事情似乎是以噴射機的速度前進，但現在距離他們上次聽到任何好消息已經有好幾週了。阿爾瓦雷茲回憶說：「似乎突然間舉目望去都缺乏熱情，我們擔心……是不是華盛頓的氛圍有了變化。」他們向約翰・尼蘭求助，尼蘭則致電摯友路易斯・史特勞斯，探探華盛頓圈的究竟。尼蘭再來回報，表示事情正緩慢進展中，只不過是在檯面下進行。他解釋道，國會撥給原子能委員會一筆鉅額的研究預算，足見十分支持原子能委員會的擴張計劃。尼蘭說：「再忍一下，孩子們。一切會順利的。」

然而，兩位科學家忍不住懷疑是有人從中作梗，而且他們也有懷疑的人選：歐本海默。勞倫斯悄悄把羅伯特・賽伯派到普林斯頓，想探探歐本海默的口風。賽伯是歐本海默在羅沙拉摩斯的科學副手，也是《羅沙拉摩斯入門》（*The Los Alamos Primer*）的作者，每位到羅沙拉摩斯原子彈實驗室的科學家都會拿到這本薄薄的小書，以快速瞭解原子彈設計背後的理論物理學。賽伯到普林斯頓的時候，並不十分清楚自己這趟造訪的目的，因為他陷在放射實驗室的同溫層裡太久，還以為東岸的物理學家對熱核彈的態度都和勞倫斯、阿爾瓦雷茲和泰勒這些人一樣。但歐本海默立即讓他瞭解了現實。在柏克萊，不論是對於熱核彈的質疑、甚至是歐本海默「絕不該製造熱核彈」的信念，「都是難以想像的。」但賽伯現在發現，「東岸顯然是個與加州完全不同的世界。」

第二天，賽伯與歐本海默搭火車前往華盛頓，出席總顧問委員會的會議，歐本海默為主席，賽伯則就提出的重水反應爐發表簡報。實際上，這會牽涉到熱核彈的命運。等他們抵達，卻發現阿爾瓦雷茲在大廳徘徊，準備只要總顧問委員會一做出決定，就要盡速告知勞倫斯。由於他並無法參加這項閉門會議，只能幾個小時坐冷板凳，看著「我的朋友和許多著名的軍方人士上樓，參加一項總顧問委員會閉門會議」，彷彿這裡要決定的是他自己的命運。

在上午的會議中，總顧問委員會討論了軍方的觀點。就李林塔爾的觀察，熱核彈這件事讓五角大廈軍官「眼睛都亮了起來。」但他們也意識到，運用具有如此強大力量的武器絕不只是一項軍事行動，布萊德雷將軍表示，還會有「心理上的」重要性。歐本海默維持他一貫的中立主持方式，討論期間並未偏袒任何一方，但委員會似乎同意他的想法，正如他後來所描述：「提到了一些在道德方面相當負面的影響。」

在午餐時間，歐本海默將賽伯與阿爾瓦雷茲帶到辦公室附近一家又小又黑的咖啡館，第一次直接告訴阿爾瓦雷茲，自己反對這項計劃。阿爾瓦雷茲回憶當時：「他提到的主要原因是，如果我們製造氫彈，俄國人就會製造氫彈；如果我們不製造氫彈，俄國人就不會製造氫彈。」阿爾瓦雷茲則是散漫地反駁，認為美國人很難看出歐本海默的這種邏輯。後來在歐本海默的安全許可審判上，阿爾瓦雷茲把話說得更直，稱之為「非常模糊的想法。」

但歐本海默的立場其實正反映出總顧問委員會的共識。在十月的會議過後，委員會發布的報告明確反對熱核彈，其堅定的立場就如任何政府委員會該有的一般。歐本海默所執筆的文件序言開門見山：「委員會的所有成員都不願意贊同此提議。」氫彈最駭人的特性，就在於爆炸力可說是無上限：一旦解決了引發核融合反應的技術問題，後續只要再加進更多的氘（而這種物質取得容易、價格便宜），就能進一步提升爆炸力。「顯然，使用這種武器會導致無數人喪生；這種武器並無法只針對軍事或半軍事實質目標加以摧毀。因此，使用這種武器的意義遠超過原子彈本身，是一種會消滅平民人口的政策。」

歐本海默的想法，也可見於與報告同時提出的意見書中。一份是由科南特、西里爾·史密斯、李伊·杜布里奇，以及實業科學家哈特利·羅威與奧立佛·巴克利（Oliver E. Buckley）提出，警告使用這種武器「會是個要屠殺大量平民的決定……熱核彈可能成為種族滅絕的武器……如果能決定不繼續研發熱核彈，我們會從中看到一項獨特機會，能以身作則對戰爭整體加以限制、從而也對恐懼加以限縮，並喚起人類的希望。」在另一項聲明中，費米和拉比講出了多數人心中的想法：「像這樣的武器……必然無法只侷限在特定軍事目標，它的實際效果幾乎就是種族滅絕。」他們進一步提議，杜魯門總統應該「告訴美國大眾和世界，我們認為，如果啟動這種武器的研發計劃，等於是在基本的道德原則犯了怎樣的錯誤。與此同時，應該邀請世界各國加入我們，共同嚴肅承諾不進行此類武器的研發或製造。」

有人認為，這些委員強調熱核彈的可怕後果，卻正正起了反效果，聽起來不像是要讓美國停手的論點，反而是在警告如果讓俄國搶得先機的下場。確實，華盛頓開始深深恐懼著俄國的意圖與能力，更加擔心與蘇聯將不免一戰。當心中恐懼的影像勝過了道德的意旨後，總顧問委員會對這項計劃的興趣是不減反增。

然而，這種觀點還沒考慮到勞倫斯和泰勒兩人的說服力；這其實也是推動氫彈計劃的重要動力。兩人感覺到總顧問委員會似乎要反對製造氫彈之後，便趕在委員會發布報告之前，努力爭取各方支持。總顧問委員會會議後的一天，鬱鬱寡歡的李林塔爾在日記裡寫道，原子能聯席委員會參訪柏克萊後的簡報「令人很不愉快：想去滅火的消防員，見到的是一群只能說是流著口水、『嗜血』的科學家。」他表示，特別是勞倫斯的表現「相當惡劣」，其心態認為「沒什麼需要認真考慮的；需要的是『格羅夫斯的精神。』」李林塔爾結論認為「事情肯定會進入攤牌階段，而且速度很快。」

他說的沒錯。總顧問委員會的報告，加劇了原子能委員會之中對熱核彈的贊成及反對派的分歧。表示自己堅決反對熱核彈的，包括有李林塔爾、共和黨石油大亨索諾·派克，以及普林斯頓的物理學家亨利·史邁斯（Henry DeWolf Smyth）。另一方面，認為應該全速推動計劃的，則有路易斯·史特勞斯，以及戈登·狄恩（Gordon Dean），他曾任職於羅斯福新政時的司法部，當時則在南加大教法律。

史特勞斯是白手起家的銀行及投資大亨，曾宣布要別人把自己的姓氏唸成「Straws」；只要他心頭上有了什麼事，就會用上所有原力來貫徹，而推動熱核彈已經成了他一輩子最大的目標。他平常已經不算是個令人愉快的人，而這件事更把他人格裡最令人不快的一面帶了出來：在政治觀察家艾索普兄弟（Joseph and Stewart Alsop）筆下，史特勞斯這個人「渴望自己能夠高人一等、永遠得到同意、無止境地受到贊同與崇拜、掌控主導權、扮演著偉大人士的角色」。他們引用某位不具名原子能委員會同事的觀察：「如果你有任何事與史特勞斯意見不同，他會先認為你就是個笨蛋。但如果你還是與他意見不同，他就會認為你一定是個叛國賊。」

這項描述完美呈現了史特勞斯與歐本海默關係的演變。隨著歐本海默對熱核彈的立場從心存懷疑變為徹底反對，史特勞斯對歐本海默的評斷也逐漸籠罩陰霾，彷彿一朵預示著暴雨的烏雲。總顧問委員會的報告是這個過程的重要里程碑，拉比回想當時，史特勞斯陷入了「絕對的焦躁」，他會「四處走動，找報社記者、參眾議員等人會談。」與此同時，勞倫斯、泰勒和阿爾瓦雷茲也繼續向五角大廈及有影響力的國會議員提出呼籲。歐本海默一直堅定地做為天平另一端的平衡，但效果並不好，因為他的表達方式實在太抽象，很難說服別人相信他那過於樂觀的論點，也就是美國一旦放棄熱核彈、蘇聯也會跟著放棄。杜魯門的國務卿迪恩．艾契森就表示自己被歐本海默的話搞得一頭霧水。他告訴助理戈登．阿內森（Gordon Arneson）：「我盡了全力仔細聽，還是聽不懂歐本海默在講什麼。你怎麼可能想靠著『以身作則』就說服一個偏執狂的敵人解除武裝？」

爭辯愈演愈烈，杜魯門也出演一場故作心態開放的大戲。十一月十八日，他任命李林塔爾、艾契森與國防部長路易斯．約翰遜（Louis Johnson）成立特別委員會，負責評估熱核彈的政治、軍事和科技等面向。李林塔爾早就告訴杜魯門，他打算在新的一年初退下原子能委員會的主席，但他這時意識到，自己最後幾週的任期將得用來打一場必敗的仗：他要說服其他委員（和總統），氫彈就是一個愚蠢的念頭。此時，國會已經大聲嚷嚷著要求批准，杜魯門的最後決定也似乎勢在必行。

一月三十一日，特別委員會向杜魯門提出了美國應推動熱核彈計劃的建議。正式啟動熱核時代的白宮會議只花了七分鐘，而且還是因為李林塔爾要求給他一點時間表達不同觀點，才拖了這麼久。但他才說了沒幾個字，就被總統打斷。杜魯門咆哮道：「我們到底還在等什麼鬼？就開始吧。」

同日稍晚，杜魯門在全國廣播談話中宣布，他已經指示原子能委員會「繼續研究各種形式的原子武器，包括所謂的氫彈或超級炸彈。」那天晚上，李林塔爾向日記透露：「對於今天的決定，只有痛苦。」他唯一的一點小小個人滿足，在於通過了整個職涯當中最艱苦的一項考驗，成功展現勇氣，「『在會議中站起來』，對專橫的人說『不』……究竟時間會不會證明對的是我，而錯的是總統的兩位部長、國會議員和勞倫斯，我想沒人能真正知道。」

•••

杜魯門宣布消息的那天，正是路易斯．史特勞斯的五十四歲生日，也讓史特勞斯把原本為自己在華盛頓某家飯店安排的雞尾酒生日宴，臨時改成爭取熱核彈成功的慶祝會。歐本海默原本就答應出席生日宴，這時也覺得不得不露個臉，但他心情鬱悶低落，背對著那些慶祝活動，獨自坐在房間裡。甚至在史特勞斯帶著女兒女婿來介紹的時候，歐本海默也沒轉身，只是把手伸過肩膀，無聲問候。對於各種輕視和冷落，不論是真有此事或單純的個人以為，史特勞斯都絕不會放過。而對於那次的冒犯，他更是永誌不忘。

總統的宣告，讓反熱核彈的物理學家大感沮喪。拉比回憶道：「對於杜魯門屈服於壓力，我從未原諒他。」

但在厄尼斯特．勞倫斯眼中，機會正向他招手。

CHAPTER 18 利弗摩爾

一九五〇年仲夏的某一天，在一個炎熱而塵土飛揚的農村小鎮外，有一座廢棄的海軍航空站，而厄尼斯特・勞倫斯和路易斯・阿爾瓦雷茲就站在柏油碎石停機坪上。在過去，加州利弗摩爾（Livermore）唯一為人所知的一點，就是曾有一位重量級拳擊冠軍馬克西・貝爾（Maxie Baer）在一九二〇年代住過那裡。像是鎮上主要大街有個拱形結構，就寫著「馬克西・貝爾的家」。

勞倫斯和阿爾瓦雷茲逛了逛基地，看了看滿是裂痕、雜草叢生的跑道，走了走廢棄的軍營、空蕩蕩的體育館，以及滿是各種碎片殘骸的游泳池。

「好吧，路易，」勞倫斯說，「就這裡了。」

這種語氣聽來就像是摩西在評斷那塊應許之地，而這與事實也相去不遠。幾個月來，勞倫斯一直在為自己最新的計劃尋找合適的地點。這項計劃已經太過龐大、太過雄心勃勃，不可能再放在柏克萊校園內，就連興建了一百八十四英寸迴旋加速器、俯瞰著舊金山灣的那個山坡也有所不足。現在他找到了。勞倫斯將讓利弗摩爾全球知名，帶來遠超過馬克西．貝爾所帶來的名聲。利弗摩爾國家實驗室將成為氫彈研究的核心，也是勞倫斯最終的重大成就。直到今日，該實驗室仍然是美國政府規模最大、也最隱祕的研究機構。

•••

最早是因為一起令人失望的事件，開啟了通往利弗摩爾的道路。早在戰爭期間，勞倫斯就希望從亞瑟．康普頓和芝加哥大學手中搶走費米的核反應爐，好讓柏克萊再多一項撞擊原子的科技。而最後也正是費米，在一九四九年十月的總顧問委員會會議上粉碎了這個夢想（這次會議同時也對熱核彈提出了反對的報告）。當時，總顧問委員會雖然同意建造重水反應爐是一項大有可為的研究計劃，但費米否決了選擇柏克萊作為地點。他提出了尖銳的意見：勞倫斯和放射實驗室「完全沒有反應爐設計或操作方面的經驗。」而全美各地還有許多經驗更為豐富的實驗室，憑什麼讓放射實驗室得到這具反應爐？就連將柏克萊的提案送交給總顧問委員會的羅伯特．賽伯，也不得不承認費米提出了「顯而易見的問題」，而且他也沒有好答案。

離開會議室後，賽伯把這項壞消息告訴正在樓下大廳裡踱步的阿爾瓦雷茲。阿爾瓦雷茲本來希望總顧問委員會既能批准反應爐，也能同意熱核彈的緊急計劃，就能向勞倫斯報告兩大好消息。但在賽伯帶來消息、自己也和歐本海默共進午餐之後，他知道自己只能一無所獲地回歸柏克萊。於是，連總顧問委員會會議都還沒結束，他就已經收拾行囊，離開了華盛頓。他寫道：「我回去繼續研究物理學，但為時並不久。」總顧問委員會關上了柏克萊重水反應爐的大門，但有另一扇門即將大開。

・・・

在總顧問委員會打破了柏克萊的反應爐美夢後，勞倫斯讓放射實驗室動員起來，尋找其他產生高中子通量（neutron flux）的方式。而且此時也出現了新的動力：擔心鈾礦短缺（鈾礦正是生產鈽彈核心的原料）。美國的核武都必須依賴兩個鈾礦來源：一個在比屬剛果，但即將枯竭，另一個則在加拿大，接近北極圈。

但勞倫斯認為，雖然美國境內沒有鈾礦礦場，但卻沒有鈾短缺的問題：在橡樹嶺和漢福德，就有好幾噸的鈾尾渣（tailings）堆積如山。在勞倫斯看來，這些經過鈾二三五分離、製造出鈽所剩下的尾渣就像是未開發的寶藏；只需要使用中子，就能釋放出它的價值。他告訴對此大感興趣的原子能聯席委員會：「只要有中子，就能生產出任何商品」，其中也包括鈽。勞倫斯保證，只要用中子來撞擊這些鈾廢料，就能讓美國「打破這項原料問題的瓶頸，製造出能滿足任何人需求數量的原子彈。原子彈的產量能增加十倍……我們有幾千噸的鈾二三八，能轉換成幾千噸的鈽。」

然而，中子又要從哪來？放射實驗室的打算，是要研發一種新型的加速器，回歸勞倫斯過去的「暴力」作法：如果其他方法都行不通，就加強功率、提升電流，等著看看發生什麼情況。勞倫斯判斷，在這種情況下，如果用高功率的氘核束來撞擊適當的靶，應該就能得到所需的大量中子，再讓中子撞擊第二個靶而引發反應。想得到怎樣的最終產品，就只是選擇第二個靶物質的問題而已。舉例來說，如果想得到的是氚，就用鋰六；至於想得到鈽，就用鈾，也就是已經成為廢料的鈾二三八。

勞倫斯最後認為，為了這項目的，使用直線加速器最能有效產生中子。從本質來說，也就是在他多年前把羅夫．威德羅的直線加速器扭成迴旋加速器之後，現在他又要把迴旋加速器拉直成為直線加速器。一九四九年底的某個週六清晨，許多員工還在夢鄉，就被勞倫斯的緊急召集驚醒，而勞倫斯召開這次員工會議就是為了介紹這個概念。其中一位就是物理學家唐納德．高歐（Don Gow），他一早還睡眼惺忪，就接到了表示「勞倫斯想見你」的電話，他腦中的第一個想法是「天啊，我做錯什麼了嗎？」但其實這是要邀請他去見證勞倫斯有生以來最大膽的計劃。

勞倫斯構想中的加速器規模大到驚人，原型已經是一根直徑有六十英尺（約十八點三公尺）、長八十七英尺（約二十六點五公尺）的管子，而他設想的最後成品，更是個長一千五百英尺（約四百五十七公尺）的超巨型機器。據他估計，最後完成的加速器所需電力為十五萬瓩，足以為一座有三十萬居民的城市提供照明。高歐回憶當時：「我們都坐在那裡，張大了嘴，心想他是不是終於瘋了。但他是認真的。」

勞倫斯已經回到了戰時的思維模式，碰上問題就想砸下無限的資源來解決。就是這種思維，讓橡樹嶺實驗室憑空出現在田納西州遙遠的一個無人山谷裡；而像現在是國家安全面臨危機，幾十萬瓩哪算得上什麼問題？根據設計，這台機器每天能夠生產大約半公斤的鈽。他向國會表示：「相較於所獲得的產品，這過程所花的電力並不算大。」

勞倫斯再次發揮他的魔力。在那個週六早上，實驗室員工對這項計劃討論愈多，一切整合起來就愈貌似可行。當然，如果重中子撞擊的理論完整合理，那麼直線加速器就是合適的機器類型。等到會議結束，已經找到了要負責設計的人。幾乎是無聲無息地，貝伐加速器的研究就暫時擱下，轉而開始推動研究這具取名也取得直白的「物質測試加速器」（Materials Testing Accelerator, MTA）。雖然實驗室的方向簡直是來了個髮夾彎，但那些花了時間與勞倫斯一起合作的科學家卻沒什麼怨言。布羅貝克只是聳聳肩，說「最重要的是他想做什麼，」就放下了自己在貝伐加速器上的研究。正如勞倫斯過去的許多想法，這具新機器的可行性就位於科技上的邊緣地帶，結果不是大好、就是大壞。但想也知道，在實驗室大老闆精力無限的樂觀主義下，自然就掩蓋了後一種可能。

杜魯門為熱核彈背書五週之後，由於氫彈計劃需要大量的可分裂物質，原子能委員會批准撥款一千萬美元，研發MTA的原型，命名為馬克一號（Mark I）。至於最後完整的成品馬克二號（Mark II），估計需要一億美元，而原子能委員會只做出有條件批准，要先看馬克一號的效能再做定奪。

這筆經費做為起點已經足夠。正是馬克一號，讓勞倫斯和阿爾瓦雷茲前往拜訪利弗摩爾；勞倫斯再次回到戰時所扮演的角色，成為產官學界合作的代表。在加州大學看來，這具機器就只是單純為了製造用途而打造，因而不願意成為唯一的金主。但約翰・尼蘭為了他的門徒，說服了老友葛文・富立斯（Gwin Follis，加州標準石油公司的董事長）加入。MTA的管理將交由富立斯所成立的新子公司「加州研發公司」（California Research and Development Company）來負責。

路易斯・阿爾瓦雷茲被任命為MTA的首席設計者，但他有種不好的預感，而且最後證明他的預感是對的。在他事後回想，MTA「在接下來兩年間佔據了我的大部分時光，而且這段時光並不快樂。」勞倫斯每次的職涯成長，都是靠著設定了自不量力的目標、但又總能做得到。但這一次，事情真的超出了能力。阿爾瓦雷茲承認，嚴格就技術面來說，MTA是一項「了不起的壯舉。勞倫斯很喜歡向外推斷科技上的可能性，而在規劃這種加速器的過程裡，我們也是興致盎然，」但講到真的要興建這座龐然大物，「真的是一個無人到過的領域。」機器的主圓筒結構直徑達六十英尺（約十八點三公尺），裡面要放進在當時史上最大的真空槽，而就連那個真空槽本身也已經是一項巨大的工程挑戰。圓筒結構裡懸掛著巨大的金屬「懸空管」（drift tube），每根管子都有好幾噸重，能讓氘核束從中通過。至於每根懸空管則是以木橋相互連結，看來不太牢靠，建築工人、技師和科學家爬得膽戰心驚。

最大的挑戰，則是來自懸空管裡使用的巨大能量。設備累積下來的電能，有時會形成火花釋放，這是新加速器常常會出現的問題，通常的解決辦法也就是把管壁內可能引起火花的不平處拋光磨平。但在馬克一號的管內，這些火花的能量強如閃電，直接打穿了懸空管；沃爾夫岡．潘諾夫斯基把那幅景象描述為「壯觀的銅筍和銅鐘乳石。」至於確保真空槽磨光平滑的責任，就都落到了阿爾瓦雷茲一人頭上。他回憶道：「連續幾週，夜復一夜，我就像是新飛機的試飛員一樣，坐在控制面板前，慢慢把懸空管的電壓上調到會發出火花的強度。」這時候就會發出一聲震耳的爆響，而阿爾瓦雷茲這個高高瘦瘦的人就會進到管子裡，去把銅筍和銅鐘乳石磨平，讓表面光滑平順。接著，他會再次調高電壓，直到另一次巨響把他再次召喚回到管中。

馬克一號還在這種調整階段的時候，勞倫斯就不斷對外宣稱，一旦可分裂物質短缺、會造成多大的威脅，用以平息政府對ＭＴＡ的各種疑慮。一直到一九五一年，這套萬用說詞都還很有效：原子能聯席委員會要求他預測何時才能判斷ＭＴＡ是否真正可行，勞倫斯就唐突地回答道：「我可不是空等著瞧。」他表示，儘快設法「讓我們擺脫原料的瓶頸問題。如果只要花個幾億美元就能做到，那還等什麼？我們就開始吧。」

然而，原先取得鈾礦的瓶頸已然消失。一九五〇年，科羅拉多鈾礦的產量急劇增加，首次超越加拿大，新墨西哥州西部也發現了新的礦床，而且官員還對一項新技術寄予厚望，希望從佛羅里達州化肥製造商加工的磷酸鹽裡萃取出鈾來。之所以能提升這些產量，一切的關鍵就在於自由市場的奧妙：在原子能委員會宣布願意花大錢購買鈾礦之後，似乎那些原本深埋在地底的礦床都突然浮上地表。

於是，昂貴的MTA也就失去立場。雖然美國仍然需要依賴南非和剛果取得大部分的鈾礦，但隨著新資源到位，不過一年前推動批准「馬克一號」的那份恐慌已經消退。勞倫斯突然發現，對於MTA所費不貲、效能又不佳，原子能委員會的抱怨日益增加，自己疲於應對。在原子能委員會會議上接受亨利．史邁斯的質問，勞倫斯再三無力地重複著「雖然說現在看來，外國供應量不足或斷貨的可能性非常小，但MTA打破了原料的瓶頸……對我來說，這點已經不證自明，光是這個因素就應該要推動這項研發。」

從史邁斯的質問中，就可看出勞倫斯對政府金主的魅力光環已經在下降。就某種程度上，這種新的懷疑主義所反映出的是政府監理人員已經具備卓越的技術知識，這些監理人員當中已經有些訓練有素的物理學家，對於核子物理的知識甚至要超越勞倫斯本人。史邁斯本人就曾擔任普林斯頓大學物理系主任，在廣島和長崎原爆之後，向大眾公布的原子彈官方歷史就是由他所寫。光靠著勞倫斯的熱情與模糊的承諾，絕不足以讓史邁斯為之動搖；相較之下，過去的科特雷爾、韋弗與科南特雖然也是科學家，但對核子物理的奧祕相對陌生，至於史普羅爾、克羅克與尼蘭則更不在話下，對這些人來說，勞倫斯的科學簡直就像是魔術師的戲法一樣難以看透。

史邁斯對勞倫斯還有一點不滿：總是在過去的研究還沒得到成果之前，就提出更野心勃勃的新研究計劃。因此，等到勞倫斯在一九五二年提出另一項大膽的計劃（要興建代號為J－16的迴旋加速器，用來製造中子；預算高達三千萬美元），史邁斯顯然沒有半點動心。他向勞倫斯寫道：「對於你打算在這座機器上花三千萬美元的目的，在我看來並不夠清楚。」對於光靠著自己的遠見及樂觀、就能不斷掏空金主口袋的勞倫斯來說，這是一項少見但重大的拒絕。史邁斯也提到，勞倫斯「必定已經聽說」國會將原子能委員會一九五三年的研究預算從四千三百萬美元刪減到三千三百萬美元，因此即使史邁斯願意相信勞倫斯的願景，手中的資源也很少。

勞倫斯維持原子能委員會支持ＭＴＡ的能力正在快速消退。七月，該委員會投票決定馬克二號的興建將無限期延後。標準石油公司的子公司加州研發公司也察覺了風向：這項決定無異於取消整個計劃。馬克一號的成本已經從當初預算一千萬美元翻了一番，加州研發公司總裁佛雷德・鮑威爾(Fred Powell)不得不質疑「進一步執行研發是否明確。」而在利弗摩爾，這項計劃也正在流失人手。隨著計劃看來愈來愈是死路一條，已經有些員工遭到解雇。至於其他人(主要是勞倫斯從放射實驗室調來的人)則正歸建回到柏克萊。這項計劃足足撐了十八個月，最後在一九五三年十二月結束。

阿爾瓦雷茲回憶道：「MTA原型想做的事，已超出科技的合理限度。」至於勞倫斯，則是以行動表達出自己的判斷，隨著計劃前景日益黯淡，他也愈來愈放手不管。講到勞倫斯所推動的各種機器設備，這次可謂徹底慘敗，甚至未能產生任何實質或獨特的知識來推進加速器設計的科學。

MTA可說是一項教訓，讓人知道大科學的管理在戰後的新局面下需要有所不同。此時，想得到產官學界青睞的競爭更加激烈，評審委員已非吳下阿蒙，而對成功的標準也比以前更加嚴格。在過去，基本上只有勞倫斯的實驗室夠格競逐數百萬美元的研究經費，而且單憑他的記錄和聲譽就足以說服金主掏出錢來；但這種日子已經一去不復返，許多對手的記錄和聲譽與勞倫斯並無分軒輊。此外，政府經費的分配也已經不能只在科學專案之間考量孰優孰劣：高能物理的成本已經太過高昂，有可能排擠到其他更普遍的優先事項。官員和議員現在必須在科學與其他新興需求的所需支出之間達成平衡，包括各種社會計劃、公路、學校建築和其他實體基礎建設等等。而在接下來幾十年間，這些問題只會變得更加緊迫。雖然如此，

MTA的失敗只能說是勞倫斯左右美國核子政策的一時失手。MTA可能已經畫下句點，但熱核彈計劃還大有可為。甚至在馬克一號的設備都還沒拆的時候，勞倫斯已經又在計劃一項新冒險：靠著政府對氫彈的熱衷，使利弗摩爾得到原本希望用MTA得到的崇高地位。很快地，原子能委員會就會有大批現金流入，讓這個舊航站改頭換面。這裡的最高原則在於：要緊急做出氫彈，就需要再有一個像羅沙拉摩斯的場地，而這就是利弗摩爾。

• • •

除了羅沙拉摩斯之外，美國之所以會認為還需要有另一個武器實驗室，一開始是由愛德華·泰勒在兩項因素的驅使下所提出。首先，這位身材魁梧、眉毛粗濃的匈牙利物理學家相信，先前的熱核研究太過懶散倦怠，等於是讓美國完全受蘇聯的擺佈。在一九四九年會議的一份備忘錄裡，他憂心焦慮地寫道：「如果俄國人在我們之前就讓人知道他們擁有熱核彈，我們的情況將無可救藥。」

第二，不論是對於緊急氫彈計劃的必要性、或最後成功的可能性，只要任何人有所懷疑，泰勒就不可能和他處得來。這時，羅沙拉摩斯的主任一職已經從歐本海默交棒給諾里斯·布拉德伯里（Norris Bradbury），他是一位柏克萊出身、能力出眾的物理學家，但泰勒對熱核彈的痴迷給他在管理上造成兩難。在羅沙拉摩斯，泰勒的智識不可或缺，但他本人卻又叫人難以忍受。爭議在一九五〇年代中期加劇，當時氫彈設計有一項棘手的技術問題，必須依靠泰勒與波蘭數學家史坦尼斯拉夫．烏拉姆（Stanislaw Ulam）合作才能解決。

時間已到戰後，羅沙拉摩斯實驗室在戰後研究的角色卻一直找不到定位，於是成員人心惶惶，而泰勒卻還一直造成紛擾。他威脅自己要辭職，而且還不時會真的遞出辭呈。這種不定時的情緒爆發，讓布拉德伯里得一再懇求泰勒留下、讓泰勒覺得自己是被愛的。與此同時，泰勒還會不斷與在華盛頓的強大友人及支持者表達自己的不滿，這個圈子包括原子能聯席委員會主席布萊恩．麥克馬洪；對熱核彈計劃的狂熱鷹派、該委員會的常務理事威廉．博爾登；以及原子能委員會的委員路易斯．史特勞斯（他是整個華盛頓所處位置最佳、也最熱情支持熱核彈計劃的人）。

雖然泰勒牢騷不斷，但羅沙拉摩斯的熱核彈研發其實頗有進展。一九五一年春天，該實驗室在南太平洋的埃尼威托克（Eniwetok）珊瑚環礁進行了「溫室專案」（Project Greenhouse），測試熱核科技。這是美國氫彈研發的轉捩點。在五月八日的關鍵試驗，泰勒和原子能委員會主席戈登．狄恩都在場，當時核爆形成一個叫人大感震撼的火球，將珊瑚熔出如火山口的形狀，摧毀了高約六十公尺的設備塔以及周遭約重三百噸的設備。而且準確說來，這項裝置還不是氫彈，但確實是「地球上首次熱核試爆」；說這句話的是年輕的柏克萊物理學家赫伯特．約克（Herbert York），當時他也親眼目睹。這次試爆明確證實了熱核裝置能夠控制，而泰勒也立刻把自己當成了爸爸，向羅沙拉摩斯發出電報：「是個男孩。」

然而，羅沙拉摩斯的成功，似乎讓泰勒更加堅持應該成立第二座實驗室，這樣的態度也讓爭論日益加劇。在溫室專案之前幾週，布拉德伯里為了安撫這位意見強烈的物理學家，曾經試著要在羅沙拉摩斯成立一個半自主的熱核分裂部門，並讓泰勒有權領導管理二十五名科學家。但泰勒想都沒想就拒絕，說這正是他多年來一直在對抗的半調子作法。他直接越過布拉德伯里、找上戈登．狄恩，建議在科羅拉多州的博爾德（Boulder）成立獨立的新實驗室，並要求由自己直接領導管理大約一百三十名物理學者。狄恩拒絕了這項厚顏的計劃，一部分是因為他本來就不太相信需要第二座實驗室，更不用說是泰勒提出的那種瘋狂巨大規模。這位原子能委員會的主席無法想像，如果這項武器計劃得兵分兩路該如何運作，也無法想像如果被分掉了研發熱核彈的責任，對羅沙拉摩斯的士氣會造成多大的打擊。而他最重要的問題是，這位性情多變、相信熱核彈將如救世主般的泰勒，究竟能不能管人？拒絕與他合作的著名科學家可以列出很長的名單，而且還愈來愈長。艾米利奥．塞格雷就提出了一項許多人共同的擔憂，他已經認識泰勒幾十年，而且拒絕了泰勒希望他一同製造熱核彈的邀請；塞格雷準確、或說有禮貌地判斷泰勒「雖然智識強大，但整個人是被無可抗拒的激情所主宰。」

一如狄恩，諾里斯．布拉德伯里也無法想像由泰勒主導一座大型實驗室。他後來回憶道，羅沙拉摩斯的大多數部門主管都「不願意和他合作。我不會把他放到主管職。歐本海默都沒把他放到主管職了，而歐本海默對他的瞭解不下於我、甚至還要高於我。」最後，布拉德伯里實在懶得再和泰勒就研究政策吵得不可開交，於是在一九五一年九月指定熱核研究部門主管為馬歇爾．霍洛威（Marshall G. Holloway，曾任職於羅沙拉摩斯，行事風格說一不二）。當時，隔年就要開始在南太平洋展開一連串時間橫跨長久的核爆測試，霍洛威的性格適合作為監督的人選，但在泰勒眼中，這項任命不啻為是一項精心算計的侮辱，他認為霍洛威對熱核彈還不夠投入。於是，當被布拉德伯里告知自己的角色僅限於和霍洛威「協調合作」，泰勒怒火攻心，再次威脅遞出辭呈。他的助手菲特列．德．霍夫曼（Frederic de Hoffmann）驚恐地打了一通電話給戈登．狄恩，警告一旦任命霍洛威，「就像在公牛面前舞著一面紅旗」，而且「在這種情況下，泰勒絕對待不住。」狄恩拒絕介入，而不到一週，泰勒也把自己的威脅說到做到。他回到芝加哥大學，整天憤憤不平，聲稱自己會繼續獨自研究熱核彈。而等到勞倫斯找到他、請他去利弗摩爾瞧瞧的時候，他人就在芝加哥。

・・・

泰勒雖然離開了羅沙拉摩斯，卻還是心心念念著想成立第二座實驗室。他對羅沙拉摩斯大加抨擊，連帶也傳到原子能委員會，逼得布拉德伯里得前往華盛頓為自己的團隊辯護。當時，原子能委員會的軍事用途主管肯尼斯．菲爾茲（Kenneth Fields）上校對布拉德伯里他們有些同情，布拉德伯里在同行時也向他表示：「有點諷刺的事實是，目前所有武器的發展都是出於本實驗室的建議（很多時候甚至是力勸）。」原子能委員會不斷要求有更多熱核試驗的時候，羅沙拉摩斯實驗室都做到了，難道這樣還不夠證明自己的價值嗎？然而，羅沙拉摩斯非但未得到認可與感激，還受到「幾乎毫不掩飾的批判」，認為它擔不起武器研發的工作。

雖然總顧問委員會當時仍由歐本海默擔任主席，但他也傾向設立第二座實驗室。總顧問委員會所得到的結論認為，測試時間表變得密集，確實帶來了羅沙拉摩斯無法承受的壓力；歐本海默擔心，這種工作量遲早會影響羅沙拉摩斯的產品品質。而隨著一九五〇年六月北韓軍隊入侵南韓，共產中國也介入北韓局勢，總顧問委員會也得應對華盛頓風向的變化。大眾擔心，美國註定得獨自反對中俄共產聯盟，因此只要是能做的努力都該去做。這種想法也推動研發熱核彈的態勢，總顧問委員會愈來愈難以抗拒這股聲浪。

此外，成立第二座實驗室的問題也等於是該如何處理愛德華．泰勒的問題。所有人都同意，雖然泰勒的個性叫人頭大，但他的智識仍然是熱核彈研發的重要資產；難處在於怎樣的管理方式才能同時讓泰勒和布拉德伯里都滿意，既不讓羅沙拉摩斯的士氣再惡化，也能維持熱核彈研究的進展。一時之間沒人有好點子，直到一九五一年結束，原子能委員會仍未解決這項問題。

但在西海岸，勞倫斯正在尋找自己的方式，解決原子能委員會的這項難題。新年當天，物理系的歡迎會上，他把賀伯．約克（Herb York）拉到一邊，跟他說：「這個星期來找我，我想和你討論一點事情。」

幾天後，在勞倫斯的辦公室裡，勞倫斯直截了當地問「美國是不是需要第二座核武實驗室？」，把約克嚇了一跳。約克對於熱核彈背後的高層政治鬥爭一無所知，迂迴著並未給出直接的答案；但勞倫斯問這問題，其實也只是個形式。他接著就大致描述了自己心中第二座實驗室的概念，認為一開始只是「一個小團隊……支援羅沙拉摩斯及管控的熱核研究……我們先小規模開始，看看情況如何。」他指示約克收拾行囊前往東岸，要他私下探探科學家與政府官員的口風，看看他們對於把這個團隊設在利弗摩爾有何想法。約克當時年方三十，身材魁梧、理著平頭，想到自己要擔任勞倫斯的個人特使、去拜會「那些書裡寫的、演講上聽過的那些物理學家」，就感到「陶醉而激動」。他所拜訪的那些人，其實都是支持成立第二座實驗室的人，包括原子能委員會的委員和空軍的官員，已經聽了泰勒的叨念好幾個月；所以也不意外，等到約克回到柏克萊，他已經深深接受了成立第二座實驗室的想法。他回憶道：「我向勞倫斯報告，自己也認為成立第二座實驗室應該會有助益。而對我們來說，設在利弗摩爾是件自然而然的事。」

•
•
•

二月的第一週，勞倫斯開車帶著泰勒前往利弗摩爾，勞倫斯希望利弗摩爾能在熱核彈計劃中佔有一席之地，也希望泰勒能在其中扮演重要角色。此時，龐然巨物馬克一號尚未拆除，仍然位於那個如穀倉般的廠址：用著波狀鐵皮的建築，足足有一個足球場長，在幾公里外就看得到。當天回到柏克萊後，勞倫斯就向泰勒提議，要他離開芝加哥、來幫自己成立第二座實驗室。在這短暫的時刻，兩位物理學家的抱負與技能達到了完美協調。泰勒可以有自己的一席之地、與高素質的科學團隊一起研究熱核彈；至於勞倫斯，他的聲譽仍然能吸引全球頂尖的年輕物理學者來到柏克萊，於是能夠為泰勒提供這種精英人力，並在同時擴大他的研究帝國疆域。

原子能委員會、國會與五角大廈都體認到，針對第二座實驗室的任何反對意見，利弗摩爾都一筆解決了。戈登．狄恩後來回憶道：「我們對此經過了長時間的辯論……如果想省時間，〔第二座實驗室〕必須是個已經成立的地方，也必須擁有……一位主事者，是能夠得到眾人敬重，而且泰勒願意在他手下並與之合作，還能合作愉快的人。我最後只能想到一個地方符合這條件，而那就是在厄尼斯特．勞倫斯的手下做事。」幾年後，狄恩回憶當時這項安排確實奏效，「原因就在於泰勒與勞倫斯博士相處得非常好。」

然而，以為勞倫斯和泰勒能夠完全地協調合作，到頭來會發現竟是太過理想。等到利弗摩爾實驗室得到原子能委員會祝福之後，就能開始看出這兩位科學家其實幾乎沒什麼共同之處。兩人研究物理的方法就不同：勞倫斯是實驗主義者，而泰勒則是個很講直覺的理論家。而且，對於該如何組織利弗摩爾、尋找適當成員，以及該如何建立熱核彈計劃的架構，兩人的觀點更是截然相反。在泰勒眼中，這個實驗室應該要配得上他滿溢的自尊心，因此必須規模宏大、成員都是著名的物理學者，並且依據他精心設計的研究策略，一步一步乖乖照做。但如約克的記錄：「勞倫斯覺得那簡直是個笑話。他只願意一切慢慢來……不要找什麼大牌，也沒有什麼整體大計劃。」勞倫斯心中的利弗摩爾也反映著他的風格，或者更確切地說，是複製了最初的放射實驗室：有一群才華橫溢但沒沒無聞的年輕人，渴望在柏克萊功成名就，而不是只靠著在其他地方得到的名聲打混。

勞倫斯告訴約克：「如果找來一群聰明的年輕人，他們會把一切都學好。至於那些有名的人，他們有名並不是因為真的比較優秀，只是因為年紀比較大而已。」在勞倫斯的扁平化管理模式裡，利弗摩爾的科學家之間不會有人得到什麼高人一等的頭銜，所有人都是「博士」。勞倫斯十分得意地表示，這裡不需要任何頭銜，是因為「光是放射實驗室的教授，就是至高無上的頭銜。」只要是認識泰勒的人，絕不會預期他能溫順地服從勞倫斯的權威。兩人都在自己的領域有著崇高地位，也都有強大而有影響力的支持者。勞倫斯是放射實驗室的老前輩，而泰勒又是熱核科技不可或缺的天才，也就讓兩人不可能折衷妥協。等到組織新實驗室的時候，想讓兩人還維持著友好關係的唯一辦法，就是讓他們離得愈遠愈好。這項任務落到了倒楣的約克身上，不斷在柏克萊和芝加哥之間來回擔任中間人的角色。這時的泰勒已經在芝加哥成立了他的臨時熱核彈實驗室。約克看得出來，想讓新實驗室同時符合勞倫斯與泰勒的想法根本不可能，兩者「就像兩極一樣遙遠」。

等到泰勒終於發現，自己無法成為利弗摩爾至高無上的權威角色，過去那種先破壞再征服的習慣又回來了。一九五二年六月，原子能委員會公布利弗摩爾的官方使命宣言，正是他發出焦土戰術咆哮的絕佳時機。該宣言指出，實驗室的目標是「與羅沙拉摩斯科學實驗室密切合作……為了針對熱核裝置的性能表現取得足以判斷的資訊，研發並實驗各種方法與設備。」（這種寫法，是為了表彰曾參與溫室專案的約克與其他柏克萊科學家的特殊專長，也就是關於核爆的測量和分析。）該委員會進一步表達「希望ＵＣＲＬ的團隊」（ＵＣＲＬ指的是加州大學在利弗摩爾的放射實驗室）「最後能提出更廣泛的熱核研究計劃，由ＵＣＲＬ或其他地方付諸實踐。」這種對利弗摩爾語焉不詳的任務使命，可說是正中勞倫斯下懷。

但對於泰勒來說，這正是他過去不斷抱怨的事情再次上演。於是，七月的時候有一場招待會在柏克萊高雅的克萊爾蒙特飯店舉行，慶祝利弗摩爾成為國家實驗室，而泰勒也就在這場招待會上發難。當時，現場氣氛一片歡愉，其中包括有勞倫斯和戈登・狄恩，而這位大家認為「合作愉快」的泰勒忽然拋出一個重磅炸彈，聲稱自己與新實驗室沒有任何關係。

這等於是威脅要讓利弗摩爾一出生就夭折。勞倫斯根本懶得搭理泰勒，對他來說，雖然原本打算和他搭檔，但事實已經證明此人太過暴躁難搞。勞倫斯告訴約克：「沒有他，我們可能會更好。」但對原子能委員會而言，這種僵局代表就算成立第二座實驗室也無法解決泰勒的問題，也就讓利弗摩爾成了一項昂貴、耗時、而且沒有進展的選項。約克回憶道，在狄恩的堅持下，「所有相關人士重新開始激烈談判。」幾天之內，原子能委員會便承諾，讓研發熱核彈成為利弗摩爾從創建初始就有的使命。而在利弗摩爾的組織結構圖裡，泰勒將成為科學指導委員會的成員，而且為了表彰其「明顯的特殊地位」，同意他對委員會的決策具有否決權。換言之，泰勒在利弗摩爾雖然沒有正式權力，但能隱隱有權主導熱核彈研究計劃。

這樣一來，對於由誰進行利弗摩爾的日常管理仍未定案，雖然實際上仍然是勞倫斯所掌握著。而他的決定則是把這件事交給約克。約克對這個付託相當驚訝，並不亞於當初聽到勞倫斯問他是否需要第二座實驗室。他難以想像勞倫斯就這樣下了決定：沒有徵才委員會、沒有官方程序、也沒有候選人審查。勞倫斯只是問了約克有沒有能力「讓它跑起來」，而約克一給了肯定的答案，「他就說，那你去做吧……他沒有給我任何新頭銜、沒有立刻加薪、地位也沒有任何改變。除了一次非正式告知那些和他最近的同事之外，他沒有公佈任何消息。」約克把他得到的這項機會歸功於勞倫斯的大膽遠見：「這當然是件很有勇氣的事。還有誰會先擔起一間新實驗室的主要責任，然後交給一個三十歲沒經驗的人來負責？」

關於這件事，出於勞倫斯自由意志的比例可能並不如約克想像的高。事實上，勞倫斯受到來自歐本海默和總顧問委員會的壓力，要求約克要在利弗摩爾打造出傳統的管理結構，希望能和泰勒形成抗衡，免得他一如往常、習慣性地一把抓住沒人認領的權力。約克或許確實年輕而未經世事考驗，但身為勞倫斯所指定的主任，至少在形式上具有無可爭辯的管理權。約克回憶道，對泰勒的安排可說是「異常特殊」，但確實行得通：「那些泰勒在羅沙拉摩斯時的緊張關係，在利弗摩爾都沒出現。」

雖然如此，勞倫斯仍然毫無疑問是讓利弗摩爾生氣勃勃的動力來源，很快就讓利弗摩爾有著他手下實驗室的經典運作特徵：氣氛融洽、橫跨各種學科，每位人員的研究之間只有最模糊的分野。一位柏克萊的科學家比較羅沙拉摩斯與利弗摩爾設計核彈的不同風格，認為在羅沙拉摩斯「某些人研究某一項零件……另一些人研究另一項零件……再寫備忘錄給彼此。」而在利弗摩爾，則是「沒有各自的領域，我們都在一起研究。」

雖然如此，原子能委員會希望羅沙拉摩斯和利弗摩爾能夠和諧合作、共同研究熱核彈的夢想，仍然證明難以成真。對於技術進展的貢獻歸屬問題，兩方爭吵不休。第一個摩擦點，是在一九五二年十一月於埃尼威托克環礁舉行的「麥克」（Mike）大型熱核彈測試。麥克是基於泰勒與烏拉姆的設計，於羅沙拉摩斯打造；至於利弗摩爾當時根本就還在「成立當中」，完全沒扮演任何角色。這場核試有著壯觀的結果，把埃尼威托克環礁的伊魯吉拉伯島（Elugi-lab）徹底摧毀，爆炸當量高達十點四百萬噸；然而在美國公佈這場核試的消息之後，一般卻認為是利弗摩爾的功勞（譯者註：百萬噸〔megaton〕是核爆能量的慣用量測單位，定義為能量等同於一百萬噸的黃色炸藥〔TNT〕。據估計，投在廣島的核彈約為十五千噸爆炸當量，也就是等於一萬五千噸的黃色炸藥）。

約克推測，背後的原因應該是出於泰勒與利弗摩爾的關係，以及原子能委員會有著「嚴格到荒謬的保密政策」，於是連對這兩座實驗室角色的簡單澄清稿都發不出來。一直到要一九五四年，泰勒公開指控羅沙拉摩斯刻意延宕熱核彈的研發，才讓諾里斯・布拉德伯里獲得許可加以反駁，讓大眾得知實情。當時的情況，是記者詹姆士・薛普利（James Shepley）和小克雷・布萊爾（Clay Blair Jr.）出版了一本極度聳人聽聞的《氫彈：其人、其威脅、其機制》（*The Hydrogen Bomb: The Men, The Menace, The Mechanism*），書中把泰勒的說法奉若福音聖旨。對於泰勒暗示是羅沙拉摩斯的科學家刻意拖延熱核彈研發、對國家不忠，令布拉德伯里大為光火，在記者會上正式表示，是自己這批員工「建立起一座實驗室，研發出迄今所有成功的熱核彈。」早在三年之前，布拉德伯里就向原子能委員會的菲爾茲上校提過幾乎完全相同的辯護之詞，但泰勒仍然一直說著羅沙拉摩斯的壞話。在記者會召開幾個月後，泰勒由於不斷牢騷抱怨、而遭到過去朋友和同事的排擠，他終於承受不住，試著在《科學》上澄清真相。他寫道，利弗摩爾到那時為止的主要研究，「多半還是在於去瞭解發明與製造核武這項艱困技術。於此同時，世間所知的所有偉大成就，都是由羅沙拉摩斯所完成。」

事實上，利弗摩爾準備的第一批核試裝置幾乎可說是慘敗而歸，而讓它的名聲在熱核研究界一時惡名昭彰。由於利弗摩爾希望打造的是小型氫彈，以便使用飛機或彈道飛彈投放，這些氫彈原本設計的爆炸當量就不高，但絕不該像試爆的結果那樣難堪、叫人不忍卒睹。一九五三年，利弗摩爾實驗室成立僅僅六個月後，就在內華達州進行了第一次該所設計的氫彈試爆；但那次的爆炸甚至無法摧毀放置氫彈的測試塔，而那正是此類試驗的關鍵指標。（在兩週後的追蹤試驗，測試塔的高度砍半，以確保爆炸能將之完全摧毀。）面對失敗，利弗摩爾稱之為努力創新而造成的意外產物，認為從錯誤中學習到的教訓會比輕鬆成功來得更多。利弗摩爾的這種特質可說是遺傳自勞倫斯這位父親，他在職涯中碰上的這種事可不在少數。不論如何，雖然整個測試結果似乎虎頭蛇尾，原子能委員會仍然認為這證明了利弗摩爾在熱核科技的研發中扮演著提出「新點子」的角色。

然而，後續還有更多的難堪將接踵而來。一九五四年三月，在比基尼環礁（Bikini Atoll）進行了城堡行動（Operation Castle），測試羅沙拉摩斯與利弗摩爾的氫彈。先上場的是羅沙拉摩斯的氫彈，代號為Bravo，這場測試其實非常失敗，卻有點僥倖，讓羅沙拉摩斯得到了不錯的名聲。當時，設計者算錯了核融合反應的作用，嚴重低估爆炸當量，以為是五百萬噸的氫彈，爆炸時發出了高達三倍的能量。特別工作人員原本以為自己已經位於安全範圍，但巨大的火球卻在他們頭上撒下了危險的放射性物質。珊瑚被爆炸蒸發，在空氣中彷彿一片具放射性的羽毛，向東漂去，覆蓋了超過一萬八千平方公里的海洋。因為這片雲，附近馬紹爾群島的居民緊急撤離到大約六百五十公里遠的瓜加林島（Kwajalein Island），接受放射疾病的治療。而就國際關係而言，還有一件更不幸的事件：日本漁船第五福龍丸遭到曝露，船上的二十三名船員生病，其中一人還因此喪命。這時，路易斯．史特勞斯已接替狄恩成為原子能委員會的主席，他硬是指控第五福龍丸為「共產間諜船」，使日本人更為憤怒，也讓美國的核試計劃遭到公開嚴重批評。

接著是利弗摩爾的氫彈，代號為Morgenstern，預計爆炸當量為一百萬噸。但這枚氫彈最後的表現差強人意，爆炸當量只有一百一十千噸，觀察員位於遠方海平面的海軍艦艇上，透過雲霧，幾乎什麼都看不見。利弗摩爾團隊太過羞愧，直接取消了第二次測試。雖然羅沙拉摩斯的氫彈也令設計者難堪，但至少是個驚天地泣鬼神的結果。事實上，這時已經由拉比接替歐本海默擔任總顧問委員會的主席，而他就把羅沙拉摩斯在城堡行動中的氫彈稱為核武器的「徹底革命」：這項科技突然邁向成熟，使得熱核彈在美國戰略武器上的角色大幅擴張。

城堡行動結束後，羅沙拉摩斯的工作人員得到了二戰之後從未感受到的自信。相較之下，利弗摩爾可說是慘遭三振，羞辱加身。約克承認：「有些羅沙拉摩斯的科學家大聲狂笑，也不讓人意外。」更叫人不安的一點，在於接連的失敗，令人開始質疑利弗摩爾在管理、研究成果與成本上都有問題。布拉德伯里重新開始批評要第二座實驗室的想法。他寫信給原子能委員會的菲爾茲上校，指出「某些人確實會相信，有競爭就能產生絕佳的新點子。但到現在還沒什麼絕佳的新點子。」布拉德伯里的不滿，已經在總顧問委員會得到愈來愈多同意的聲音。拉比在一九五四年十二月的委員會議上指出，利弗摩爾「成立兩年半以來，並〔不〕是個有效的組織」。他高聲質疑，利弗摩爾究竟能否「真正成為一座重要的實驗室」。

利弗摩爾的員工也開始擔心未來。由於原子能委員會提供的資金長期不足，工作環境不佳，而在員工眼中，這似乎是項凶兆，覺得委員會對利弗摩爾並非全心支持。實驗室所在的加州中央山谷氣候炎熱，而當時連水電供應都不足，又缺乏空調，讓科學家和工程師大吃苦頭，只能勉力繼續研究。這時的利弗摩爾似乎就只是一個分部，主要的兩個大型實驗室則是羅沙拉摩斯和柏克萊；如果像拉比一樣，質疑為何利弗摩爾無法比這兩座實驗室有更優秀的成果，其實並不合理。

但事實證明，員工只是白擔心，因為他們沒算到一點：軍方內部也是競爭激烈，各自都希望能有專屬的熱核武，因此對研究及成果的需求幾乎可說是永遠無法滿足。雖然測試失敗，但原子能委員會仍然完全支持利弗摩爾，也對勞倫斯仍然信心十足。在一九五三年這個財政年度，利弗摩爾首年的預算為三百五十萬美元，共有六百九十八名成員。等到一九五六年，約克五年任期結束，利弗摩爾的預算高達五千五百萬美元，成員人數足足有三千名。再過一年，專業員工人數已達四千人，利弗摩爾成為原子能委員會規模最大的研究實驗室。那一年，海軍即將擁有全新等級的潛艦，於是迫切需要一種擁有空前射程的潛射核子彈道飛彈；這點與利弗摩爾的輕量級熱核彈研究可說是不謀而合。最後的成果就是北極星（Polaris）武器系統，可說是利弗摩爾「成年」的代表作。在五年內，利弗摩爾的預算來到一億二千七百萬美元，員工達到五千人。利弗摩爾的存續已經毫無問題。

CHAPTER 19 歐本海默事件

對於美國的核子政策、以及急於研發熱核彈，歐本海默總是批評，炮火猛烈，一路上樹敵無數，但敵意最濃的非路易斯．史特勞斯莫屬。至於勞倫斯，他與歐本海默和史特勞斯都有關係，捲入衝突自然難以避免。

隨著歐本海默對氫彈的反對愈來愈堅定，史特勞斯對他的敵意也愈來愈深。自從一九四九年總顧問委員會以多數決猛烈抨擊反對熱核彈之後，史特勞斯一如往常的作風，已經深信歐本海默絕不只是笨蛋、而根本是個叛國賊。然而，只要史特勞斯在原子能委員會裡仍屬少數，面對歐本海默作為原子能委員會首席科學顧問的崇高地位，他就無能為力。雖然他一心想把歐本海默踢出官方的任何高層委員會，但史特勞斯在一九五〇年二月從原子能委員會退休，這份決心也不得不暫停；對史特勞斯來說，杜魯門決心開始研發熱核彈，正是自己長期對國安的投入終於有了成果，邁出這一大步。

然而，史特勞斯的停戰十分短暫。一九五三年共和黨上台，史特勞斯又回到了華盛頓，而且有管道直達白宮天聽。艾森豪總統在三月指定史特勞斯為他在原子能領域的個人顧問，並在三個月後任命史特勞斯為原子能委員會主席。在這個新職位，史特勞斯要處理的是歐本海默最後一項能夠直接影響委員會政策的方式：由前任主席戈登・狄恩所授予的顧問職。

隨著歐本海默愈來愈直言不諱，積極運作，要求針對核子政策舉行公開辯論，史特勞斯甚至在自己的任命消息公開之前，就已經開始行動，與歐本海默作對。一九五三年二月十七日，歐本海默的運作來到位於紐約的外交關係委員會；他在此舉辦演講，聽眾是包括意見領袖與金融領袖在內的一群精英份子，而史特勞斯也赫然在列。歐本海默所談的主題，一方面談到政治領導人需要「坦誠」談論核子擴散的危險，另外也談到國際必須進行軍備裁減。歐本海默認為：「我們所做的選擇，會受限及取決於各項重要的事實及必要的條件，而如果連這些事都還未知，我們的運作就不可能理想。」而且，「如果這些事實只有少數人得知，而且是神神祕祕、充滿恐懼，我們就不可能理想運作。」

在歐本海默提到美蘇軍備競賽情況的時候，史特勞斯可說是一肚子悶氣。歐本海默演講時的用詞相當抽象，他本人也十分清楚，但這是因為政府對核武細節要求保密，必須掩飾那些駭人的細節。他警告道，在冷戰期間，「原子鐘走得愈來愈快」，而演講的結尾是以一則生動的形象比喻兩大強權的致命衝突：「在一個瓶子裡有兩隻蠍子，都有能力殺死另一隻，但只有在自己的生命受威脅時才會這麼做。」

歐本海默的這份演講其實經過白宮認可，而且據說艾森豪本人也是印象深刻。但史特勞斯的感受不同。講到歐本海默呼籲應該坦誠，他卻告訴總統「這場運動很危險，而且這些建議會造成災難」，認為歐本海默認為應公開披露的事實「正是對敵軍參謀來說最重要的資訊。」史特勞斯斷言，光是提倡應該公開這些資訊，就肯定代表著對國家不忠。

在接下來的一年裡，史特勞斯精心策劃公眾運動，中傷污蔑歐本海默，準備給出最後一擊，也就是廢掉他的原子能委員會顧問職、並且取消他的安全許可。史特勞斯也與聯邦調查局局長胡佛（J. Edgar Hoover）建立密切關係，逼著胡佛對歐本海默的行動和電話進行更密集的監控。關於歐本海默的檔案，在胡佛努力下變胖變厚，最後送到了艾森豪的辦公桌上，而史特勞斯又剛好能在旁加以解說。史特勞斯的努力得到成功：十二月，艾森豪下令在歐本海默與所有機密或敏感的政府資訊當中架起一道「沒有門窗的牆」，等待進一步調查。這是要取消歐本海默安全許可的第一步。與此同時，史特勞斯本來就有一群關係密切的朋友，彼此都對共黨掌握世界深懷恐懼，這時他就透過這個人際網路，在亨利．魯斯旗下的《時代》、《生活》、《財星》與其他熱門雜誌放出文章，攻擊歐本海默。在這個時點，參議員約瑟夫．麥卡錫（Joseph McCarthy）也正狂熱地指控著共產勢力入侵政府每個角落，與這些文章一拍即合。羅伯特．歐本海默註定成為這波獵巫行動當中最知名的受害者。

在艾森豪命令下，史特勞斯把歐本海默叫到自己位於華盛頓的辦公室，準備讓一切畫下完美句點。他向歐本海默提出一項長篇累牘的指控，說他是共產黨的同路人、對國家忠誠有問題；但其中大部分只是冷飯熱炒，根據就只是那些自曼哈頓計劃啟動以來安全官員談了又談的指控。史特勞斯告知歐本海默，他的安全許可已經遭到取消，並且催促他應該安安靜靜辭去在原子能委員會的職位。但史特勞斯沒想到，歐本海默並沒打算乖乖就範。隔天，歐本海默與自己在華盛頓的律師討論過後，通知史特勞斯自己將在原子能委員會的審查委員會上反駁這些指控。正如歐本海默傳記作者凱・博德（Kai Bird）和馬丁・雪文（Martin Sherwin）所言，這項決定「引發了一場非同尋常的美國宗教裁判。」

對於這場關於歐本海默安全許可的原子能委員會聽證會，史特勞斯就如同先前的中傷污蔑運動一樣精心策畫。他親自挑選了審查委員會的三名成員及首席律師羅傑・羅伯（Roger Robb）；羅伯曾任聯邦檢察官，以在法庭上手段殘忍、政治上偏保守主義而素有盛名。史特勞斯向羅伯提供文件和筆記，好讓羅伯用來對付歐本海默的品格證人（character witness，許多都是已經和歐本海默合作十年以上的科學家）；史特勞斯也鼓動羅伯努力尋找那些可能願意在證人席上攻擊歐本海默信譽的人。這場尋人作戰，不可避免地捲向柏克萊。羅伯在這裡找到了一群對歐本海默不滿的人，其中正以勞倫斯為首。

羅伯在一九五四年三月初拜會放射實驗室，而很難再有更好的時機了。勞倫斯前一陣子才在一場雞尾酒會上聽到一個消息，令他大感憤怒：歐本海默在一九四七年與加州理工學院物理學家理查．托爾曼（Richard Tolman）的妻子發生外遇。托爾曼和勞倫斯友誼深厚，而他在得知外遇消息後短短幾個月便因心臟病過世。在勞倫斯看來，正是因為過於傷心所致。早從勞倫斯與歐本海默成為柏克萊年輕教員而相遇之後，多年來勞倫斯一直壓抑著對歐本海默的諸多懷疑與不滿，包括歐本海默的左傾路線、傲慢的個人主義、波西米亞風格，當然也包括他反對熱核彈、對於成立第二座實驗室持懷疑態度；而這次的外遇消息，就像坐實了過往的所有懷疑與不滿。在羅伯的副手亞瑟．羅蘭德（C. Arthur Rolander）的詢問之下，一切就以一種非常不勞倫斯風格的方式一湧而出。在一時盛怒之下，勞倫斯對歐本海默做出了一項叫人震驚的判斷，這在未來也成為兩人之間的陰影。他說，歐本海默「永遠不該再與任何政策的制定扯上關係。」而更重要的是，他同意前往華盛頓，親自擔任反方證人，對抗自己的老友。

在柏克萊，勞倫斯並不是唯一不滿歐本海默性格的人。在離開之前，羅伯和羅蘭德手中的證人名單還多了肯尼思．皮策（剛卸任原子能委員會研究主任，回歸柏克萊）、路易斯．阿爾瓦雷茲，以及溫德爾．拉帝默。幾年前，拉帝默曾經對尼蘭的安全調查提出異議，但這次對歐本海默的調查過程更為不公，拉帝默卻是自願加入參與。在這場對於歐本海默生活及意見所進行的審判當中，可說是讓柏克萊暢所欲言，但完全是站在指控方的那一面。

•
•
•

原子能委員會的總部年久失修，位於華盛頓國家廣場，是戰時遺留下來的臨時建物。一九五四年四月十二日，原子能委員會人員安全委員會（Personnel Security Board）就在這裡開會，審查歐本海默的安全許可。這份詳情訴狀是由原子能委員會的總幹事肯尼斯・尼科斯所起草及署名，他在戰時擔任格羅夫斯的副手，曾與歐本海默密切合作，但他根據這段經驗，認為歐本海默是個「狡猾的狗娘養的。」這份文件根本看來就像一份刑事起訴書，指控歐本海默與自由主義份子、左翼份子和共黨合作組織有何關係，也認為歐本海默處心積慮扼殺熱核彈計劃。

在接下來的三週半時間內，歐本海默生活和職涯的幾乎所有面向都被原子能委員會的法律團隊大加挑剔，他們幾乎就像是一場訴訟中的檢察官，但就連最基本的證據標準也付之闕如。美國某些頂尖的科學家，對歐本海默提出明示或暗示的批評，例如愛德華・泰勒就說「如果公共事務能交在其他人手裡，我個人會覺得更加安全。」但也有另一方，譴責這些人竟如此羞辱一位曾經為國效力、成就非凡的人，其中言辭最犀利的就是拉比。他大怒說道，正是因為有歐本海默，「我們才能有一枚原子彈……你們還想要什麼？美人魚不成？」

聽證會上更可惡的一件事，是帶著有色的眼鏡，檢視歐本海默在前往羅沙拉摩斯之前結識了霍康・雪佛利爾這件事。雪佛利爾是柏克萊法文系的教授，和太太都是歐本海默社交與知識圈的成員。一九四三年初的某個晚上（日期從未查實），雪佛利爾在歐本海默家與他們夫妻共進晚餐。歐本海默自己在廚房調馬丁尼的時候，雪佛利爾走了過去，提出一項非比尋常的提議。他表示，英國物理學家喬治．艾爾坦頓（George Eltenton）當時在灣區任職於殼牌石油公司，是一位同情左翼的人士，而艾爾坦頓想問問歐本海默，是否願意把自己的研究內容透露給艾爾坦頓在舊金山蘇聯領事館裡的某位熟人。不論是歐本海默、雪佛利爾或艾爾坦頓後來的陳述都指出，歐本海默立刻大怒，回絕了這項提議。後來在聽證會上，歐本海默表示：「我應該說了『但那是叛國』，但我記不清楚。總之我說了些像是『做這種事太嚴重了』……一切就這樣結束了，那次對話非常簡短。」

然而，歐本海默對於事件的後續處理太過笨拙，於是原本看來只是朋友之間聊了幾句的事，卻成了聽來就不妙的「雪佛利爾事件」；在這個事件中，勞倫斯其實既未介入、也不知情。歐本海默也承認，他原本應該立刻向曼哈頓計劃的安全人員報告這件事，但由於雪佛利爾也當場承認這事太不恰當，歐本海默就將整件事拋諸腦後。隨著後來事情揭曉，原來艾爾坦頓是受蘇聯情報人員彼得．伊萬諾夫（Peter Ivanov，以在舊金山的領事館人員為掩護身份）請託，試著接觸與放射實驗室有關的「三位科學家」。艾爾坦頓指出，他當時的目標是歐本海默、勞倫斯，以及另一位名字他想不起來的物理學家，他猜想可能是路易斯．阿爾瓦雷茲。艾爾坦頓和他們任何一位都不夠熟，無法親自與他們接觸；但因為他確實認識雪佛利爾，因此就拜託雪佛利爾接觸歐本海默。

但這次接觸是完全沒有成果的，被歐本海默直截了當回絕，至於勞倫斯或阿爾瓦雷茲，證據顯示他們可能是在多年以後，才知道自己的名字會被提起。讓歐本海默惹上更大麻煩的一點，在於在這些年間，他向國安人員報告自己與雪佛利爾那段對話的時候，版本改了又改，都是為了能幫朋友掩飾、希望他不被國安機構騷擾，只是效果很差。歐本海默這種掩蓋真相的作法，被史特勞斯和羅伯抓住痛腳，用來把他說的每個字都批到一文不值，也成為用來打垮他的主力論述。

時間無情地到來，聽證會來到了勞倫斯將被要求作證的時刻。勞倫斯擔心預想中的結果，再次掙扎著到底該不該答應上台作證。最後，他改變了主意。但考慮到如果退出、史特勞斯可能會勃然大怒，他決定把這件肯定會造成不悅的事拖到最後一刻再說。於是，都已經到了四月二十三日週五，他還在電話上向尼科斯保證，自己將在下週二前抵達華盛頓，而表定他要作證的時間就是再接下來的一兩天。

勞倫斯在橡樹嶺度過了那個週末，參加原子能委員會各實驗室主任的主任會議。就算他曾經不確定，如果自己作證批評歐本海默、物理學界會有何觀感，但這時已確實感受到同儕對他只能「勉強算是客氣」的態度；這裡的同儕包括了亨利．史邁斯，他是原子能委員會的委員之一，也將在最後決定歐本海默的命運；還包括拉比，剛在幾天前提出他對歐本海默的堅定支持。勞倫斯不可能沒發現到，物理學界大部分人都站在歐本海默那邊。而放射實驗室則是獨自站在另一邊。

勞倫斯從橡樹嶺打電話回柏克萊，向阿爾瓦雷茲吐露自己的疑慮。在這通長途電話裡，勞倫斯擔心不論是自己的證詞、另一位來自柏克萊的證人阿爾瓦雷茲、又或是目前在利弗摩爾的愛德華·泰勒的心態，都顯然在反對歐本海默，「看起來就像是某種陰謀。」而對放射實驗室來說，如果捲入歐本海默的過去與行為之類的種種爭議，絕對討不了好。過去，放射實驗室處理效忠誓詞爭議那次，已經元氣大傷，而這次的戰役更具爆炸性，會逼著放射實驗室在這個當時最棘手的政治議題上選邊站。

阿爾瓦雷茲希望勞倫斯堅強一點。他後來回憶道：「我有點覺得，勞倫斯是面對了不該承受的壓力，最後屈服了。」那次激動的對話即將結束時，勞倫斯懇求阿爾瓦雷茲跟著自己，為了放射實驗室好，拒絕作證。阿爾瓦雷茲幾乎整個職涯都是在勞倫斯手下做事，那次也是沒提出任何疑問就聽了勞倫斯的命令。但阿爾瓦雷茲後來回憶，「我那時並沒打算改變」，只是勉強答應上司的要求。

週一早上，勞倫斯從橡樹嶺打電話給史特勞斯。在那個時候，身體讓他有了個痛苦但可信的退縮藉口：潰瘍性結腸炎嚴重發作。這雖然已經是他的陳年痼疾，但這時可能是因為情緒緊張所引起。然而，史特勞斯大發雷霆，非但不同意勞倫斯請病假，更把他怒斥了一番，指控他就是個懦夫。勞倫斯掛斷了電話。他顯然為此受了驚嚇，還把在橡樹嶺的同事都找來、讓他們看看自己如廁後的馬桶一片鮮血，好證明自己並非裝病。隔天，他就飛回家了。

阿爾瓦雷茲聽到勞倫斯的聲音透露著難過苦惱，令他十分不安（他回憶道：「我從來沒看過勞倫斯如此畏怯。」），於是當天就打電話給尼科斯，表示自己要退出。但幾個小時後，史特勞斯打了電話給他，決心要避免勞倫斯的「病」再傳染下去。雖然阿爾瓦雷茲對勞倫斯一片忠心，但原子能委員會主席的斥責顯然更難抵抗。史特勞斯向他咆哮：「如果你不來華盛頓作證，這輩子都別想再在鏡子裡看到自己。」在勞倫斯和史特勞斯只能擇一的狀況下，阿爾瓦雷茲最後還是選了史特勞斯，訂了一班飛往華盛頓的紅眼航班。

阿爾瓦雷茲後來寫道，對於自己給出「可能會傷害朋友」的這份證詞，他十分不安，也在證人席上作證表示自己「對歐本海默十分欽佩與尊重」，也確信雖然歐本海默對熱核彈的判斷「有誤」，這件事卻「與他對國家的忠誠無關；我對他的忠誠絕無懷疑。」

然而根據記錄顯示，阿爾瓦雷茲只是故做姿態，其實是在翻舊帳。他對於歐本海默反對熱核彈十分不屑，證言裡把歐本海默描繪得就像能催眠人的英國小說人物斯文加利（Svengali），認為他冷酷地催眠了世界上最聰明的一些科學家，加入他的反對陣營。阿爾瓦雷茲作證說道：「我每次發現反對熱核彈的人，都會看到歐本海默博士對這個人的心靈有所影響。」然而，從他舉的例子裡，就顯然可見這只是他自己的誤解。

舉例來說，他的證詞裡提到自己很驚訝費米竟然反對熱核彈，因為他知道費米就是「簽署（一九四九年十月三十日總顧問委員會）報告附錄的兩人之一，而該附錄的觀點與以歐本海默博士為首的主要意見書有所不同。」這樣看來，他似乎認定費米是支持熱核彈的。然而這種想像錯得離譜，因為在費米（與拉比）合著的這份附錄裡，表達的意見與主要意見書相同，都是堅定反對熱核彈。

阿爾瓦雷茲還提到，拉比「與歐本海默博士交談之後徹底改變了想法」，令他十分困惑。阿爾瓦雷茲在證詞中表示，拉比一開始對熱核彈「有著巨大的興趣。」但這完全與事實不符，而且拉比早已在聽證會上加以詳細解釋。真實情況正相反，是從阿爾瓦雷茲與勞倫斯第一次找上他、希望他加入氫彈計劃的那一刻起，他就一直想把樂觀到近乎狂熱的兩人給敲醒、叫他們實際一點。拉比對熱核彈的「興趣」完全只是出於阿爾瓦雷茲的想像。

但阿爾瓦雷茲確實透露了一項出人意料的消息。他發誓表示，在一九四九年十月的某一天，他和勞倫斯與凡尼瓦·布許一起從史丹佛大學開車回柏克萊；布許在路上說到，杜魯門總統要布許擔任委員會主席來根據證據，評估俄國的Joe-1究竟是否為原子彈。布許還說，自己根本不是物理學家，找他當主席實在很奇怪，畢竟最佳人選就是歐本海默，而且他已經是委員之一了。阿爾瓦雷茲轉述布許的解釋：「我認為總統之所以選我，是因為他不相信歐本海默博士。」阿爾瓦雷茲聲稱：「這是我這輩子第一次聽到有人說不能信任歐本海默博士。」

然而，布許在短短六天前才剛作證，而且證詞裡完全沒提到這段對話。（相反地，他明確讜責審查委員會只因為歐本海默「表達了強烈的意見」就攻擊他，而且補充表示「如果一個人因為這樣就遭到如此嚴厲抨擊，這個國家的情勢就很危急了。」）歐本海默的律師洛伊德·加里森（Lloyd K. Garrison）反駁阿爾瓦雷茲的說辭，再次請回布許作證，而布許堅決否認說過這樣的話。他作證表示：「我相當確定，自己並未告訴他總統懷疑歐本海默博士，因為這完全不是事實。」

面對雙方各執一詞，據稱唯一也在場的勞倫斯就成了打破僵局的關鍵。他透過書面證詞作證，證詞是在五月四日於柏克萊經過公證，剛好也是布許再次作證的當日。勞倫斯的證詞叫人意想不到，一方面好像讓另外兩位證人的證詞都不那麼可信，另一方面也是用自己的聲譽來誹謗著歐本海默。他表示：「我記得那是和路易斯·阿爾瓦雷茲與凡尼瓦·布許博士一起開車從帕羅奧圖前往舊金山，路上討論歐本海默在核武計劃中的活動。在談話過程中，（布許）提到了霍伊特·范登堡（Hoyt Vandenberg）將軍曾堅持由布許博士擔任委員會主席，評估俄國首次原子彈爆炸的證據，因為范登堡將軍不信任歐本海默博士。」

光是把所謂不信任歐本海默的人從杜魯門改成范登堡，其實並沒有什麼實質意義，因為實際上組織委員會、任命布許和歐本海默的，其實正是空軍司令范登堡，而非杜魯門。勞倫斯的這番說法，只是讓事情更加撲朔迷離，因為布許也被問到，會不會是范登堡懷疑歐本海默不可信賴，而且布許也以同樣的激烈態度加以否認。正如布許所言，如果范登堡真的對歐本海默有疑慮，又為什麼要找他擔任委員？對於這場神祕的對話，到最後也從未出現任何水落石出的版本。

雖然並未親自作證，但勞倫斯的聲音仍然傳進了聽證會。在聽證記錄結束之前，羅伯把勞倫斯在兩個月前在柏克萊接受羅蘭德採訪的逐字稿加進了記錄。這樣一來，勞倫斯的言論就不用受到洛伊德·加里森的交叉詰問，而勞倫斯在受訪時的用字尖刻到令人難堪。他形容歐本海默傲慢、天真，而且對於顯然符合美國最佳利益的熱核彈計劃抱持著敵意，叫人起疑。他的結論認為，羅伯特·歐本海默這位無論在生活或職涯方面與他共度二十五年成敗的人，「永遠不該再與政策擬訂這件事扯上關係」；這句話就這麼在記錄中迴盪，標誌著毀滅性的結局。

勞倫斯對他竟有如此敵意，讓歐本海默深感困惑。一九六三年、也就是歐本海默去世前四年，他仍然覺得這件事難以理解、討論起來也太令人傷心。歐本海默曾告訴赫伯特·柴爾茲：「我覺得我們之間應該一直都有一種溫暖，但也有一種苦澀；而在我看來，這種苦澀在一九四九年變得非常明顯，而且在他過世之前都未能消除。」而後來，赫伯特·柴爾茲受到約翰和莫莉的委託，撰寫勞倫斯的官方傳記。「他不贊同我的左派言行，但也向我坦言不諱。從來沒什麼事情是可能導致深切苦澀的。」

歐本海默體認到勞倫斯的政治觀點有所改變，反映著他的資助者及朋友的想法，包括像是阿弗雷德·盧米斯與約翰·尼蘭等等，這些人講到國家政治和國家安全絕對是火力全開，又或者在尼蘭的例子裡，對歐本海默火力全開，說他「如此自負，甚至會叫上帝閃一邊去」。尼蘭還繼續說道：「勞倫斯的謙虛穩重讓歐本海默不悅……我認為他之所以憎惡勞倫斯，是因為勞倫斯對他很好。」

與其說這個觀點讓我們看清歐本海默，不如說讓我們看清了尼蘭。講到勞倫斯與歐本海默為何決裂，兩人的朋友與同事通常會認為是因為兩人個性不同，而不是認為其中某人的性格有問題。然而，就連他們也難以找出確切的原因。幾乎從勞倫斯和歐本海默剛到柏克萊開始，詹姆斯·布瑞迪就與兩人一起合作；在歐本海默聽證會期間的某一天，他和勞倫斯在放射實驗室，而他就想問個水落石出。

「這到底是怎麼回事？為什麼除了在柏克萊的這一群，其他所有物理學家都在為歐本海默辯護？」他問道。

勞倫斯大怒答道：「理由十分充分：因為只有我們真正瞭解那個人。」勞倫斯竟如此激憤，讓布瑞迪大吃一驚，希望繼續深究。勞倫斯最憤慨的一點，似乎是在霍康·雪佛利爾的事上，歐本海默向曼哈頓計劃的安全官員說了謊。他抱怨著「一開始是我讓歐本海默得到那份工作的」，就好像認為歐本海默的魯莽等於是在說他的判斷力不佳。「我幾乎什麼事都可以原諒，但向安全官員說謊不行。這件事讓我無法相信，無法理解。如果一個人會這樣說謊，根本當不了好的物理學家。」但對布瑞迪來說，就連這個答案也還有太多沒說清楚。他回憶道：「在我看來，應該是有些個人因素。」

但反過來說，歐本海默幾乎總是對勞倫斯抱持著信心。他不願意相信勞倫斯有可能加入了史特勞斯的陣營來打擊他，而對於柏克萊校園裡三不五時傳出關於他共產主義傾向的謠言，他也不願意相信勞倫斯介入其中。他說過：「我從沒聽過有人說勞倫斯與這有關。」

但有一件事，確實讓歐本海默心裡受傷。一九五三年八月，蘇聯據報首次完成氫彈試爆（相對上算是失敗，而美國情報部門對這次試爆的代號是「Joe-4」），歐本海默表示：「對方應該是杜布里奇，而勞倫斯對他說：『這個嘛，可真是萬幸，某人的建議沒得到採納』」，對於這套影射著自己的說法，歐本海默表示那「是我聽過最殘酷的話。」

到此時，兩人的決裂已無可挽回。在聽證會之後，歐本海默說：「我們幾乎再也沒見過彼此。」過去的友誼，現在只剩下兩人共同建立的科學成就，也正是這些成就，在兩人過世後依然流芳。

CHAPTER 20 小科學的回歸

一九五四年六月二十九日，原子能委員會以四比一的票數，撤銷歐本海默的安全許可，而且距離許可自然到期根本也只剩一天。委員會的多數意見書是由路易斯・史特勞斯執筆，他全力將歐本海默描寫成一個缺乏決心、缺乏智慧、還在法庭上做偽證的人，直指歐本海默的行為嚴重損害國家安全。史特勞斯寫道：「無論軍情局、聯邦調查局或原子能委員會，運作都會受到其謊言、閃躲及扭曲事實的影響。」他引用了聽證會所找出「〔歐本海默〕『性格』根本缺陷的證據」，宣稱「對於一位美國從一九四二年以來一直委以重任的人來說，他與那些他所知為共產黨人的關係」（其中不僅包括霍康・雪佛利爾，還包括歐本海默的妻子凱瑟琳以及弟弟法蘭克）「已經遠遠超出應有的謹慎與自我約束程度。」

委員會唯一投下反對票的是亨利・史邁斯，他曾向在橡樹嶺的勞倫斯發出電報，表達自己對這次調查的厭惡。他的不同意見書中提到，在人事委員會所收集的「巨大檔案」中，根本沒有任何證據證明「歐本海默博士曾經洩露任何機密資訊……儘管如此，委員會的大多數結論卻認為歐本海默博士是個國安危機。我無法接受這個結論，也無法接受這背後的恐懼。」

史邁斯談到歐本海默判決背後的那份「恐懼」，研究界許多人都所見略同。整件事明顯令人不安的一點，在於當時的政治氛圍極度緊張，科學家可能光是因為自己的觀點有所不同就被推上審判台，而讓職涯與名聲都受到威脅。由於政府是研究資金的重大來源，也就讓政府的利益（包括政治利益）具有格外的重要性。這樣一來，大科學的經濟因素就成了雙面刃。

在這種情況下，比起誠實的科學判斷，科學家更重要的特質反而是對正統軍事和政治的忠誠。這樣一來，科學家和原子能委員會之間的關係就起了翻天覆地的變化。在原子能委員會成立之初，科學家曾希望該會能成為民間的堡壘，避免核子研究完全被軍事所壟斷。但有了路易斯．史特勞斯當主任之後，原子能委員會變得執著於國家安全、分辨敵我，甚至比起科學家在戰時合作過的那些上校和將軍，也是有過之而無不及。原子能委員會的官方歷史學家就說：「一個機構如果毀掉了像歐本海默這種領導者的職涯，想再得到美國科學家的充分信任，只能說難上加難。」

歐本海默一案，不僅加劇了科學家與官僚之間的衝突，也在科學界劃出一道深深的裂痕，多年無法癒合。勞倫斯與放射實驗室一行人雖然團結一致，但幾乎就只有他們站在歐本海默的對立面，於是承受著排山倒海而來的批評責罵。讓情況更複雜的一點，在於勞倫斯推動著熱核彈的研發，但許多物理學家都認為這項計劃無論在科技或道德上都大有可議之處，於是對於他成為一位「只追求科學真理」的科學家名聲也造成損傷。然而，勞倫斯絕不是唯一曾受政治影響的物理學家；在當時，想要完全基於技術來發展熱核科技幾乎是不可能的事，幾乎所有物理學者都必然會捲入政治。在廣島與長崎原爆之後，詹姆斯．法蘭克曾寫道，「科學家不帶著利益考量，得出研究成果，但對於使用這些成果所帶來的結果，〔科學家〕不能再否認自己的直接責任」。

在歐本海默案後，勞倫斯開始對於過度涉入國安政治心懷恐懼。在那些長期以來的朋友和同事之中，他看到支持歐本海默的人，遭到人事委員會用各種程序加以羞辱，至於懷疑歐本海默的人（例如他自己），則是遭到科學界打上烙印。在那時，所有的國安調查都面臨著類似的風險。比起一九四八年的柏克萊安全調查，這時的案件已經完全不同；在一九四八年那次，勞倫斯還可以憑著與約翰．尼蘭的友誼而安全下場，但到此時，進行調查的是一批冷酷無情的反共主義者，幾乎不把他人的性命與名聲看在眼裡。

例如有一個案例，是曾在放射實驗室工作的化學家馬丁．卡門，他在戰時遭到未經證實、也毫無根據的不忠指控，而被勞倫斯解僱。卡門費盡心力，希望重建自己的職涯，還曾自殺未遂，最後才終於在聖路易華盛頓大學校長亞瑟．康普頓的協助下，在該校取得高階教職。一九五四年，他對極端保守的《芝加哥論壇報》提起誹謗訴訟，原因是該報基於愛荷華州右翼參議員伯克．希肯路波言辭模糊的指控，便認定卡門是俄國的間諜。卡門找上勞倫斯，希望勞倫斯能夠出來作證，證明卡門對美國一片忠誠（勞倫斯對此毫無懷疑）。卡門也沒想到勞倫斯竟會同意，但有一項條件：不接受交叉質詢。卡門無法理解，勞倫斯是怎樣希望上了法庭卻不受交叉質詢；卡門覺得（這也絕對是正確的），勞倫斯「並不打算承受對方詰問所帶來的心理創傷。」相較之下，康普頓與勞倫斯形成強烈對比：康普頓接受《論壇報》律師長達整天攻勢凌厲的詢問，而且他對卡門的迴護沒有片刻動搖。最後，卡門贏得訴訟及七千五百美元的賠償。

・・・

戰爭邁向結束，勞倫斯的健康狀況也逐漸惡化，並在停戰後變得更加嚴重。他怪罪自己未能讓放射實驗室免受歐本海默一案的波折，而在壓力之下疾病纏身，臉色蒼白、疲憊不堪、心煩意亂，甚至連對放射實驗室的業務都心不在焉，而極為罕見地遭到阿爾瓦雷茲的責備。最令他困擾的幾項病況，是他患有一種莫名不斷復發的病毒性肺炎、慢性鼻竇炎，以及潰瘍性結腸炎（正是此症令他在週末臥病在床，未在隔週出席作證指控歐本海默）。勞倫斯的弟弟約翰長期作為勞倫斯的醫療顧問，認為勞倫斯最根本的問題在於過勞。在一九三〇年代與大戰初期，勞倫斯還能靠著天生的活力撐住，但對他的時間與精力的要求實在太過，長久下來終於將他擊垮。要做的工作總是太多、能用來放鬆的時間總是太少，而且勞倫斯本來就是個閒不下來的人，最後身體再也支撐不住。

戰爭結束後，柏克萊不斷有著身分尊貴的訪客，包括軍人、外國政要及重要科學家等等，更有接連不斷的邀請，希望柏克萊加入各種政府委員會與公司董事會。其中大多數，都被約翰・尼蘭和羅灣・蓋瑟擋下，包括一項加入孟山都公司董事會的肥缺。對這項職位，尼蘭擔心的是條件實在太過優渥，他回憶道：「我知道，只要勞倫斯拿了那麼多錢，就會用盡全力來讓自己配得上。」然而，尼蘭和蓋瑟發現更難擋下的是加入各種公共委員會及委員會的邀請，結果就是勞倫斯不斷往返於柏克萊和華盛頓之間，參與各種政府單位的會議。

約翰和莫莉試著想讓勞倫斯多休息、多放鬆，但就算是原本無害的假日放鬆行程，也總會被勞倫斯變成體能大挑戰。舉例來說，勞倫斯夫妻曾在一九四六年前往洛杉磯南邊的度假勝地巴爾波亞島（Balboa Island）拜訪莫莉的父母，當時勞倫斯就打算在島上租個房子度過這個夏天。然而，勞倫斯得知自己看上眼的房子只售不租之後，就當場買了，莫莉度過一個平靜夏天的夢想也就此破滅。正如她所回憶，那棟房子根本就是「一棟老廢墟，是附近最老的其中一棟，而且蓋的時候不像有建築師設計。」更糟的是，勞倫斯決定他要親自下海，動手改建裝修。他的女兒瑪格麗特那年夏天剛滿十歲，親眼看著建築工人把房子的立面拆下來，再一個房間一個房間重新打造房屋架構；她回憶道：「那次改建是個完完全全勞倫斯的冒險行動。」然而，等到改建終於完成，勞倫斯還是得面對各種工作壓力，每次頂多只能在短短的週末幾天前去這棟全新改建的度假小屋。

在這個時期，讓他耗費最多心力的其實是一件新鮮事：勞倫斯首件純粹的商品發明，完全與放射實驗室的研究無關。他在做的，是彩色電視映像管。

勞倫斯對彩色電視的興趣可以追溯到一九四九年，當時他和阿爾瓦雷茲一同受邀參觀彩色電視映像管的展示。當時，彩色電視的想法完全令人難以置信，所以阿爾瓦雷茲甚至偷偷在口袋裡放了一小塊磁鐵，用來驗證影像確實是電子撞擊螢光幕所產生。事實證明確實如此，只不過當時的影像還模糊到無可救藥。但這也讓勞倫斯開始思考，怎樣才能製造出品質更好的顯示器。

這裡的技術挑戰正好屬於他的領域：要讓帶電粒子束完成電磁聚焦，並與振盪電流達到同步；換句話說，也就是迴旋加速器的基本事項。當初，他在自己親手打造幾具迴旋加速器之後，就離開了小科學的背景，而這個項目讓他再次回到這種環境。這時的他再次獨自打造裝置，就在自家的實驗台上努力，沒有背後一大批技術人員和工程師協助。幾個月後，他已經製作出一套改進後的映像管；他給阿弗雷德·盧米斯看過，盧米斯也給了他幾項小處的技術建議，他也秀給阿爾瓦雷茲和麥克米倫看，但他們則是認為這項計劃實在太沒意義，對於勞倫斯竟投進如此多的心力而有些不安。阿爾瓦雷茲回憶道：「那具映像管的畫質很差，商業潛力甚至還更低，所以麥克米倫和我都覺得很尷尬」，然而勞倫斯「揮了揮手，就把我們的懷疑拋到一邊。他說那具映像管確實還有些技術問題，但最後肯定能用。」

羅灣．蓋瑟更是大力鼓勵，他認為這項設備可能有巨大商機，這激發了他的商人魂。蓋瑟這位舊金山律師從頭到腳的形象無可挑剔，在華爾街和華盛頓都有良好的人脈，是金融圈和科技界的常客。他曾在戰後協助五角大廈，將國防部研發部門「蘭德計劃」（Project RAND）重組為獨立的蘭德公司（RAND Corporation）。他也曾協助亨利福特二世重組福特基金會，後來更擔任該基金會董事長。蓋瑟與勞倫斯的關係，已經從原本的金融和法律顧問擴展到個人友誼。而在這項新計劃得到盧米斯的實際協助之後，蓋瑟和勞倫斯也開始合作，希望將勞倫斯對彩色電視映像管化為實際的生意。兩人唯一的意見分歧是關於所有權的分潤：蓋瑟提議八二分帳、讓勞倫斯拿八，但勞倫斯堅持五五分帳。兩人最後讓盧米斯來決定，好打破僵局，而盧米斯支持勞倫斯的想法。於是，彩色電視實驗室（Chromatic Television Laboratories）在一九五〇年三月三十一日成立。

彩色電視技術當時才剛起步，但光是預測市場的規模，就已經讓眾人爭先恐後、開發消費商品。競爭者包括有美國無線電公司（RCA）、哥倫比亞廣播公司（CBS）與奇異，各自都有一套獨特的技術，希望得到美國聯邦通訊委員會的許可。好萊塢也很感興趣，蓋瑟很快就得到了派拉蒙電影公司資金支持，而且在未來六年內，這筆投資將達到數百萬美元之譜。

勞倫斯抱持著他一貫的樂觀，開始為這項事業招募員工，工作地點在距離柏克萊不到一小時車程的度假社區狄亞布羅（Diablo），勞倫斯當初在該地買了一棟房子當度假別墅，現在則把車庫改為實驗室。這棟在狄亞布羅的房子，也可說是另一項原本要用來度假休閒但最後失敗的例子。莫莉回憶道，勞倫斯於一九五〇年的一時衝動之下買了這棟房子，希望能用來「逃離電話與日常工作的壓力」。那是一棟小小的平房，對當時已是八口之家的他們來說空間並不夠，但附近就有一間鄉村俱樂部，裡面有個兒童游泳池。對莫莉來說，這棟房子一向沒有太大的吸引力，因為內陸的夏天過於熾熱，而且勞倫斯根本很少會在：對他來說，「休息和放鬆」就等於無聊。然而，這棟房子現在有了全新的目的。勞倫斯在車庫裡裝了雙層床和一個小廚房，供彩電實驗室的技師使用，而且很快就又將車庫的規模擴增一倍，才能容納一間完整規模的電器工廠。

勞倫斯從利弗摩爾與放射實驗室招募科學家與技師，於是成員規模不斷膨脹。其中之一是曾任軍事工程師的唐納德・高歐，他曾經和阿爾瓦雷茲合作開發直線加速器與物質測試加速器（MTA）。現在，高歐也捲進了勞倫斯的磁場，而吸引他的就是這位老闆的「急迫感，願意快速測試各種創意，並在出現更好想法的時候放下過去的點子。」他和彩電實驗室的同事都習慣在晚餐時間接到勞倫斯來電表示「先把一直做的事擱下，我想到一個新點子，咱們今晚來研究看看。」接著大家就會迅速前往狄亞布羅，一直到隔天天亮才回到柏克萊。

勞倫斯為映像管投入的心力，是自α期跑道形電磁分離器以後所未見。他總是隨身攜帶著藍皮筆記本，裡面寫滿他在白天、黑夜、各種情境所寫下的筆記和設計：可能是從巴爾波亞島到柏克萊的車上、前往芝加哥的火車上、在波希米亞小樹林度假的期間，又或是前往紐約的飛機上。一九五一年年中，他研發出一套全新設計，在映像管的玻璃面板後面裝上細到要用顯微鏡才看得清楚的電線。這些電線的目的，是讓電子束聚焦在面板後的彩色螢光粉上。彩電實驗室製造出了一具原型，而且結果叫人驚嘆：比RCA和CBS的映像管更亮，零件也更便宜。派拉蒙對展示結果很滿意，於是同意在奧克蘭蓋一座工廠，生產原型映像管。

派拉蒙另外也進一步介入了彩電實驗室的管理。於是，勞倫斯的背後突然開始有生產經理和財務主管在監督，而研究實驗室與產業工廠之間的營運矛盾也開始浮現。高歐回想道，生產工程「是一個非常昂貴的遊戲，而我們、包括勞倫斯在內，都對這一點毫無概念。」勞倫斯過去執掌放射實驗室的時候，總是用節儉的方式來運作，但那「節儉」是就實驗室的標準來說。然而，實驗設備的成本考量一向不如研究目標來得重要，特別是在戰時，因為曼哈頓計劃萬分緊急，更是完全沒有成本考量。高歐表示：「我們都習慣打造獨一無二的設備，特別是如果這有助於完成價值百萬美元的實驗，你幾乎就不會注意到成本。」而在彩電實驗室，勞倫斯同樣是努力希望打造出一具可運作的映像管原型，但相較之下，派拉蒙則是希望能夠量產，行銷時的建議售價為每具五十或七十五美元。為了滿足大規模生產、大規模行銷的要求，開始讓勞倫斯無法維持樂觀的態度。

而且，由於還有許多其他事情需要他付出時間處理，更令他壓力沉重。當時，關於熱核彈的辯論仍然持續，他常常得前往華盛頓。利弗摩爾也正在從MTA計劃轉型成第二座熱核彈的實驗室。除此之外，當然放射實驗室也總是全速運作，並讓貝伐加速器回歸上線。高歐就說：「勞倫斯可能是全國最忙碌的人。辦公室總有許多人前來拜訪，有在國防議題上非常重要的人，在基礎科學和基礎研究方面非常重要的人，還有在只有天曉得哪方面非常重要的人，總是川流不息。」勞倫斯的手上什麼都得管，什麼事都需要他做決定，有時候還得立刻做決定。

終於，在一九五二年的春天，勞倫斯身體撐不住了，再次結腸炎發作，讓他又住進了醫院。醫生建議休息靜養，但這是他無法容忍的處方。他在巴爾波亞島休息的那週，每天都有來自華盛頓、紐約、羅沙拉摩斯和柏克萊的電話不斷打擾。他還是希望維持一貫輕鬆的神態，但常常事與願違，就連最小的事也會讓他情緒爆發。有一次，某位利弗摩爾的工作人員對他的指示提出質疑，勞倫斯竟然打了這位人員一巴掌，這項舉動前所未見，完全不是勞倫斯的風格，也不符合放射實驗室的作風。受害人提出辭呈，但勞倫斯請來全體員工，當面向他道歉，於是他便接受了慰留。

顯然，一定得找個辦法，強迫他休息靜養。約翰・尼蘭提出了巧妙的解決辦法：搭乘加州標準石油公司的油輪，來趟環球之旅。由於董事長葛文・富立斯與尼蘭私交甚篤，而且標準石油本來就是柏克萊MTA計劃的轉包商，這件事很快就安排妥當。將踏上旅程的，除了勞倫斯夫妻、當時十六歲的瑪格麗特（總有些青少年熱烈追求她，讓勞倫斯渾身不對勁），還有不苟言笑、與勞倫斯一家交情深厚的約翰．謝里克（John Sherrick）醫師，勞倫斯夫妻的孩子有五個都是由他接生，這次也擔任隨行醫師的角色。

這群人在一月二十四日搭上標準石油的保羅派格特號（Paul Pigott）油輪，從紐約港出航，名義上列為船員（莫莉和瑪格麗特是女乘務員，勞倫斯則是船上的醫生），至於工資則是每人一美元。更令他們驚訝的是，在這樣一間美國大公司的遠洋油輪上，竟能為ＶＩＰ旅客提供如此豪華寬敞的住宿。他們舒適奢華地旅行了兩個月，搭油輪從紐約到貝魯特，換車前往約旦首都安曼，再搭機前往巴林、喀拉蚩和錫蘭，作為派拉蒙的貴客待了兩週，欣賞費雯麗和彼得．芬奇拍攝賣座大片《象宮鴛劫》（*Elephant Walk*）。（但費雯麗後來精神崩潰，以伊麗莎白泰勒取代演出。）之後他們向西踏上歸途，一路上接受各地官員宴請、大使館和領事館的款待，最後到西西里島的巴勒莫（Palermo），登上另一艘油輪返航。勞倫斯在紐約下船的時候，似乎是多年以來氣色最佳的一次，讓親自到港口迎接的盧米斯夫妻十分開心。

然而，勞倫斯的氣色並沒有好上太久。剛成立的利弗摩爾實驗室還有一些問題需要處理，內華達州的沙漠裡還有熱核彈試驗需要進行，埃尼威托克環礁也還要安排新的試驗。另外，一些國際事務也找上了勞倫斯。他在一九五四年訪問日內瓦，就在歐洲核子研究組織（CERN）主持下建立國際高能量物理實驗室進行磋商；該機構未來將設置兩座直線加速器、三座同步加速器，以及一具大強子對撞機，而這一切的科技源頭，都是在將近四分之一個世紀之前、勞倫斯手上那具用蠟來密封的原始加速器。該年春天稍晚（正是歐本海默聽證會結束當日），勞倫斯在原子能委員會「和平原子」（Atoms for Peace）計劃贊助下，前往日本進行巡迴演說；該計劃的目標是強調核子研究在發電及推動其他和平時期繁榮的潛力，希望淡化其軍事色彩。

而此時在美國，正因Bravo等氫彈試爆的失敗，掀起一場全國大辯論。路易斯．史特勞斯決心讓艾森豪總統繼續追求熱核彈霸權，因此對勞倫斯提出更多要求：要提出更多建議、取得更多公眾支持、付出更多時間與精力。一九五三年就任原子能委員會主席後不久，史特勞斯就擴大了雪伍得計劃（Project Sherwood），那原本是和平原子計劃的一部分，希望研發基於核融合的核電反應爐。利弗摩爾遵照著勞倫斯哪裡有錢就往哪裡研究的作法，搭上這波核融合的趨勢；史特勞斯把雪伍得計劃的預算從一百萬美元擴大到一千萬美元，而利弗摩爾就拿到總數的三分之一。然而，讓利弗摩爾接下新計劃，也就代表讓勞倫斯擔起了更多壓力、也帶來更多的失望，因為雖然核子專家對於控制下的核融合反應有著一時的熱情，最後證明這條路其實行不通。

而且，還有彩電實驗室的問題。勞倫斯環球之旅回來幾個月後，原本似乎成功已經在望：在奧克蘭製造的勞倫斯彩色映像管發揮作用，參與了電視史上的重要里程碑：電視轉播英國女王伊麗莎白二世的加冕典禮。那是一九五三年六月二日，全球觀眾估計有一億五千萬觀看著黑白的加冕遊行轉播；然而在倫敦的大奧蒙德街醫院（Great Ormond Street Hospital，一間兒童醫院），有一百名年輕病患是分別在兩台二十二英寸的勞倫斯電視上觀看著彩色轉播，由三台沿路設置的彩色攝影機所傳回來的閉路畫面。然而，技術上做得到是一回事，彩色電視能否發揮商業潛力又是另一回事。有愈來愈多人懷疑，大眾究竟對彩色電視是否有需求。而在彩電實驗室，就深刻感受到這段興趣的消退。高歐回憶道：「那時候，非但沒有人吵著索取映像管樣品，更是送都送不出去。」

一九五五年，派拉蒙已經一心希望退出這個領域；而勞倫斯感覺自己有責任幫這位金融上的合作夥伴減少損失，親自出馬協助派拉蒙尋找買家。於是，他在美國拜訪了CBS與飛歌（Philco）的高層，並搭機前往荷蘭，拜訪荷蘭的科技集團飛利浦（Philips），但一無所獲。到最後，派拉蒙將彩電實驗室移轉至旗下的杜蒙特實驗室（DuMont Laboratories），這是一家隸屬於杜蒙特電視網的電視製造商。杜蒙特電視網是美國早期的電視網之一，雖然曾經培養出傑基葛里森（Jackie Gleason）及其他幾位未來的電視明星，還是在一九五六年黯然收場。勞倫斯的科技並未就此消失；一九六一年，派拉蒙將剩下的技術授權給了索尼（Sony）。幾年後，這家日本公司將勞倫斯設計的元素融入史上最成功的一項彩電科技，製造出特麗霓虹（Trinitron）電視機。

CHAPTER 21 「乾淨」的核彈

勞倫斯的結腸炎在一九五六年復發，他認為主因是在於彩電實驗室的命運懸而未決、令他壓力沉重。然而，利弗摩爾同樣令他憂慮。雖然在一九五五年二月和三月，已經成功在內華達試驗場（Nevada Test Site）進行了一系列名為「茶壺行動」（Operation Teapot）的試驗，但利弗摩爾的未來仍在未定之數。其中一次試爆之後，實驗室的業務經理帶著新聞，跑過整條走廊來到約克辦公室，高喊「我們還能繼續！」

在華盛頓，茶壺行動並未解決一國有兩座熱核彈實驗室的辯論。短短兩個月後，國會的原子能聯席委員會再次就此主題召開一系列看似無止無盡的聽證會。議程由委員會的工作人員安排，基本上就是一連串不祥的問題：「羅沙拉摩斯和利弗摩爾之間究竟是什麼關係？……如果兩座實驗室提出了類似的提案……〔原子能委員會〕如何決定該交給誰來處理？」而且，茶壺行動算不上完全成功，最重要的一點，也就是要讓武器的放射性落塵不超出試驗場地，仍未實現。試爆之後不過幾天，東邊遠到紐約、紐澤西與南卡羅萊納州，都偵測到了放射性落塵。當然，實際的健康風險小到幾乎可以無視，但這在政治上的影響卻無比龐大。

由於關於落塵的新聞報導，美國當時已然人心惶惶，而就在太平洋Bravo試驗後不久的三月三十一日，史特勞斯又在白宮記者會上表現拙劣，完全無助於平復人心。在艾森豪也在場的情況下，史特勞斯結結巴巴地讀著稿子，向觀眾保證抵達美國的輻射量「遠遠低於對人類、動物或農作物可能有害的水準。」但他做錯的一件事，在於接受了提問。有一位記者要求他描述一下，這種叫做氫彈的奇怪新武器究竟有多強大，他回答：「要多強、就能有多強……也就是說，可以製造出足以摧毀整個城市的氫彈。」

「任何城市？包括紐約？」他被問道。

「大都會區，沒錯。」

艾森豪總統和他一起走出了房間，說道：「史特勞斯，我不會那樣回答那個問題。我會說『等電影上映吧』。」

但事情太遲了。史特勞斯的言論，非但未能降低公眾對落塵的焦慮，反而引發了對核子浩劫的恐慌。而對利弗摩爾來說，這可能是最糟的一套劇本，讓一項要求結束核子試驗的活動如虎添翼。

就算沒有Bravo試驗的結果，總統本人也早就深刻感受到國際上要求禁止核子試驗、進行核武裁減。艾森豪是軍人出身，對於這種威力已經強大到無法作為實用武器的爆炸裝置本來就心有懷疑，也不像杜魯門一心認為愈大就必然愈好。賀伯．約克在一九五四年發現這件事，距離他受勞倫斯指定為利弗摩爾的正式主任才過了沒多久。職場能展現他地位的地方，除了門口有他的名牌、還有標著他名字的辦公文具，約克為利弗摩爾訂下一項「工作理念」，要求要「永遠推動著科技的前沿。」至於在實際上，這代表的就是要研發威力強大、體積小巧的熱核裝置，爆炸當量與重量比愈高愈好。然而，當約克向艾森豪送上公文，希望白宮批准測試一枚二十百萬噸級的氫彈，卻遭到直截了當的拒絕。總統一得知這枚氫彈的威力將遠超過以往所有的炸彈，立刻咆哮著：「絕對不准！光是現在就已經太誇張了！」約克後來從艾森豪的陸軍武官安德魯．古德帕斯特（Andrew Goodpaster）將軍那裡得知，他的要求讓總統認為「這整件事根本是瘋了；一定得找個辦法來處理掉。」

艾森豪很快就找了個「辦法」：一九五五年三月，任命哈羅德．史塔生（Harold Stassen）為軍備裁減特別助理。史塔生在一九三八年當選明尼蘇達州州長，年僅三十一歲，獲稱為共和黨政治的「奇蹟男孩」。他親切友善的北方人格下，其實有著敏銳的法律思維、遠大的政治抱負。這項任命讓他成為內閣等級成員，而且史塔生決心充分利用這項優勢；當時一份報紙將他稱為艾森豪的「和平部長」，而他也把握機會，大膽建議總統，如果記者會上有人問到這個別稱，應該直接回答：「這確實有抓到重點。」史塔生帶著他代表性的活力，一頭栽進這份工作，宣布將會找來一群「經歷豐富，而且具有傑出分析思維的人」，協助徹底檢視審查美國的軍備裁減策略。不過短短幾週，他便成立了八個特別小組來處理這項事務。而在重要的核子物質國際視查及管制議題上，他任命勞倫斯來擔任小組主席。

史特勞斯無所不用其極地想影響勞倫斯，希望他指名讓泰勒加入小組，而且要讓像歐本海默這樣的思想家離得愈遠愈好。但這些可能根本是多餘的，因為最後組成的勞倫斯小組裡，十二位科學家有九位都來自利弗摩爾。除了泰勒之外，組員還包括馬克．米爾斯（Mark Mills），這位戴著眼鏡的理論家來自加州理工學院，時年三十八歲，前一年才加入利弗摩爾，很快就成了勞倫斯最信賴的一位助手。至於其他的特別小組組員則是來自蘭德公司，可說是羅灣．蓋瑟的領地。這樣的成員組成，確保了整個小組會傾向於反對試驗禁令。這樣一來等於是讓史塔生難做事。當時國際上希望暫停核試的壓力愈來愈高，像是同時間，蘇聯也在五月提出暫停核試的提案。

在核子視查小組組員當中，勞倫斯和米爾斯原則上願意接受核試禁令的想法，但並不認為整件事的監控能做得夠完善。而泰勒是熱核彈的強硬派，他提醒視查小組裡面來自利弗摩爾的同事，核試禁令不利於利弗摩爾的核心目的。約克回憶道：「對於〔核試禁令〕整個想法，泰勒總是毫不掩飾地抱持著敵意。他說：『如果我們進度已經落後敵人，就得進行核試才能趕上；如果我們進度領先敵人，就該進行核試好維持優勢。』不論任何情況，核試禁令都不符合我們的利益。」

泰勒的想法與史特勞斯所見略同，史特勞斯在白宮努力遊說，試圖阻止史塔生希望促成的國際核武協議。一九五五年十月，所有特別小組將舉行聯席會議的前夕，史特勞斯告誡勞倫斯，千萬別讓史塔生利用他的名聲來推動核武裁減。他寫信給勞倫斯表示：「一般人能看到的，就只是有一位偉大的科學家、迴旋加速器的發明者，接下了這項任務，而且出於他科學能力的聲譽，想必能像從帽子裡變出兔子一樣完成任務。」但其實，史特勞斯多慮了。勞倫斯小組的報告，確實對於核武視查制度有著合理的懷疑。勞倫斯的結論認為，主要的問題在於很難在蘇聯境內追蹤可分裂物質的去向，無法確保不會用於核武。據他估計，由於俄國領土幅員遼闊，就算只追蹤總產量的百分之十，就需要幾萬名的視查人員。

在這件事上，勞倫斯身為科學界龍頭中的龍頭角色，並沒能帶來多大好處。十二月二十二日，史塔生向國家安全委員會提交特別小組的調查結果，勞倫斯的預估數字就招來一陣嘲笑。艾森豪總統告訴史塔生，他「頗為肯定，蘇聯從來沒想過要允許……兩三萬名外國視查員在場的任何視查計劃。」美國國務卿約翰・杜勒斯（John Foster Dulles）也抱怨，提出這種數字會讓美國變成「笑柄」；對於將在隔年夏天於日內瓦召開的美蘇高峰會會前會，視察絕不是個最該提的建議。史塔生被指示要「修訂」他的預估數字，在二月中旬回報。

核試禁令協議看來前景黯淡，但這只是暫時的。隨著一九五六年總統大選年來到，國際對白宮的壓力也愈來愈重。新年後沒多久，英國首相安東尼・艾登（Anthony Eden）前往華盛頓進行國事訪問，提議由美英單方面先暫停核試。他解釋道，當時英國民眾對氫彈的反感急遽升高，暫停核試能為他帶來政治掩護。然而，這項提議只讓他被史特勞斯嚴厲地唸了一頓；史特勞斯堅稱對放射性落塵的憂慮被過度誇大，因此完全沒有必要禁止核試。

當時，史特勞斯已經在策劃一場宣傳活動，以原子能委員會的科學家為主角，希望能抑制民眾對放射性落塵的恐慌。這場活動於一九五五年十二月起跑，由原子能委員會的「健康物理學家」戈登．鄧寧（Gordon Dunning）在《科學月刊》（*Scientific Monthly*）發表論文，向讀者保證科技正不斷進步，將能夠把放射性的影響侷限在試爆當地。鄧寧的論文將核試稱為「保護我們國家的必要作為」，該文用完全是學術論文的那種冷靜嚴肅語言寫成，充滿各種或許聽來讓人安心的統計數字，但對普通外行人來說根本無法完全理解。（「依據前述估計，若每年發生數次大型熱核爆、持續三萬年，全球因此將產生之碳十四近平衡量將較目前高出約二十倍。」）鄧寧的重點其實是「只要在太平洋和美國大陸上的控管區域之外，基本上並沒有放射性落塵量達到危險標準的風險。」

接著的活動，則是原子能委員會委員威拉德．利比（Willard Libby，前柏克萊化學教授）在西北大學做的一次演講，得到廣泛報導。他表示：「毫無疑問，目前進行的核武試驗對人類並不會造成健康危害。」

但要求停止核試的壓力仍然持續增加。在一九五六年民主黨總統候選人初選中，伊利諾州前州長阿德萊·史蒂文森二世（Adlai Stevenson II）對上田納西州參議員艾斯特斯·基法弗（Estes Kefauver），早早就率先抓緊核子議題，呼籲暫停核試；基法弗也只能心不甘情不願地跟著表示同意。另一個壓力來源就出在原子能委員會內部：委員湯馬士·墨瑞（Thomas Murray）。他本來與史特勞斯一起站在支持熱核彈的一方，但後來因為軍備競賽的激烈程度而深感不安。墨瑞既是個商界百萬富翁，也是個俗世天主教徒，他從道德觀點來選擇自己的立場。他在原子能聯席委員會上作證時，呼籲單方面對大型設備暫停試驗、並對美國庫存的核武規模加以限制，但未要求完全裁撤所有核武。一九五六年二月，他向委員會表示：「上帝以他全能的力量與善良，讓人類得知原子能的祕密，目的是為了達成和平與人類的福祉，而不是造成戰爭與破壞。」

墨瑞還提倡要研發「乾淨的核彈」（clean bomb，又譯「低污染核彈」），希望既能有核爆的破壞力，又能沒有放射性落塵的問題。這種異想天開的想法出現於一九五四年底，而且利弗摩爾竟然也很喜歡，畢竟這和該實驗室致力探索新點子的使命也相符。這個想法對泰勒和勞倫斯都很有吸引力，因為他們知道，大眾對放射性落塵的恐慌很可能會威脅到利弗摩爾的生存。一九五六年春天，在南太平洋進行的一系列「紅翼行動」（Operation Redwing）開始測試這種「乾淨」的氫彈。在行動開始前不久的記者會上，艾森豪其實間接提到了這種乾淨的核彈，那是面對史蒂文森二世要求暫停核試，艾森豪宣布美國進行核試「並非為了製造更大的爆炸，也不是為了造成更多的破壞，〔而是〕要找出各種工具與方法……能夠減少放射性落塵，讓氫彈變得更屬於一種軍事武器，而不只是造成大規模破壞的裝置。我們已經知道，我們想製造出多強大的氫彈、就能製造出多強大的氫彈，所以我們已經不再把這件事當重點了。」

紅翼行動的內容，包括第一次的熱核彈空投，在比基尼環礁（Bikini）的一萬五千英尺上方創造出直徑將近六點五公里的巨大火球。氣流將放射性落塵安全地吹離有人居住的島嶼，也讓史特勞斯得以在試驗結束後的官方聲明中大肆聲稱「以最小的廣泛落塵危機……達到最大效果」。但這次，他還是說得太多了，他說：「因此，目前這一系列試驗不只在軍事上很重要，對人道主義也十分重要。」

史特勞斯這種「人道主義」氫彈的說法，引起了軍備競賽批評者的譏嘲。光是「乾淨的熱核彈」這種概念，就已經被著名的反核物理學家拉爾夫．拉普（Ralph Lapp）在《原子科學家公報》（*Bulletin of the Atomic Scientists*）無情地駁倒。拉普清楚地描述了氫彈爆炸的過程，從而證實乾淨的核彈只是幻想。因為氫彈包括核分裂與核融合，核分裂會造成放射性物質排放（髒），而核融合不會有放射性物質排放（乾淨）；確實，提升氫彈裡融合對分裂的比率，能夠相對地降低核爆產生的放射性，但這樣一來，就會增加氫彈的整體威力，因此「骯髒」的絕對程度會增加。拉普寫道：「熱核彈的設計，不是相對乾淨、就是髒得徹底。而我們這個時代瘋狂的一部分，就在於一個成年男子居然可以用像『人道主義』這種詞來描述氫彈。」

史特勞斯顯然是把話說得太過，但究竟是為了什麼？可能是因為美國國家科學院發布了一項關於放射性落塵的研究，而史特勞斯希望能夠淡化這篇研究的影響。該研究的結論認為，核試放射性物質排放對美國人的影響，遠遠超過接受X光檢查或其他常見輻射源的影響。（勞倫斯個人就在柏克萊發起一項運動，希望禁止對兒童的腳部任意使用透視X光機；當時這是一種極為風行的行銷活動，而最後也遭到全美禁止。）但真正引起新聞頭版注意的，是國家科學院發現就算只是低劑量的輻射暴露，也可能造成潛在的遺傳後果。該研究明確指出：「如果是擔心對後代的遺傳傷害，就根本沒有安全輻射曝露率這回事。」這項結論讓公眾不僅關心起放射性落塵，也注意到全球的整體軍備競賽。

對此，史特勞斯非但沒有放棄「人道主義」氫彈的說法，反而是在艾森豪政府發言人的位子上，更加努力聚焦在核子政策的技術性問題。他提出的想法認為，中止核試，就是中止能讓氫彈更安全的研究，會讓美國最後只能擁有「骯髒」的核武。這時，史蒂文森二世找來一群博士，談著癌症發病率升高的風險、談著「無法控制、而能讓人類滅絕的力量」，史特勞斯則是派出自己的科學家隊伍，斥責這些聲明只是聳人聽聞的宣傳伎倆，並表示放射性危害的威脅並不嚴重。

這群科學家裡，就包括了勞倫斯和泰勒。在選前不久，史特勞斯已說服兩人，發出聲明反對史蒂文森二世要求的核試禁令。第一稿是由泰勒撰寫，在選舉日前的星期天帶到勞倫斯家中，當時勞倫斯才像是剛辦完一場鄉村俱樂部聚會，正在將客人送出門外。等到勞倫斯終於有空好好讀過這篇草稿，發現這篇稿子體現了泰勒平時講話的所有缺點：太冗長、太咄咄逼人、也太情緒化。於是，勞倫斯把柏克萊公關室的丹尼爾．威爾克斯（Daniel Wilkes）找來家裡，希望立刻重寫這篇稿子。當時，相關政策已經辯論了長達一整年，突然之間要如此緊急地發出聲明，讓威爾克斯有點困惑。他提出警告，如果聲明在選舉日當天清晨見報，看起來會太過偏袒擁護某一方。但正如威爾克斯後來所述，勞倫斯才剛度過一個社交和樂的下午，「感受不到任何痛苦」，聽不進他的話，認為這是給史特勞斯做個人情，要求在當晚完稿。

威爾克斯所寫出的版本有勞倫斯和泰勒的簽名，聽起來也都是很熟悉的主題：美國「並沒有絕對的方法能夠偵測到（蘇聯的）核武試驗」，而且美國必須繼續進行核試，才能維持「快速發展的科學技術核武計劃……如果不測試，我們就永遠不確定某項裝置是否有效；而且我們也無法確定上一個想法是否有效。」聲明中向美國人保證，「核試計劃產生的放射性微不足道」，而且無論選舉結果如何，「核試都會繼續以審慎注意大眾健康的方式來執行。」在選舉日當天，這項聲明在全美各地的報紙得到諸多關注，艾森豪也一如所料、以壓倒性優勢贏得勝利。

•••

阿德萊．史蒂文森二世雖然敗選，但成功將核試政策牢牢留在公共議程當中。然而在白宮內部，最大力倡導核試禁令的哈羅德．史塔生地位已大不如前，在該年夏天的共和黨全國代表大會之前，他推動「拋棄尼克森」(Dump Nixon)運動，想把副總統候選人由理查．尼克森(Richard Nixon)換成出身高貴的麻州州長克里斯蒂安．赫特(Christian Herter)，此舉惹怒了艾森豪。此外，在軍備裁減的談判過程裡，他也養成一種麻煩的習慣：未經總統或國務卿杜勒斯許可，就向俄國同意讓步。三月，史塔生遭到譴責，被踢出內閣等級成員之列。正常來說，史塔生被降職，應該有助史特勞斯所代表的「反對禁止核試」一事；但因為史特勞斯對這件事實在太嘮叨，所以艾森豪對他也失去了耐心。於是，政府內部的政策僵局仍然繼續。

對利弗摩爾來說，這段時期十分煎熬，長期以來的生存危機，又受到另一次的挑戰。這次的挑戰可以追溯到去年秋天，當時原子能委員會和五角大廈終於為兩座武器實驗室都訂好了軍事計劃。但在那之後，有五項計劃遭到取消或暫停，而且全部都是利弗摩爾的計劃。約克向諾里斯．布拉德伯里抱怨道，新的期程讓「我們潛在產能的一半」都在閒置。為了安撫利弗摩爾，原子能委員會官員建議勞倫斯和約克繼續努力推動先進研究：畢竟利弗摩爾主要任務是開發最新科技，手中的產品必然都超越軍方當下的已知需求，反正之後五角大廈的需求總會追上來的。未來將會證明事實確實如此，但在一九五六年底到一九五七年初，整個景況就是一派蕭條，讓人覺得利弗摩爾實在前景堪慮。

該年稍早，又有一項事件重新激起國際對核彈的抗議活動：英國宣布，將於春季在聖誕島（Christmas Island）測試英國首枚熱核彈。這件事讓夏威夷和日本群情激憤，曾獲諾貝爾和平獎、廣受尊敬的人道主義者史懷哲（Albert Schweitzer）也從他位於赤道非洲國家加彭（Gabon）的家中發表聲明，反對未來再進行任何核試。史懷哲警告這是「在任何情況下都必須防止的災難」，而諾貝爾獎委員會主席也在奧斯陸宣讀這份警告，傳向全世界許許多多的觀眾聽眾——但美國除外。在美國，這份警告並未得到傳播、甚至是沒有引起任何注意，一直要到原子能委員會的威拉德．利比公開反駁，才讓美國人注意到了史懷哲的聲明。

與此同時，科學界再次被擾動。這裡的主角是加州理工學院的化學家萊納斯．鮑林，這位諾貝爾獎得主以強硬的左派觀點與激動人心的演說天賦而聞名。他在聖路易華盛頓大學演講呼籲禁止核試，獲得聽眾起立鼓掌，他也從此開始發動科學家的請願活動，呼籲國際社會立即停止所有核試。一開始就有二十七人連署，其中包括哈羅德．尤里、梅爾．圖福，以及曾在放射實驗室待過的科學家馬丁．卡門與愛德華．康頓（Edward U.Condon）。短短兩週，鮑林就收到兩千個簽名，於是將請願書交給白宮，同時也發布給新聞媒體。

這份請願書讓勞倫斯和泰勒又得重回公眾辯論。在五月的陣亡將士紀念日，華盛頓參議員亨利．傑克森（Henry Jackson）拜訪利弗摩爾，之後便為利弗摩爾帶來許多機會。傑克森是原子能聯合委員會的委員，這次來訪是希望讓勞倫斯和泰勒參與他的活動，遊說增加漢福德鈽工廠的產量（該廠位於他出身的州）；但在談話間，難以避免地會偏離主題，談到需要繼續進行核試，以保護美國的核子優勢。傑克森感受到兩位科學家堅決反對禁試，便邀請他們前往他擔任主席的聯席委員會軍事應用小組委員會發言。

六月二十日星期四，勞倫斯、泰勒與馬克・米爾斯來到小組委員會。傑克森介紹他們的時候，暗示著他們的目標是讓原子彈更乾淨，說著「這幾位科學家眼中的光芒，讓他們簡直像是象牙肥皂」，再解諷地說道「但可不是這麼一回事喔。」

幾位科學家表示，核試能夠讓核武變得更符合道德，因此敦促委員會切勿阻止核試。勞倫斯表示：「如果我們停止試驗，上帝保祐……我們就會被逼著使用不夠精準的武器，將殺害不必要的五千萬人，這些人原本可以不用喪命。」他表示，從這種觀點，禁止試驗是「對人民的犯罪」。至於泰勒的發言則是提出警告，認為美國永遠無法設計出萬無一失的監控制度、防範蘇聯祕密進行核試。小組委員會對幾位科學家的報告印象深刻，於是公開質疑白宮是否知道他們的這些論點。來自紐約的共和黨人史特林・科爾（W. Sterling Cole）主動請纓，為這三位物理學家安排在隔週一與艾森豪總統會面。三人在華盛頓的一家飯店套房度過週末，接受史特勞斯為他們的精心排練。

六月二十四日，上午九點，史特勞斯一行人被帶入橢圓形辦公室與艾森豪會面。但勞倫斯這位諾貝爾獎得主、許多政治家與百萬富翁的密友，竟然在首次見到美國總統的時候，突然怯場。他的失態讓泰勒大吃一驚，回憶道：「我的驚訝難以想像，他一個字都說不出來。我是說，他實在太緊張、太興奮了。」

最後，勞倫斯才終於發出聲音，開始一場與當初在傑克森小組委員會上十分類似的演講。白宮會談紀錄記載著勞倫斯表示：「如果我們知道如何製造乾淨的武器，但卻未能實行、不去把現有武器轉換成乾淨的武器，最後在戰爭中使用了骯髒的武器，這才是真正對人類的犯罪。」艾森豪聽得入迷，但接著就以國際武器政策的現實，很有技巧地給幾位訪客上了一課。他提醒他們，美國「正面對極其艱困的世界輿論局面」，並宣稱他不希望美國「被釘死在原子十字架上。」但他向他們保證，除非達成全面的核武裁減協議，否則不會有任何核試禁令。他說：「我們從未想過在沒有配套協議的狀況下就停止核試。」

在他們離開橢圓形辦公室之後，史特勞斯把這幾位科學家帶到白宮記者團前。勞倫斯向記者保證，確實有可能「製造出在某種意義上像黃色炸藥一樣（也就是沒有放射性落塵）的核武，只是威力遠遠更為巨大。」

記者問他們，這樣的核武能有多乾淨？史特勞斯答道，放射性落塵已經減少了「十分之九到十分之十之間。」

記者會最後一個問題是問勞倫斯：「你認為應該繼續進行核試嗎？」

「我當然這麼認為，」他回答道。

第二天，全國媒體就這麼乖乖複誦了史特勞斯提供的數據，像是《紐約時報》頭版就寫著「美國減少了氫彈百分之九十五的放射性落塵」。

大衛・李林塔爾在曼哈頓自家公寓裡讀到這些話，為此十分反感。他在自己的日記中寫道：「這件事的諷刺，實在已經醜惡到一種極致。厄尼斯特・勞倫斯與愛德華・泰勒，再加上史特勞斯，這些人一心相信威力大到見鬼的氫彈是這個國家的救贖；至於對於像我這樣的人來說，我們則是抱著強烈的懷疑；我們大概一定有什麼奇怪或不愛國的成份吧……但現在看來，大型氫彈似乎並沒辦法解決世界上各種關於安全的問題。」自一九四六年那天第一次見到勞倫斯，李林塔爾就像踏上一場漫長而令人沮喪的旅程，首次見面，他寫著自己對勞倫斯的印象是「一個很好的傢伙……充滿活力和熱情。」但在他現在看來，勞倫斯就是個追名逐利的科學家，求的是政府的經費、個人的榮耀。他寫道：「到底你能為了追求頭條名聲而變得多貪婪？」他對這種「推銷員類型」的科學家，有著無盡的鄙視。「厄尼斯特・勞倫斯、路易斯・阿爾瓦雷茲、愛德華・泰勒：麥迪遜大道廣告業類型的科學家。穿著灰色法蘭絨西裝的科學家。」

勞倫斯等人雖然給艾森豪總統留下深刻印象，但並不足以讓他完全放棄核試禁令。在他們拜會後的隔天，記者逼問艾森豪能否「對於立即停止核試，明確表達同意或反對」，艾森豪還是維持著閃躲的態度，表示雖然他現在對核試禁令有其他想法，但還是決心要協商談判。艾森豪解釋道，「有幾位在這個領域最傑出的科學家前來拜會，他們無論名聲或常識都屬佼佼者，其中包括勞倫斯博士與泰勒博士……他們告訴我，他們已經在製造放射性落塵比過去所謂的髒彈減少百分之九十六的核彈……他們說：『給我們四五年來測試每個研發步驟，我們就能製造出完全乾淨的核彈。』……這正表明如你所言，這裡的問題並非黑白二分。」

艾森豪所說的，其實是大幅誇大了幾位科學家聲稱的成就。他們告訴他的，是需要至少六七年，才能做出比較乾淨的核彈；但到艾森豪的口中，則變成只要四五年，就能有「絕對乾淨」的核彈。這個版本讓科學界大為傻眼，因為大家都知道，並沒有辦法製造出「絕對乾淨的核彈」。就連只是要相對不受放射性落塵影響、還遠遠不及史特勞斯和幾位科學家提到的百分之九十六清潔程度，也只能用減少爆炸當量的方式才能達成。利弗摩爾對此心知肚明，約克通知原子能委員會軍事應用主管阿弗雷德・史塔博德（Alfred D. Starbird）准將，如果想在四五年間開發出乾淨的戰術武器，得有一些「非常幸運的突破」才有可能。而且這樣研發出來的武器將會非常巨大，幾乎不可能裝上飛機或飛彈。他說，想要研發出比較小型的武器，至少還需要「再幾年」。

對於勞倫斯、泰勒與艾森豪預測的那種既強大又乾淨的核武，幾間新聞媒體研究了一番，確定他們是在說大話。《新聞週刊》就指出：「對於大多數科學家、國會議員，以及大眾來說，『絕對乾淨』的氫彈應該仍然是個難解的謎。」過去，當史特勞斯說要發明「人道主義氫彈」、製造出「安全的」熱核彈時，眾人對此多有鄙夷，而艾森豪的言論就讓這些鄙夷捲土重來。《新共和》就問道：「被氫彈爆炸時瞬間汽化，是不是比被氫彈的放射性落塵毒死來得更為『乾淨』呢？如果我們正確解讀了總統的話，就會知道答案是「是」……在海軍上將路易斯·史特勞斯和他的技術人員」（如此稱呼勞倫斯與泰勒這兩位美國最傑出的科學家，顯然是種蔑視）「懇求再進行五年核試時，在我們看來，他們要求這段時間不是為了製造『人道主義的』核彈，而是要繼續進行軍備競賽。」

而在白宮之外，勞倫斯和泰勒幾乎沒對辯論的局勢造成任何影響。反對核試的人，會認為這些科學家的承諾既荒謬又不道德；贊成核試的人，則會接受他們的論點，認為為了讓核武更為實用、也不那麼可怕，進行核試是最好的方法。就史特勞斯來說，對他所信任的這幾位科學家的表現，他十分滿意，因為他們顯然成功為繼續核試爭取到了時間、甚至可說是讓核試禁令完全撤下了談判桌。勞倫斯和泰勒回到利弗摩爾時，就收到了史特勞斯寫給他們的祝賀信。史特勞斯寫道：「一切正如我們所希望地成功了。」他的海軍上尉軍事副官小約翰·摩爾斯（John H.Morse Jr.）同意他的想法，寫信給勞倫斯表示：「你可能會發現有些人覺得，乾淨核武的潛力在最近遭到過度誇大與過度簡化。〔但〕我認為你在向總統與新聞界發表的聲明裡做得恰到好處。在這種情況下，需要的是宣傳過度、而不是宣傳不足。」

還有另一項理由，讓史特勞斯對繼續核試感到樂觀：他在原子能委員會最強硬的對手湯馬士．墨瑞黯然去職。在史特勞斯的說服下，艾森豪在六月三十日墨瑞委員任期到期後，拒絕加以重新任命。（在墨瑞去職前，史特勞斯告訴總統：「我在自己的行事曆上，把這天標成分界點。」墨瑞還是會繼續公開推動禁止核試、前往國會作證，但他現在只能在外面看守了。在該年二月，自一九五五年以來就擔任原子能委員會委員的著名數學家約翰．馮紐曼（John von Neumann）也已經去世，於是艾森豪手中有兩個名額待補；史特勞斯自然希望補上的是核試的堅定支持者。然而，原子能聯席委員會對原子能委員會的任命擁有裁量權，而且為了安撫其中佔多數的民主黨，艾森豪最後任命的是過去杜魯門的兩位副官：約翰．葛拉漢（John S. Graham）與約翰．傅柏格（John F. Floberg）。而兩人都不是史特勞斯能輕鬆左右的對象。

這些任命進一步體現史特勞斯的影響不若以往，但未來還將有更大的變化，起因不是軍備裁減的發展，而是美蘇科技競賽當中另一項極為不同的事件。

一九五七年十月五日，美國一早醒來就聽說消息，前一天蘇聯太空站發射了一枚人造物體，正在軌道上飛行。那是一個直徑五十六公分、近八十四公斤重的鋁合金球體，俄國稱之為「史普尼克」（Sputnik，意為「旅伴」）。對於蘇聯科學家明顯領先美國同行的情形，激起美國一陣歇斯底里，於是一群新的技術顧問被召進白宮。艾森豪過去的科學資訊一向由路易斯．史特勞斯所壟斷，但這種情形即將結束；至於勞倫斯對核子政策的影響力，也將與之共同消退。

CHAPTER 22 一〇三號元素

艾森豪政府很快就開始行動，希望舒緩美國民眾因為史普尼克號而引發的緊張情緒，於是派出發言人，說那個正在太空軌道運行的人造衛星是個「愚蠢的耶誕裝飾球」，說發射衛星只是「一個簡單的科學伎倆。」至於想讓那些比較獨立的政府外部顧問也說出這樣的話，就沒那麼簡單了。例如在愛德華．穆洛（Edward R. Murrow）的熱門電視節目上，愛德華．泰勒就宣稱對於美國來說，輸了發射衛星這件事，「比輸了珍珠港更嚴重」；艾森豪也因而把路易斯．史特勞斯斥責了一番，說他不該讓手下的人亂說話。然而，蘇聯這項成就可能對美國有何不利影響，就沒那麼容易視而不見了，特別是在一個月後發射的史普尼克二號上，這個太空艙還載了一隻名叫「萊卡」（Laika，俄文原意為「吠叫者」）的活體小狗；看起來，講到要研發能夠攜帶大型酬載（例如核彈頭）的遠程彈道飛彈方面，蘇聯似乎已贏過了美國。史普尼克二號重五百零八點三公斤；至於美國最重的衛星先鋒號（Vanguard）只有一點四七公斤，而且都還沒離開發射台。看著耗資數百萬美元的火箭飛上天空，美國人在第二次世界大戰以大科學獲勝所贏得的自豪感也逐漸消逝。

艾森豪很清楚，想減輕公眾的擔憂，就需要具體的行動。為了尋求建議，他找上伊西多・拉比；兩人是在拉比擔任哥倫比亞大學校長的五年之間認識。拉比出生於目前分屬波蘭與烏克蘭的加利西亞（Galicia），是一位明智穩健的物理學家，曾嚴厲譴責史特勞斯對歐本海默的宿怨，也曾經試圖（雖然毫無成果）說服勞倫斯和阿爾瓦雷茲，不要過分樂觀地追求熱核彈。他還曾擔任美國防衛動員局（Office of Defense Mobilization）科學諮詢委員會主席，該委員會的前身，正是凡尼瓦・布許在戰時組織的各種科技委員會。拉比在他的職位上，對於史特勞斯堅決反對禁止核試的作法，努力提出合理的反制。在史普尼克號發射三週後的白宮會議上，他與康乃爾大學的物理學家漢斯・貝特聯名，主張核試禁令能夠維持美國對蘇聯的核子優勢，因此美國應該要「出於自身利益」而接受禁令（貝特同樣曾經斷然拒絕泰勒邀請參與熱核彈研究）。在整場報告中，史特勞斯多半只是悶不吭聲，但等到拉比開始抨擊異想天開的「乾淨」核彈概念，史特勞斯終於理智斷線，憤怒地回擊說，自己的科學顧問可是勞倫斯和泰勒教授，而且他們認為拉比研究的基本假設全無根據。總統聽了一頭霧水，阻止了這場爭吵，後來也在日記裡寫道：「我瞭解到，有些科學家之間的對立是如此激烈，想讓他們合作幾乎不可能……拉比博士等人，與勞倫斯和泰勒等人如此敵對，雙方的溝通實際上是零。」

然而，在這一項崇高的科學爭端上，最後是拉比得到了艾森豪的信心。被問到該如何回應史普尼克號的事件時，拉比表示艾森豪最需要的是一位明智、獨立、與軍備裁減對立雙方政治陣營都無關的科學顧問。拉比還表示，最佳人選就在他的科學諮詢委員會裡，名叫詹姆斯・基利安（James R. Killian）。

基利安時年五十三歲，出身南卡羅萊納州，說話溫和，曾接任卡爾・康普頓擔任麻省理工學院校長，是一位管理專家而非專業科學家。但他證明了自己的學術行政能力出色，面對麻省理工學院諸多對立的教授小團體，卻能讓眾人達成共識、也為自己贏得聲譽。他的新職就是在後來的美國總統科學顧問委員會（President's Science Advisory Committee, PSAC）擔任主席；他將能得到白宮和科學界的信任，同時讓總統「增廣見識」（艾森豪對他的稱讚）、瞭解政府所面對的無數科技挑戰。（艾森豪稱讚他為「我的『巫師』」。）此外，過去由於對歐本海默的迫害，科學家對於政府（這位資助者）失去信心，但在擔任PSAC主席的三年間，基利安讓大家恢復了這份信心。

在基利安主持下的委員會，為艾森豪提供了史特勞斯的科學委員會所遺漏的各種科學觀點。他找來的委員包括有拉比、貝特以及約克；約克曾執掌利弗摩爾行政五年，後來對於整天管理實驗室已感厭倦，於是辭職轉任五角大廈的首席科學家。自艾森豪上任以來，這是首次有人能夠在核子辯論的議題上，站在史特勞斯、勞倫斯和泰勒的對立面。

基利安在白宮的崛起，正逢艾森豪過去的軍備裁減首席顧問史特勞斯與史塔生逐漸失勢的時機。對這兩位日薄西山的戰士來說，最後一戰在一九五八年一月六日上場，國家安全委員會召開馬拉松會議，史塔生提出與蘇聯談判的新架構。他的想法，是向俄羅斯人提出為期兩年的暫停核試，並各在國土上建立八到十二個監測站，以確保雙方遵守協約。這項計劃的創新之處在於首次將暫停核試與其他軍備裁減的問題脫鉤，於是能夠解決當時造成兩國僵局的主因。

雖然艾森豪當時也有類似的想法正在悄悄發展，但史塔生的這項提議在國安委員會上卻進一步引發爭論。國務卿杜勒斯擔心這會引起英法兩國反對。史特勞斯則是老調重彈，表示停止核試將會「嚴重不利於」乾淨武器的計劃，而且羅沙拉摩斯與利弗摩爾也會在核試暫停期間「失去動力」。他引用勞倫斯和泰勒的結論，表示「要監控蘇聯境內的核試，需要幾十個檢查站」，而不是史塔生提出的十幾個。在此時，艾森豪已經完全瞭解史特勞斯過去對他提供的科學建議並不完整，於是毫不客氣地要求他解釋為何科學界對監控效果有不同想法。他問道，像是泰勒在一篇文章裡認為任何監控都不會有效，而拉比又說必要的監控完全是美國做得到的事，白宮到底要怎樣在這兩種意見當中達成妥協？而且艾森豪也指出：「顯然史塔生州長相信某一群科學家的觀點，而史特勞斯海軍上將則是相信另一群的觀點。」有鑑於事情後來的發展，當時他或許已經放出暗示，希望兩人都離開戰場。基利安第一次參加國安委員會的會議，就順利承諾將找來「最符合資格的美國科學及技術人才」，針對監控的議題進行中立的權威研究，幾週之內就會將結果送到總統辦公桌上。會議最後，艾森豪指示先擱置史塔生的計劃，表面上說是暫時的。

史塔生瞭解自己敗局已定：他作為艾森豪「和平部長」的任期已經實際告結。艾森豪在二月七日正式宣布這項消息，並表示可以讓史塔生轉到政府的其他職務，算是個安慰獎。但史塔生拒絕了，他的注意力已經轉向未來的賓州州長大選。正如阿德萊·史蒂文森二世，他雖然失敗，但其實已成就許多。史塔生的交際手段充滿想像力，雖然常常會做得太過，但一直讓軍備裁減議題在白宮熱度不減，而且他最後試圖將核試禁令與軍備裁減兩者脫鉤的計劃，也確實是打破政策僵局、使這兩個目標有可能實現的關鍵。

在史塔生即將於兩週後去職的白宮會議上，史特勞斯提醒艾森豪，自己擔任原子能委員會主席的任期將於六月三十日到期。艾森豪雖然表示願意讓他再當一任，但史特勞斯已經厭倦了在華盛頓的唇槍舌劍、譴責攻擊。他請艾森豪「非常謹慎地」考量重新任命他的決定，因為他已經「累積了許多麻煩，包括華盛頓新聞界大多數專欄作家〔的敵意〕。」艾森豪則平靜地回答道，自己也同樣面對著這些麻煩。但等時間到，他還是讓史特勞斯離開了。

• • •

一九五八年年初幾個月，隨著暫停核試看來即將成為定局，美蘇雙方都想抓緊最後機會，於是進行了大量的核試。美國的核試名為軍用口糧行動（Operation Hardtack），該計劃將歷時三年，要在地面、水下和高海拔情境下進行試驗。勞倫斯感到最有興趣的就是高海拔試驗，他擔心蘇聯可能試圖在十萬英尺以上的高度進行核試，以躲避美國的大氣偵測系統，因此他希望能夠收集相關資料數據，以應對此類的行為。軍用口糧行動也會測試利弗摩爾「乾淨」與「骯髒」的核彈，以及分成不同形狀、不同大小的酬載。其中最重要的就是北極星系統潛艦核彈頭的原型，專為海軍這位利弗摩爾重要的新政府金主所打造。二月底，一萬四千名軍方及民間技術人員前往南太平洋，為軍用口糧行動做準備。各計劃負責人都希望將待測的裝置塞進行動時間表，因此整個行動不斷擴大。艾森豪在三月二十四日的白宮會議上與史特勞斯和杜勒斯見面，他就發現原本表定於四月至七月進行的試驗，當時已經要一路持續到九月。他要求史特勞斯提出解釋，而史特勞斯只說這是因為預計氣候不佳、會影響進度。

杜勒斯在同一場會議上指出，俄國已經大幅增加飛彈和核彈測試，不到三週就有十一次爆炸，而情報指出，蘇聯將在該月月底單方面宣布暫停核試。他表示，這樣一來將使美國「在全世界上處於極其艱困的局面。」也就是蘇聯在完成自己的試驗後，將把美國在「軍用口糧行動」的作為逼到牆角。如果美國取消這些試驗，科技知識上就會輸給蘇聯；如果美國照常進行，則會「失去自由世界對其作為和平支持者的信心。」由於擔心對手的策略，杜勒斯變成熱烈支持核試禁令條約。他當場提議艾森豪宣布軍用口糧行動將是其任內最後一次核試系列，並且同時加倍推動全面軍備裁減談判。

雖然史特勞斯此時已進入跛鴨任期，仍然以一貫的駭人氣勢反對杜勒斯的提議，並重申核試不會造成嚴重的健康危害。會議結束時很令人沮喪，與會者已經準備得面對蘇聯的宣傳手段打擊，而艾森豪也虛弱地請求手下「思考一下，面臨我們現在關於軍備裁減的恐怖僵局，得怎樣才能擺脫。」事實也證明，情報是正確的：蘇聯在新總理赫魯雪夫的帶領下，於三月三十一日宣佈單方面停止核彈試驗，並呼籲美英兩國從善如流，此外並提出警告，如果兩國繼續進行試驗，蘇聯自然也就會重啟核試。一如白宮顧問所料，蘇聯的宣告雖然帶著各種冷嘲熱諷，但完全是一次重大的宣傳勝利。請求美國配合蘇聯提議的呼聲自海外湧入，例如史懷哲便再次呼籲結束核試，表示：「人類堅持他們停止，而且完全有權這麼做」，而且如前第一夫人愛蓮娜．羅斯福等國內名人也如此要求著。

事實上，就算是核子研究與發展領域的人，也不見得都反對暫停核試。當然，利弗摩爾還是不停要求有更多核試、更多預算，例如當時的一份工作報告就指出「在不遠的未來，就會有許多有用的研究，數量遠遠不是〔利弗摩爾〕目前的規模所能處理。我們認為……要進行此類研究的時候，絕不該讓資金限制變為成敗的關鍵。」但在羅沙拉摩斯，諾里斯．布拉德伯里則是很高興終於能放鬆一下，不用再追求更多設計、更多試驗。他告訴史塔博德上將：「坦白說，事實似乎就是雖然美國在原子武器研發投入前所未有的經費，但幾乎可以肯定，每美元的回報率要低於一九四七至一九五〇年、或是一九五二至一九五四年。」布拉德伯里估計，美國當時每年在核武研究投入約一億五千萬美元，大約是利弗摩爾成立之前的三倍。此外，在有了第二座實驗室之後，就連看來並無法成功的武器計劃也很難被淘汰：由於利弗摩爾背後有著勞倫斯無比樂觀的支持，加上機構之間本來就會有競爭經費的壓力，因此羅沙拉摩斯所質疑的計劃都會被利弗摩爾接手。於是，羅沙拉摩斯也就一直擔心，一旦拒絕某項計劃，似乎看來就是沒有利弗摩爾那麼「熱心」，等於是給自己扣分。布拉德伯里寫道：「這一切所造成的武器計劃，時程太長、細節太多、牽扯太多試驗，而且費的心力太多、得到的真正改進又太少。」

由於埃尼威托克環礁春天的氣候多變難測，軍用口糧行動的準備工作也更加艱困。四月七日晚上，馬克．米爾斯與一位檢測人員乘坐直升機去檢查首批核試的準備工作，但突然一陣颱風襲來，導致直升機墜海，米爾斯也不幸過世。

消息傳到柏克萊，勞倫斯當時正在寫信給造訪日內瓦的弟弟約翰，提到自己已經從最近的幾場病痛中恢復過來，覺得「十分健康。」但接著就得到這項噩耗，無論對他個人或專業上都是毀滅性的打擊。在米爾斯加入放射實驗室這四年來，他已經成為看來理所當然的勞倫斯接班人。在約克前往五角大廈就任後，勞倫斯同意將泰勒任命為實驗室主任，但為期只有一年，條件是之後就永遠交給米爾斯。得知米爾斯在海上喪命的打擊，讓勞倫斯突然結腸炎發作，足足在床上躺了四天，接著他硬撐起床、面無血色、一路蹣跚地前往位於東灣的一座教堂，為的就是參加米爾斯的追悼儀式。

• • •

隨著在南太平洋的軍用口糧行動繼續進行，核試禁令事宜也開始在華盛頓取得進展。四月初，基利安向艾森豪和杜勒斯報告其專家小組的結論，判斷現有科技已能夠偵測是否有違反禁令的情形。基利安也證實，有鑑於美國的核武知識超越蘇聯，如果能達成雙邊協議，在軍用口糧行動後中止核試，「將對美國極為有利。」艾森豪也似乎因為基利安的報告而安心下來。收到報告幾天後，他向基利安透露自己「對於泰勒、勞倫斯和米爾斯博士所稱必須繼續進行核武試驗的說法，從來就不是特別欣賞、也不是完全信服。」這種說法，當然是想改變對過去歷史的某些詮釋；讀者可以想想，這三位科學家在去年六月的白宮會議簡報，正是讓艾森豪曾經公開質疑過核試禁令是否明智呢。

只不過，事情從那以後產生了變化。基利安的報告，協助推動美國主動和蘇聯聯繫。事情在四月二十八日成形，由杜勒斯起草一封致赫魯雪夫的信，提議在日內瓦針對核試禁令的檢查舉行「技術會議」。經過長久的過程，美國終於正式將核試禁令與範圍更廣的軍備裁減議題脫勾。如赫魯雪夫所認可，這是一項突破的基礎。五月九日，他接受了這項提議。

兩週後，艾森豪向媒體宣布初步協議，也公開了美國將參加技術會議的三位代表：前原子能委員會研究主任詹姆斯．費斯克（James B. Fisk）、加州理工學院物理學家羅伯特．巴徹，以及厄尼斯特．勞倫斯。在這三位代表中，巴徹贊成核試禁令，費斯克立場中立，而勞倫斯是反對禁令、但可以變通。

前往日內瓦的邀請從華盛頓送達時，勞倫斯正在巴爾波亞島的別墅，希望能忙裡偷閒幾天。莫莉反對接受這項任務，特別是因為事前的準備將需要在華盛頓聽取長達數週的密集簡報。但正如勞倫斯前往歐洲之前向圖福所說：「是我們幫忙開始了這件事，現在也必須盡我們所能。總統開了口，所以我必須去。」

為了參加這次會議，代表他將在四年內第四次造訪日內瓦。每次前往，都擔負著對往事的懷想；最初的一次是在一九五四年，協助成立CERN的物理實驗室（該實驗室的重點設備，就衍生自勞倫斯最初設計的加速器）。而在一九五五年，在為了與該年美蘇高峰會相關的和平原子會議期間，勞倫斯與俄國物理學家弗拉迪米爾．維科斯列爾共同發表關於加速器的簡報。維科斯列爾曾在一九四四年與埃德溫．麥克米倫同時發現相位穩定性，但麥克米倫誤以為自己是第一人，維科斯列爾也曾一直耿耿於懷。但到了日內瓦，一切已經雨過天青；勞倫斯和維科斯列爾在城裡最好的法國餐廳共進晚餐，氣氛融洽，討論分享著自己職涯裡發展出的科技。再一年後，在CERN主辦的一場日內瓦研討會上，勞倫斯遇到了史丹利．

李文斯頓。他們在那個下午花了很長的時間回憶故往，一切彷彿染著秋季的色調，兩人讚嘆從一開始用古怪的十一英寸加速器（當時甚至都還沒有「迴旋加速器」這個名稱）做實驗，到現在已經走了多遠，而且他們的研究在這接下來的四分之一個世紀又對科學的進程有了多大影響。

這次的新任務，又將是另一次重聚。巴徹和勞倫斯最早是在一九三〇年認識，當時巴徹造訪柏克萊，研究艾德夫森最早的一具四英寸加速器。在戰前，勞倫斯把他請到麻省理工學院的雷達實驗室；巴徹在那裡和勞倫斯的襟弟埃德溫．麥克米倫建立了長久的友誼。後來，巴徹也曾和勞倫斯合作研究鈾的電磁分離。

然而，在這次接下來的幾週裡，並沒有多少時間讓他們敘舊，因為這三位代表聽取簡報的行程極其繁重。巴徹回憶道，三位代表「根本可說是住在一起」，臨時抱佛腳研究著各種監控核試的技術，就像研究生在準備口考一樣。整個週間，他們都被武裝士兵監視著，只有吃飯和睡覺會離開簡報室。第一個週五結束後，疲憊不堪的勞倫斯搭上一班紅眼航班，向西回到巴爾波亞島休息兩天，接著就又再次登機回航，開始艱苦的另一週。再接下來的那個週五，他回到了柏克萊，但還是沒趕上兒子羅伯特的高中畢業典禮。當時莫莉在機場接機，看到他「從未如此筋疲力竭」，再次試著說服他退出日內瓦會議。然而，他還是又回到了華盛頓，繼續聽取了兩週的簡報。

最後階段是由國務院外交官來教課，他們擔心這些科學家不熟悉外交伎倆，會被狡猾的蘇聯外交人員拖進政治討論；在一次簡報裡，國務卿杜勒斯就親自強調，代表必須「純粹只做技術性的科學工作」，不能捲進任何政治。而為了維持一切只是技術諮詢的表象，杜勒斯下令，不會將任何外交人員正式派任給代表團。

勞倫斯身上的壓力半點沒有放鬆。美國國務院對他和莫莉的旅程安排十分草率，從紐約到葡萄牙里斯本的長途航班上，竟然沒有頭等艙能讓他好好休息；勞倫斯抵達歐洲時，已經累到筋疲力盡。雪上加霜的是，就連俄方究竟會不會派人出席，他們都還故弄玄虛，要讓美方到最後一刻才知道。會議表定將在七月一日開始，但在兩週前，俄國突然堅持會談內容必須擴大，包含對核試禁令本身的協商。而當時並無法知道，究竟在美方堅定反對下，俄方是否會在這個議題上鬆手。巴徹回憶當時：「我們會出席，也希望他們會出現。」

蘇聯確實出席了，但從他們一來到日內瓦的停機坪上，就可以看出美國國務院對其政治意圖的擔憂是有道理的。在幾位代表中，有一位「頭髮蓬亂的男子，帶著令人生厭的態度、一抹狡詐的微笑」；美國的蘇聯專家很快就認出他正是謝苗・察拉普金（Semyon Tsarapkin），莫斯科最狡猾的外交談判之一。美國開始給了他一個「叫人不舒服的『老傢伙』」的稱呼。美蘇雙方分別以費斯克和察拉普金為主席，而兩人也將在接下來的幾週內激烈交鋒：這是場科學和政治的鬥爭。

正式的會談穿插在數不盡的宴席與招待之間，而勞倫斯認為這些都是與蘇聯科學家建立個人關係的關鍵場合。在一次花園派對上，他意外與歐本海默見了面，當時歐本海默是因為其他原因而造訪日內瓦。這是他們自安全聽證會以來的第一次、唯一一次、也將會是最後一次見面。在歐本海默的回憶裡，他們說了一些場面話，「絕對沒什麼不愉快」；歐本海默只待了一會，接著便先行離開。

會談雖然也安排參訪瑞士阿爾卑斯山，做為休閒放鬆，但這些行程只是讓勞倫斯已經勞累的身體更加疲憊。在瑞士待了兩週，他開始出現頻頻乾咳、持續發燒的症狀。莫莉擔心這是病毒性肺炎捲土重來，於是請來了一位醫師，檢查後並未發現呼吸道感染，但反而注射了一些肝臟和胎盤的萃取物，那是一種治療免疫系統低落的新療法。在這之後，除了短暫出門呼吸新鮮空氣和就診，勞倫斯很少下床。但巴徹回憶道：「他的病情似乎就是無法好轉。」最後，在痛苦度過四週後，他決定回家。

• • •

約翰到勞倫斯在柏克萊的家中拜訪，隔天就立刻將他帶到奧克蘭的貝拉達醫院；勞倫斯慘白的臉色讓主治醫生都大吃一驚。但兩天後，他的體力已經恢復到找人拿來了自己的繪畫工具，想繼續這項他在瑪內特・盧米斯鼓勵下開始的愛好。他還答應，本週內就會康復出院，到巴爾波亞島找莫莉和孩子們。但他的病情在隔天再次惡化。繪畫工具就放在那裡沒有用上，要前往巴爾波亞島的決心也煙消雲散。醫生都很清楚，勞倫斯的慢性結腸炎嚴重影響了他的消化系統，他們提議動手術切除大部分結腸，而這也將永遠改變勞倫斯的生活品質。在約翰的堅持下，勞倫斯轉院到海灣另一邊的帕羅奧圖醫院，請全美頂尖的結腸炎專家阿爾伯特・史內爾（Albert Snell）醫師提供醫療意見。

在柏克萊校區，庫克西與加州大學的新校長克拉克・科爾（Clark Kerr）已經暗地開始討論，要將放射實驗室主任一職交給經過勞倫斯同意的埃德溫・麥克米倫。莫莉從妹妹那裡得知消息，已經北返到勞倫斯身邊，全天陪伴。勞倫斯多年來一直不願意動腹部手術，直到聽完史內爾的意見才終於讓步，但他似乎已經開始想著某件更遠之後的事。他向莫莉說：「妳知道，我真希望自己以前多休息。我也想的，但良心不可能過得去。」

手術日期定在八月二十七日。勞倫斯被推進手術室時，莫莉靠在他身邊，低聲說著：「你醒的時候我會在。」手術持續了五個小時。手術完成後，她只短暫見到他一面，靠在他身邊，好像聽到他說：「莫莉，我準備要放棄了。」那是晚上十點。醫生勸她休息一下，說勞倫斯從麻醉裡醒過來還要好一會，所以她去了一間深夜的咖啡店。然而，等待實在太痛苦，所以她還是又趕回了醫院。但一走出電梯，她見到護士的表情就立刻知道勞倫斯已經過世，年僅五十七歲。

勞倫斯的病情，讓手術室裡的醫生都措手不及。感染和結腸炎造成的潰瘍嚴重影響全身系統，醫生難以想像他在幾個月前還能打網球。勞倫斯連正常康復的機會都微乎其微，更不用說想要恢復正常的生活方式了。勞倫斯的親友默默不語，想到如果勞倫斯搶救回來可能的情況，就叫人不忍想像，甚至對現況感到寬慰。庫克西就告訴一位前來弔唁的同事：「像勞倫斯那樣的人，如果只能臥床靠人長期照料，一定會覺得生不如死。」但他繼續寫道，現在還有其他工作要做。「勞倫斯身後留給我們太多，我們要扛起這項挑戰、繼續下去。」在勞倫斯過世後，許多朋友同事都思考著能做些什麼，但或許其中最叫人意想不到的一位就是歐本海默。一九五九年一月下旬某個寒冷的日子，歐本海默來到了大衛．李林塔爾在普林斯頓的家中。歐本海默已經頭髮灰白，但比起李林塔爾印象中最後一次見面，似乎氣色較為好轉，沒那麼憔悴。兩人談了好一會，談著李林塔爾如何透過非營利的二十世紀基金組織（Twentieth Century Fund）來推動軍備裁減。話到尾聲，李林塔爾提到勞倫斯的時候，對於這個「成就根本應該讓他封爵，卻受到如此惡劣的對待」的人，李林塔爾帶出了他「唯一能說得上是怨憤的情緒」。

李林塔爾的日記寫著這次的對談：「歐本海默說，勞倫斯是死於沮喪，因為他野心太大、造成長期的壓力，而最後的頂峰就是他努力想破壞日內瓦終止核試的會議。」李林塔爾沒想到歐本海默會說這種話，於是回答：勞倫斯「在我看來一直就是個外向、滿足、平步青雲的成功人士。」但歐本海默反對：「我認識他比你更久、關係也更近；他非常害怕的一件事，就是自己的地位正在或可能造到損害。」

正如李林塔爾所言，這是一條「奇特的側面消息」，不但與事實不符，就連歐本海默自己在幾年後向勞倫斯的傳記作者赫伯特．柴爾茲所說的也不一樣。歐本海默是從好友羅伯特．巴徹那裡，得知勞倫斯在日內瓦會談中扮演的角色，歐本海默也承認，雖然勞倫斯對於核試禁令的可能性、甚至對於這件事是否明智，都有「非常嚴重的懷疑」，但「顯然他很願意將自己這份懷疑的重要性，放在自己約定要完成的使命之下。」這種說法也更接近事實：勞倫斯確實是出於責任感和承諾，才前往日內瓦協助整個會談，而且這件事也賠上了他的生命。

在勞倫斯回國後，日內瓦會談又持續了三週。詹姆斯．費斯克這位科學出身的美方代表主席，展現出了意外的高明外交手腕，最後達成的協議結果是偵測核試「技術上可行」，而這正是核試禁令談判所不可或缺的前奏。在日內瓦會談結束後的隔日，艾森豪提議在十月三十一日開始談判。為了讓談判有個好的基礎，他宣布美國將遵守暫停核試一年，而只要俄國也維持暫停核試、並在軍備裁減協議能有「令人滿意的進展」，便可每年續約。短短幾天內，赫魯雪夫也同意了。

自廣島原爆以來，在大氣層、地下與海上總共進行了超過一百九十多次原子彈及氫彈試驗。其中，美國占一百二十五次、俄國四十四次、英國二十一次。而這（一九五八年）是自一九四五年以來首次，全球的核試場所都停止製造出人為的雷電。

談判共持續兩年多，不斷來回於希望和憂鬱的高峰與低谷之間，但測試場所始終維持寂靜。但在甘迺迪總統上任幾個月後，這片寂靜結束了。一九六一年八月三十一日，蘇聯宣布將恢復大氣層核試，而且隔天立刻說到做到。甘迺迪則是堅持到一九六二年三月二日，才在電視廣播中宣布美國將恢復大氣層核試。這一輪新核試於一九六三年夏天結束，當時美蘇達成一項有限的禁試協議，禁止在大氣層、海上及太空中進行核試；簡單說來，就是只能在地下進行。

當時，利弗摩爾已經改由愛德華．泰勒領導，而暫停核試的這三年可說十分難熬。利弗摩爾設計的核彈通常比羅沙拉摩斯更為精密複雜，因此如果只是靠著理論建模而無法測試，就很難進一步做調整改善。然而，利弗摩爾（在一九八〇年正式改名為勞倫斯利弗摩爾國家實驗室〔Lawrence Livermore National Laboratory〕）靠著和空軍和海軍關係良好，研究成果豐碩，發展蓬勃。在暫停核試期間，利弗摩爾仍然繼續研發北極星系統，接著又研發下一代的潛射核子飛彈「海神」（Poseidon）。在一九七〇年代，利弗摩爾又研發出了多目標重返大氣層載具（MIRV），這些核彈頭裝有八到十四個子彈頭，每個子彈頭都比廣島原子彈強上二十五倍。MIRV也包含陸基MX飛彈計劃，是利弗摩爾長期研發高爆炸當量、低重量核彈的最終產品。

• • •

放射實驗室做為大科學的核心，確實不愧其傳承與挑戰。在勞倫斯過世後，總共有七名在放射實驗室的學生與同事獲得諾貝爾物理或化學獎。這時的放射實驗室已經改名為勞倫斯柏克萊國家實驗室（Lawrence Berkeley National Laboratory），還將有另外四人加入諾貝爾獎這個科學家的萬神殿，這些人雖然未曾直接與勞倫斯合作，但將承繼他在放射實驗室建立的傳統。

除此之外，還有許多人雖然未得到諾貝爾獎這個最終的榮耀，但仍然得到化學家和物理學家同儕的敬重。例如阿爾伯特．吉奧索（Albert Ghiorso），就是其中之一；這位矮胖而固執的物理學家剛好在大戰之前來到柏克萊，出名的除了簡直像施了魔法的電子學成就，還有無人能出其右的自由主義觀點；西博格就寫道，吉奧索是「我認識唯一一個會說富蘭克林．羅斯福是保守派的人」。同時，吉奧索也是史上最辛勤不倦、且最具創造力的新元素獵手，不論獨自或與他人合作，總共發現了十二個超鈾元素。

其中就包括了第一〇三號元素：在一九六一年，吉奧索與他柏克萊的同事們透過一種稱為「每次一個原子」（atom-at-a-time）的化學方法（真的就是平均每次偵測一個原子，重複數百次試驗），相信他們已經發現了這種元素。過去，這群科學家就曾以元素的命名向實驗室致敬，在一九四九年將九十七號元素命名為「berkelium」（致敬柏克萊〔Berkley〕，中文譯名為「鉳」），在一九五〇年將九十八號元素命名為「californium」（致敬加州大學〔California〕，中文譯名為「鉲」）。而這次，這個迄今從未出現在人類目光下的一〇三號元素則被命名為「lawrencium」（致敬勞倫斯〔Lawrence〕，中文譯名為「鐒」）。

結語：大科學的遲暮？

莫莉．勞倫斯一向不喜歡什麼盛大的場面，這次也拒絕為丈夫舉行公祭。因此，在勞倫斯去世後第三天上午十點，柏克萊第一公理會教堂（First Congregational Church）坐滿了幾百位受邀的朋友與同事；教堂距離校園只有兩個路口，走幾步路就是放射實驗室的舊址。

主持人是克拉克．科爾，在效忠誓詞的衝突後不久，這位童山濯濯的勞動經濟學家就從羅伯特．史普羅爾手中接過了柏克萊校長一職。

科爾在致詞從人類對知識無止境追求的漫漫長河，談到勞倫斯的一生與職涯，想必這樣的切入角度讓勞倫斯十分欣慰：

像人類的生物，已經在這個星球上生活了至少一百萬年，而他們在這百萬年間不斷摸索，更瞭解了這個世界，也更懂得如何控制這個世界。其中有一些，將幾道光線射入浩瀚的未知黑暗，為所有後代照亮了一個新時代。厄尼斯特．勞倫斯創造出了其中最明亮的一道，所有人類將永遠因此能夠看得更遠、瞭解得更多。我們每個人、以及我們所有的孩子，都要感謝厄尼斯特·勞倫斯，帶給我們比金錢更重要的事。靠著他擴張我們的理解、減少我們的無知，他讓我們每個人都多了一點人格尊嚴、多了一點生命意義。

與勞倫斯最熟的那些人，可能也還記得二十年前雷蒙德·福斯迪克曾說過類似的話。當時洛克菲勒基金會撥下一百一十五萬美元巨款贊助一百八十四英寸迴旋加速器，而福斯迪克將之稱為「一個偉大的象徵，代表著人類對知識的飢渴，象徵著對真理不屈不撓的追求，正是人類精神最高尚的表現。」而在某些比較追求實際的人心中，勞倫斯最重要的是擔任研究行政管理的角色，像是在美國國家科學院對勞倫斯的悼詞中，路易斯·阿爾瓦雷茲就寫道：「世人會永遠記得他發明了迴旋加速器，但更該銘記的是，他發明了現代的科學研究方式。」

• • •

在之後的數十年間，勞倫斯的科學方法仍然是眾人遵從的典範。確實，高能物理學得出各種發現之後，本來就會需要有更大、更複雜、更昂貴的加速器，因此或許就算沒有勞倫斯，也可能會發展出大規模的跨學科實驗室。但我們以後見之明看來，會知道如果沒有他，就不可能發展出這種勞倫斯風格的實驗室。對其同輩及過去的第一代科學家來說，還有太多其他大科學可能走上的路。在他們看來，正是勞倫斯發明了大型實驗室，能讓「物理學家、工程師和技術人員共生合作，建構更大、更複雜的粒子加速器」（這些話出自英國物理學家約翰．亞當斯〔John Bertram Adams〕，他在一九七五至一九八〇年擔任CERN主任），這件事就是美國風格、就是勞倫斯的風格。舉例來說，是勞倫斯讓工程師在加速器實驗室裡有著與物理學家同等的地位；雖然加速器科技本身將鼓勵物理研究採用更自由、較不受機器所限制的方式，但相較之下，歐洲物理學家會「傾向於避開『骯髒』的工程事務」，而這肯定是造成歐洲在加速器科技上落後於美國的原因之一。

勞倫斯領導放射實驗室所創造的這股動能，直到一九七〇年代仍讓物理學蓬勃發展。史蒂芬．溫伯格（Steven Weinberg，將在一九七九年因為電弱力研究而榮獲諾貝爾獎）在一九五九年來到放射實驗室擔任博士後，當時比爾．布羅貝克已經在山頂上為勞倫斯打造出貝伐加速器。溫伯格回憶道，打造貝伐加速器「就是為了加速質子，使能量高到足以創造出反質子〔帶負電荷的質子〕，最後也就完全不出所料地製造出了反質子。」但還有許多其他類型的粒子也是如此，需要再建出更新一代、能量更高、當然也更昂貴的加速器，才能打破新的奧祕。就像最初那些用著玻璃和蠟封的加速器促成了二十七英寸與三十七英寸迴旋加速器，新迴旋加速器繼而又促成了六十英寸和一百八十四英寸迴旋加速器，貝伐加速器也為未來的加速器點出發展方向，但那已經規模太大，不可能放在峽谷裡，成本也高到不可能由一所大學獨力建造。因此，之後的新設備就必須靠著學術聯盟與官學合作，例如芝加哥費米實驗室的地底就有此類新加速器，又或是CREN。這些新一代科學儀器的規模已經不能光用宏大來形容；有一座位於伊利諾州的大草原，另一座則位於法國與瑞士邊界的田園，在溫伯格說來，它們都成了當地「景觀的特色」。

・・・

但在勞倫斯去世後短短幾年內，就有人對他的研究方式所打造出的事業規模及費用提出質疑。其中一位是物理學家阿爾文・溫伯格，而且正是他在一九六一年創造了「大科學」一詞。他時任橡樹嶺國家實驗室的主任（勞倫斯與格羅夫斯將軍成立這個實驗室，是為了以電磁分離法來將鈾濃縮），讓他很方便就能調查勞倫斯播下的種子得到了怎樣的研究成果。阿爾文・溫伯格對大科學提出了三項根本問題：它是否正在毀壞科學？它是否正在毀壞國家經濟？它所掌握的經費，是否應該重新用到他處（像是掃除疾病、或是更針對「人類福祉」的用途），而不是用在像太空旅行或粒子物理這樣「華麗壯觀」的研究上？

光是提出這些問題，就已經暗示著答案是肯定的。溫伯格認為，大科學是靠著宣傳曝光才能蓬勃發展，因此討論的重點常常不在於哪些計劃在技術上最突出，而在於哪些計劃最能炒熱度。大型計劃的經費花都花不完，等於鼓勵著先建就好、少去思考：「人們自然就會想花錢解決、而不是好好思考：直接訂購一個新的一千萬美元核子反應爐，而不是用手上已有的反應爐去設計關鍵實驗。」溫伯格清楚點出了大科學影響了研究與大學後所造成的不安。他寫道：「我想大多數美國人寧可選擇的社會，應該是率先治癒癌症，而不是率先把太空人送上火星。」

其他人則是認為，傳統學術結構是將基礎研究、應用研究和教學融合成單一但多面向的整體，但大科學有可能對這個結構造成影響。像是迴旋加速器這類原本只屬於物理學家的設備，一旦開始走出大學校園，就讓傳統學術結構開始瓦解；在第二次世界大戰、韓戰及冷戰期間，軍事資金成了研究經費的主要來源，這使得傳統學術結構又更進一步支離破碎。在放射實驗室的五十週年研討會上，約翰．亞當斯就向觀眾表示：「在大學不足以繼續容納這些設備之後，進行實驗的地方與學生接受物理教學的地方分開了……需要特別強大的人格，才有辦法同時在像是哈佛大學之類的地方教授學術課程，又在像費米實驗室或CERN之類的地方承擔重大實驗的責任，特別是實驗會持續數年之久。」

大科學已不再是學術機構的一部分，而是自成一套機構。這些需要運用價值數十億美元設備進行的實驗，必須先得到各種委員會的批准，但委員會不只會客觀評斷提案的價值，還會主觀判斷申請者的名聲高低、在所屬領域地位如何。在這種做科學研究的方式、以及過去靠著偶然所得的研究方式之間，兩者的鴻溝愈來愈大，這點在勞倫斯或說他這整代的科學家離去之後，我們就能深刻感受到。在他仍主持著放射實驗室的時候，勞倫斯就是自己的實驗委員會，可以掌握研究的方向，直接的方式是透過命令，而間接的方式則是透過他選擇了哪些研究夥伴：在放射實驗室，所謂重要的研究，常常就是勞倫斯、阿爾瓦雷茲或麥克米倫想做的研究。

勞倫斯這一代也有一些科學政治家，從二次大戰期間以來直到和平時期就一直扮演權威的角色。戰後的第三個十年結束時，許多人已經離世：羅伯特．歐本海默，一九六七年；亞瑟．康普頓，一九六二年；凡尼瓦．布許，一九七四年。後代沒有任何人能像他們，那麼得到國會或白宮的尊重；沒有人能像他們，如此代表著科學界共同的利益；而且，也沒有任何人擁有勞倫斯那樣的籌資技巧。

這群美國科學界最偉大、最有影響力的人，當他們離世時，一方面對新加速器的需求日益增長，但另一方面，甚至部分物理學家也開始質疑加速器的必要性。對於曾在「迴旋加速器主宰科學研究」年代的粒子物理學家來說，想追求更大、能量更高的加速器，就是一種信仰。像是沃爾夫岡．潘諾夫斯基，他在待過放射實驗室之後，還曾經到史丹佛大學主持與柏克萊互相競爭的高能加速器計劃。他在一九九二年寫道：「要不是有這些大型的努力、大型的工具……不論是對於物質最微小的結構（高能物理）、或是整個宇宙最大的規模，我們就會無法取得相關資訊。」此外，這些計劃都是全有或全無。史蒂芬．溫伯格表示：「大科學有一個特殊的問題，就是無法輕易按比例縮小」，例如他提到，新加速器的設計要在地下挖出巨大的環形隧道，以相反的方向射出粒子束、讓它們彼此撞擊粉碎，這種新加速器就要花上幾十億美元，而他就說：「如果建一條只有半圓的加速器隧道，就一點用都沒有。」然而，科學不是只有物理學，而物理學也不是只有高能物理學。

• • •

隨著曼哈頓計劃的科學領導者在一九六〇年代中期開始離開戰場，也愈來愈多人懷疑科學家在確定國家優先事項時扮演的角色。《科學》的編輯菲利普·艾貝爾森（曾任放射實驗室研究員，也曾為了供應原子彈之用，在一九六六年研發以熱擴散來濃縮鈾的程序）就寫道：「科學界長達二十年的蜜月期即將結束。」

那確實會是一場豪華的蜜月。這二十年可說是始於廣島原爆，還會因為史普尼克號而再登高峰，在這個期間，科學家在政治生活的各方面都成為重要人物。戰後，如同哈佛大學公共行政專家唐·普萊斯所言，布許、勞倫斯等人還能說服國會「基礎科學本身就值得支持，或者至少不要去過度追問它與實際結果有何關連。」美國三軍工業學院（Industrial College of the Armed Forces）的政治科學家拉爾夫·桑德斯（Ralph Sanders）就在《原子科學家公報》寫道，著名的科學家成了「政治動物」，「總統的科學顧問委員會現在評論的這些議題，在四十年前只有政治家能夠評論……今天講到公共事務，會看到一群又一群的科學家四處攻佔，一心想插手愈來愈多領域的問題」，而原因就在於政治家「被科學輝煌的成就所迷亂，被科學常常深奧的本質所困惑，被蘇聯科學造成的挑戰所煩心。」這樣的過程是自勞倫斯開始，但在他過世後成長得難以估計。

但在那時，已有跡象顯示科學家的影響力逐漸式微。當然，從絕對金額來看，科學仍然佔了美國國家資源的一大部分：聯邦政府在研發方面的支出從一九四〇年的七千四百萬美元增加到一九六五年的一百五十億美元，平均每年成長近百分之二十。然而，成長率是急劇下降。一九五〇年到一九五五年的年成長率為百分之二十八，但從一九六一年到一九六五年，則是百分之十五。

從這個趨勢無疑可以看出，想在戰後維持如戰時的成長率絕無可能。但還不只如此。在過去，大科學可以超賣過去的成就，而鼓吹「大科學」的人也會過度誇大未來的報酬。但到了一九六〇年代中期，戰時的成功逐漸散失於記憶的迷霧，而在後史普尼克號的時代，與俄國競爭的開支似乎開始顯得驚人。

接著是越戰爆發。越戰對政府資源造成沉重壓力，也讓人開始爭論美國在世界上的角色，於是關注到美國社會優先順序的問題；同時，學術和科學重要人物參與戰爭機器，也引發關於軍方資助科學研究的新爭議。國會開始要求學術界從五角大廈的母乳斷奶，一九六九年通過了以蒙大拿州民主黨參議院多數黨領袖邁克・曼斯菲爾德（Mike Mansfield）命名的曼斯菲爾德修正案（Mansfield Amendment），禁止五角大廈資助任何與軍事無直接關係的研究。這項變化，衝擊到許多在後史普尼克號時代由國防部先進研究計劃署（Advanced Research Projects Agency, ARPA）所資助的「大科學」大學計劃，其中重要的一個項目就包括連結各大學的、研究計算機的網路ARPANET，這正是現今網際網路的先祖。（有鑑於其使命的改變，ARPA的名稱後來加上國防（Defense），更名為國防先進研究計劃署（DARPA）。）這項改變對物理學家造成的打擊特別大，因為許多人的職涯抱負都是基於政府將繼續資助大科學的期望。在麻省理工學院，從一九六八到一九七二年的政府經費支持下降了百分之三十，物理系主任維克多・魏斯科普夫就很痛惜前景不佳的狀況：「有一整個世代，之所以投入物理研究，是因為史普尼克號的刺激。他們小時候在學校時，大家告訴他們這是一項重大的國家危難，而且我們需要科學家，於是他們努力投入研究」，但現在「他們無處可去，覺得被騙。」

面對因為越戰與預算要求不斷上升而引發的懷疑，大科學的科學家試圖加以反駁。對於基礎研究為何需要如此大筆的開支，他們提出的是幾項老藉口，例如表示只要有足夠的資金，基礎科學的實際應用就在眼前，能夠征服癌症「或心臟病、中風、精神疾病，或不論其他任何疾病」；而正如《哈潑》的編輯約翰・費雪（John Fischer）在不屑一顧地複述那些話之後，評論道：這句話已經被過度使用來「為那些和目標只能勉強扯上關係的研究找藉口。」又或者，他們的藉口會是一旦美國在大科學的投入上有所遲疑，蘇聯就可能在軍事上有所突破、甚至稱霸全球。

在國家資源有限、優先事項需要重新考慮的氛圍下，大科學面臨著在勞倫斯時代未曾碰上的挑戰。從那個時代到戰後的第一個十年，基於國族自豪，美國人普遍認為政府應該提供資金，補助單純為了知識本身的研究。洛克菲勒基金會的華倫．韋弗就曾經宣告著：「給予自由，偉大的想法就會出現。只要你給那些智識能力過人的人……思考的自由、免於其他壓力的自由，讓想探索自然運作的好奇心成為他們的動力。」

但時移境遷，這種說法現在聽來徹徹底底就是個精英主義。過去花上數百萬美元、只為了追求知識本身的研究計劃，現在要受到愈來愈多關於實用性的檢視。例如一九五八年的莫霍計劃（Project Mohole）就碰上這種命運，這項大膽的計劃打算從深海海底鑽穿地殼到達地幔，被視為是與太空競賽、次原子物理研究並駕齊驅的地質研究。然而，因為原本的一千五百萬美元預算大幅膨脹到一億二千七百萬美元，這項計劃最後黯然收場。國會取消莫霍計劃之後，一九六六年七月號的《科學》雜誌就曾譏嘲地表示，計劃發起人為了拯救這項計劃，已經把莫霍計劃講成是「能夠解決除了毒葛（poison ivy）之外一切問題的萬靈丹」。

一九八〇年代和一九九〇年代初期，在美國最能代表大科學所受限制的事件，莫過於超導超級對撞機（Superconducting Super Collider, SSC）的相關爭議。ＳＳＣ可說是勞倫斯與尼爾斯．

艾德夫森當初玻璃與蠟封加速器的後繼者，預計十年之間的成本將高達六十億美元。支持者直接照抄了勞倫斯的劇本，向國會說服，訴求的是國族自豪感、可能應用在拯救生命、對於人類追求自然基本真理的榮光。SSC最積極的提倡者薛爾登．格拉肖（Sheldon Glashow）和里昂．雷德曼（Leon Lederman）寫道，這項計劃能夠取得關於超導磁鐵（有益於「超高速運輸」、電池與電子傳輸）、建築技術與電腦科學的新知。然而，他們的基調仍然是在於警告美國科學可能被歐洲超越。他們寫道，如果美國不願通過SSC，「損失的不只是我們的科學，還有國族自豪感以及科技自信心等更廣泛的議題。在我們還是小的時候，美國在幾乎所有事上都是第一。現在也應該再次重現。」

然而，SSC陣營缺了勞倫斯那種掌控非專業民眾、並讓科學界團結起來的能力。早在一九六七年，《紐約時報》就已經提出抨擊，認為面對著急迫的社會問題，高能加速器卻是「昂貴而不食人間煙火」（這批評的是費米實驗室計劃購置新加速器）。隨著SSC計劃的推進，預算考量擊倒了關於科技發展、國族自豪感與人類抱負的承諾。史蒂芬．溫伯格與一位反SSC的國會議員一起上了賴瑞金（Larry King）的電視節目，面對面互相挑戰。溫伯格回憶當時：「他說他並不反對在科學上花錢，但事情必須有輕重緩急。我則解釋說，SSC將能幫助我們瞭解自然的法則，然後問他難道這不是件重要的事嗎？我記得他回答的每一個字，其實也就只有一個『不』字。」在勞倫斯的年代，絕沒有任何國會議員膽敢對勞倫斯做出如此粗暴的拒絕。

此外，物理學界也在大眾面前分裂，有人質疑SSC究竟是否真正必要，於是SSC的前景又更為黯淡。對於像潘諾夫斯基與溫伯格這種高能物理學家來說，SSC自然有其必要；但其他科學領域的人則有不同看法，他們長期面對高能研究對經費無比驚人的需求，早覺得一切不公平。最後在一九九三年，由於針對SSC的成本、必要性和實用性持續無法達成共識，加上經濟不景氣愈演愈烈，國會決定取消該計劃。

這是不是敲響了大科學的喪鐘？過了幾十年，在本書寫作時，未來仍然不明朗。SSC遭取消之後，高能物理的研究中心轉移到CERN和它的大強子對撞機，這已經成為全世界最強大的加速器。大強子對撞機為數以千計的物理學家提供工作機會，其中許多是美國人，並且在二〇一二年取得重大成功，找到了難以捉摸的希格斯玻色子。然而，正如物理學在過去大約一個世紀以來的發展模式，這項發現只為我們指出了更多關於基本粒子、關於自然力的其他問題；這些問題可能需要更大、功率更高的機器，才能回答。史蒂芬·溫伯格就預測：「在接下來的十年間，物理學家可能會向各自的政府提出要求，要求更新、更強大的加速器，而這正是我們當初所認為需要的。但這個請求將非常難以成功。」

自從SSC遭到取消以來，政府為大科學提供資金的角色持續削弱。在二十一世紀的前幾十年，主要提供研究資金的是商界，佔了全美研究發展經費的三分之二。而其中又有近三分之二是投入在「發展」，也就是把應用型研究的成果推向市場。在所有研發經費上，每六美元只有一美元是用於基礎研究。國家科學基金會（National Science Foundation）發現，從二〇〇三年到二〇〇八年，幾乎所有經費增加都是來自於商界。大科學的未來似乎得要靠產業界，但在產業界的研發優先順序卻又與大學、研究基金會與政府大不相同。

• • •

勞倫斯離世後的這些年，他所帶出的大科學除了在成本與實用性方面受到攻擊，就連他經過募款、發揮科學長才之後到底達成了什麼目標，也開始出現爭議。這項爭議的焦點，在利弗摩爾。

到了一九八〇年代，利弗摩爾在國際軍備競賽上的角色愈來愈突出，開始讓柏克萊校園以北山區塔瑪帕斯路上的某個家庭充滿疑慮不安。在那裡，莫莉．勞倫斯思索著丈夫的遺志是否真在利弗摩爾得到了妥善的繼承。她最後的結論認為勞倫斯並不會這麼想，於是她下了決心要告訴全世界。

在一九八二年的某天，她看到新聞報導著爭議性頗高的洲際彈道飛彈（ICBM）計劃，便告訴一位地方報紙記者：「我聽說『勞倫斯利弗摩爾』將會為MX飛彈設計零件。突然之間，我發現他的名字和這件事扯上關係，因而為它帶來了合法性與尊重，這是一件很可怕的事。」

她確信，對於當初為了國安而研發熱核彈的努力，竟變成不斷升級的競爭，還要製造出無上限破壞力的武器，勞倫斯會像她自己一樣大為吃驚。她表示，對於那些「中產階級白痴，不願意面對我們自己所造成的恐怖，而且在我們已經有了足以威懾的十倍到二十倍力量時，卻拒絕試著制止這種瘋狂」，勞倫斯一定會十分憤怒。

那年春天，她寫信給加州大學的校董，表達自己對於勞倫斯與利弗摩爾名稱並列感到「羞恥和悔恨」，要求將他的名字從實驗室的名稱中刪除。但校董有異議，向她表示由於利弗摩爾是聯邦政府實驗室，名稱必須由聯邦來解決。另一項或許幫不上忙的因素，在於她的小叔約翰．勞倫斯也是校董，而且完全不同意她的想法。她最後將這個戰場帶到了國會，請求加州參議員艾倫．克蘭斯頓（Alan Cranston）的協助，但一直未能成功，至今實驗室名稱仍然是勞倫斯利弗摩爾。

然而，到底勞倫斯是否會認同利弗摩爾在核武發展後的角色，已經無法確定。一九五二年，各方已經十分瞭解美蘇發動永久性軍備競賽的可能性。事實上，這正是歐本海默、費米、拉比等人在反對熱核彈時，所主張的一部分。勞倫斯還在世時，利弗摩爾就已積極爭取在武器研發擔負更大的責任，而在他指定的繼任者愛德華．泰勒帶領下，也是繼續如此。勞倫斯自己推動武器計劃時，努力的程度也不下於後來的利弗摩爾。

莫莉想做的，是保護丈夫用半個世紀打造出的成果，而這目標並沒有錯。讓我們重複歐本海默的評論：透過他的天才，勞倫斯不僅照亮了大自然某些最黑暗的謎團，還發明了一種新的方法來解決「研究自然的問題」。儘管勞倫斯的方法在一定程度上促進了科學與軍事的結盟，但同時也豐富了科學，並且確確實實豐富了我們對自然的理解。一直到生命即將邁向結尾，勞倫斯都沒讓科學因為得到大筆資金就做出越軌的舉動。就算他遲早會屈服於人性，相信自己的目標一定是對的，但這不應該掩蓋他真正的成就，也就是將科學知識帶到了一個全新的層次。

在莫莉開始呼籲將勞倫斯的名字與軍國主義及大規模毀滅脫勾的前一年，有一次在柏克萊的演講，引起令人振奮的回憶。那次的場合是放射實驗室成立五十週年。她引用約翰·惠蒂埃（John Greenleaf Whittier）的詩句：「在所有悲傷的話語或文字中，最悲傷的是『本來可能如此』」，思索著際遇、幹勁與偶然是怎樣構成一個獨特的組合，而讓勞倫斯在科學界留下了自己的印記——「一系列的『如果當時』」。

如果當時羅夫·威德羅在一九二八年沒有發表那篇加速鉀離子的文章，會怎樣？如果當時勞倫斯沒有剛好在圖書館裡讀到這篇文章，而且就算自己德文不好、還是努力讀懂了大致原則，會怎樣？如果當時尼爾斯·艾德夫森沒有被說服，沒有用玻璃和蠟封打造出第一具柏克萊加速器，會怎樣？……如果當時史丹利·李文斯頓沒有接下任務而打造出更大的加速器、並為一些棘手的問題找出精妙的解決方案，會怎樣？如果當時沒有那些卓越、敬業、勤奮、長期忍受辛苦的年輕人來到柏克萊，為了他們那位近乎苛求的大師不分日夜、週日與假日地工作，會怎樣？如果當時羅伯特．史普羅爾是個老頑固的大學校長，而不是一位年輕而充滿活力的校長，會怎樣？……

對於這些放射實驗室成功所不可或缺的因素，如果當時缺了任何一項，會怎樣？如果當時就算有了對的人、但沒能在對的時間提出對的想法、有對的熱情與堅持、有對的時間地點，會怎樣？

她下的結論是：「可以肯定，放射實驗室就不會在一九三一年成立於柏克萊，而我們今晚也就不會在此慶祝著由這諸多幸運所迎來的五十周年慶典。但一切就是發生了，事情就是如此，於是我們共聚一堂。」

致謝

幾乎所有曾與厄尼斯特・勞倫斯一同見證高能物理學形成、原子彈研發與熱核時代誕生的男男女女，目前都已離世而去。但其中許多人的聲音，都留在由赫伯特・柴爾茲為了一九六八年經授權的勞倫斯傳記《一位美國天才》（*An American Genius*）所進行的採訪當中，存放於加州大學柏克萊分校的班克羅夫特圖書館（Bancroft Library）。要檢視勞倫斯與他所處的時代，在許多不可或缺的起點當中，自然就包括了柴爾茲的研究與收集的素材，以及由海布朗（J. L. Heilbron）與賽德（Robert W. Seidel）在一九六九年所出版有關放射實驗室歷史的《勞倫斯與他的實驗室》（*Lawrence and His Laboratory*）。另外還有班克羅夫特圖書館所存的勞倫斯文叢（Ernest O. Lawrence Papers），感謝公共服務部門負責人Susan Snyder與其他員工，當我待在圖書館閱覽室長時間使用這些檔案資料，他們總是和藹可親、樂於助人。也要感謝勞倫斯柏克萊實驗室的Pamela Patterson，在實驗期間協助我調查檔案，並提供熱情款待。美國國會圖書館、波耳圖書館、美國物理學會檔案館、在西點軍校的美國軍校圖書館也為我提供了重要的歷史資料。勞倫斯和莫莉的二子羅伯特·勞倫斯，慷慨地提供了家族手中照片的副本。

我的經紀人Sandra Dijkstra對這本書貢獻了諸多熱情、鼓舞及信心，長期都多虧了她的支持。我在Simon &Schuster的編輯Thomas LeBien，在大綱階段與最終完稿提供了寶貴的指導。

最後但也最重要的是，要不是有我妻子Deborah的愛、忍耐、合作和支持，或是沒有兩個兒子David或Andrew給我的靈感，這本書的研究和寫作絕不可能成真。

Sherwin, Martin J. *A World Destroyed: Hiroshima and Its Legacies*. 3rd ed. Stanford, CA: Stanford University Press, 2003.

Smith, Alice Kimball. *A Peril and a Hope: The Scientists' Movement in America, 1945–1947*. Rev. ed. Cambridge, MA: MIT Press, 1971.

———, and Charles Weiner, eds. *Robert Oppenheimer: Letters and Recollections*. Cambridge, MA: Harvard University Press, 1980.

Smith, Richard Norton. *The Colonel: The Life and Legend of Robert R. McCormick*. Boston: Houghton Mifflin, 1997.

Snow, C. P. *Variety of Men*. New York: Scribner, 1967.

Steinberger, Jack, *Learning About Particles: 50 Privileged Years*. New York: Springer, 2005.

Strauss, Lewis L. *Men and Decisions*. Garden City: Doubleday, 1962.

Stuewer, Roger H., ed. *Nuclear Physics in Retrospect: Proceedings of a Symposium on the 1930's*. Minneapolis: University of Minnesota Press, 1979.

Truman, Harry S. *1945: Year of Decisions*. New York: New American Library, 1955.

Weart, Spencer R., and Melba Phillips, eds. *History of Physics: Readings from Physics Today*. New York: American Institute of Physics, 1985.

Weiner, Charles, ed. *Exploring the History of Nuclear Physics: Proceedings of the American Institute of Physics on the History of Nuclear Physics, 1967 and 1969*. New York: American Institute of Physics, 1972.

York, Herbert F. *The Advisors: Oppenheimer, Teller, and the Superbomb*. San Francisco: W. H. Freeman, 1976.

———. *Making Weapons, Talking Peace: A Physicist's Odyssey from Hiroshima to Geneva*. New York: Basic Books, 1987.

Pais, Abraham, and Robert P. Crease. *J. Robert Oppenheimer: A Life*. New York: Oxford University Press, 2006.

Panofsky, Wolfgang K. H. *Panofsky on Physics, Politics, and Peace: Pief Remembers*. New York: Springer, 2007.

Pfau, Richard. *No Sacrifice Too Great: The Life of Lewis L. Strauss*. Charlottesville: University Press of Virginia, 1984.

Regis, Ed. *Who Got Einstein's Office? Eccentricity and Genius at the Institute for Advanced Study*. New York: Perseus Books, 1987.

Rhodes, Richard. *The Making of the Atomic Bomb*. New York: Simon & Schuster, 1986.

———. *Dark Sun: The Making of the Hydrogen Bomb*. New York: Simon & Schuster, 1995.

Rigden, John S. *Rabi: Scientist and Citizen*. Cambridge, MA: Harvard University Press, 1987.

Roosevelt, Franklin Delano. *F.D.R.: His Personal Letters*, vol. 3: *1928–1945*. Edited by Elliott Roosevelt. New York: Duell, Sloan and Pearce, 1950.

Seaborg, Glenn T. *Nuclear Milestones: A Collection of Speeches*. San Francisco: W. H. Freeman, 1972.

———. *The Plutonium Story: The Journals of Professor Glenn T. Seaborg, 1939–1946*. Edited and annotated by Ronald L. Kathren, Jerry B. Gough, and Gary T. Bene el. Columbus, OH: Battelle Press, 1994.

———, with Eric Seaborg. *Adventures in the Atomic Age: From Watts to Washington*. New York: Farrar, Straus and Giroux, 2001.

Seabrook, William B. *Dr. Wood, Modern Wizard of the Laboratory: The Story of an American Small Boy Who Became the Most Daring and Original Experimental Physicist of Our Day—But Never Grew Up*. New York: Harcourt, Brace, 1941.

Segrè, Emilio. *Enrico Fermi, Physicist*. Chicago: University of Chicago Press, 1972.

———. *A Mind Always in Motion: e Autobiography of Emilio Segrè*. Berkeley: University of California Press, 1993.

Serber, Robert. *The Los Alamos Primer: The First Lectures on How to Build an Atomic Bomb*. Berkeley: University of California Press, 1992.

———, with Robert P. Crease. *Peace & War: Reminiscences of a Life on the Frontiers of Science*. New York: Columbia University Press, 1998.

Hoffman, Darleane C., Albert Ghiorso, and Glenn T. Seaborg. *The Transuranium People: The Inside Story*. London: Imperial College Press, 2000. Holton, Gerald, ed. *The Twentieth-Century Sciences: Studies in the Biography of Ideas*. New York: W. W. Norton, 1970.

Josephson, Paul R. *Physics and Politics in Revolutionary Russia*. Berkeley: University of California Press, 1991.

Kamen, Martin D. *Radiant Science, Dark Politics: A Memoir of the Nuclear Age*. Berkeley: University of California Press, 1985.

Kelly, Cynthia C., ed. *Oppenheimer and the Manhattan Project: Insights into J. Robert Oppenheimer, "Father of the Atomic Bomb."* (Record of a symposium on Oppenheimer and the Manhattan Project, June 26, 2004, Los Alamos, New Mexico, Atomic Heritage Foundation.) Hackensack, NJ: World Scientific Publishing, 2006.

Kennedy, David M. *Freedom from Fear: The American People in Depression and War, 1929– 1945*. New York: Oxford University Press, 2005.

Kevles, Daniel J. *The Physicists: The History of a Scientific Community in Modern America*. Cambridge, MA: Harvard University Press, 1977.

Lilienthal, David E. *The Journals of David E. Lilienthal*, vol. 1: *The TVA Years 1939–1945*. New York: Harper & Row, 1964.

———. *The Journals of David E. Lilienthal*, vol. 2: *The Atomic Energy Years 1945–1950*. New York: Harper & Row, 1964.

———. *The Journals of David E. Lilienthal*, vol. 3: *The Road to Change, 1955–1959*. New York: Harper & Row, 1969.

Livingston, M. Stanley. *Particle Accelerators: A Brief History*. Cambridge, MA: Harvard University Press, 1969.

———, ed. *The Development of High-Energy Accelerators*. New York: Dover Publications, 1966.

Manchester, William. *The Glory and the Dream: A Narrative History of America 1932–1972*. Boston: Little, Brown, 1974.

Nichols, K. D. *The Road to Trinity: A Personal Account of How America's Nuclear Policies Were Made*. New York: William Morrow, 1987.

Oliphant, Mark. *Rutherford: Recollections of the Cambridge Days*. Amsterdam: Elsevier Pub- lishing, 1972.

Press, 1967.

Goldsmith, Maurice. *Frederic Joliot-Curie*. London: Lawrence & Wishart, 1977.

Grant, James. *Bernard M. Baruch: The Adventures of a Wall Street Legend*. New York: Simon and Schuster, 1983.

Greenberg, Daniel S. *The Politics of Pure Science*. Chicago: University of Chicago Press, 1999.

Groves, Leslie R. *Now It Can Be Told: The Story of the Manhattan Project*. New York: Harper & Row, 1962.

Guerlac, Henry E. *Radar in World War II*. Los Angeles: American Institute of Physics, 1987.

Hagerty, James C. *The Diary of James C. Hagerty: Eisenhower in Mid-Course, 1954–1955*. Edited by Robert H. Ferrell. Bloomington: Indiana University Press, 1983.

Hansen, Chuck. *The Swords of Armageddon*, vol. 4: *The Development of U.S. Nuclear Weapons*. Sunnyvale, CA: Chukelea Publications, 1995.

Heilbron, J. L., and Robert W. Seidel. *Lawrence and His Laboratory: A History of the Lawrence Berkeley Laboratory*, vol. 1. Berkeley: University of California Press, 1989.

Hendry, John, ed. *Cambridge Physics in the Thirties*. Bristol, UK: Adam Hilger, 1984.

Herken, Gregg. *Brotherhood of the Bomb: The Tangled Lives and Loyalties of Robert Oppenheimer, Ernest Lawrence, and Edward Teller*. New York: Henry Holt, 2002.

Hershberg, James G. *James B. Conant: Harvard to Hiroshima and the Making of the Nuclear Age*. New York: Alfred A. Knopf, 1993.

Hewlett, Richard G., and Oscar E. Anderson Jr. *The New World: A History of the United States Atomic Energy Commission*, vol. 1: *1939/1946*. Washington, DC: U.S. Atomic Energy Commission, 1962.

Hewlett, Richard G., and Francis Duncan. *Atomic Shield: A History of the United States Atomic Energy Commission*, vol. 2: *1947/1952*. Washington, DC: U.S. Atomic Energy Commission, 1972.

Hewlett, Richard G. *Nuclear Navy, 1946–1962*. Chicago: University of Chicago Press, 1974.

Hewlett, Richard G., and Jack M. Holl. *Atoms for Peace and War, 1953–1961: Eisenhower and the Atomic Energy Commission*. Berkeley: University of California Press, 1989.

Carson, Cathryn, and David A. Hollinger, eds. *Reappraising Oppenheimer: Centennial Studies and Reflections*. Berkeley: Office for History of Science and Technology, University of California, 2005.

Childs, Herbert. *An American Genius: e Life of Ernest Orlando Lawrence*. New York: E. P. Dutton, 1968.

Clark, Ronald W. *Einstein:The Life and Times*. New York: World Publishing, 1971.

Crelinsten, Jeffrey. *Einstein's Jury: The Race to Test Relativity*. Princeton, NJ: Princeton University Press, 2006.

Cole, K. C. *Something Incredibly Wonderful Happens: Frank Oppenheimer and the World He Made Up*. Orlando, FL: Houghton Mifflin Harcourt, 2009.

Compton, Arthur Holly. *Atomic Quest: A Personal Narrative*. New York: Oxford University Press, 1956.

Conant, James B. *My Several Lives: Memoirs of a Social Inventor*. New York: Harper & Row, 1970.

Conant, Jennet. *Tuxedo Park: A Wall Street Tycoon and the Secret Palace of Science at Changed the Course of World War II*. New York: Simon & Schuster, 2002.

Davis, Nuel Pharr. *Lawrence & Oppenheimer*. New York: Simon and Schuster, 1968.

Dean, Gordon E. *Forging the Atomic Shield: Excerpts from the Office Diary of Gordon E. Dean*. Edited by Roger M. Anders. Chapel Hill: University of North Carolina Press, 1987.

Divine, Robert A. *Blowing on the Wind: The Nuclear Test Ban Debate, 1954–1960*. New York: Oxford University Press, 1978.

Eisenhower, Dwight D. *The White House Years: Waging Peace, 1956–1961*. Garden City, NY: Doubleday, 1965.

Eve, Arthur S. *Rutherford: Being the Life and Letters of the Rt. Hon. Lord Rutherford, O.M.* Cambridge: Cambridge University Press, 1939.

Fosdick, Raymond Blaine. *The Story of the Rockefeller Foundation*. New York: Harper and Brothers, 1952.

Galbraith, John Kenneth. *The Great Crash, 1929*. Boston: Houghton Mifflin, 1988.

Galison, Peter, and Bruce Hevly, eds. *Big Science: The Growth of Large-scale Research*. Stanford, CA: Stanford University Press, 1992.

Gardner, David P. *The California Oath Controversy*. Berkeley: University of California

參考書目

Alvarez, Luis W. *Alvarez: Adventures of a Physicist*. New York: Basic Books, 1987.

Appleby, Charles A. *Eisenhower and Arms Control, 1953–1961*, vol. 1: *A Balance of Risks*. Baltimore: Johns Hopkins University, 1983.

Barrett, Edward L., Jr. *The Tenney Committee*. Ithaca, NY: Cornell University Press, 1951.

Beisner, Robert L. *Dean Acheson: A Life in the Cold War*. New York: Oxford University Press, 2006.

Bernstein, Jeremy. *Plutonium: A History of the World's Most Dangerous Element*. Washington, DC: Joseph Henry Press, 2007.

Bird, Kai, and Martin J. Sherwin. *American Prometheus: The Triumph and Tragedy of J. Robert Oppenheimer*. New York: Alfred A. Knopf, 2005.

Brands, H. W. *Traitor to His Class: The Privileged Life and Radical Presidency of Franklin Delano Roosevelt*. New York: Doubleday, 2008.

Brown, Laurie Mark, Max Dresden, and Lillian Hoddeson, eds. *Pions to Quarks: Particle Physics in the 1950s*. Cambridge: Cambridge University Press, 2009.

Buderi, Robert. *The Invention at Changed the World: How a Small Group of Radar Pioneers Won the Second World War and Launched a Technological Revolution*. New York: Simon & Schuster, 1996.

Bush, Vannevar. *Pieces of the Action*. New York: William Morrow, 1970.

Byrnes, James F. *All in One Lifetime*. New York: Harper & Bros., 1958.

Cantelon, Philip L., Richard G. Hewlett, and Robert C. Williams, eds. *The American Atom: A Documentary History of Nuclear Policies from the Discovery of Fission to the Present*. Philadelphia: University of Pennsylvania Press, 1992.

Carroll, Sean. *The Particle at the End of the Universe: How the Hunt for the Higgs Boson Leads Us to the Edge of a New World*. New York: Dutton, 2012.

左岸科學人文　323

大科學
從經濟大蕭條到冷戰，軍工複合體的誕生
BIG SCIENCE
Ernest Lawrence and the Invention That Launched the Military-Industrial Complex

作　　者　麥可・西爾吉克（Michael Hiltzik）
譯　　者　林俊宏
總 編 輯　黃秀如
責任編輯　林巧玲
行銷企劃　蔡竣宇

社　　長　郭重興
發行人暨出版總監　曾大福
出　　版　左岸文化／遠足文化事業股份有限公司
發　　行　遠足文化事業股份有限公司
231新北市新店區民權路108-2號9樓
電　　話　(02) 2218-1417
傳　　真　(02) 2218-8057
客服專線　0800-221-029
E-Mail　rivegauche2002@gmail.com
左岸臉書　facebook.com/RiveGauchePublishingHouse
法律顧問　華洋法律事務所　蘇文生律師
印　　刷　呈靖彩藝有限公司
初版一刷　2021年6月

定　　價　650元
ISBN　978-986-06666-1-8
歡迎團體訂購，另有優惠，請洽業務部，(02) 2218-1417分機1124、1135

大科學：從經濟大蕭條到冷戰,軍工複合體的誕生／
麥可・西爾吉克（Michael Hiltzik）著；林俊宏譯.
－初版.－新北市：左岸文化，遠足文化，2021.06
面；　公分.－(左岸科學人文；323)
譯自：Big science : Ernest Lawrence and the invention
that launched the military-industrial complex
ISBN 978-986-06666-1-8(平裝)
1.勞倫斯（Lawrence, Ernest Orlando, 1901-1958.）
2.粒子加速 3.物理學 4.傳記 5.美國
339.49　　110008922

本書僅代表作者言論，不代表本社立場